Cisco | Networking Academy®
Mind Wide Open™

思科网络技术学院教程

连接网络

Connecting Networks

Companion Guide

[美] Rick Graziani
[加] Bob Vachon 著
思科系统公司 译

人 民 邮 电 出 版 社
北 京

图书在版编目（CIP）数据

连接网络 / (美) 格拉齐亚尼 (Graziani,R.)，(加) 瓦尚 (Vachon,B.) 著；思科系统公司译. -- 北京：人民邮电出版社，2015.2(2017.7重印)
思科网络技术学院教程
ISBN 978-7-115-37808-8

Ⅰ. ①连… Ⅱ. ①格… ②瓦… ③思… Ⅲ. ①计算机网络－高等学校－教材 Ⅳ. ①TP393

中国版本图书馆CIP数据核字(2015)第001409号

版权声明

◆ 著　[美] Rick Graziani　[加] Bob Vachon
译　思科系统公司
责任编辑　傅道坤
责任印制　张佳莹　彭志环

◆ 人民邮电出版社出版发行　北京市丰台区成寿寺路 11 号
邮编　100164　电子邮件　315@ptpress.com.cn
网址　http://www.ptpress.com.cn
固安县铭成印刷有限公司印刷

◆ 开本：787×1092　1/16
印张：22.25
字数：657 千字　2015 年 2 月第 1 版
印数：8 501－9 300 册　2017 年 7 月河北第 5 次印刷

著作权合同登记号　图字：01-2013-5729 号

定价：50.00 元

读者服务热线：(010)81055410　印装质量热线：(010)81055316
反盗版热线：(010)81055315

内容提要

思科网络技术学院项目是思科公司在全球范围内推出的一个主要面向初级网络工程技术人员的培训项目，旨在让更多的年轻人学习最先进的网络技术知识，为互联网时代做好准备。

本书是思科网络技术学院最新版本的配套书面教材，主要内容包括分层的网络设计、连接到 WAN、点对点连接、帧中继、IPv4 的网络地址转换、宽带解决方案、保护站点到站点连接、监控网络、排除网络故障等内容。本书每章的最后还提供了复习题，并在附录中给出了答案和解释，以检验读者每章知识的掌握情况。术语表描述了网络有关的术语，并给出了相应的解释。

本书适合准备参加 CCNA 认证考试的读者以及各类网络技术初学人员参考阅读。

审校者序

思科网络技术学院项目（Cisco Networking Academy Program）是由思科公司携手全球范围内的教育机构、公司、政府和国际组织，以普及最新的网络技术为宗旨的非盈利性教育项目。作为“全球最大课堂”，思科网络技术学院自1997年面向全球推出以来，已经在165个国家拥有10000所学院，至今已有超过400万学生参与该项目。思科网路技术学院项目于1998年正式进入中国，在十余年的时间里，思科网络技术学院已经遍布中国的大江南北，几乎覆盖了所有省份。

作为思科规模最大、持续时间最长的企业社会责任项目，思科网络技术学院将有效的课堂学习与创新的基于云技术的课程、教学工具相结合，致力于把学生培养成为与市场需求接轨的信息技术人才。

本书是思科网络技术学院教程《连接网络》的官方学习教材，本书为解释与思科网院在线课程完全相同的网络概念、技术、协议以及设备提供了现成的参考资料。本书紧扣CCNA的考试要求，理论与实践并重，提供了大量的配置示例、基于真实设备的实验，以及基于Packet Tracer的虚拟仿真实验，是备考CCNA的绝佳图书。

我在全书的校对过程中，收获良多。我从2003年开始加入思科网络技术学院项目，作为一名思科网院的教师，先后使用过思科网络技术学院2.0、3.0和4.0版本的教材，本次有幸参与新版教材的全文审校工作，深深地为书本内容的编排及实验设计所吸引。本书在编排结构上各部分内容相对独立，非常适合不同读者的阅读和查阅，读者可以从头到尾按序学习，也可以根据需要有选择地跳跃式阅读。相信本书一定能够成为学生和相关从业人员的案头参考书。

在本书的审校过程中，得到了家人、学生的大力支持和帮助，在此一并表示衷心的感谢。感谢人民邮电出版社给我们这样一个机会，全程参与到本书的审校过程。特别感谢我的学生隋萌萌，她是计算机专业的学生，同时学习英语双学位的课程，正是由于她对计算机网络技术的热爱，以及对语言翻译的严谨，才使得本书的审校工作能在短时间内高质量地完成。

本书内容涉及面广，由于时间仓促，加之自身水平有限，审校过程中难免有疏漏之处，敬请广大读者批评指正。

肖军弼　中国石油大学（华东）

2014年12月于青岛

关于特约作者

Rick Graziani 在加州阿普托斯的卡布利洛学院教授计算机科学和计算机网络课程。在此之前，他在很多公司从事过 IT 工作，其中包括 Santa Cruz Operation、Tandem Computers 和 Lockheed Missiles and Space Corporation。他拥有加州州立大学蒙特里分校的计算机科学和系统理论的硕士学位。自 1999 年以来，Rick 还是思科网络技术学院课程开发团队的成员之一。

Rick 已经在 Cisco Press 出版了多部书籍，并为思科网络技术学院开发了多门在线课程。Rick 是 Cisco Press 出版的 *IPv6 Fundamentals* 一书（该书中文版《IPv6 技术精要》由人民邮电出版社引进出版）的作者，并在思科学院会议上就 IPv6 发表过演讲。他还是 Cisco Press 出版的 *Routing Protocols Companion Guide* 的合著者。

闲暇之余，Rick 很有可能在他最喜欢的圣克鲁斯冲浪圣地冲浪。

Bob Vachon 是加拿大安大略省萨德伯里市坎布里恩学院计算机系统技术项目的教授，并教授网络基础设施课程。他拥有超过 30 年的计算机网络和信息技术领域的工作和教学经验。

自 2001 年起，Bob 已在思科公司和思科网络技术学院的多个 CCNA、CCNA-S 和 CCNP 项目中担任团队领导人、第一作者和项目事务专家。他还创作出版了 *CCNA Accessing the WAN Companion Guide* 和 *CCNA Security（640-554）Portable Command Guide*。他还是 Cisco Press 出版的 *Routing Protocols Companion Guide* 一书的合著者。

在闲暇时间，Bob 喜欢弹吉他、投飞镖或打台球，还喜欢从事园艺工作或乘坐皮划艇旅行。

本书使用的图标

命令语法惯例

本书命令语法遵循的惯例与IOS命令手册使用的惯例相同。命令手册对这些惯例的描述如下。

- **粗体字**表示照原样输入的命令和关键字，在实际的设置和输出（非常规命令语法）中，粗体字表示命令由用户手动输入（如 **show** 命令）。
- *斜体字*表示用户应提供的具体值参数。
- 竖线（|）用于分隔可选的、互斥的选项。
- 方括号（[]）表示任选项。
- 花括号（{}）表示必选项。
- 方括号中的花括号（[{}]）表示必须在任选项中选择一个。

前　　言

本书是思科网络技术学院“连接网络”课程的官方纸质出版物。思科网络技术学院是在全球范围内面向学生传授信息技术技能的综合性项目。本课程强调现实世界的实践性应用，同时为您在中小型企业、大型集团公司以及服务提供商环境中设计、安装、运行和维护网络提供所需技能和亲身实践经验的机会。

作为教材，本书为解释与在线课程完全相同的网络概念、技术、协议以及设备提供了现成的参考资料。本书强调关键主题、术语和练习。与课程相比，本书还提供了一些可选的解释和示例。您可以在老师的指导下使用在线课程，然后使用本书的学习工具帮助您巩固对于所有主题的理解。

本书读者对象

本书的主要读者是参加思科网络技术学院学习“连接网络”课程的学生。本书与在线课程一样，均是对数据网络技术的介绍，主要面向旨在成为网络专家的人们，以及为职业提升而需要了解网络技术的人们。本书简明地呈现主题，从最基本的概念开始，逐步进入对网络通信的全面理解。本书的内容是其他思科网络技术学院课程的基础，还可以为备考 CCENT 和 CCNA 路由与交换认证做好准备。

本书的特色

本书的教学特色是将重点放在支持主题范围、可读性和课程材料实践几个方面，以便于您充分理解课程材料。

主题范围

以下特点通过全面概述每章所介绍的主题帮助您科学分配学习时间。

- **目标**：在每章开头列出，指明本章所包含的核心概念。该目标与在线课程中的相应章节的目标相匹配。然而，本书中的问题形式是为了鼓励您在阅读本章时勤于思考发现答案。
- **“How-to”功能**：当本书描述完成某一特定任务所需的一系列步骤时，将以“How-to”列表的形式列出步骤。在您学习的过程中，这种图标有助于您在浏览本书时很容易发现此功能。
- **注意**：这些简短的补充内容指出了有趣的事实、节约时间的方法以及重要的安全问题。
- **本章总结**：每章最后是对本章关键概念的总结，它提供了本章的大纲，以帮助学习。
- **实践**：每章最后是所有实验、课堂练习和 Packet Tracer 练习的完整列表，以便在学习时提供查阅参考。

可读性

为帮助您理解网络术语，本书作了如下改进。

- **关键术语**：每章开始列出了关键术语表。这些术语按照在每章中出现的次序列出。这样便于您在查找术语时，能够快速翻到术语出现的位置，查看它们在上下文中的使用情况。术语表定义了所有关键术语。

- **术语表**：本书包含一个全新的术语表，其中列出了 195 条术语。

实践

实践铸就完美。本书为您提供了充足的机会将所学知识应用于实践。您将发现以下一些有价值的方法帮助您有效巩固所接受的指导。

- **“检查你的理解”问题和答案**：每章末尾都有经过修订的复习题，可作为自我评估的工具。这些问题的风格与在线课程中您所看到的问题相同。附录 A 提供了所有问题的答案及其解释。
- **实验和练习**：在每章的自始至终，本书将指导您切换回在线课程，利用已创建的练习来巩固概念。此外，在每章的末尾都有一个“练习”部分，集合了所有的实验和练习，以提供与本章所介绍主题相关的实践练习。Packet Tracer 练习的 PKA 文件可从在线课程中下载。
- **在线课程页面参照**：您将在标题后方看到，例如，1.1.2.3。这一数字指代在线课程的页码，这样您可以轻松跳转到在线课程的对应位置观看视频、完成练习、操作实验或复习主题。

实验手册

补充教材《Connecting Networks Lab Manual（连接网络实验手册）》包含了本课程的所有实验和课堂练习。

关于 Packet Tracer 软件和练习

您将会发现，散布在各章的许多练习需要使用思科 Packet Tracer 工具才能完成。Packet Tracer 使您能够创建网络，查看数据包在网络中的传输情况，以及使用基本测试工具判断网络是否运行正常。当您看到这些图标时，您可以根据列出的文件使用 Packet Tracer 完成本书建议的任务。练习文件可以在课程中找到。Packet Tracer 软件只能通过思科网络技术学院的网站下载。请询问您的教师如何获得 Packet Tracer。

本书组织结构

本书共分为 9 章，外加 1 个附录和 1 个术语表。

- **第 1 章，“分层的网络设计”**：探讨网络设计的结构化工程原则，讨论分层设计的三个层次以及思科企业架构模型。本章研究了三种企业架构：无边界网络架构、协作网络架构和数据中心/虚拟化网络架构。
- **第 2 章，“连接到 WAN”**：探讨基本 WAN 运营和服务，讨论私有和公有 WAN 技术，包括如何为特定的网络需求选择适当的 WAN 协议和服务。
- **第 3 章，“点对点连接”**：探讨使用 HDLC 和 PPP 的点对点串行通信，描述 PPP 相比于 HDLC 的功能和优势，还将讨论 PPP 分层结构以及 LCP 和 NCP 的功能。PPP 身份验证也在本章的讨论范围内。
- **第 4 章，“帧中继”**：探讨帧中继的优点和工作原理，讨论带宽控制机制和基本帧中继 PVC 的配置。

- **第 5 章，“IPv4 的网络地址转换”**：描述 NAT 的特征、优点和缺点，讨论静态 NAT、动态 NAT 和 PAT 的配置，介绍端口转发和 NAT64。
- **第 6 章，“宽带解决方案”**：介绍多种宽带解决方案，包括 DSL 和有线电视，描述宽带无线选项，讨论 PPPoE 的工作原理和配置。
- **第 7 章，“保护站点到站点连接”**：描述 VPN 技术的优点，介绍站点到站点和远程访问 VPN，探讨 GRE 隧道的用途、优点和配置，研究 IPSec 的特征和协议框架，讨论 AnyConnect 和无线 SSL 远程访问 VPN 的实施如何支持业务需求。本章还比较了 IPSec 和 SSL 远程访问 VPN。
- **第 8 章，“监控网络”**：重点关注监控网络，包括系统日志、SNMP 和 NetFlow 运行，探讨每种技术的工作原理、配置和监控能力。
- **第 9 章，“排除网络故障”**：探讨如何开发用于排除网络故障的网络文档，描述常规的故障排除过程，以及系统化、分层的故障排除方法，探讨故障排除工具以及如何使用这些工具收集并分析网络问题的症状。本章还包括使用分层模型确定网络问题的症状和原因。
- **附录 A，“‘检查你的理解’问题答案”**：本附录列出了包含在每章末尾的“检查你的理解”复习问题的答案。
- **术语表**：该术语表提供了每章标注的所有关键术语的定义。

目　　录

第 1 章

分层的网络设计

学习目标

通过完成本章学习，您将能够回答下列问题：

- 网络设计的结构化工程原则是什么？
- 在网络设计中如何应用分层网络的三层结构？
- 在企业园区网络结构中，通过核心互连的 4 个基本模块是什么？
- 企业园区网络中的模块与思科企业架构模型中的模块有什么不同？
- 有哪些趋势正在挑战企业网络架构？
- 无边界网络、协作网络和数据中心/虚拟化网络架构如何应对网络挑战？

关键术语

下列为本章所用的关键术语。您可以在本书的术语表中找到其定义。

小型网络
中型网络
大型网络
接入层
分布层
核心层
三层分层设计
两层分层设计
折叠的核心层
模块化网络设计
思科企业体系架构模型
企业园区模块
企业边界模块
服务提供商边界模块
企业分支模块
企业远程工作者模块
企业数据中心模块
思科无边界网络架构
思科协作架构
思科数据中心/虚拟化架构

网络必须要满足组织的当前需求，并且随着新技术的运用，还要能够支持新兴技术。网络设计的原理和模式有助于网络工程师设计和构建灵活、弹性且可管理的网络。

本章介绍了网络设计的概念、原理、模式和架构。它包括因使用系统化的设计方法而获得的优势。影响网络发展的新兴技术趋势也会在本章中进行讨论。

课堂练习 1.0.1.2：设计层次结构

网络管理员需要为公司设计可扩展的网络。

在与公司其他分支机构的网络管理员讨论之后，决定使用思科三层分层网络设计模型来影响扩展。之所以选用该模式是因为它对网络规划只产生简单的影响。

设计扩展网络包括三层：

- 接入层
- 分布层
- 核心层

1.1 分层网络设计概述

思科分层（三层）网络互联模型是为业界所普遍采用的模型，用于设计可靠的、可扩展的、经济高效的互联网络。在本节，您将了解接入层、分布层和核心层及其在分层网络模型中的作用。

1.1.1 企业园区网络设计

在讨论园区网络设计时，建议充分理解网络规模并掌握良好的结构化工程原理知识。

1. 网络需求

在讨论网络设计时，根据所服务的设备数量来划分网络很有用。

- **小型网络**：可为最多 200 部设备提供服务。
- **中型网络**：可为 200～1000 部设备提供服务。
- **大型网络**：可为超过 1000 部设备提供服务。

网络设计随着组织的规模和要求而异。例如，与具有大量设备和连接的大型组织相比，具有较少设备的小型企业对网络基础设施的需求更为简单。

在设计网络时，需要考虑许多变量。例如，需要考虑图 1-1 中的示例。示例的高级拓扑图适用于大型企业网络，它由连接小型、中型和大型站点的主要园区站点构成。

网络设计是一个不断扩展的区域，需要大量的知识和经验。本节的目的是介绍已普遍接受的网络设计概念。

注意：思科认证设计工程师（CCDA）是行业认可的、针对网络设计工程师、技术人员和支持工程师的认证，证明其具备设计基本园区、数据中心、安全、语音和无线网络所需要的技能。

2. 结构化工程原则

无论网络的规模或要求是什么，成功实施任何网络设计的关键因素都是遵循好的结构化工程原则。

这些原则如下所示。

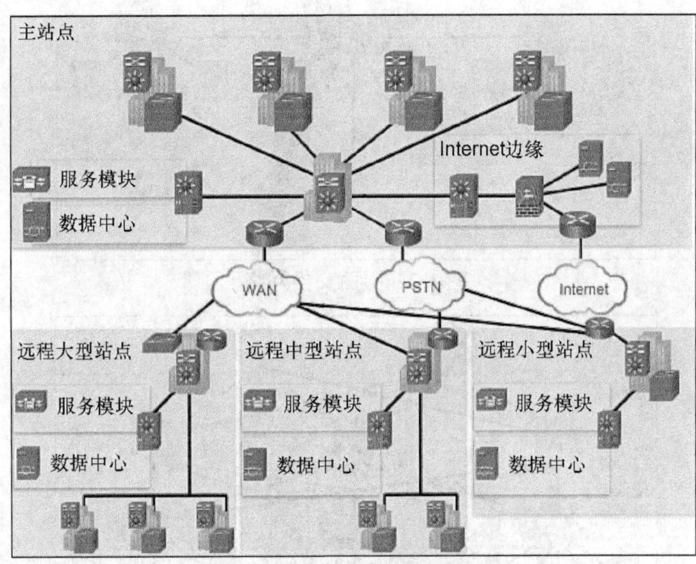

图 1-1　大型企业网络设计

- **层次化**：分层网络模型是一个很有用的高级工具，可用来设计可靠的网络基础设施。 它能够将复杂的网络设计问题分解到更小、更易管理的区域。
- **模块化**：通过将网络中现有的各种功能分隔成多个模块，网络会更易于设计。思科已确定了多种模块，包括企业园区、服务模块、数据中心和互联网边缘。
- **弹性**：在正常和异常情况下网络都必须保持可用。正常情况包括正常或预期的流量和通信模式，以及计划的事件（如维护窗口)。异常情况包括硬件或软件故障、极端流量负载、异常的流量模式、拒绝服务（DoS）事件（有意或无意），以及其他意外事件。
- **灵活性**：能够修改部分网络，添加新的服务，或无需进行整体替换就可增加网络容量（例如，替换主要的硬件设备）。

为了满足这些基本设计目标，网络必须建立在支持灵活性和扩展性的分层网络架构上。

1.1.2 分层的网络设计

本节讨论分层网络模型的 3 个功能层：接入层、分布层和核心层。

1. 网络层次结构

早期的网络采用如图 1-2 所示的平面拓扑结构。

当需要连接更多设备时，就要增加集线器和交换机。平面网络设计基本不能控制广播或过滤不需要的流量。随着平面网络中设备和应用程序的增多，响应时间也逐渐变慢，最后导致网络不可用。

我们需要一个更好的网络设计方法。出于这个原因，企业现在使用如图 1-3 所示的分层网络设计。

在网络中，分层设计需要将网络划分为独立的层。层级中的每一层（或级）都可提供能够定义其在整个网络中的角色的特定功能。这有助于网络设计人员和架构师优化并选择正确的网络硬件、软件和功能以执行该网络层的特定角色。分层模型适用于 LAN 和 WAN 设计。

将平面网络分为较小、更易于管理的模块，其优势在于：本地流量只会留在本地。只有流向其他网络的流量进入更高的层。例如，在图 1-3 中，平面网络现在已划分成 3 个独立的广播域。

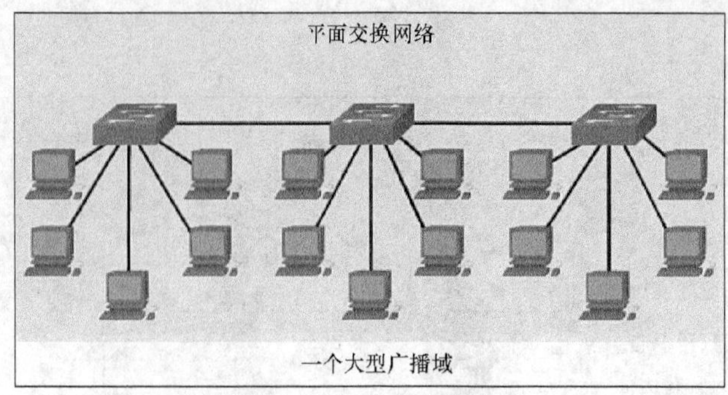

图 1-2 平面交换网络

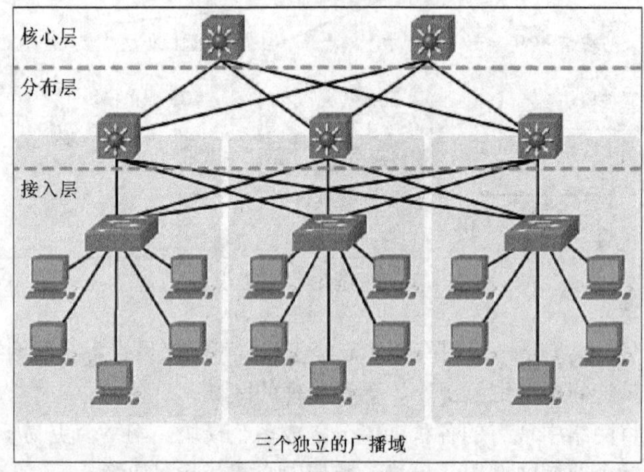

图 1-3 分层的网络

典型的企业分层 LAN 园区网络设计包括以下三层。

- **接入层**：提供工作组/用户对网络的访问。
- **分布层**：提供基于策略的连接作为控制接入层和核心层之间的边界。
- **核心层**：提供企业园区内分布层交换机之间的快速传输。

图 1-4 中显示了另一个三层分层网络设计示例。注意每栋建筑都使用了相同的分层网络模型，即都包含接入层、分布层和核心层。

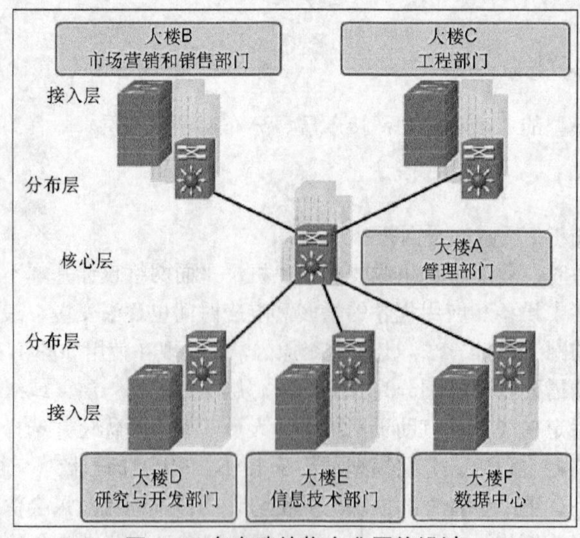

图 1-4 多个建筑物企业网络设计

注意： 园区网络的物理构建方法并没有绝对的规则。尽管确实有许多园区网络使用三个物理层的交换机进行构建，但是这并不是严格的要求。在较小的园区中，网络可能使用两层的交换机，其中核心层和分布层元素组合在一个物理交换机上。这称为折叠核心设计。

2. 接入层

在 LAN 环境中，接入层授权终端设备对网络进行访问。在 WAN 环境中，远程工作人员或远程站点可以通过 WAN 连接来访问公司的网络。

如图 1-5 所示，小型企业网络的接入层通常包括第 2 层交换机和能够提供工作站和服务器之间连接的接入点。

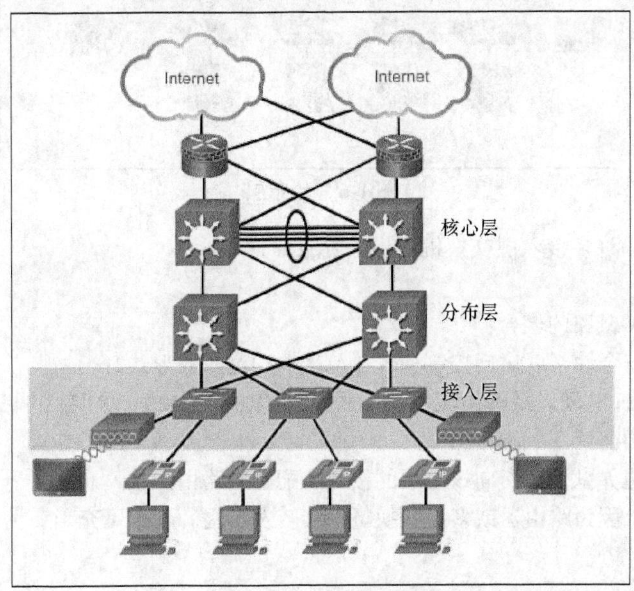

图 1-5 接入层

接入层具有多种功能，包括：

- 第 2 层交换；
- 高可用性；
- 端口安全性；
- QoS 分类和标记以及信任边界；
- 地址解析协议（ARP）检测；
- 虚拟访问控制列表（VACL）；
- 生成树；
- VoIP 的以太网供电（PoE）和辅助 VLAN。

3. 分布层

分布层先汇聚接入层交换机发送的数据，再将其传输到核心层，最后路由选择到最终目的地。在图 1-6 中，分布层是第 2 层域与第 3 层路由网络之间的边界。

分布层设备是配线间的关键。路由器或多层交换机都可用于分割工作组并隔离园区环境中的网络问题。

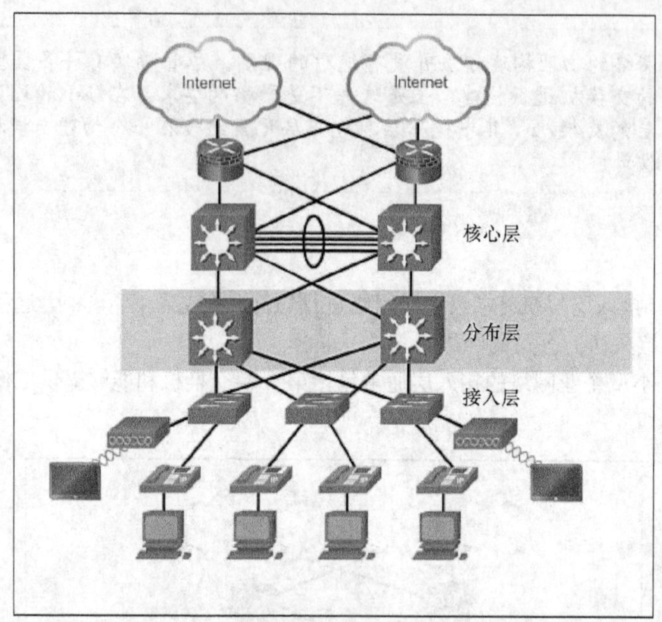

图 1-6　分布层

分布层交换机可为许多接入层交换机提供上游服务。

分布层可以提供：

- LAN 或 WAN 链路的聚合；
- 基于策略的安全性（以访问控制列表［ACL］和过滤的形式）；
- LAN 和 VLAN 之间以及路由域之间（例如 EIGRP 到 OSPF）的路由服务；
- 冗余和负载均衡；
- 路由聚合的边界以及在指向核心层的接口上配置的路由汇总；
- 广播域控制，因为路由器或多层交换机不会转发广播。设备可充当广播域之间的分界点。

4. 核心层

核心层也称为网络主干。核心层包括高速网络设备，例如 Cisco Catalyst 6500 或 6800。这些设计旨在尽可能迅速地交换数据包并互联多个园区组件，如分布模块、服务模块、数据中心和 WAN 边缘。

如图 1-7 所示，核心层是分布层设备之间互联的关键，例如，将分布模块互联到 WAN 和 Internet 边缘。

核心层应该具备高可用性和冗余。核心层汇聚所有分布层设备发送的流量，因此它必须能够快速转发大量的数据。

核心层的注意事项包括：

- 提供高速交换（例如，快速传输）能力；
- 提供可靠性和容错能力；
- 使用更快而不是更多的设备进行扩展；
- 避免因安全性、检测、服务质量（QoS）分类或其他过程导致大量占用 CPU 的数据包操作。

5. 两层折叠核心设计

三层分层设计可最大限度地提高性能、网络可用性以及扩展网络设计的能力。

但是，许多小型企业的网络并没有随着时间出现显著的扩展。因此，核心层和分布层折叠为一层的两层分层设计通常更加实用。“折叠核心”出现在分布层和核心层的功能由单个设备实施时。折叠核心设计的主要动机是降低网络成本，同时保持三层分层模型的大部分优点。

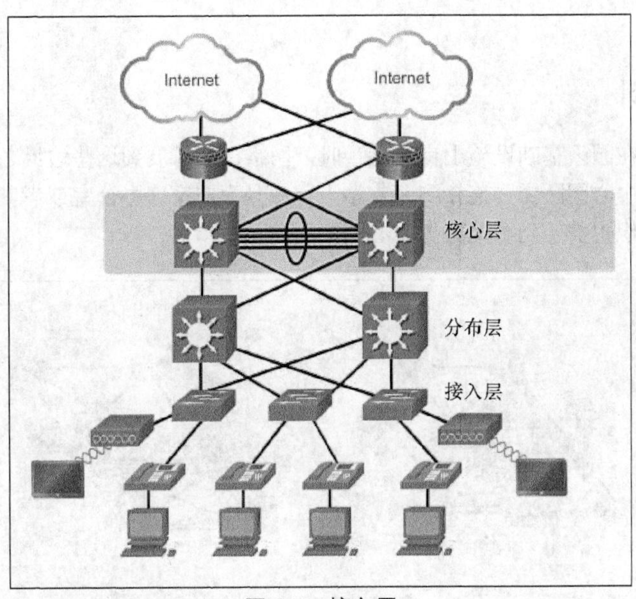

图 1-7 核心层

图 1-8 中的示例已将分布层和核心层的功能折叠到多层交换机设备中。

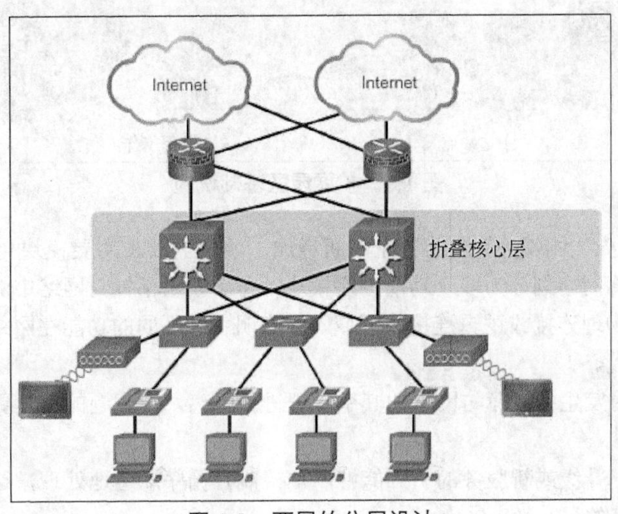

图 1-8 两层的分层设计

分层网络模型提供了模块化框架，可以支持网络设计的灵活性且更易于实施和故障排除。

Interactive Graphic

练习 1.1.2.6：确定分层网络的特征

切换至在线课程以完成本次练习。

1.2 思科企业体系架构

思科企业体系架构是模块化的网络设计方法。本节将说明在中型到大型组织中常见的企业架构模块。

1.2.1 模块化设计

当分层网络设计在园区基础设施上良好运行时，网络已经扩展到这些边界之外。如图 1-9 所示，网络变得更加复杂。中心园区需要连接到分支站点，并且为在家庭办公室或者其他远程位置办公的人员提供支持。大型组织也需要到异地数据中心的专用连接。

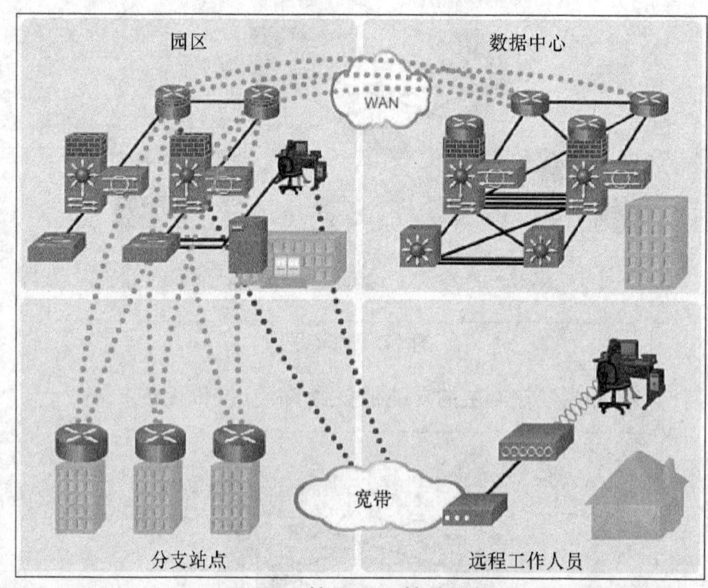

图 1-9 扩展园区基础设施

为了满足这些要求，网络复杂性随之在不断增加，因此需要使用更模块化的方法来设计网络。

模块化网络设计将网络划分为多个功能网络模块，每个模块都针对网络中的特定位置或目的。各个模块代表具有不同物理连接或逻辑连接的区域，并指明各种不同的功能在网络中的分布位置。使用模块化方法有很多好处。

- 可将在模块内发生的故障与网络的其余部分进行隔离，使问题的检测更简单，且整体系统的可用性更高。
- 网络的更改、升级或新服务的引入能够严加控制且循序渐进地处理，这使园区网络的维护和运营有了更多的灵活性。
- 当某个特定的模块不再有足够的能力或丢失了新的功能或服务时，可以由在整个分层设计中具有相同结构角色的另一个模块来进行更新或替代。
- 可在模块化基础上实施安全性，以便于进行更精细的安全控制。

在网络设计中使用模块可保证灵活性，且便于实施以及故障排除。

1.2.2 企业体系架构中的模块

采用模块化方法的网络设计通过划分特定模块或模块化区域，进一步划分为三层分层设计。这些基本的模块通过网络的核心层连接在一起。

基本网络模块如下所示。

- **访问分布**：也称作分布模块，这是园区设计中最熟悉的元素和基本的组件（见图 1-10）。

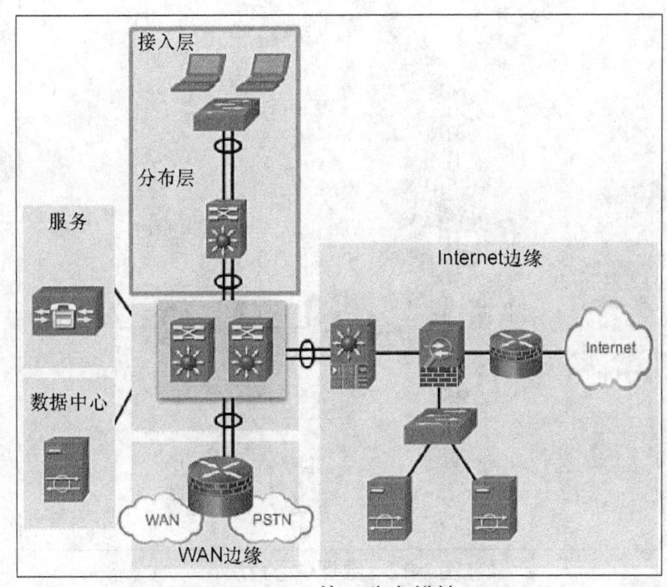

图 1-10 接入分布模块

- **服务**：这是用于识别服务（例如集中式轻型接入点协议［LWAPP］无线控制器、统一通信服务、策略网关等）的通用模块（见图 1-11）。

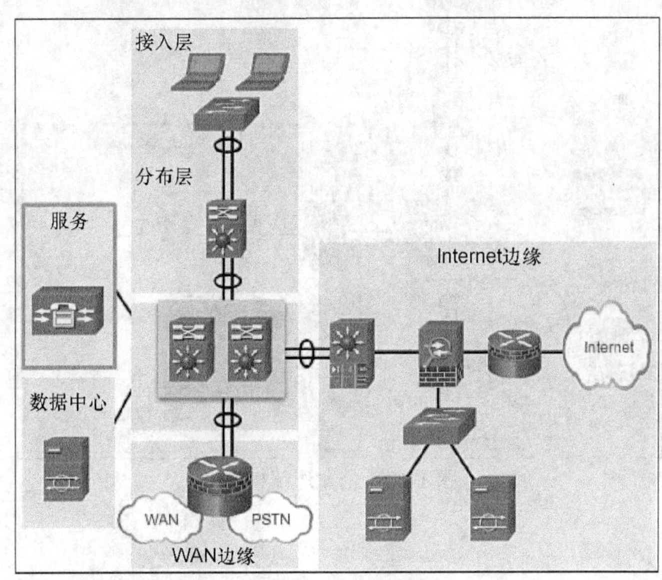

图 1-11 服务模块

- **数据中心**：以前称为服务器群。该模块负责管理和维护许多数据系统，它们对现代企业的运营至关重要。员工、合作伙伴和客户依靠数据中心的数据和资源进行高效地创造、协作和交流（见图 1-12）。
- **企业边缘**：包括 Internet 边缘和 WAN 边缘。这些模块可提供与企业外部的语音、视频和数据服务的连接（见图 1-13）。

Interactive Graphic

练习 1.2.1.3：确定网络设计中的模块

切换至在线课程完成本次练习。

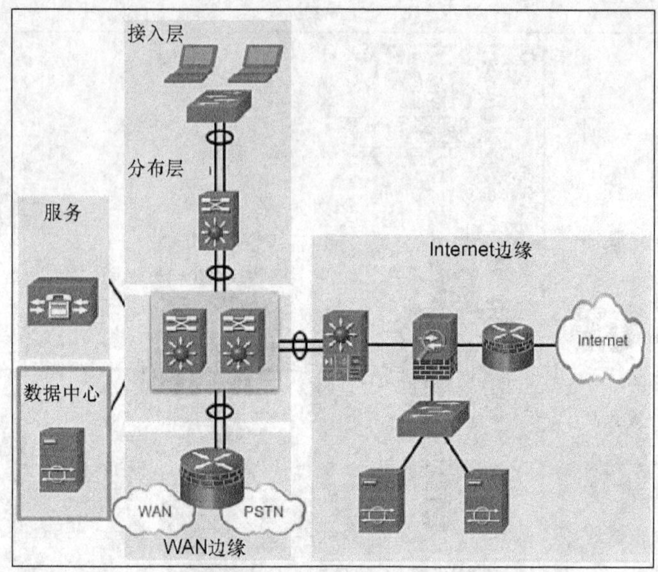

图 1-12 数据中心模块

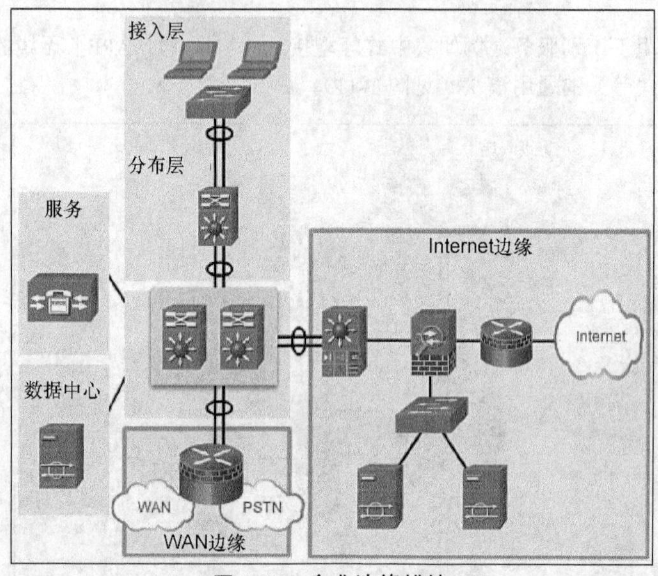

图 1-13 企业边缘模块

1.3 思科企业体系架构模型

思科企业体系架构是模块化的网络设计方法。本节将讨论企业园区模块、企业边缘模块，以及服务提供商边缘模块。

1.3.1 思科企业体系架构模型

为了满足网络设计中模块化的需求，思科开发了思科企业体系架构模型。此模式可在园区基础设施上提供分层网络设计的所有优点，且有利于设计更大、扩展能力更强的网络。

思科企业体系架构模型将企业网络分为多个功能区（也称之为模块）。内置于架构中的模块化使网络设计具备灵活性，并且便于实施和故障排除。

如图 1-14 所示，以下是主要的 Cisco 企业体系结构模块：

- 企业园区；
- 企业边缘；
- 服务提供商边缘。

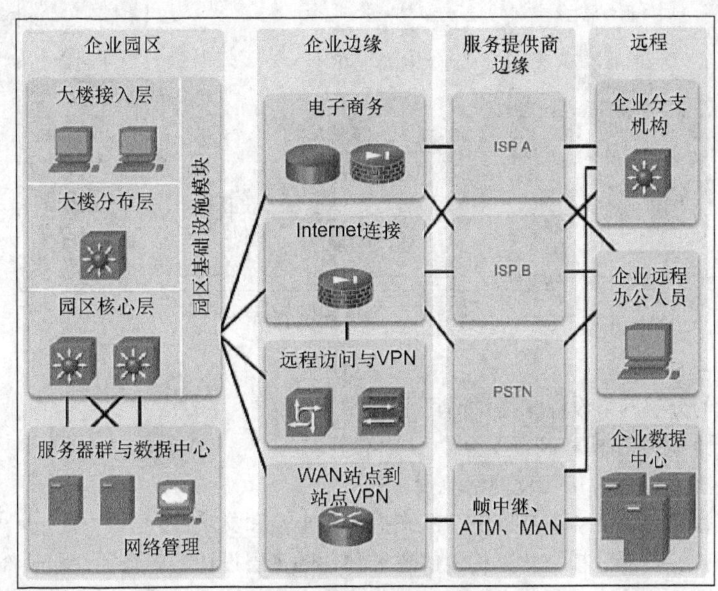

图 1-14 思科企业架构模块

与服务提供商边缘连接的其他模块包括：

- 企业分支机构；
- 企业远程办公人员；
- 企业数据中心。

1.3.2 思科企业园区

园区网是指一栋大楼或一群大楼连接而成的企业网络，园区网由多个 LAN 组成。园区网通常局限于固定的地理区域，但它可以跨越相邻的建筑物（例如某个工业或商业园区环境）。区域办公室、SOHO 和移动员工可能需要连接到中央园区以获得数据和信息。

企业园区模块满足园区式企业运营需求的同时，也描述了一种推荐的方法以创建可扩展的网络。该体系架构是模块化的，可以随着企业的发展轻松扩展，以支持更多的园区大楼或楼层。

如图 1-15 所示，企业园区模块包括以下子模块：

- 大楼接入层；
- 大楼分布层；
- 园区核心层；
- 数据中心。

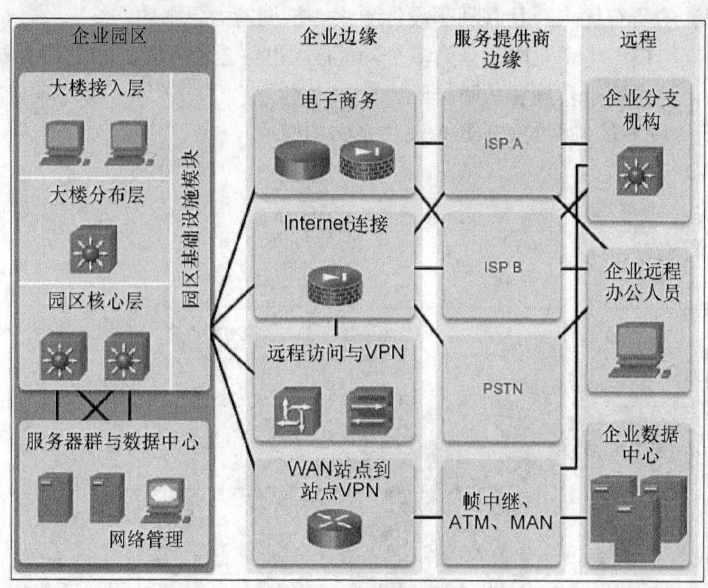

图 1-15 企业园区模块

这些子模块一起：

- 通过弹性的分层网络设计来提供高可用性；
- 集成 IP 通信、移动性和高级安全；
- 利用组播流量和 QoS 来优化网络流量；
- 使用访问管理、VLAN 和 IPSec VPN 来提高安全性和灵活性。

当故障发生时，企业园区模块化架构能够通过弹性的多层设计、冗余硬件和软件功能以及重新配置网络路径的自动程序来为企业提供高可用性。集成安全能够防范和缓解蠕虫、病毒以及其他对网络（甚至在交换机端口级别）的攻击所造成的影响。

高容量的集中式数据中心模块可以向用户提供内部服务器资源。数据中心模块通常还可支持企业的网络管理服务，包括监控、记录、故障排除和其他常见的端到端管理功能。数据中心子模块通常包含内部电子邮件和企业服务器，它们能够给内部用户提供应用程序、文件、打印、电子邮件和域名系统（DNS）服务。

1.3.3 思科企业边缘

企业边缘模块提供与企业外部的语音、视频和数据服务的连接。该模块经常充当企业园区模块和其他模块之间的连接枢纽。

如图 1-16 所示，企业边缘模块包括以下子模块：

- 电子商务服务；
- Internet 连接；
- 远程访问和 VPN 访问；
- 广域网的站点到站点 VPN 访问。

这些子模块具体如下所示。

- **电子商务网络和服务器**：电子商务子模块使企业可以通过 Internet 支持电子商务应用程序。它使用了数据中心模块的高可用性设计。电子商务子模块中的设备包括 Web、应用程序、数据库服务器；防火墙和防火墙路由器，以及网络入侵防御系统（IPS）。

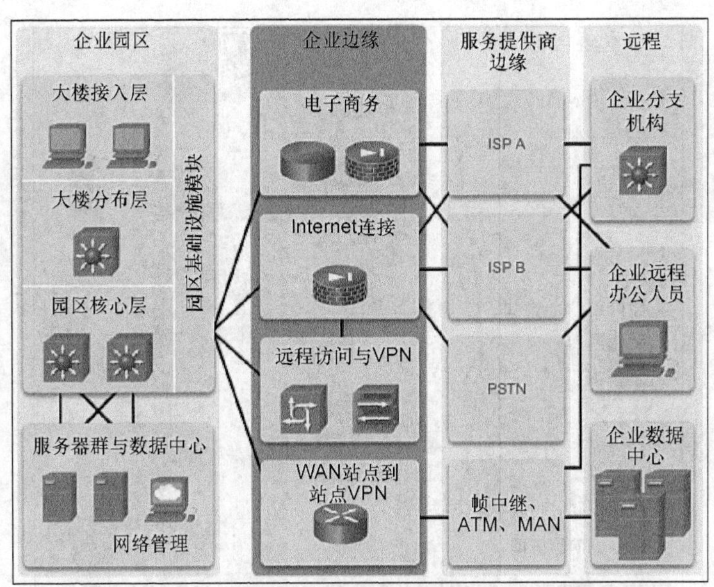

图 1-16 企业边缘子模块

- **Internet 连接和隔离区域（DMZ）**：企业边缘的 Internet 子模块可以为内部用户提供到 Internet 服务（如公共服务器、电子邮件和 DNS）的安全连接，还可提供到一个或多个 Internet 服务提供商（ISP）的连接。该子模块组件包括防火墙和防火墙路由器、互联网边缘路由器、FTP 和 HTTP 服务器、SMTP 中继服务器以及 DNS 服务器。
- **远程访问和 VPN**：企业边缘的 VPN/远程访问子模块可提供远程访问终端服务，包括针对远程用户和站点的身份验证。该子模块组件包括防火墙、拨入访问集中器、Cisco 自适应安全设备（ASA）以及网络入侵防御系统（IPS）设备。
- **WAN**：WAN 子模块使用多种 WAN 技术来路由远程站点和中心站点之间的流量。企业 WAN 链路包含了多种技术，例如多协议标签交换（MPLS）、城域以太网、租用线路、同步光纤网络（SONET）和同步数字体系（SDH）、PPP、帧中继、ATM、电缆、数字用户线路（DSL）以及无线。

1.3.4 服务提供商边缘

企业使用服务提供商（SP）来链接到其他站点。如图 1-17 所示，SP 边缘模块包括：

- Internet 服务提供商（ISP）；
- WAN 服务（例如帧中继、ATM 以及 MAN）；
- 公共交换电话网络（PSTN）服务。

SP 边缘可提供企业园区模块到远程企业数据中心、企业分支机构以及企业远程工作人员模块之间的连接。

SP 边缘模块：

- 以经济有效的方式跨越较大的地理区域；
- 通过单个 IP 通信网络来融合语音、视频和数据服务；
- 支持 QoS 和服务级别协议；
- 使用第 2 层和第 3 层 WAN 中的 VPN（IPSec/MPLS）来支持安全性。

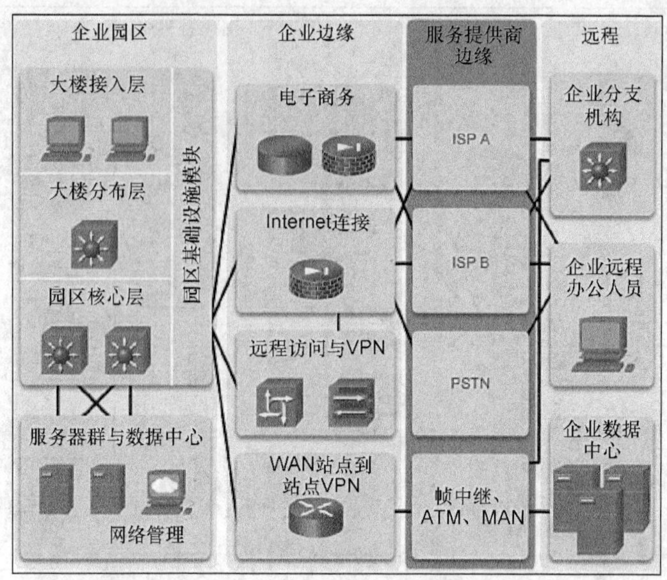

图 1-17　服务提供商边缘模块

从 ISP 获取 Internet 服务时，应考虑冗余或故障转移。冗余的 Internet 连接根据企业连接到单一的 ISP 或者多个 ISP 而不同。

如图 1-18 所示，到单个 ISP 的冗余连接如下所示。

- **单宿主**：到 ISP 的单个连接。
- **双宿主**：到单个 ISP 的两个或更多个连接。

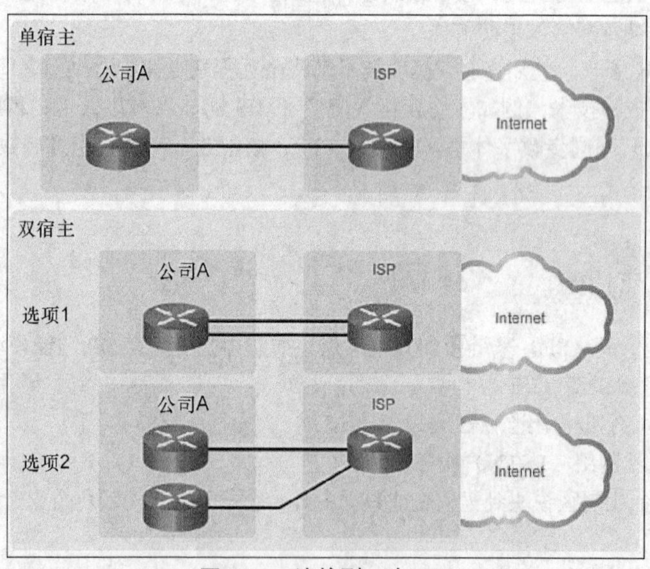

图 1-18　连接到一个 ISP

或者，可以使用多个 ISP 来设置冗余，如图 1-19 所示。连接到多个 ISP 的选项如下所示。

- **多宿主**：到两个或更多 ISP 的连接。
- **双多宿主**：到两个或更多 ISP 的多个连接。

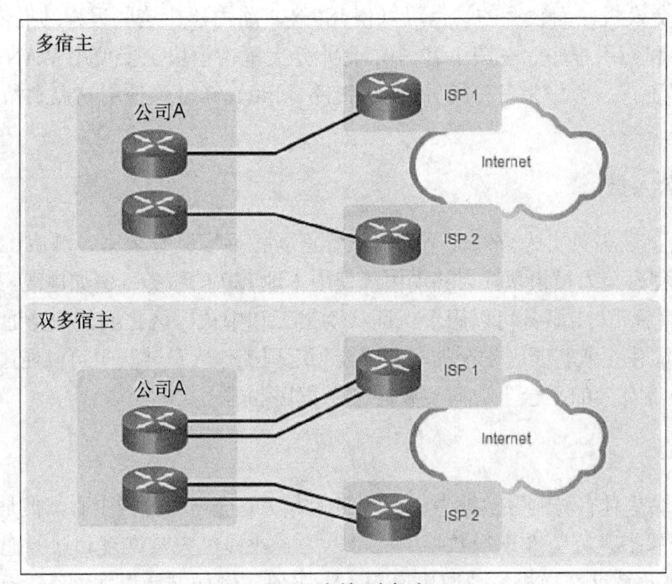

图 1-19　连接到多个 ISP

1.3.5　远程功能区

远程功能区负责远程连接选项并包括下列模块，如图 1-20 所示。

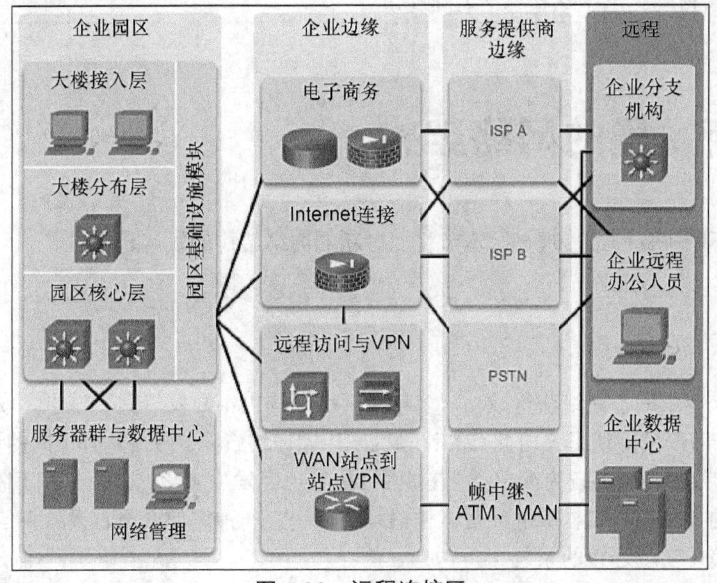

图 1-20　远程连接区

1．企业分支机构

企业分支机构模块包括允许员工在非园区位置办公的远程分支机构。这些位置通常可为员工提供安全性、电话通讯和移动选项，且一般连接到园区网络和企业园区内的不同组件中。企业分支机构模块允许企业将总部的应用程序和服务（如安全性、思科统一通信以及高级应用程序性能）扩展到远程分支机构中。连接远程站点与中心站点的边缘设备根据站点的需求和大小而定。大型远程站点可以使用高端思科 Catalyst 交换机，而较小的站点可以使 ISR G2 路由器。这些远程站点依靠 SP 边缘来提供来自于主站点的服务和应用程序。在图 1-20 中，企业分支机构模块主要使用 WAN 链路来连接到企业园区站点；但是，它还有一个作为备份的 Internet 链路。Internet 链路使用站点到站点的 IPSec VPN 技术来加密企业数据。

2. 企业远程办公人员

企业远程办公人员模块负责为分散在不同地理位置（包括家庭办公室、酒店、客户/客户端站点）的员工提供连接。远程办公人员模块建议移动用户使用本地 ISP 的服务（例如电缆调制解调器或 DSL）来连接到 Internet。然后 VPN 服务可以用于保证移动员工和中央园区之间的安全通信。基于集成安全和身份的网络服务能够使企业将园区安全的策略扩展到远程工作人员。员工可以通过 VPN 安全登录到网络，并且从单个经济有效的平台上访问授权的应用程序和服务。

3. 企业数据中心

企业数据中心模块是具有与园区数据中心相同的所有功能选项的数据中心，但是存在于远程位置。这可提供更多的安全保护，因为非现场数据中心可以为企业提供灾难恢复和业务连续性服务。高端交换机（例如思科 Nexus 系列交换机）使用快速 WAN 服务（例如城域以太网[MetroE]）来连接企业园区与远程企业数据中心。冗余数据中心可以使用同步和异步数据和应用程序复制来提供备份。此外，网络和设备可提供服务器和应用程序的负载均衡以最大限度地提高性能。这种解决方案允许企业在没有对基础设施进行较大更改的情况下进行扩展。

Interactive Graphic

练习 1.2.2.6：确定思科企业架构的模块

切换至在线课程完成本次练习。

1.4 不断发展的网络架构

新技术正在不断挑战网络管理员。本节将探讨新的网络架构的发展趋势。

1.4.1 IT 挑战

随着企业越来越依赖于网络获得成功，多年来网络架构也不断发展。传统上，安置用户、数据和应用程序是前提。用户仅能使用公司拥有的计算机来访问网络资源。网络具有不同的边界和访问要求。维护安全性、工作效率和服务较为简单。现在，网络边界已经发生变化，这给 IT 部门带来了新的挑战。网络正从由相连的 LAN 设备构成的纯数据传输系统转变为一种能使人员、设备和信息在具有丰富媒体的融合网络环境中实现连接的系统。

随着新的技术和最终用户设备进入市场，企业和消费者必须不断做出调整才能适应这种日新月异的环境。一些新的网络趋势会继续影响组织和消费者。某些重大趋势包括：

- 自带设备（BYOD）；
- 在线协作；
- 视频通信；
- 云计算。

这些趋势在带来比以前更高级服务的同时，也引入了 IT 必须解决的新安全风险。

1.4.2 新兴企业架构

市场和商业环境变化的速度要求 IT 与以前相比更具战略性。不断发展的业务模式也产生了 IT 必须解决的复杂技术挑战。

要解决这些新兴网络趋势，新的企业网络架构必不可少。这些架构必须能够符合 Cisco 企业架构中所建立的网络设计原理，并且以安全可管理的方式覆盖允许组织支持新兴趋势的策略和技术。

为了满足此需求，思科推出了以下三个网络架构：

- 思科无边界网络架构；
- 协作架构；
- 数据中心/虚拟化架构。

注意： 网络架构继续在发展，下述内容可提供关于新兴架构趋势的简介和概述。

1.5 新兴网络架构

思科几十年来一直处于网络设计的前沿。它们一贯采用现有的网络和开发新的网络架构。本节将介绍思科无边界网络架构、协作架构以及数据中心和虚拟化架构。

1.5.1 思科无边界网络

思科无边界网络架构是允许企业和个人能够以安全、可靠、无缝的方式连接到 BYOD 环境中的企业网络的网络解决方案。它是根据有线、无线、路由、交换、安全性以及应用程序优化设备的协同工作来帮助 IT 部门平衡要求严苛的业务挑战和不断变化的业务模式。

它不是静态的解决方案，而是不断发展的解决方案，能够帮助 IT 发展其基础设施以便于在具有许多不断变化的新边界的世界里提供安全、可靠且无缝的用户体验。

它使 IT 部门对需要连接到网络的所有终端用户设备进行高效地架构并部署其系统和策略。在此过程中，它可以从多个位置多个设备到位于任何位置的应用程序，对资源进行安全、可靠且无缝地访问。

具体而言，思科无边界网络架构提供了两组主要服务。

- **无边界端点/用户服务**：如图 1-21 所示，无边界端点/用户服务可连接多种设备以提供对网络服务的访问。可以连接到无边界网络中的设备包括 PC、平板电脑和智能手机。它消除了位置和设备边界，对有线和无线设备提供统一访问。如图 1-21 所示，端点/用户服务定义了用户体验，并在各种设备和环境中实现安全、可靠和无缝的性能属性。例如，大多数智能手机和平板电脑可以下载并使用思科 AnyConnect 软件。它能够使设备针对无缝用户体验建立安全、永久且基于策略的连接。
- **无边界网络服务**：如图 1-22 所示，无边界网络服务可以在高度分布式环境中采用统一的方法将应用程序安全传输到用户。它能够安全地连接内部用户和远程用户，并提供对网络资源的访问。扩展安全访问的关键要素是一个基于策略的架构，它允许 IT 部门实施集中式的访问控制。

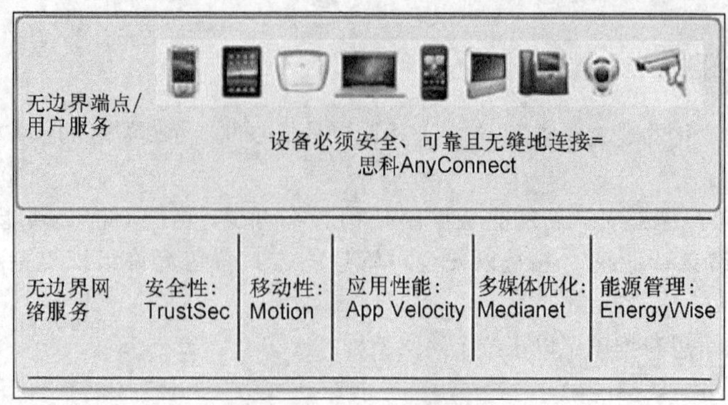

图 1-21 无边界网络架构

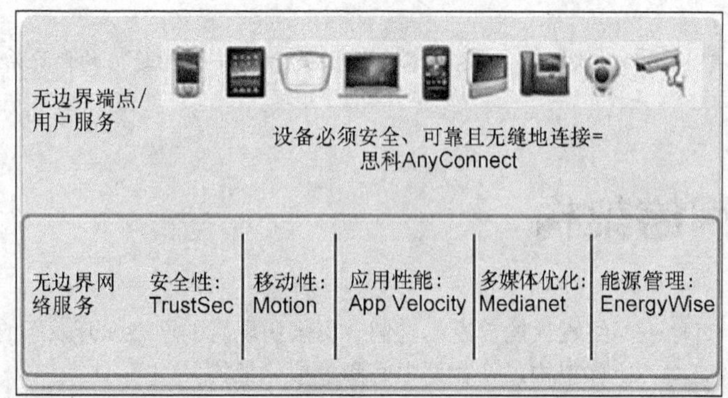

图 1-22 无边界网络所支持的服务

无边界网络架构支持高度安全且具有高性能的网络，该网络可以通过多种设备进行访问。它需要足够地灵活，以便于在支持未来发展时根据业务扩张情况（包括 BYOD、移动性和云计算）进行扩展，并且必须能够支持在线语音和视频不断发展的要求。

1.5.2 协作架构

在协作环境中工作可帮助提高工作效率。协作和其他类型的组件可用于为了以下某个或其他原因将人们组织到一起：社会交往、共同工作、合作以促进实现某个目的，以及进行创新。

思科协作架构包括产品组合、应用程序、软件开发套件（SDK）和 API。多个单个组件一起运行以提供综合的解决方案。

如图 1-23 所示，思科的协作架构包含三层。

- **应用程序和设备**：这一层包含统一的通信和会议应用程序，例如思科 WebEx Meetings、WebEx Social、思科 Jabber 和网真。这一层中的应用程序可帮助用户保持连接状态且具有工作效率。这些应用程序包括语音、视频、网络会议、消息传输、移动应用以及企业社交软件。
- **协作服务**：这一层可支持包括以下服务的协作应用：在线、位置、会话管理、联系管理、客户端框架、标记、策略以及安全管理。
- **网络和计算机基础设施**：这一层负责允许在任何时间从任何地点使用任何设备进行协作。它包括虚拟的机器、网络和存储。

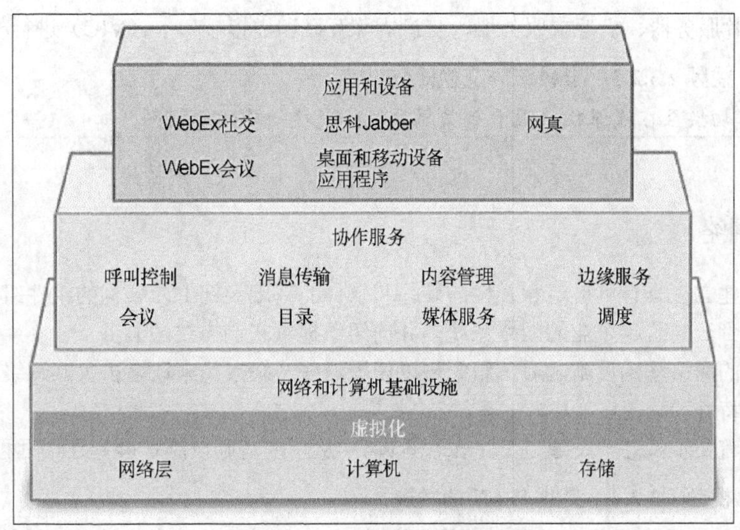

图 1-23 思科协作架构

1.5.3 数据中心与虚拟化

思科数据中心/虚拟化架构建立在思科数据中心 3.0 上。它包含一组综合的虚拟化技术和服务，能够将网络、计算、存储和虚拟化平台结合在一起。

如图 1-24 所示，数据中心架构包括三个组件。

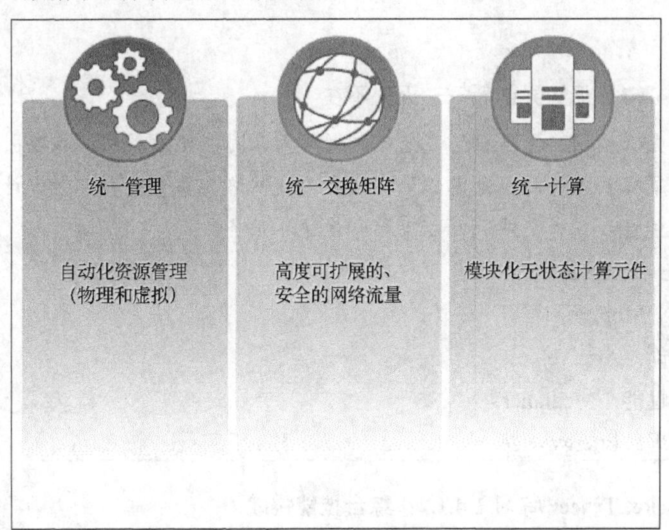

图 1-24 数据中心架构组件

- **思科统一管理解决方案**：管理解决方案可简化并自动化部署 IT 基础设施和服务的过程，并具备速度和企业可靠性。解决方案在云环境中跨物理资源和虚拟资源透明地工作。
- **统一交换矩阵解决方案**：灵活的网络解决方案可将网络服务传输到服务器、存储和应用程序，以提供透明的融合、可扩展性和成熟的智能。解决方案包括思科 Nexus 交换机、Catalyst 交换机、思科 Fabric Manager 和思科 NX-OS 软件。
- **统一计算解决方案**：思科的下一代数据中心系统将计算、网络、存储访问和虚拟化统一到内聚系统中，该系统可降低总拥有成本（TCO）并提高业务灵活性。思科统一计算系统（UCS）

使用刀片服务器、机架式服务器、交换矩阵互联和虚拟接口卡（VIC）进行构建。

Video

视频 1.3.2.3：思科统一交换矩阵

切换至在线课程，观看有关思科统一交换矩阵的短视频。

1.5.4 扩展网络

这三种架构建立在具有可扩展和弹性的硬件和软件的基础设施上。架构的组件组合在一起以建立能够从网络访问到云的跨越企业的网络系统，并向组织提供它们需要的服务。

构建了基本的网络基础设施之后，组织可以使用这些网络架构来逐渐扩大其网络，并在集成解决方案中添加多种特性和功能。

扩大网络的首要步骤之一是通过 Internet 和 WAN 从园区基础设施扩展到连接远程站点的网络。

Video

视频 1.3.2.4：企业 WAN 的发展

切换至在线课程，观看有关网络到 WAN 基础架构的发展过程的短视频。

Interactive Graphic

练习 1.3.2.5：确定不断发展的网络架构术语

切换至在线课程完成本次练习。

1.6 总结

课堂练习 1.4.1.1：无边界创新——无处不在

您是中小型企业的网络管理员。在您规划网络未来时，无边界网络服务引起了您的关注。

在规划网络策略和服务时，您意识到有线和无线网络需要管理和部署设计。

因此，您可能会考虑为企业选择以下思科无边界服务。

- 安全性：TrustSec。
- 移动性：Motion。
- 应用性能：App Velocity。
- 多媒体性能：Medianet。
- 能源管理：EnergyWise。

Packet Tracer ☐ Activity

Packet Tracer 练习 1.4.1.2：综合技能挑战

本 Packet Tracer 练习用于回顾之前课程中掌握的技能。

您的业务已扩展到不同的城镇，需要在 Internet 上继续进行扩展。您需要完成企业网络的升级，包括双协议栈 IPv4 和 IPv6 以及多种编址和路由技术。

Packet Tracer ☐ Activity

Packet Tracer 练习 1.4.1.3：综合技能挑战

您是公司新来的网络技术人员，该公司在系统升级还没有完成时失去了仅剩的技术人员。您需要升级包含两个位置的网络基础设施。一半的企业网络使用 IPv4 编址，另一半使用 IPv6 编址。要求还包括各种路由和交换技术。

好的网络设计的结构化工程原则包括层次化、模块化、弹性和灵活性。

典型的企业分层 LAN 园区网络设计包括接入层、分布层和核心层。在较小的企业网络中，“折叠核心”层级更为实用，其中分布层和核心层功能实施在单个设备上。分层网络的优点包括可扩展性、冗余、性能和可维护性。

能够分隔网络功能的模块化设计可保证灵活性，且便于实施和管理。核心层连接的基本模块包括接入分布模块、服务模块、数据中心和企业边缘。使用思科企业架构模块便于设计大型可扩展网络。主要模块包括企业园区、企业边缘、服务提供商边缘、企业数据中心、企业分支机构和企业远程工作人员。

1.7　练习

以下提供了有关本章所介绍的主题的练习。实验和课堂练习可参阅配套教材《连接网络实验手册》。Packet Tracer 练习的 PKA 文件可在在线课程中下载。

1.7.1　课堂练习

课堂练习 1.0.1.2：设计层次结构
课堂练习 1.4.1.1：无边界创新——无处不在

1.7.2　Packet Tracer 练习

Packet Tracer 练习 1.4.1.2：综合技能挑战——OSPF
Packet Tracer 练习 1.4.1.3：综合技能挑战——EIGRP

1.8　检查你的理解

请完成以下所有复习题，以检查您对本章要点和概念的理解情况。答案列在本书附录中。

1．四个结构化设计的原则是什么？

A．可用性、灵活性、模块化、安全性
B．可用性、层次化、模块化、服务质量（QoS）
C．灵活性、层次化、模块化、弹性
D．灵活性、模块化、弹性、安全性
E．模块化、服务质量（QoS）、弹性、安全性
F．模块化、模块化、弹性、安全性
G．模块化、服务质量（QoS）、弹性、安全性

2．分层网络设计中的哪一层通常称为骨干？

A．接入层
B．核心层
C．分布层
D．网络层

E．广域网

F．工作组

3．哪种网络架构将单个的组件集成到一起，提供一种综合的解决方案，以允许人们合作以促进实现某个目的？

A．思科合作架构

B．思科企业园区架构

C．思科企业分支架构

D．思科企业数据中心架构

E．思科无边界网络架构

F．思科企业远程工作者模块

4．用户在分层网络模型的哪一层连接到网络？

A．接入层

B．应用层

C．核心层

D．分布层

E．网络层

5．关于思科 AnyConnect 软件的哪两个陈述是正确的（选择 2 项）？

A．是无边界终端/用户服务的一部分

B．是无边界网络服务的一部分

C．用于连接任何设备到网络

D．用于从任何地方接入

E．用于无 Internet 连接的接入

F．用于建立安全、永久、基于策略的连接

6．哪 3 种设备通常位于分层设计模型中的接入层上？（选择 3 项）

A．防火墙设备

B．二层交换机

C．三层交换机

D．模块化多层交换机

E．VoIP 电话

F．无线接入点

7．哪两个陈述正确描述了折叠的核心网络设计？（选择 2 项）

A．也叫二层的分层网络设计

B．也叫三层的分层网络设计

C．在一个设备上包含接入层和分布层

D．在一个设备上包含接入层和核心层

E．在一个设备上包含分布层和核心层

8．实施思科企业远程工作者模块要实现的目标是什么？

A．它允许企业增加跨越地理区域的大分支站点

B．它使企业能够为员工随时随地提供安全的语音和数据服务

C．要减少远程安全威胁，强制用户在主要站点登录到资源

D．它满足了中到大型企业用户的电话需求

9．在开始设计网络时，首要考虑的因素是什么？

A．到数据中心的连接

B．到分支机构的连接

C．需要使用的协议

D．网络规模

E．安全实现的类型

F．应用类型

10．哪种网络架构功能集成了有线、无线、安全及更多的技术？

A．思科无边界网路

B．思科企业分支机构

C．思科企业园区

D．思科企业边界

E．思科企业远程工作者

11．什么是思科合作架构的应用程序和设备层？

A．它包含了应用，如思科 WebEx 会议、思科 Jabber 和思科网真，可帮助用户保持连接和高效

B．它负责让协作随时随地，从任何地方，在任何设备

C．可支持包括以下服务的协作应用：在线、位置、会话管理、联系管理、客户端框架、标记、策略以及安全管理

第 2 章

连接到 WAN

学习目标

通过完成本章学习，您将能够回答下列问题：

- WAN 的用途是什么？
- 电路交换网络与分组交换网络有何不同？
- 服务提供商网络如何连接到企业网络？
- 私有 WAN 基础设施和公有 WAN 基础设施可用的链路连接选项有何不同？
- 在选择 WAN 链路连接时，应当回答哪些问题？

关键术语

下列为本章所用的关键术语。您可以在本书的术语表中找到其定义。

服务提供商
数字用户线路（DSL）
点对点协议（PPP）
帧中继
异步传输模式（ATM）
高级数据链路控制（HDLC）
客户端设备（CPE）
数据通信设备（DCE）
数据终端设备（DTE）
分界点
本地环路
中心局（CO）
长途通信网
拨号调制解调器
接入服务器
宽带调制解调器
信道服务单元/数据服务单元（CSU/DSU）
电路交换网络
综合业务数字网络（ISDN）
分组交换网络（PSN）
虚电路（VC）
私有 WAN 基础设施
公共 WAN 基础设施
同步光纤网络（SONET）
同步数字体系（SDH）
发光二极管（LED）
密集波分多路复用（DWDM）
租用线路
基本速率接口（BRI）
基群速率接口（PRI）
城域以太网（MetroE）
MPLS 以太网（EoMPLS）
虚拟专用 LAN 服务（VPLS）
多协议标签交换（MPLS）
甚小口径终端（VSAT）
DSL 调制解调器
DSL 接入复用器（DSLAM）
有线电视调制解调器
前端
有线电视调制解调器终端系统（CMTS）
市政 Wi-Fi
WiMAX
卫星 Internet
3G/4G 无线
长期演进（LTE）
站点到站点 VPN
远程访问 VPN

企业必须将局域网（LAN）连接到一起才能在它们之间提供通信，即使这些 LAN 相隔很远时亦是如此。广域网（WAN）用于将远程 LAN 连接到一起。WAN 可能会覆盖一座城市、一个国家/地区或者全球区域。WAN 归服务提供商所有，企业支付一定费用来使用提供商的 WAN 网络服务。

WAN 与 LAN 使用不同的技术。本章将介绍 WAN 的标准、技术和用途。本章还包括选择合适的 WAN 技术、服务和设备来满足发展中的企业不断变化的业务需求。

课堂练习 2.0.1.2：开设分支机构

您的中型企业正要开设一个新的分支机构，以提供更广泛的、基于客户端的网络服务。此分支机构主要是常规的日常网络运营，但是，还要提供网真、网络会议、IP 电话、点播式视频和无线服务。

虽然您知道 ISP 可提供 WAN 路由器和交换机来支持分支机构的网络连接，但您更希望使用您自己的客户端设备（CPE）。为确保互操作性，已在所有其他分支机构 WAN 中使用了思科设备。

作为分支机构的网络管理员，您有责任研究可能购买和用于 WAN 上的网络设备。

2.1 WAN 技术概述

随着组织的扩展，势必会用到 WAN 连接。本节将讨论 WAN 的用途，介绍 WAN 术语、WAN 设备和电路交换/分组交换网络。

2.1.1 为什么选择 WAN

WAN 运行的地理范围比 LAN 大。如图 2-1 所示，WAN 用于互连企业 LAN 与分支机构站点和远程工作人员站点中的远程 LAN。

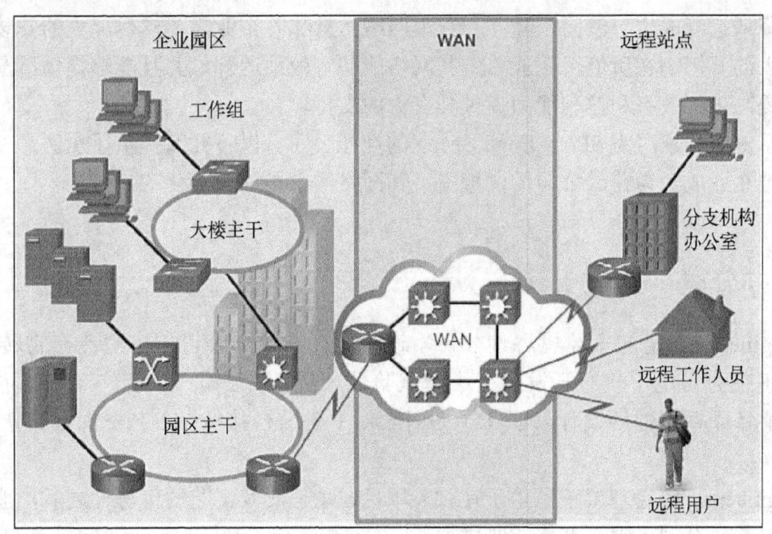

图 2-1 WAN 互连用户和 LAN

WAN 归服务提供商所有。企业必须支付费用才能使用提供商的网络服务来连接远程站点。WAN 服务提供商包括运营商，例如电话网络、有线电视公司或卫星服务。服务提供商提供链接来互连远程站点，以用于传输数据、语音和视频。

相反，LAN 通常归组织所有，用于连接一栋大楼或其他小型地理区域内的本地计算机、外围设备和其他设备。

2.1.2 WAN 是否必要

如果没有 WAN，LAN 将会是一系列孤立的网络。LAN 能在保证速度的同时，又能节省成本，可以为相对较小的地理区域提供数据传输服务。但是，随着机构的扩展，企业需要在地理位置分散的站点之间通信。下面是一些示例。

- 组织的分区或分支机构办公室需要与中心站点通信并共享数据。
- 组织需要与其他客户组织共享信息。例如，软件生产商通常要与将其产品销售给最终用户的经销商交流产品和促销信息。
- 经常出差的员工需要访问存储在公司网络中的信息。

家庭计算机用户也需要跨越越来越大的距离收发数据。例如：

- 现在消费者常常通过 Internet 与银行、商店以及各种商品与服务的提供商通信；
- 学生通过访问本国或其他国家的图书馆索引和出版物来开展课题研究。

使用物理电缆连接跨越国家乃至世界的计算机，这是不可行的。因此，不同的技术应运而生，以支持这一通信需求。人们越来越多地使用 Internet 作为企业 WAN 廉价的替代方案。新技术为企业的 Internet 通信和交易提供安全和隐私保护。广域网的使用（无论是单独使用，还是与 Internet 结合使用）无疑满足了组织和个人的广域通信需求。

2.1.3 不断发展的网络

每个企业都是独一无二的，而且企业如何发展取决于许多因素。这些因素包括企业销售的产品或服务的类型、所有者的管理理念以及企业运营所处国家/地区的经济形势。

在经济发展的缓慢时期，企业提高盈利能力的主要方式是提高现有运营方式的效率，提高员工的生产效率以及降低运营成本。然而，建立和管理网络常意味着企业需要支付庞大的安装和维护成本。要确保如此庞大的开销物有所值，企业希望其网络能够有效地运行，并且能够提供日渐丰富的服务和应用，为企业提高生产效率和盈利能力提供强有力的支持。

本章所用示例是一家名为 SPAN Engineering 的虚拟公司。以下几节提供了示例，以说明当该公司从一家小型本地企业成长为跨国公司的过程中，其网络需求是如何变化的。

2.1.4 小型办公室

SPAN Engineering 是一家环境咨询公司，该公司开发了一种可将家庭废弃物转换为电能的特殊工艺，目前正在为当地市政府开发一个小型试验性项目。该公司成立已有 4 年，拥有 15 名员工：6 名工程师、4 名计算机辅助设计（CAD）设计师、1 名前台接待、2 名资深合作伙伴和 2 名办公室助理。

SPAN Engineering 的管理层正致力于在试验项目成功证实其工艺的可行性之后，能够赢得全方位的合同。在此之前，公司不得不严格控制成本。

鉴于办公室规模较小，SPAN Engineering 只使用单个 LAN 在计算机之间共享信息和外围设备，如打印机、大型绘图仪（用于打印工程图）和传真设备。公司最近对 LAN 进行了升级以提供相对低廉的 IP 语音（VoIP）服务，从而节省员工使用独立电话线路带来的成本。

SPAN Engineering 网络由一个小型办公室组成，如图 2-2 所示。

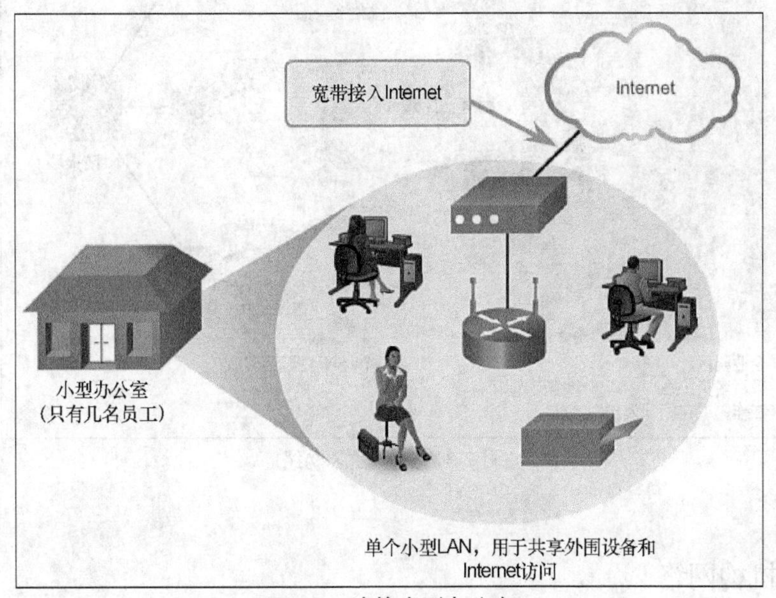

图 2-2 连接小型办公室

Internet 连接则是通过被称为数字用户线路（DSL）的常见宽带服务来实现的，DSL 由当地的电话服务提供商提供。由于员工人数很少，带宽的问题并不突出。

公司请不起专职的 IT 支持人员，因此向 DSL 提供商购买技术支持服务。公司还使用了主机托管服务，而不是购买并运行自己的 FTP 和电子邮件服务器。

2.1.5 园区网络

5 年后，SPAN Engineering 有了迅猛发展。在成功实施第一个试验项目后不久，该公司就签订了一份设计和制造正式的废弃物转换设备的合同。自那之后，SPAN 又在邻近城市和本国其他地区赢得了多个项目。

为应对新增的工作任务，该公司雇佣了更多员工并租用了更多办公室。现在，它是一家拥有数百名员工的中小型企业。许多项目都是同时开发，每个项目都需要一个项目经理和支持人员。该公司已分为若干个职能部门，每个部门都有自己的运营团队。为满足其不断增长的需求，该公司已搬到另一栋更大的办公楼中并租用了其中的几层，如图 2-3 所示。

随着企业的不断扩张，网络也在逐步发展。现在的网络不再是单个小型 LAN，而是包含了若干子网，每个子网专用于某个部门。例如，所有工程人员都位于一个 LAN 中，而营销人员都位于另一个 LAN 中。

这些 LAN 合在一起组成公司园区网络，该网络跨越写字楼的几层楼。

该公司现在有专职 IT 人员来支持和维护网络。该网络包括提供电子邮件、数据传输和文件存储服务的专用服务器，以及基于 Web 的办公工具和应用程序。还有一个公司内联网，用于向员工提供内部文档和信息。外联网用于为指定客户提供项目信息。

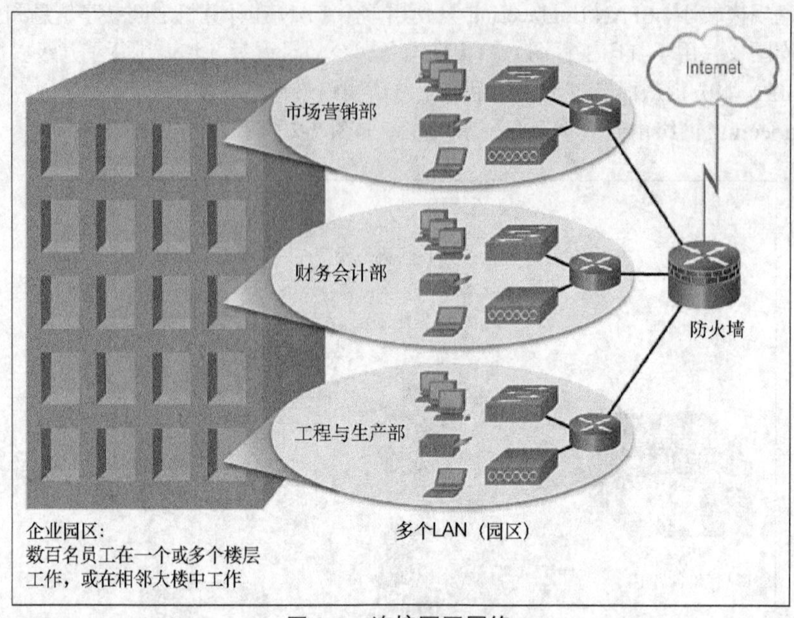

图 2-3 连接园区网络

2.1.6 分支机构网络

又过了6年，SPAN Engineering凭借其专利工艺取得巨大成功，业务需求增势迅猛。新项目正在多个城市如火如荼地展开。为管理这些项目，该公司已经针对这些项目就近设立了许多小型分支机构。

这给IT团队带来了新的挑战。为了管理整个公司的信息传递与服务交付，SPAN Engineering现在设立了一个数据中心，用于存放公司的各种数据库和服务器。为确保公司的所有团队（无论其办公室位于何处）都可访问相同的服务和应用程序，该公司现在必须实施WAN，如图2-4所示。

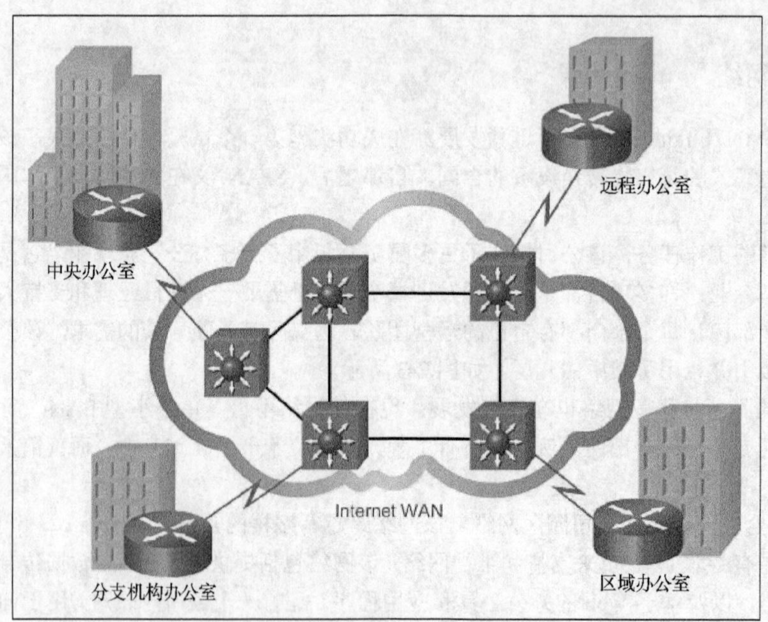

图 2-4 连接分支机构网络

连接其分支机构站点可以通过私有专用线路或使用 Internet 的方式实现。针对位于邻近城市的分支机构，该公司决定使用当地服务提供商提供的私有专用线路。然而，对于分布在其他国家的区域办公室和远程办公室，Internet 则是较有吸引力的 WAN 连接方案。虽然通过 Internet 连接办公室比较省钱，但这将带来安全和隐私问题，IT 团队必须妥善解决这些问题。

2.1.7 分布式网络

SPAN Engineering 现在已有 20 年的历史，已经发展到拥有数千名员工，他们分布在全球各地的办事处。由于网络及其相关服务的成本是一笔庞大的开支，该公司希望以最低的成本为其员工提供最佳的网络服务。优化的网络服务将使每个员工都能够高效地工作。

为提高盈利能力，SPAN Engineering 必须压缩其运营成本。它将部分办事处迁到地价较低的区域。该公司还鼓励远程办公和建立虚拟团队。公司正在使用基于 Web 的应用程序（包括 Web 会议、电子教学和在线协作工具）来提高生产效率和降低成本。通过部署站点到站点和远程访问虚拟专用网络（VPN），该公司能够使用 Internet 方便且安全地连接遍布全球的员工和机构。为满足这些需求，网络必须提供必要的融合服务并保护连接远程办公室和个人的 Internet WAN 的安全，如图 2-5 所示。

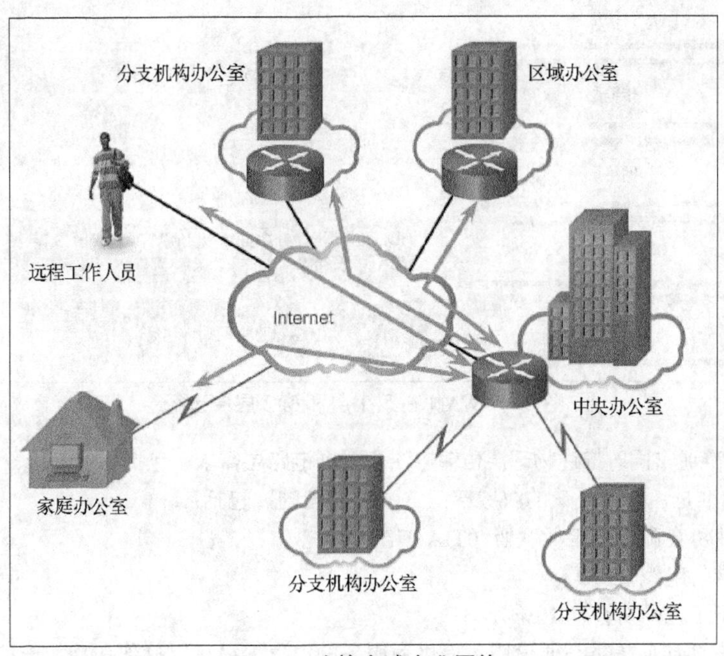

图 2-5 连接全球企业网络

从这个例子我们可以看到，公司的网络需求会随着公司的不断成长而发生巨大的变化。员工的分散在许多方面都可以节省成本，但它会给网络带来更苛刻的需求。网络不仅必须满足企业的日常运营需求，还必须能够适应企业不断发展的需求。为满足这些需求，网络设计师和管理员需要慎重地选择网络技术、协议和服务提供商，并使用本课程中介绍的许多网络设计技术和体系架构来优化网络。

Interactive Graphic

练习 2.1.1.8：确定 WAN 拓扑

切换至在线课程以完成本次练习。

2.2 WAN 运营

本节将介绍常见的 WAN 术语和设备，并分辨电路交换网络和分组交换网络之间的区别。

2.2.1 OSI 模型中的 WAN

如图 2-6 所示，WAN 运营主要集中在物理层（OSI 第 1 层）和数据链路层（OSI 第 2 层）。

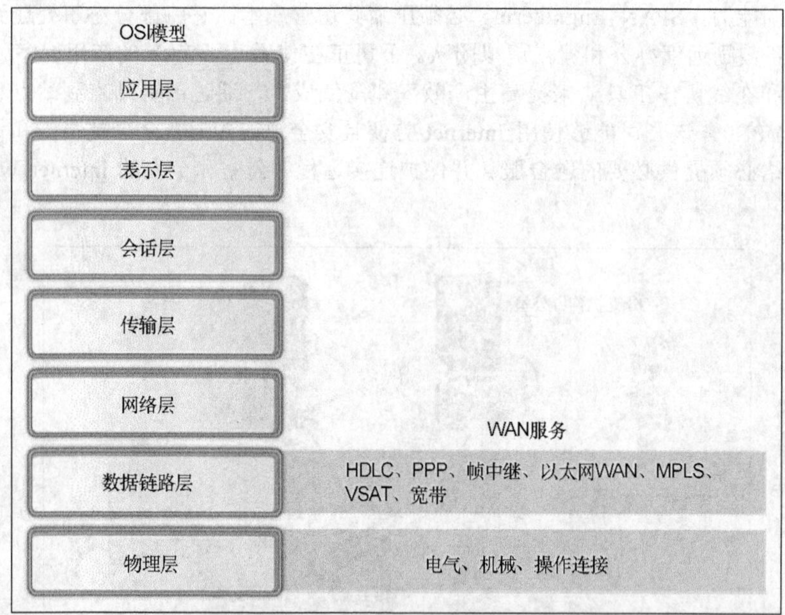

图 2-6 WAN 在第 1 层和第 2 层中运行

WAN 接入标准通常同时描述物理层传输方法和数据链路层需求，包括物理编址、流量控制和封装。WAN 接入标准是由很多公认的权威部门定义和管理的，包括：

- 电信行业协会和电子工业联盟（TIA/EIA）；
- 国际标准化组织（ISO）；
- 电气电子工程师协会（IEEE）。

第 1 层协议描述如何提供与通信服务提供商服务的电气、机械、操作和功能连接。

第 2 层协议定义如何封装传向远程位置的数据以及所产生帧的传输机制。采用的技术有很多种，例如点对点协议（PPP）、帧中继和异步传输模式（ATM）。这些协议当中有一些使用相同的基本成帧机制或高级数据链路控制（HDLC）机制的子集。

大多数 WAN 链路属于点对点类型。因此，一般不使用第 2 层帧中的地址字段。

2.2.2 常见 WAN 术语

WAN 和 LAN 之间的主要区别之一是组织必须向外部 WAN 服务提供商订购服务并使用 WAN 运营商网络服务以将其站点和用户互连。WAN 使用运营商服务提供的数据链路访问 Internet 并将某个组织的不同位置连接在一起，或者将某个组织的位置连接到其他组织的位置、连接到外部服务以及远程用户。

WAN 的物理层描述公司网络和服务提供商网络之间的物理连接。图 2-7 说明了用于描述 WAN 组件和参考点的常用术语。

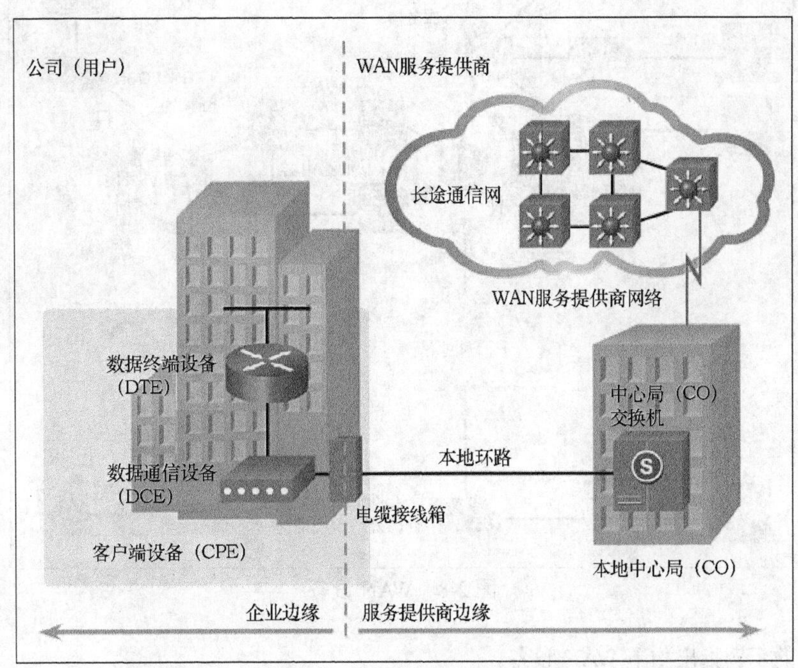

图 2-7 常用 WAN 术语

具体而言，这些术语如下所示。

- **客户端设备（CPE）**：位于企业边缘的设备和内部布线，连接到运营商链路。用户可以从服务提供商处购买 CPE 或租用 CPE。在这里，用户是指向服务提供商订购 WAN 服务的公司。
- **数据通信设备（DCE）**：也称为数据电路终端设备，DCE 由将数据放入本地环路的设备组成。DCE 主要提供一个接口，用于将用户连接到 WAN 网络云中的通信链路。
- **数据终端设备（DTE）**：通过 WAN 传送来自客户网络或主机计算机的数据的客户设备。DTE 通过 DCE 连接到本地环路。
- **分界点**：在大楼或综合设施中设定的某个点，用于分隔客户设备和服务提供商设备。在物理上，分界点是位于客户驻地的接线盒，用于将 CPE 电缆连接到本地环路。分界点通常位于技术人员容易操作的位置。分界点是连接责任由用户转向服务提供商的临界位置。当出现问题时，必须确定究竟是由用户还是服务提供商负责排除故障或修复故障。
- **本地环路**：将 CPE 连接到服务提供商 CO 的实际铜缆或光缆。本地环路有时也称为“最后一公里”。
- **中心局（CO）**：CO 是将 CPE 连接到提供商网络的本地服务提供商设施或大楼。
- **长途通信网**：它包括长途、全数字、光纤通信线路、交换机、路由器和 WAN 提供商网络内的其他设备。

2.2.3 WAN 设备

如图 2-8 所述，有多种用于访问 WAN 连接的方法，因此也就需要多种设备予以支持。服务提供商在其网络和设备范围内，也有互连其他 WAN 提供商所需的特定的 WAN 设备。

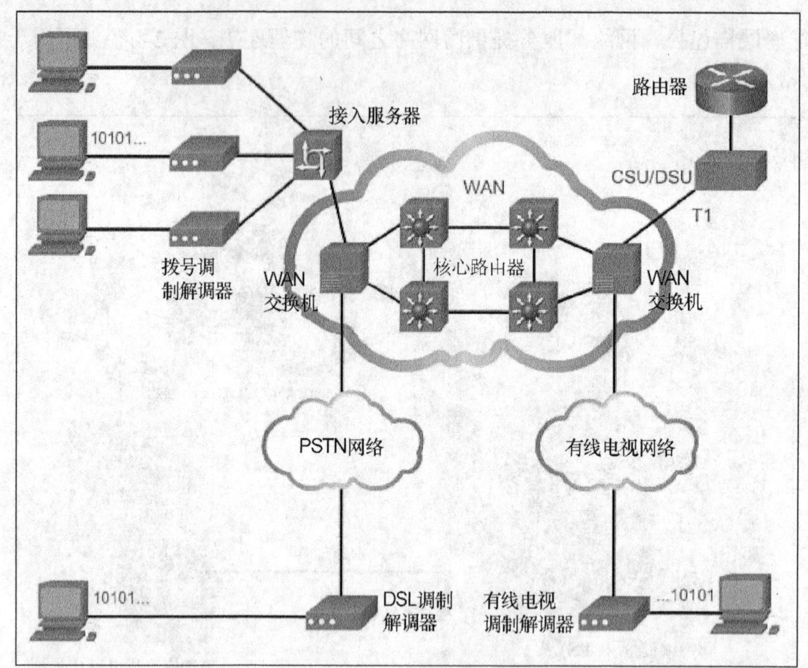

图 2-8 WAN 设备

该图所示的示例指出如下 WAN 设备。

- **拨号调制解调器**：属于传统 WAN 技术，语音带（voice band）调制解调器将计算机生成的数字信号转换为（即调制为）可通过公共电话网络的模拟线路传输的语音频率。在连接的另一端，另一个调制解调器将声音还原成（即解调为）数字信号以便输入到计算机或网络连接中。
- **接入服务器**：用于集中处理拨号调制解调器的拨入和拨出用户通信的设备。作为一种传统技术，接入服务器可能会混合使用模拟接口和数字接口并同时支持数百名用户。
- **宽带调制解调器**：一种用于高速 DSL 或有线 Internet 服务的数字调制解调器。两者与语音带调制解调器的运行方式类似，但使用更高的宽带频率和传输速度。
- **信道服务单元/数据服务单元（CSU/DSU）**：数字租用线路需要 CSU 和 DSU。CSU/DSU 可以是类似于调制解调器的独立设备，也可以是路由器上的接口。CSU 为数字信号提供端接并通过纠错和线路监控技术确保连接的完整性。DSU 将线路帧转换为 LAN 可以解释的帧，也可逆向转换。
- **WAN 交换机**：在服务提供商网络中使用的一种多端口网间设备。这些设备通常交换流量（例如帧中继或 ATM）并在第 2 层上运行。
- **路由器**：这是一种 CPE 设备，可提供用于连接服务提供商网络的网络互联接口和 WAN 接入接口端口。这些接口可以是串行连接、以太网或其他 WAN 接口。对于某些 WAN 接口类型，需要 DSU/CSU 或调制解调器（模拟、有线或 DSL）等外部设备将路由器连接到本地服务提供商。
- **核心路由器/多层交换机**：位于服务提供商 WAN 主干的路由器和多层交换机。要胜任这种角色，这些设备必须能够支持核心层中使用的路由协议，并支持 WAN 核心主干中使用的多个高速接口。它们还必须能够在所有这些接口上以全速转发 IP 数据包。关键核心路由器互连其他提供商的核心路由器。

注意： 上述列表并不详尽，根据所选 WAN 接入技术，可能需要其他设备。

使用的设备类型取决于所实施的 WAN 技术。这些 WAN 技术通过电路交换或分组交换实施。

2.2.4 电路交换

电路交换网络是指在用户通信之前在节点和终端之间建立专用电路（或信道）的网络。如图 2-9 所示，电路交换会为发送方和接收方之间的语音或数据动态建立专用虚拟连接。在开始通信之前，需要通过服务提供商网络建立连接。请注意，电路必须保持建立连接的状态且不能改变，否则通信将会终止，这一点非常重要。

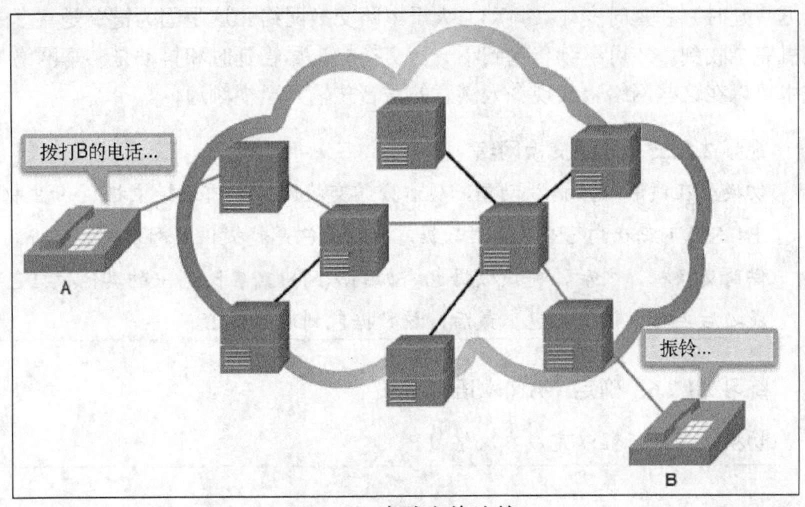

图 2-9 电路交换连接

例如，当用户拨打电话时，拨打的电话号码将用于设置呼叫路由中交换局的交换机，以确保主叫方到被叫方之间有一条连续的电路。由于使用交换操作建立电路，因此这种电话系统称为电路交换网络。如果使用调制解调器代替电话，则交换电路就能够传输计算机数据。

如果电路传输计算机数据，则这种固定容量的使用效率可能会很低。例如，如果此电路用于接入 Internet，则在传输网页时，该电路上将出现活动高峰。接着，可能是用户在阅读网页没有任何活动，再接下来则是传输下一个页面时将出现另一个活动高峰。这种使用率从零到最大值之间的不断变化在计算机网络流量中非常普遍。由于用户独占分配的固定带宽，因此使用交换电路传输数据的成本通常很高。

电路交换 WAN 技术最常见的两种类型是公共交换电话网络（PSTN）和综合业务数字网络（ISDN）。

Video

视频 2.1.2.4：电路交换网络

切换至在线课程，播放动画，观看电路交换如何连接主机 A 和主机 B。

2.2.5 分组交换

与电路交换相反，分组交换将数据流分割成数据包，通过共享网络进行路由。分组交换网络不需要建立电路，它们允许多对节点通过同一信道进行通信。

分组交换网络（PSN）中的路由器根据每个数据包中的编址信息确定发送数据包必须通过的链路。用于此链路决定的方法有如下两种。

- **无连接系统**：每个数据包中必须携带完整的编址信息。每台路由器都必须计算地址以确定将数据包发往何处。无连接系统的一个示例就是 Internet。
- **面向连接的系统**：网络预先确定数据包的路由，而每个数据包只需携带标识符。路由器通过查询内存驻留表中的标识符确定前向路由。表中的各项条目指定了通过该系统的特定路由或电路。当数据包经过它时会临时建立电路，之后电路再次断开，这称为虚电路（VC）。面向连接的系统的一个示例就是帧中继。在帧中继中，所使用的标识符称作数据链路连接标识符（DLCI）。

由于交换机之间的内部链路由许多用户共享，因此分组交换的成本低于电路交换。但是，分组交换网络中的延迟（延时）和延时变化（抖动）大于电路交换网络。这是因为链路是共享的，数据包必须被某台交换机完全收到，才可继续传输到下一台交换机。尽管延时和抖动是共享网络与生俱来的特性，但现代技术可以在这些网络上实现令人满意的语音传输乃至视频通信。

Video

视频 2.1.2.5：分组交换网络

切换至在线课程，播放动画，观看分组交换网络如何连接主机 A 和主机 B。在动画中，SRV1 正在向 SRV2 发送数据。当数据包穿越提供商网络时，它将到达第二台提供商交换机。之后，将该数据包添加到队列中，在队列中的其他数据包都被转发完成之后再转发该数据包。最后，该数据包到达 SRV2。

Interactive Graphic

练习 2.1.2.6：确定 WAN 术语

切换至在线课程以完成本次练习。

2.3 选择 WAN 技术

企业网络可采用私有 WAN 基础设施和公有 WAN 基础设施实现互连。本节将讨论这两种基础设施。

2.3.1 WAN 链路连接方案

ISP 可以使用多个 WAN 接入连接方案将本地环路连接到企业边缘。这些 WAN 接入选项在技术、速度和成本方面存在差异。每种选项都有独特的优缺点。熟悉这些技术是网络设计的一个重要部分。

如图 2-10 所示，企业可通过以下方式获取 WAN 访问。

- **私有 WAN 基础设施**：服务提供商可以提供专用点对点租用线路、电路交换链路（如 PSTN 或 ISDN）以及分组交换链路（如以太网 WAN、ATM 或帧中继）。
- **公共 WAN 基础设施**：服务提供商可以使用数字用户线路（DSL）、有线电视和卫星访问提供宽带 Internet 访问。宽带连接方案通常用于通过 Internet 将小型办公室和远程工作人员连接到公司站点。应当使用 VPN 保护通过公共 WAN 基础设施在企业站点之间传输的数据。

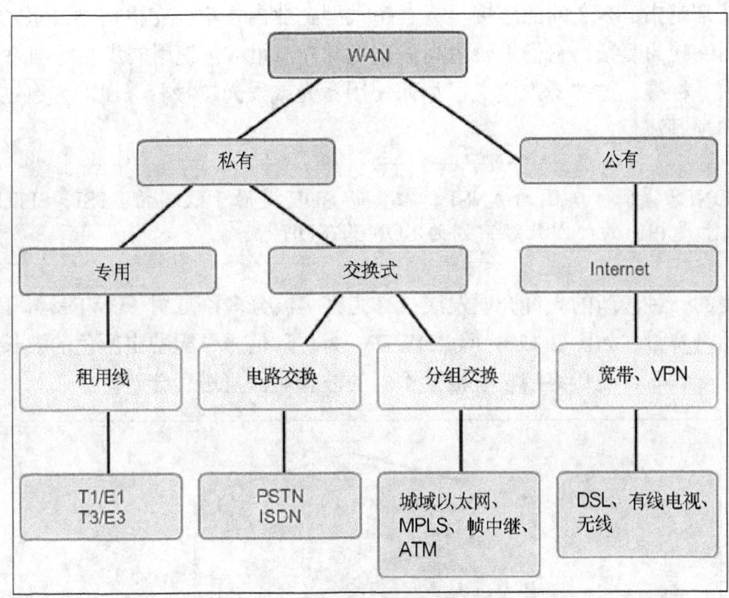

图 2-10　WAN 接入选项

图 2-11 中的拓扑显示了其中一些 WAN 访问技术。

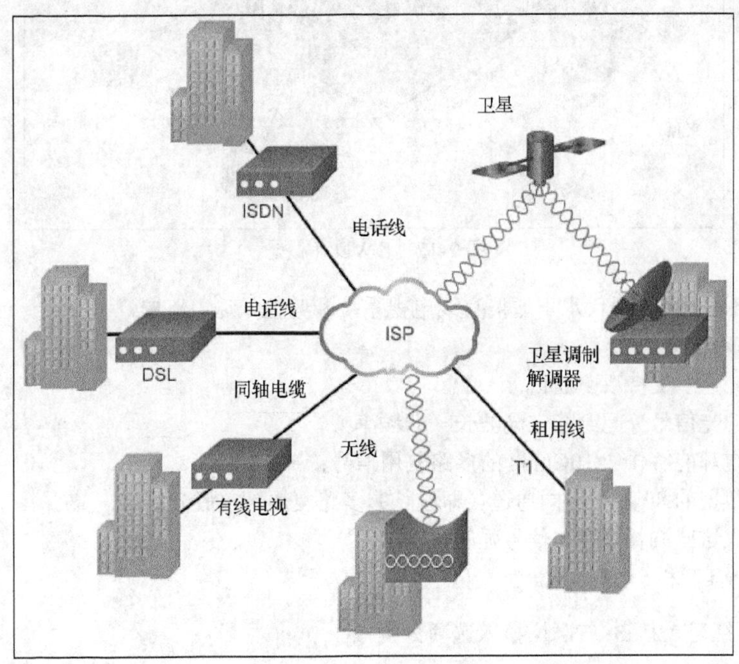

图 2-11　WAN 访问技术

2.3.2　服务提供商网络基础设施

当 WAN 服务提供商收到来自一个站点上客户端的数据时，它必须将数据转发到远程站点，以便最终传输到接收方。在某些情况下，远程站点可能与始发站点连接至相同的服务提供商。在其他情况下，远程站点可能连接到不同的 ISP，而始发 ISP 必须将数据传递到相连的 ISP。

远距离通信通常是指ISP之间的连接，或者超大型企业内各个分支机构办公室之间的连接。

服务提供商网络较为复杂。它们主要由高带宽光纤介质组成，使用同步光纤网络（SONET）或同步数字体系（SDH）标准。这些标准定义了如何使用激光或发光二极管（LED）通过光纤远距离传输多个数据、语音和视频流量。

注意：SONET是源于美国的ANSI标准，而SDH是源于欧洲的ETSI和ITU标准。两者本质上是相同的，因此经常列为SONET/SDH。

用于远程通信的一种较新的光纤介质发展被称为密集波分多路复用（DWDM）。DWDM增大了单股光纤可以支持的带宽量。如图2-12所示，DWDM为传入信号分配特定颜色的波长。这些信号通过光纤电缆传输至终端设备，随后终端设备根据不同的波长对流量进行分解。

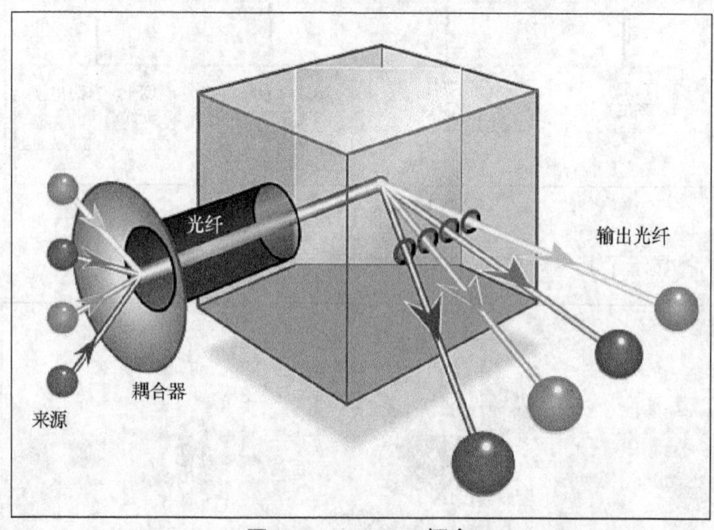

图2-12 DWDM概念

DWDM电路用于所有现代水下通信有线电视系统和其他长途电路中。

具体而言，DWDM：

- 在一股光纤上支持双向通信；
- 将传入的光信号分配给特定光波长（即频率）；
- 每个通道都能够传送10Gbit/s的多路复用信号；
- 可以将数据的80多个不同通道（即波长）多路复用到单股光纤上；
- 能够放大这些波长以增加信号强度；
- 支持SONET和SDH标准。

Interactive Graphic

练习2.2.1.3：WAN接入选项分类

切换至在线课程以完成本次练习。

2.4 私有WAN基础设施

在本节，我们将讨论私有WAN基础设施，包括租用线路、拨号访问、ISDN、帧中继、ATM、

MPLS 和以太网 WAN，以及 VSAT。

2.4.1 租用线路

在需要永久专用连接时，可利用点对点链路提供从客户驻地到提供商网络的预先建立的 WAN 通信路径。点对点线路通常向服务提供商租用，因此称作租用线路。

租用线路从 20 世纪 50 年代早期开始已经存在，因此，有许多不同名称，例如租用电路、串行链路、串行线路、点对点链路和 T1/E1 或 T3/E3 线路。术语"租用线路"是指企业每月向服务提供商支付一定租赁费用以使用线路这一事实。租用线路有不同的容量，其定价通常取决于所需的带宽及两个连接点之间的距离。

在北美洲，服务提供商使用 T 载波系统来定义串行铜介质链路的数字传输功能，而欧洲使用 E 载波系统，如图 2-13 所示。

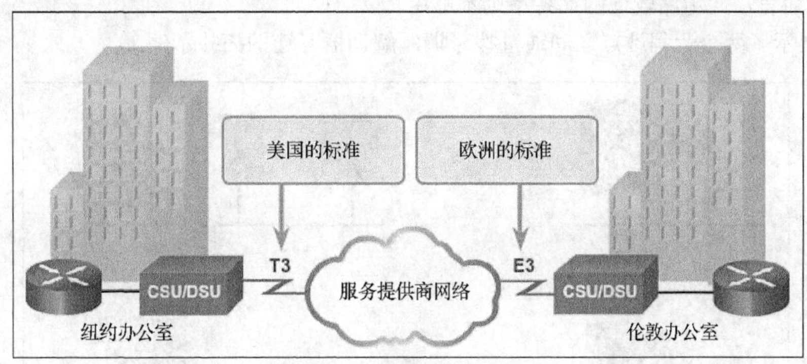

图 2-13　租用线路拓扑示例

例如，T1 链路支持 1.544Mbit/s，E1 支持 2.048Mbit/s，T3 支持 43.7Mbit/s，而 E3 连接支持 34.368Mbit/s。光载波（OC）传输速率用于定义光纤网络的数字传输能力。

租用线路的优点如下所示。

- **简单**：点对点通信链路的安装和维护需要极少的专业知识。
- **质量**：如果点对点通信链路有足够的带宽，它们通常就会提供高质量的服务。专享带宽消除了端点之间的延时或抖动。
- **可用性**：不间断的可用性对于某些应用程序而言非常重要，例如电子商务。点对点通信链路可以提供 VoIP 或 IP 视频所需的永久专用带宽。

租用线路的缺点如下所示。

- **成本**：点对点链路通常是最昂贵的 WAN 接入类型。如果使用租用线路解决方案连接多个站点，而站点之间的距离不断增大时，其成本将会非常高昂。此外，每个终端都需要使用路由器上的一个接口，这将增加设备成本。
- **有限的灵活性**：WAN 流量经常变化，而租用线路有固定容量，因此线路的带宽很少能够满足实际需求。对租用线路的任何改动通常都需要 ISP 人员亲临现场进行功能的调整。

第 2 层协议通常是 HDLC 或 PPP。

2.4.2 拨号

当其他 WAN 技术不可用时，可能需要使用拨号 WAN 访问。例如，远程位置可以使用调制解调器和模拟拨打的电话线路来提供较低带宽和专用交换连接。在需要间断地传输少量数据时，拨号访问是适用的。

传统电话使用铜缆作为本地环路将用户驻地的电话听筒连接到 CO。通话期间本地环路上的信号是不断变化的电子信号，电子信号将用户的语音转换为模拟信号。

传统的本地环路可以使用调制解调器通过语音电话网络传输二进制计算机数据。调制解调器在源位置将二进制数据调制为模拟信号，在目的位置将模拟信号解调为二进制数据。本地环路及其 PSTN 连接的物理特性将信号的传输速度限制为低于 56kbit/s。

对于小型企业而言，这些相对低速的拨号连接对交换销售数字、价格、日常报表和电子邮件来说已经足够。在夜间或周末使用自动拨号传输大文件和备份数据可以充分利用非高峰时段收费（通行费）较低的特点。拨号连接的价格取决于端点之间的距离、每日的拨号时段和呼叫的持续时间。

调制解调器和模拟线路的优势是简单、可用性高，以及实施成本低；缺点是数据传输速度慢，需要相对较长的连接时间。对于点对点流量来说，这种专用电路具有延时短、抖动小的优点；但对于语音或视频流量而言，此电路较低的比特率则不够用。

图 2-14 显示了两个远程站点之间通过拨号调制解调器互连的拓扑示例。

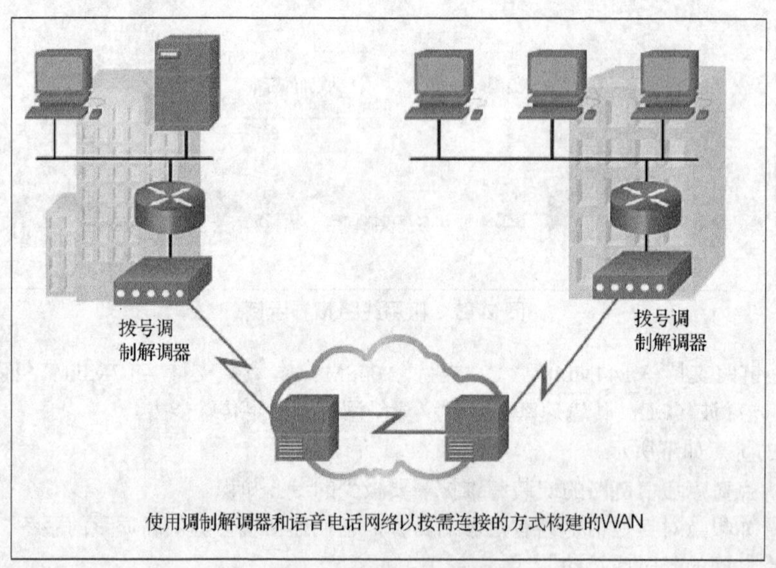

图 2-14 拨号拓扑示例

注意：虽然极少有企业支持拨号接入，但它对于 WAN 接入选项有限的偏远地区而言仍是一个可行的解决方案。

2.4.3 ISDN

综合业务数字网络（ISDN）是一种电路交换技术，能够让 PSTN 本地环路传输数字信号，从而实现更高容量的交换连接。

ISDN 将 PSTN 的内部连接从传输模拟信号改为传输时分复用（TDM）数字信号。TDM 允许在一个通信通道中以子通道的形式传输两个或多个信号或比特流。这些信号看起来是同时传输，但实际上是依次占用信道。

图 2-15 显示了一个 ISDN 拓扑示例。ISDN 连接可能需要使用终端适配器（TA），这是一种用来连

接 ISDN 基本速率接口（BRI）与路由器的设备。

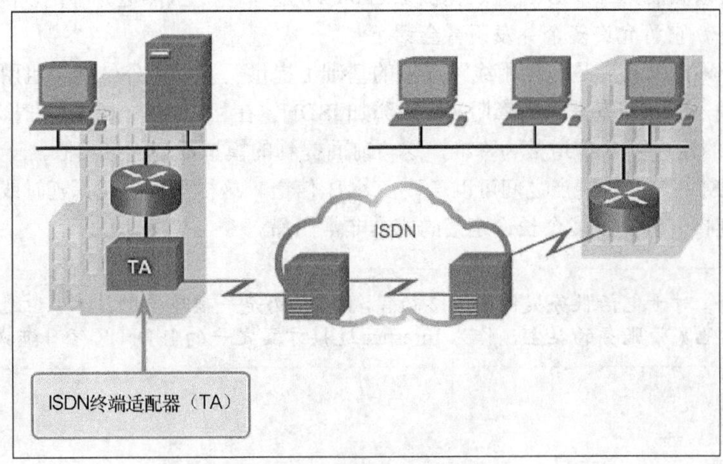

图 2-15 ISDN 拓扑示例

ISDN 将本地环路转换为 TDM 数字连接。这种转换让本地环路能够传输数字信号，从而实现更高容量的交换连接。这种连接使用 64kbit/s 承载信道（B）来传输语音或数据和信令，D 信道则用于建立呼叫和其他用途。

有下面两种 ISDN 接口。

- **基本速率接口**（**BRI**）：ISDN BRI 用于家庭和小企业，提供两条 64kbit/s B 信道和一条 16kbit/s D 信道。BRI D 信道用于控制呼叫，但经常得不到充分利用，因为它只有两个 B 通道需要控制（见图 2-16）。

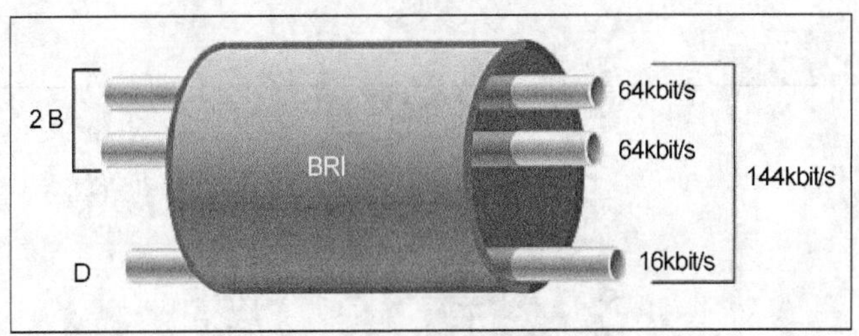

图 2-16 ISDN BRI

- **基群速率接口**（**PRI**）：ISDN 也可用于更大规模的安装环境。在北美，PRI 提供 23 条 64kbit/s 的 B 信道和 1 条 64kbit/s 的 D 信道，总比特率可达 1.544Mbit/s。这包括一些用于同步的额外开销。在欧洲、澳大利亚和世界其他地区，ISDN PRI 提供 30 条 B 信道和 1 条 D 信道，总比特率可达 2.048Mbit/s，其中包括同步开销（见图 2-17）。

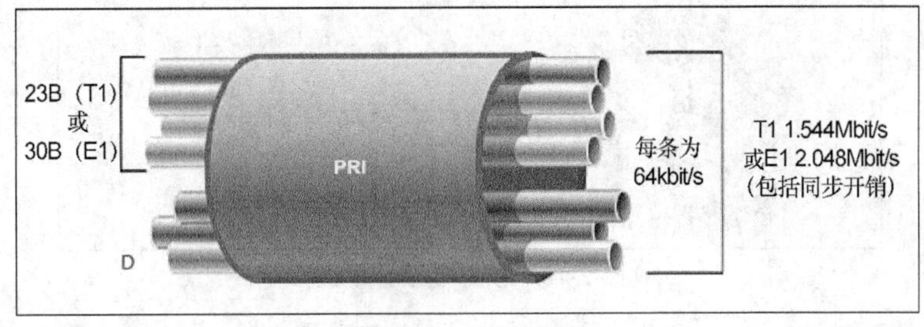

图 2-17 ISDN PRI

BRI 的呼叫建立时间不到 1 秒，64kbit/s 的 B 信道提供的带宽高于模拟调制解调器链路。如果需要更高的带宽，可以激活第二条 B 通道以提供 128kbit/s 的总带宽。虽然这并不足以满足视频需求，但是除数据流量之外，它可允许多个并发语音会话。

ISDN 的另一种常见应用是在租用线路连接的基础上提供所需的额外带宽。租用线路的带宽用于传输平均流量负载，而在带宽需求高峰期间可以添加 ISDN。在租用线路出现故障时，ISDN 还可用作备用连接。ISDN 的定价以 B 信道数为基准，这与前面提到的模拟语音连接相似。

借助于 PRI ISDN，两个端点之间可以连接多条 B 信道。这样可以实现无延时或无抖动的视频会议和高带宽数据连接。但是，多个长途连接的成本非常高昂。

注意： 尽管对于电话服务提供商网络而言，ISDN 仍是一项重要的技术，但随着高速 DSL 和其他宽带服务的诞生，作为 Internet 连接方案之一的 ISDN 已经日渐式微。

2.4.4 帧中继

帧中继是一个简单的第 2 层非广播多路访问（NBMA）WAN 技术，用于互连企业 LAN。使用 PVC 时，单个路由器接口可用于连接多个站点。PVC 用于传输源和目的地之间的语音和数据流量，支持的数据速率最高可达 4Mbit/s，有些提供商甚至会提供更高速率。

即使使用多个虚电路（VC），边缘路由器也只需要一个接口。由于租用线路到帧中继网络边缘的距离很短，因此在高度分散的 LAN 之间使用帧中继可以实现经济有效的连接。

帧中继将创建 PVC，PVC 是由数据链路连接标识符（DLCI）唯一标识的。PVC 和 DLCI 可以确保从一台 DTE 设备到另一台 DTE 设备之间的双向通信。

例如，在图 2-18 中，R1 将使用 DLCI 102 到达 R2，而 R2 将使用 DLCI 201 到达 R1。

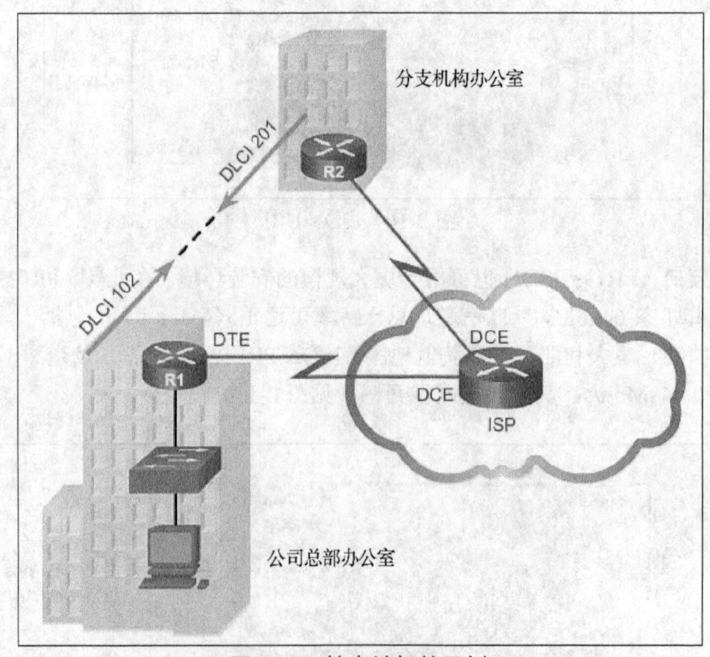

图 2-18 帧中继拓扑示例

2.4.5 ATM

异步传输模式（ATM）技术能够通过私有和公共网络传输语音、视频和数据。ATM 是一种基于信元的体系架构，而不是基于帧的体系架构。ATM 信元的长度总是固定为 53 字节。ATM 信元包含一个 5 字节的 ATM 头，后面是 48 字节的 ATM 负载。小型定长信元非常适合传输语音和视频流量，因为这种流量不允许出现延迟。视频和语音流量无需等待较大数据包传输完毕。

53 字节 ATM 信元的效率低于比它大的帧中继帧和数据包。更严重的是，在 ATM 信元中，每 48 字节的负载至少有 5 个字节的开销。当信元传输分段网络层数据包时，这种开销会更大，因为 ATM 交换机必须能够在目的地重组数据包。如果传输相同数量的网络层数据，典型的 ATM 线路至少需要比帧中继多 20%的带宽。

ATM 的设计具有极佳的可扩展性，能够支持 T1/E1 到 OC-12（622Mbit/s）乃至更高的链路速度。

ATM 提供 PVC 和 SVC，但 PVC 在 WAN 中更常用。与其他共享技术一样，ATM 允许单条连接到网络边缘的租用线路上有多条 VC 连接。

在图 2-19 的示例中，ATM 交换机传输由视频、VoIP、网页和电子邮件组成的 4 种不同的数据流。

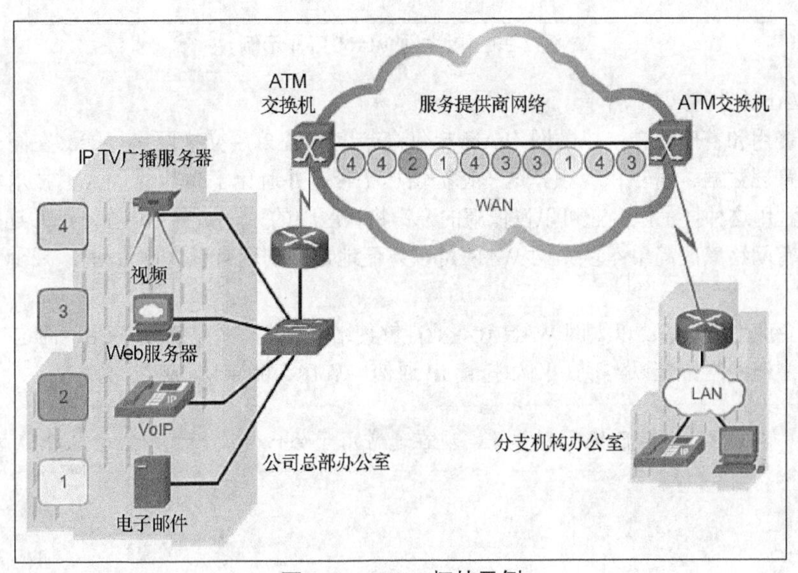

图 2-19 ATM 拓扑示例

2.4.6 以太网 WAN

以太网最初是作为一项 LAN 访问技术而开发的。不过当时它确实不适合作为一项 WAN 访问技术，因为能够支持的最大电缆长度只有一千米。但是，较新的以太网标准使用光缆，这使得以太网成为一个合理的 WAN 接入选项。例如，IEEE 1000BASE-LX 标准支持的光缆长度为 5 千米，而 IEEE 1000BASE-ZX 标准支持的电缆长度可达 70 千米。

服务提供商现在使用光纤布线提供以太网 WAN 服务。以太网 WAN 服务曾有过许多名称，包括城域以太网（MetroE）、MPLS 以太网（EoMPLS）和虚拟专用 LAN 服务（VPLS）。

图 2-20 显示了一个以太网 WAN 拓扑示例。

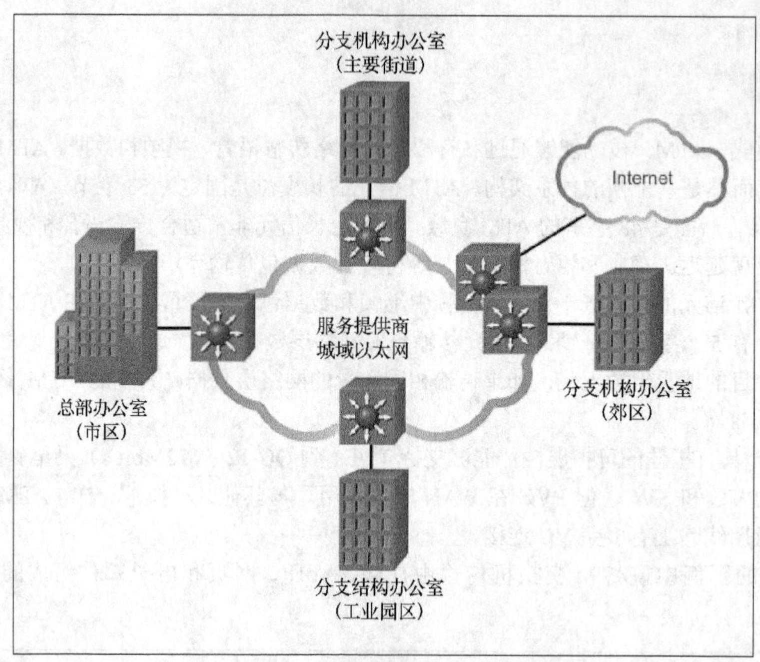

图 2-20 以太网 WAN 拓扑示例

以太网 WAN 的优势如下所示。

- **降低费用和管理开销**：以太网 WAN 提供高带宽的第 2 层交换网络，能够在同一基础设施上同时管理数据、语音和视频。这一特征增加了带宽并避免了向其他 WAN 技术转换的昂贵开销。利用这种技术，企业可以以低廉的开销将城区中的大量站点互连在一起并连接到 Internet。
- **与现有网络集成简单**：以太网 WAN 可以方便地连接到现有以太网 LAN，减少了安装成本和时间。
- **提高企业生产效率**：以太网 WAN 让企业能够使用提升生产效率的 IP 应用，而这些应用在 TDM 或帧中继网络中难以实现，例如托管 IP 通信、VoIP、流媒体和广播视频。

注意：以太网 WAN 已经得到普及，现在通常用于替代传统的帧中继和 ATM WAN 链路。

2.4.7 MPLS

多协议标签交换（MPLS）是一种多协议高性能 WAN 技术，可根据最短路径标签而不是 IP 网络地址引导数据从一台路由器发送到下一台路由器。

MPLS 具有多项典型特征。它是多协议的，这意味着它能够传送任何负载，包括 IPv4、IPv6、以太网、ATM、DSL 和帧中继流量。它使用标签来告知路由器如何处理数据包。标签标识远程路由器之间而非终端之间的路径，而 MPLS 实际上会路由 IPv4 和 IPv6 数据包，其他一切负载都会进行交换。

MPLS 是一种服务提供商的技术。租用线路在站点之间传输位（bit）；帧中继和以太网 WAN 在站点之间传输帧。但是，MPLS 可在站点之间传输任何类型的数据包。MPLS 可封装各种网络协议的数据包。它支持许多不同的 WAN 技术，包括 T 载波/E 载波链路、运营商以太网、ATM、帧中继和 DSL。

图 2-21 中的示例拓扑说明了如何使用 MPLS。

注意，不同站点可使用不同的访问技术连接到 MPLS 云。在图中，CE 是指客户边缘，PE 是用于添加和删除标签的提供商边缘路由器，而 P 是用于交换带有 MPLS 标签的数据包的内部提供商路由器。

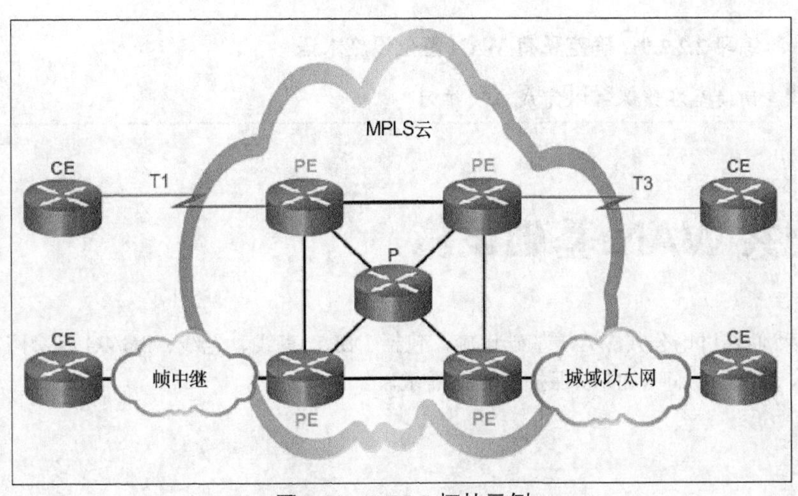

图 2-21 MPLS 拓扑示例

注意： MPLS 主要是一种服务提供商的 WAN 技术。

2.4.8 VSAT

到目前为止，我们讨论过的所有私有 WAN 技术都使用铜缆或光纤介质。如果企业需要在一个远程位置中实现连接，但那里没有服务提供商可以提供 WAN 服务时，应该怎么办？

甚小口径终端（VSAT）是一个可以使用卫星通信创建私有 WAN 的解决方案。VSAT 是一个很小的卫星天线，类似于家庭中 Internet 和 TV 所使用的天线。VSAT 创建私有 WAN，同时提供到远程位置的连接。

具体而言，路由器将连接到一个卫星天线，卫星天线会指向太空中地球同步轨道上服务提供商的卫星。信号必须传输大约 35786 千米（22236 英里）到达卫星然后返回。

图 2-22 中的示例显示了大楼屋顶上的一个 VSAT 天线与太空中数千千米之外的卫星天线通信的情况。

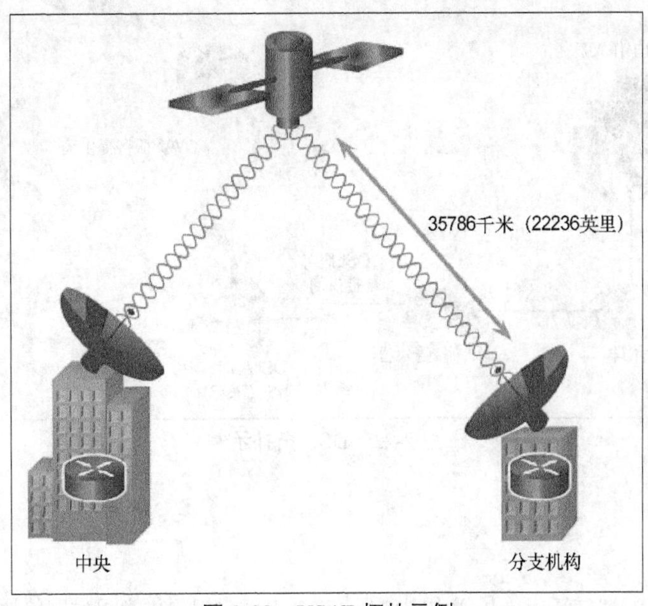

图 2-22 VSAT 拓扑示例

Interactive Graphic

练习 2.2.2.9：确定私有 WAN 基础设施术语

切换至在线课程以完成本次练习。

2.5 公共 WAN 基础设施

在本节，我们将讨论公共 WAN 基础设施，包括 DSL、有线、无线、3G/4G 蜂窝网，以及使用站点到站点 VPN 和远程访问 VPN 以保护数据的需求。

2.5.1 DSL

DSL 技术是一种始终在线的连接技术，它使用现有的双绞电话线传输高带宽的数据并为用户提供 IP 服务。DSL 调制解调器将来自用户设的以太网信号转换为 DSL 信号，然后将其传输到中心局。

在提供商处，使用 DSL 接入复用器（DSLAM）将多个 DSL 用户线路多路复用到单条高容量链路。DSLAM 利用 TDM 技术将多个用户线路聚合到单个介质中，通常是 T3（DS3）连接。目前 DSL 技术使用复杂的编码和调制技术来获得较快的数据速率。

DSL 有许多种，各种标准也层出不穷。DSL 现在已成为企业 IT 部门支持家庭办公人员的潮流之选。通常，用户不能选择直接连接到企业，而必须首先连接到 ISP，然后通过 Internet 连接到企业。这种过程中存在安全风险，但可以通过安全措施进行控制。

图 2-23 中的拓扑显示了 DSL WAN 连接示例。

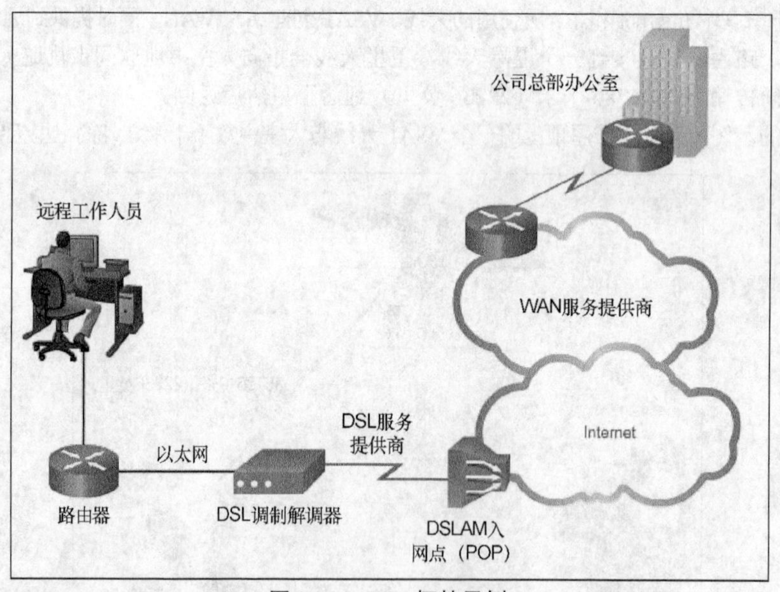

图 2-23 DSL 拓扑示例

2.5.2 有线电视

同轴电缆在城市中被广泛用于传播电视信号。许多有线电视提供商提供网络访问功能。与传统的电话本地环路相比，同轴电缆可以实现更高的带宽。

有线电视调制解调器提供始终在线的连接，且安装简单。用户将计算机或 LAN 路由器连接到有线电视调制解调器，后者将数字信号转换为通过有线电视网络传输的宽带频率。本地有线电视局（叫做有线前端）包含提供 Internet 接入所需的计算机系统和数据库。在前端中，最重要的组件是有线电视调制解调器终端系统（CMTS），它负责发送和接收有线网络中的有线电视调制解调器数字信号，CMTS 是为有线电视用户提供 Internet 服务的必备组件。

有线电视调制解调器用户必须使用服务提供商提供的 ISP。所有本地用户共享同一有线电视带宽。随着越来越多的用户加入该服务，可用的带宽可能会低于预期的速率。

图 2-24 中的拓扑显示了有线电视 WAN 连接示例。

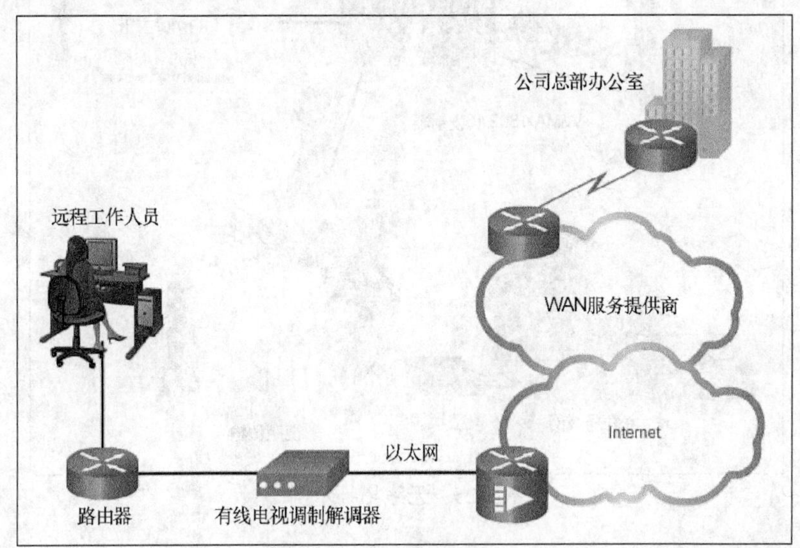

图 2-24 有线电视拓扑示例

2.5.3 无线介质

无线技术使用免授权的无线频谱收发数据。任何拥有无线路由器并且所用设备支持无线技术的用户都可访问免授权的频谱。

直到最近，无线接入都存在一种限制，这就是必须位于无线路由器或无线调制解调器的本地发射范围（通常不超过 100 英尺）之内，而无线路由器或无线调制解调器通过有线连接到 Internet。然而，随着无线宽带技术中下列新发展的不断涌现，这种情况已有改观。

- **市政 Wi-Fi**：许多城市已经开始铺设市政无线网络。其中有些网络免费或是以远低于其他宽带服务的价格提供高速 Internet 接入。市政网络仅用于城市，可让公安、消防部门以及其他城市公务员能够远程处理某些工作。要连接到市政 Wi-Fi，用户通常需要一个无线调制解调器，它提供比传统无线适配器更强的无线电和定向天线。大多数服务提供商免费或有偿提供必要的设备，就像他们提供 DSL 或有线电视调制解调器一样。
- **WiMAX**：微波接入全球互操作性（WiMAX）是一项刚刚开始投入使用的新技术。IEEE 标准 802.16 中描述了该技术。WiMAX 利用无线接入提供高速宽带服务，并像手机网络那样提供广阔的覆盖区域，而不是像 Wi-Fi 热点那样仅仅覆盖小范围。WiMAX 的工作方式与 Wi-Fi 相似，但速度更高，距离更远，支持的用户更多。它使用类似于手机发射塔的 WiMAX 发射塔网络。要访问 WiMAX 网络，用户必须向 ISP 订购，并且 WiMAX 发射塔要在其所在位置的 30 英里之内。他们还需要使用某种 WiMAX 接收器和特殊的加密密钥才能访问基站。

- **卫星 Internet**：通常由没有有线电视和 DSL 的农村用户使用。VSAT 提供双向（上传和下载）数据通信。上传速度大约是下载速度（500kbit/s）的 1/10。有线电视和 DSL 的下载速度更快，但卫星系统的下载速度大约是模拟调制解调器的 10 倍。要访问卫星 Internet 服务，用户需要一根卫星天线、两台调制解调器（上行链路和下行链路）以及连接卫星天线和调制解调器的同轴电缆。

图 2-25 显示了 WiMAX 网络的示例。

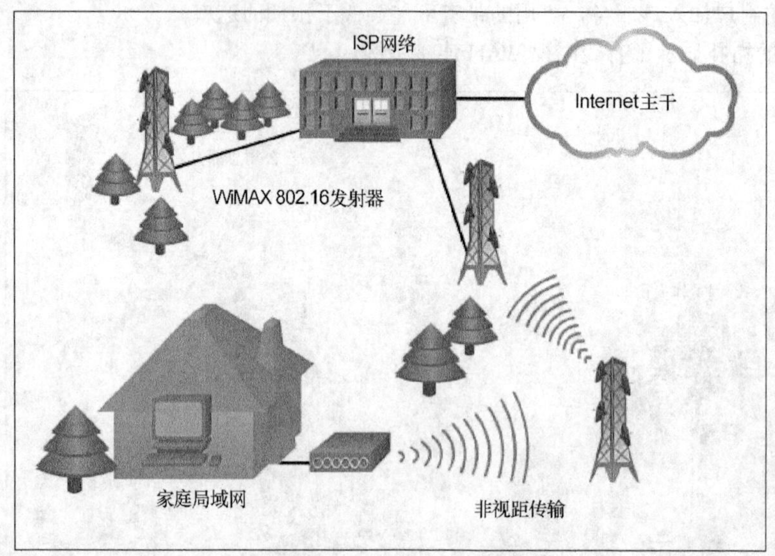

图 2-25　无线拓扑示例

2.5.4　3G/4G 蜂窝网

蜂窝服务逐渐成为另一种用于连接用户和没有其他 WAN 访问技术的远程位置的无线 WAN 技术。许多使用智能手机和平板电脑的用户都可以使用蜂窝网数据来发送电子邮件、网上冲浪、下载应用程序和观看视频。

电话、平板电脑、笔记本电脑甚至有些路由器都可以使用蜂窝技术通过 Internet 通信。如图 2-26 所示，这些设备利用无线电波通过附近的移动电话信号塔进行通信。

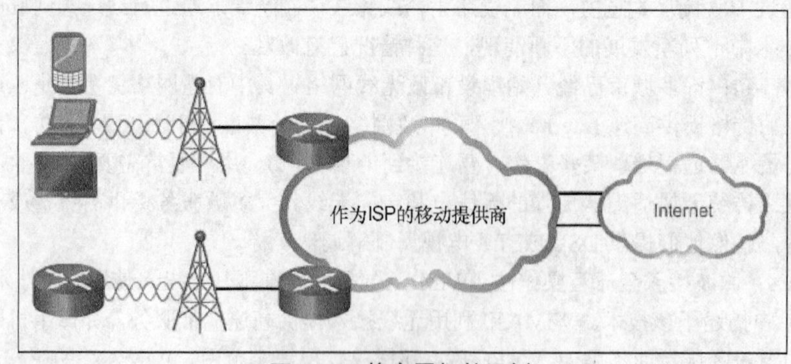

图 2-26　蜂窝网拓扑示例

设备有一个很小的无线电天线，而提供商有一个大得多的天线，设在电话周围数英里内某处信号塔的顶端。

常见的蜂窝网行业术语如下所示。

- **3G/4G 无线**：第 3 代和第 4 代蜂窝网访问的缩写。这些技术支持无线 Internet 访问。
- **长期演进（LTE）**：是指一种更新更快的技术，并被视为第四代（4G）技术的一部分。

2.5.5　VPN 技术

当远程工作人员或远程办公室员工使用宽带服务通过 Internet 访问公司 WAN 时，会带来一定的安全风险。为消除安全隐患，宽带服务提供使用 VPN 连接到 VPN 服务器的功能，VPN 服务器通常位于公司站点。

VPN 是通过公共网络（例如 Internet）在私有网络之间建立的加密连接。VPN 并不使用专用的第 2 层连接（例如租用线路），而是使用称为 VPN 隧道的虚拟连接，VPN 隧道通过 Internet 将公司的私有网络路由到远程站点或员工主机上。

VPN 的优势包括如下几个方面。

- **节省成本**：利用 VPN，组织能够使用全球 Internet 将远程办公室和远程用户连接到总公司站点，从而节省了为架设专用 WAN 链路和购买大批调制解调器而带来的昂贵开销。
- **安全性**：VPN 通过使用先进的加密和身份验证协议，防止数据受到未经授权的访问，从而提供最高级别的安全性。
- **可扩展性**：由于 VPN 使用 ISP 和设备自带的 Internet 基础设施，因此可以非常方便地添加新用户。公司无需添置大批的基础设施即可大幅增加容量。
- **与宽带技术的兼容性**：VPN 技术得到了 DSL 和有线电视等宽带服务提供商的支持，因此移动办公人员和远程工作人员可以利用家中的高速 Internet 服务访问公司网络。企业级高速宽带连接还可为连接远程办公室提供经济有效的解决方案。

有下面两种类型的 VPN 接入。

- **站点到站点 VPN**：站点到站点 VPN 将整个网络互连在一起，例如，它们可以将一个分支机构办公室网络连接到公司总部网络，如图 2-27 所示。每个站点都配备一个 VPN 网关，例如路由器、防火墙、VPN 集中器或安全设备。在图中，远程分支机构使用站点到站点 VPN 连接到公司总部。

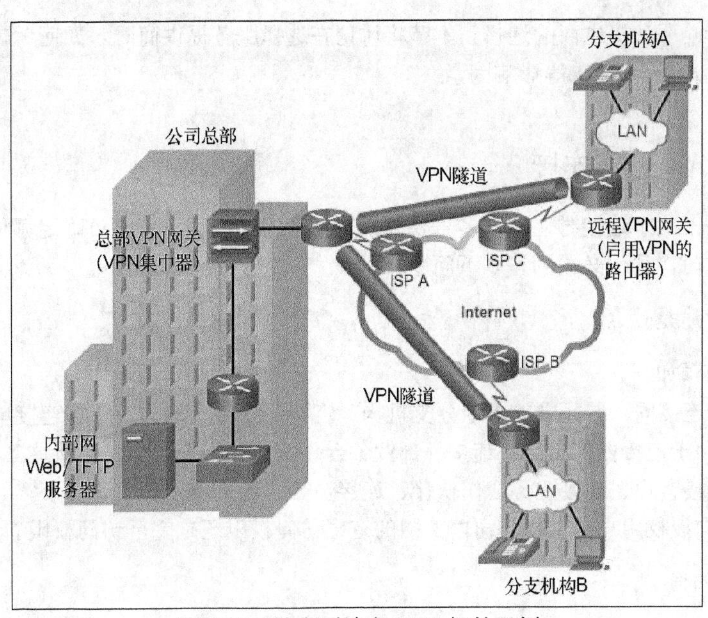

图 2-27　站点到站点 VPN 拓扑示例

■ **远程访问 VPN**：利用远程访问 VPN，各台主机（例如远程工作人员、移动用户和外联网用户）可以通过 Internet 安全地访问公司网络。每台主机（远程工作人员 1 和远程工作人员 2）通常会加载 VPN 客户端软件或使用基于 Web 的客户端，如图 2-28 所示。

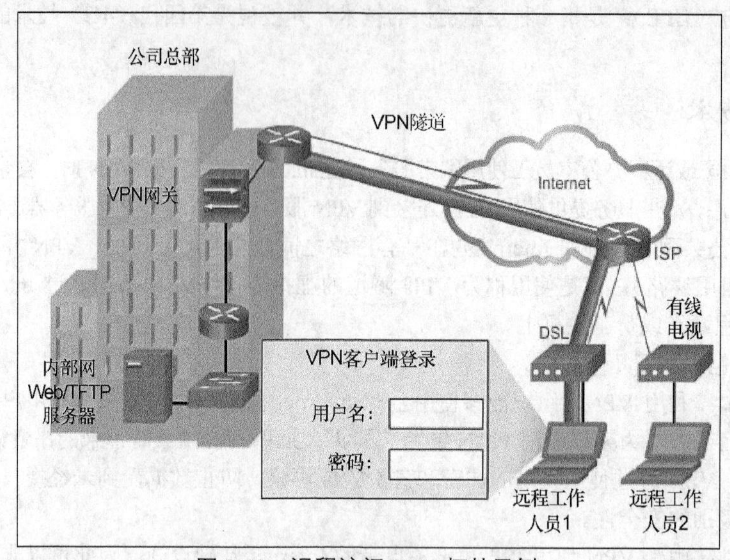

图 2-28　远程访问 VPN 拓扑示例

Interactive Graphic　**练习 2.2.3.6：确定公共 WAN 基础设施术语**

切换至在线课程以完成本次练习。

2.6　选择 WAN 服务

许多因素会影响服务提供商的选择。本节将讨论在选择服务提供商时，如何考虑 WAN 的用途、WAN 的地理范围以及流量要求等影响因素。

2.6.1　选择 WAN 链路连接

在选择合适的 WAN 连接时，有许多重要因素需要考虑。在网络管理员确定哪种 WAN 技术最适合其特定业务要求时，他们必须回答以下问题。

1. WAN 的用途是什么

应该考虑的事项如下。

■ 企业将会连接同一城区中的本地分支机构、连接远程分支机构，还是连接单个分支机构？

■ WAN 将用于连接内部员工、连接外部业务合作伙伴和客户，还是连接这三者？

■ 企业将连接客户、连接业务合作伙伴、连接员工，还是连接其中的几个？

■ WAN 将向授权用户提供对公司内部网的有限访问权限还是完全访问权限？

2. 地理范围如何

应该考虑的事项如下。

- WAN 是本地的、区域性的还是全球的？
- WAN 是一对一（单个分支机构）、一对多分支机构，还是多对多（分布式）？

3. 流量要求如何

应该考虑的事项如下。

- 必须支持哪种类型的流量（仅限数据、VoIP、视频、大文件、流媒体文件）？这将决定对于质量和性能的要求。
- 对于每个目的设备，必须支持的各种数据（语音、视频或数据）的量有多大？这将决定与 ISP 的 WAN 连接所需的带宽量。
- 需要哪些服务质量？这可能会限制方案的选择。如果流量对延时和抖动非常敏感，那么就要排除任何无法提供所需质量的 WAN 连接方案。
- 安全要求是什么（数据完整性、机密性和安全性）？如果流量是高度机密的，或者如果它将提供重要服务（例如应急响应），那么这些都是重要的考虑因素。

除了收集有关 WAN 范围的信息外，管理员还必须下述信息。

- **WAN 应该使用私有还是公共基础设施？**私有基础设施可以提供最佳的安全性和机密性，而公共 Internet 基础设施则提供最佳的灵活性和最低的使用成本。方案选择取决于 WAN 的用途、WAN 传输的流量类型和可用运营预算。例如，如果 WAN 的用途是为附近的分支机构提供高速安全服务，那么私有专用或交换连接也许是最佳之选。如果用途是连接许多远程办公室，那么使用 Internet 的公共 WAN 也许是最佳之选。对于分布式企业，最终解决方案可能是结合使用各种连接方式。
- **对于私有 WAN，应该选择专用链路还是交换链路？**大量实时交易（例如数据中心和公司总部办公室之间的流量）有特殊的需求，可能适合采用专用线路。如果企业要连接到单个本地分支机构，那么可以使用专用租用线路。但是，如果 WAN 需要连接许多办公室，那这种方案的成本会变得很高。这种情况下，交换连接也许更胜一筹。
- **对于公共 WAN，需要何种类型的 VPN 访问？**如果 WAN 的用途是连接一个远程办公室，那么站点到站点 VPN 也许是最佳的选择。而如果要连接远程工作人员或客户，那么远程访问 VPN 会更胜一筹。如果 WAN 同时为分支机构、远程工作人员和授权客户提供服务（例如分布式运营的跨国公司），那么可能需要结合使用这些 VPN 方案。
- **当地提供哪些连接方案？**在某些地区，并非所有的 WAN 连接方案都可用。在这种情况下，选择过程会比较简单，然而最终选择的 WAN 可能并不能发挥最佳性能。例如，在农村或偏远地区，唯一的方案也许只有 VSAT 或者蜂窝网访问。
- **可用连接方案的成本如何？**根据所选方案，WAN 的使用成本可能会非常高昂。在考虑某个方案的成本时，必须结合其满足其他要求的能力权衡考虑。例如，专用租用线路是最昂贵的方案，但如果它能够对确保大量实时数据的安全传输发挥关键性的作用，那这么高昂的成本也是物有所值。对于要求相对较低的应用，更便宜的交换连接或 Internet 连接方案也许更合适。

根据上述原则以及 1.2 节中介绍的知识，网络管理员应该能够选择合适的 WAN 连接来满足不同企业场景的需求。

实验 2.2.4.3：研究 WAN 技术

在本实验中，您需要完成以下目标。

- 第 1 部分：调查专用 WAN 技术和提供商。
- 第 2 部分：调查您所在区域的专用租用线路服务提供商。

2.7 总结

课堂练习 2.3.1.1：WAN 设备模块

您的中型企业正升级其网络。为了充分利用当前使用的设备，您决定购买 WAN 模块而不是新设备。

所有分支机构使用 Cisco 1900 或 2911 系列 ISR。您将在多个位置更新这些路由器。每个分支机构都要考虑各自的 ISP 要求。

为更新设备，我们需要重点关注以下 WAN 模块接入类型：

- 以太网；
- 宽带；
- T1/E1 和 ISDN PRI；
- BRI；
- 串行；
- T1 和 E1 TRUNK 语音和 WAN；
- 无线 LAN 和 WAN。

企业可以使用专用线路或公共网络基础设施进行 WAN 连接。只要同时做好安全规划，公共基础设施连接就会成为 LAN 之间专用连接的一个经济高效的替代方案。

WAN 访问标准在 OSI 模型的第 1 层和第 2 层上运行，而且是由 TIA/EIA、ISO 和 IEEE 定义和管理的。WAN 可以是电路交换，也可以是分组交换。

有些常用术语可用于确定 WAN 连接的物理组件和由哪一方（服务提供商还是客户）负责哪些组件。

服务提供商网络比较复杂，而且服务提供商的主干网络主要由高带宽光纤介质组成。用于互连客户的设备特定于所实施的 WAN 技术。

通过使用租用线路来提供永久专用点对点连接。拨号访问虽然速度较慢，但对于 WAN 方案有限的偏远地区仍是可行的。其他专用连接方案包括 ISDN、帧中继、ATM、以太网 WAN、MPLS 和 VSAT。

公共基础设施连接包括 DSL、有限电视、无线和 3G/4G 蜂窝网。可通过使用远程访问或站点到站点虚拟专用网络（VPN）提高公共基础设施连接的安全性。

2.8 练习

下面提供了有关本章所介绍的主题的练习。实验和课堂练习可参阅配套教材《连接网络实验手册》。

2.8.1 课堂练习

课堂练习 2.0.1.2：开设分支机构

课堂练习 2.3.1.1：WAN 服务模块

2.8.2 实验

实验 2.2.4.3：研究 WAN 技术

2.9 检查你的理解

请完成以下所有复习题，以检查您对本章要点和概念的理解情况。答案列在本书附录中。

1．通过当地 Internet 服务提供商可获得的宽带服务（如 DSL）适用于哪种类型的组织？

A．只拥有 10 名员工的小公司，使用单个 LAN 共享信息

B．拥有 500 名员工的中型公司，使用多个 LAN 共享信息

C．拥有 2000 名员工的大公司，处于多个位置并位于多 LAN 环境中

2．下列哪种设备是数据终端设备？

A．有线电视调制解调器

B．CSU/DSU

C．拨号调制解调器

D．DSL 调制解调器

E．路由器

3．当使用数字租用线互连客户端和提供商时，应当使用哪两种设备？（选择 2 项）

A．接入服务器

B．信道服务单元（CSU）

C．数据服务单元（DSU）

D．拨号调制解调器

E．第 2 层交换机

F．路由器

4．下列有关面向连接的分组交换网络的描述中，哪些是正确的？（选择 3 项）

A．虚电路为数据包传输过程而建立

B．每个数据包必须仅携带一个标识符

C．以太网是一个示例

D．每个数据包必须携带完全寻址信息

E．Internet 是一个示例

F．网络预先确定每个数据包的路由

5．下列哪项技术使用光缆介质来支持远距离 SONET 和 SDH 连接？

A．ATM

B．DSL

C．DWDM

D．帧中继

E．ISDN

F．MPLS

G．市政 Wi-Fi

H．VPN

I．VSAT

J．WiMAX

6．下列哪项基于蜂窝体系架构建立的 WAN 技术用于同时传输数据、语音和视频？

A．ATM

B．DSL

C．DWDM

D．帧中继

E．ISDN

F．MPLS

G．市政 Wi-Fi

H．VPN

I．VSAT

J．WiMAX

7．在北美地区，ISDN PRI 由多少个 B 信道组成？

A．2

B．16

C．23

D．30

E．64

8．下列哪项 WAN 技术提供通过公共网络安全连接到私有网络的能力？

A．ATM

B．DSL

C．DWDM

D．帧中继

E．ISDN

F．MPLS

G．VPN

H．VSAT

I．WiMAX

9．下列哪一术语描述的是将客户站点连接到最近的 WAN 服务提供商交换局的电缆？

A．CO

B．DCE

C．DTE

D．本地环路

10．下列有关电路交换网络的描述中，哪些是正确的？（选择 2 项）

A．专用安全电路在每对通信节点之间建立

B．通过服务提供商网络的连接在通信开始之前快速建立

C．多对节点可通过同一网络信道进行通信

D．通信开销较低

第 3 章

点对点连接

学习目标

通过完成本章学习，您将能够回答下列问题：

- WAN 中点对点串行通信的基本原理是什么？
- 如何在点对点串行链路上配置 HDLC 封装？
- 在 WAN 中使用 PPP 比使用 HDLC 具有哪些优势？
- 什么是 PPP 分层架构？LCP 和 NCP 的功能是什么？
- PPP 会话是如何建立的？
- 如何在点对点串行链路上配置 PPP 封装？
- 如何配置 PPP 身份验证协议？
- 如何使用 **show** 和 **debug** 命令排除 PPP 故障？

关键术语

下列为本章所用的关键术语。您可以在本书的术语表中找到其定义。

点对点连接
时钟偏差
时分复用（TDM）
统计时分复用（STDM）
数据流
传输链路
分界点
空调制解调器
DS（数字信号级）
E1
E3
面向比特
同步数据链路控制（SDLC）
主站点
思科 7000
Trunk 线路
链路控制协议（LCP）
网络控制协议（NCP）
Novell IPX
SNA 控制协议
口令验证协议（PAP）
挑战握手验证协议（CHAP）
分段
重组
消息摘要 5（MD5）
TACACS/TACACS+

WAN 连接最常见的一种类型（尤其在长距离通信中）是点对点连接，也称为串行连接或租用线路连接。由于这些连接通常由运营商（例如电话公司）提供，因此必须在运营商需管理的范围和客户需管理的范围之间明确地界定一个边界。

本章包含在串行连接中使用的术语、技术和协议。高级数据链路控制（HDLC）和点对点协议（PPP）会在本章中进行介绍。PPP 是一种可以处理身份验证、压缩、错误检测、监控链路质量并将多个串行连接在逻辑意义上捆绑在一起以共享负载的协议。

课堂练习 3.0.1.2：PPP 信念

您的网络工程主管最近出席了讨论第 2 层协议的网络会议。他知道您的思科设备在现场，但是他仍希望通过点对点协议（PPP）提供安全高级的 TCP/IP 选项并控制该设备。

研究 PPP 协议后，您会发现它与您网络当前使用的 HDLC 协议相比具有一些优势。

创建矩阵，列出使用 HDLC 与 PPP 协议的优点和缺点。比较两个协议时，包括：

- 易于配置；
- 对于非专有网络设备的适应性；
- 安全选项；
- 带宽使用量和压缩；
- 带宽整合。

与其他同学或另一班级分享您的图表。证明您是否会建议与网络工程主管分享矩阵以确保第 2 层网络连接由 HDLC 变更为 PPP。

3.1 串行点对点概述

本节将给出点对点串行链路的概述。对点对点串行通信的基本理解对于理解用于这些类型串行链路的协议而言至关重要。HDLC 封装和配置稍后也将在本节予以讨论。

3.1.1 串行通信

计算机通信最早的形式涉及大型计算机之间的串行链路。串行链路仍是连接两个网络（通常是跨远距离连接）所广泛采用的方法。

1. 串行和并行端口

WAN 连接最常见的一种类型是点对点连接。如图 3-1 所示，点对点连接用于将 LAN 连接到服务提供商 WAN，以及将企业网络内部的各个 LAN 网段连接在一起。

图 3-1 串行点对点通信

LAN 到 WAN 的点对点连接也称为串行连接或租用线路连接。这是因为线路是从运营商（通常为电话公司）处租用并且专供租用该线路的公司使用。公司为两个远程站点之间的持续连接支付费用，该线路将持续活动，始终可用。租用线路是一种常用的 WAN 访问类型，其价格通常取决于所需的带宽以及两个连接点之间的距离。

了解租用线路上点对点串行通信的运行方式对于整体了解 WAN 如何发挥作用非常重要。

串行连接上的通信是一种数据传输方法，其中二进制信息（即比特）通过单个通道依次传输。这就相当于一个管道，其宽度只允许一次通过一个球。虽然多个球可以进入管道，但是一次只能进入一个，并且它们只有一个出口点，即管道的另一端。串行端口是双向的，通常称为双向端口或通信端口。

这与并行通信不同，在并行通信中二进制信息可以通过多根导线同时传输。如图 3-2 所示，理论上并行连接的数据传输速度是串行连接的 8 倍。根据这个理论，在串行连接发送一个比特的时间里，并行连接可以发送一个字节（8 个比特）。但是，并行通信在导线之间经常存在串扰的问题，特别是当导线长度增加时。并行通信中也会存在时钟偏差的问题。当不同导线上的数据无法同时到达时，时钟偏差就会发生，这就产生了同步问题。最后，大多数的并行通信仅支持一个方向，即从硬盘驱动器发出的纯出站通信。

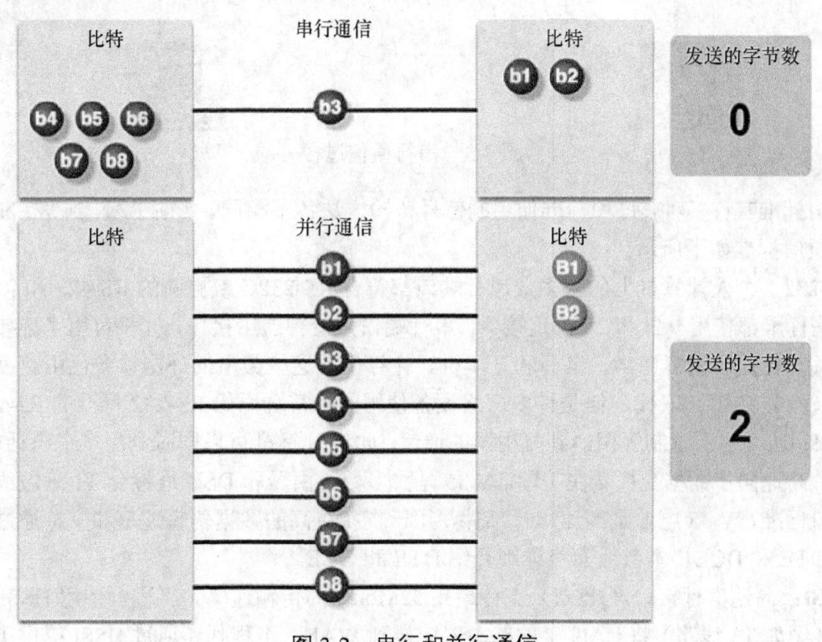

图 3-2 串行和并行通信

曾经，大多数 PC 同时包含串行和并行端口。并行端口用于连接打印机、计算机和其他需要较高带宽的设备。并行端口也可用于内部组件之间。对于外部通信，则主要使用串行总线进行信号转换。由于串行通信具备双向的能力，因此它的实施成本非常低。串行通信使用的导线数更少，电缆更便宜，连接器的针脚也更少。

在大多数 PC 上，并行端口和 RS-232 串行端口已由更高速的串行通用串行总线（USB）接口替代。但是，对于长距离通信，许多 WAN 仍然使用串行传输。

2. 串行通信

图 3-3 显示了 WAN 上串行通信的简易表示。数据根据发送路由器使用的通信协议进行封装。封装的帧通过物理介质发送到 WAN。数据在 WAN 上的传输方式很多，但接收方路由器在数据到达时会采用相同的通信协议将帧解封。

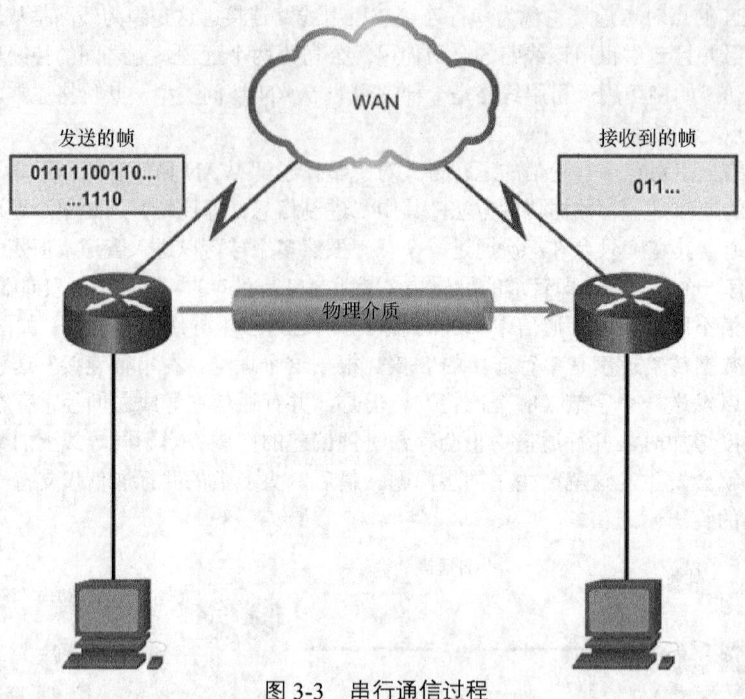

图 3-3 串行通信过程

串行通信标准有许多种，每种标准使用的信号传输方法各不相同。影响 LAN 到 WAN 连接的三个重要的串行通信标准如下所示。

- **RS-232**：个人计算机上的大多数串行端口都符合 RS-232C 或更新的 RS-422 和 RS-423 标准。这些标准都使用 9 针和 25 针连接器。串行端口是一种通用接口，几乎可用于连接任何类型的设备，包括调制解调器、鼠标和打印机。计算机上这些类型的外围设备已由速度更快的新标准（例如 USB）取代，但是许多网络设备使用的是符合原始 RS-232 标准的 RJ-45 连接器。
- **V.35**：通常用于调制解调器到复用器的通信，此 ITU 标准可以同时利用多个电话电路的带宽，适合高速同步数据交换。在美国，V.35 是大多数路由器和 DSU 连接到 T1 载波线路所使用的接口标准。V.35 电缆是高速串行部件，用于支持更高的数据传输速率和支持通过数字线路连接 DTE 和 DCE。本节后面将详细介绍 DTE 和 DCE。
- **HSSI**：高速串行接口（HSSI）支持最高 52Mbit/s 的传输速率。工程师使用 HSSI 通过高速线路（例如 T3 线路）将 LAN 上的路由器连接到 WAN。工程师还通过 HSSI 提供了采用令牌环或以太网的 LAN 之间的高速互连。HSSI 是由思科公司和 T3 Plus Networking 联合开发的 DTE/DCE 接口，用于满足 WAN 链路上高速通信的需求。

3. 点对点通信链路

在需要永久专用连接时，可使用点对点链路通过提供商网络预先建立从客户驻地到远程目的地的单个 WAN 通信路径，如图 3-4 所示。

点对点链路可将两个相隔遥远的站点（例如纽约的企业办公室和伦敦的区域办公室）连接起来。对于点对点线路，运营商会为客户所租用的线路（租用线路）指定特定的资源。

注意： 点对点连接并不仅限于陆地上的连接。在海面下有数十万英里的光缆可连接全球各国家/地区和各大陆。在 Internet 上搜索“海底的 Internet 电缆分布图”可以找到这些海底电缆连接的多个电缆分布图。

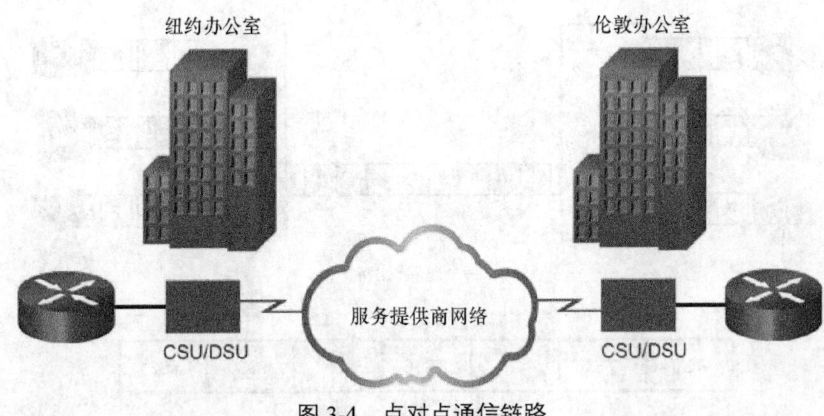

图 3-4 点对点通信链路

点对点链路通常比共享服务更昂贵。当使用租用线路解决方案连接距离不断增加的多个站点时，成本将会非常高。但是，有时租用线路还是利大于弊，其专享带宽消除了端点之间的延时或抖动。对 VoIP 或 IP 视频之类的应用来说，不间断的可用性非常关键。

4. 时分复用

在使用租用线路时，尽管客户已支付专用服务的费用且专用带宽已提供给客户，运营商仍然在网络内使用多路复用技术。多路复用是指允许多个逻辑信号共享一个物理通道的方案。多路复用的两种常见类型是时分复用（TDM）和统计时分复用（STDM）。

TDM

为了最大限度地提高介质中传输的语音流量，贝尔实验室最初发明了时分复用（TDM）。在复用技术出现之前，每个电话呼叫都需要有自己的物理链路。这种方案非常昂贵，而且无法扩展。TDM 将单个链路的带宽划分为不同的时隙。通过为每个通道中的传输分配不同的时隙，TDM 可在同一条链路上传输两个或多个通道（数据流）。实际上，这些通道是轮流使用链路。

TDM 是一个物理层概念。它与输出信道上进行多路复用的信息本身的特性无关。TDM 与输入通道所用的第 2 层协议无关。

我们可以将 TDM 比作高速公路上的车流。为了将四条公路上的车流运输到另一个城市，如果每条公路都享有同等的服务且车流都保持同步，那么您可以让所有的车流都通过一个车道（即主干高速公路）驶达。如果每条公路上每四秒钟就有一辆汽车进入主干高速公路，那么高速公路上的车流速率为每秒一辆。只要所有汽车的速度完全相同，汽车之间就不会产生冲突。到达目的地后，整个过程颠倒过来，汽车将按照相同的同步方式驶离高速公路并进入通往各地的公路。

这就是在链路上发送数据所用的同步 TDM 原理。TDM 可以通过将传输时间划分为更小的相等间隔来增加传输链路的容量，这样链路就能够传输来自多个输入源的比特信息。

在图 3-5 中，发射器的复用器（MUX）接受了三个不同的信号。MUX 可将每个信号分割成多个数据段。通过将每个数据段插入到时隙中，MUX 为每个数据段各分配了一个通道。

接收端的 MUX 仅根据每个比特的到达时间将 TDM 流重新组装成三个独立的数据流。一种称为比特交错的技术可以跟踪每次传输的比特数和顺序，这样在接收时可以快速有效地将这些比特重新组装成原始的格式。字节交错的功能与比特交错相同，但由于每个字节有 8 比特，因此该流程需要更大或更长的时隙。

TDM 的工作原理总结如下。

- TDM 通过将时隙分配给用户来共享介质上可用的传输时间。
- MUX 以交替的序列（轮询）接受来自于相连设备的输入并通过周期模式传输数据。
- T1/E1 和 ISDN 电话线是同步 TDM 的常见示例。

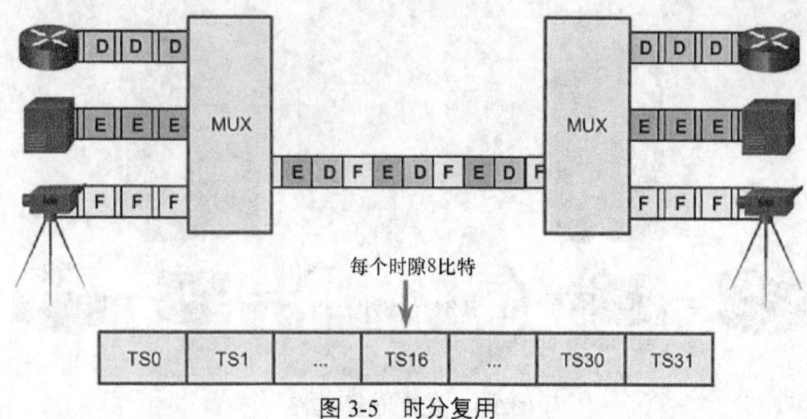

图 3-5 时分复用

5. 统计时分复用

再打个比喻，可以将 TDM 比作一列带有 32 节车厢的列车。每节车厢分别属于不同的物流公司，每天该列车发车时都带有这 32 节车厢。如果某个公司需要发货，则对应的车厢将会装货。如果该公司不需要发货，那么车厢为空，但仍然在列车上。空车行驶显然效率不高。当流量时断时续时，TDM 也会存在这种低效的问题，因为即使不需要传输任何数据，还是会分配时隙。

STDM

开发 STDM 的目的就是解决低效的问题。如图 3-6 所示，STDM 采用可变的时隙长度，让通道可以竞争任何空闲的时隙空间。在流量高峰时段，STDM 使用缓冲区内存临时存储数据。采用这种方案后，STDM 不会因为非活动通道而浪费高速线路的时间。STDM 要求每个传输都带有身份验证信息或通道标识符。

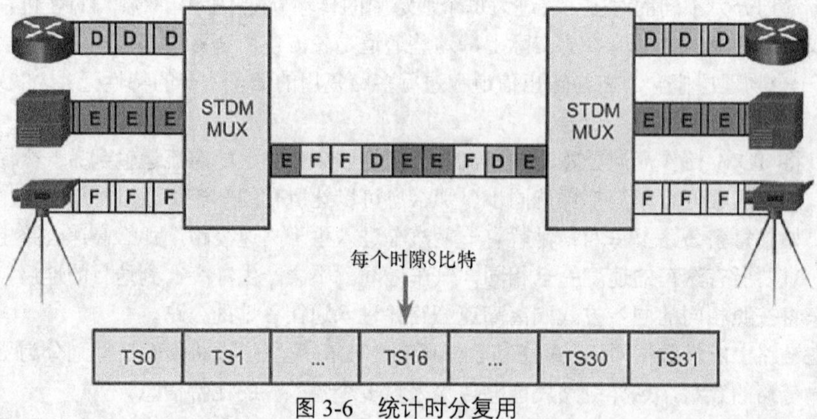

图 3-6 统计时分复用

6. TDM 示例：SONET 和 SDH

在更大规模上，电信行业使用同步光纤网络（SONET）或同步数字体系（SDH）标准来进行 TDM 数据的光传输。北美使用的 SONET 和其他地区使用的 SDH 是两个密切相关的标准，它们指定了接口参数、速率、帧格式、多路复用方法以及光纤上同步 TDM 的管理。

图 3-7 显示了 SONET，它是 STDM 的示例。SONET/SDH 采用了 *n* 位数据流，对它们进行多路复用并根据光学来调制信号。然后它使用光纤上的发光设备将其发送出去，其速度为输入比特率的 n 倍。因此，来自于 4 个地点的流量以 2.5Gbit/s 的速率到达 SONET 复用器，然后以 4×2.5Gbit/s（或 10Gbit/s）

的速率作为单个数据流发出。此原理在图中进行了说明，它显示了在时隙 T 中比特率乘以系数 4 的增长。

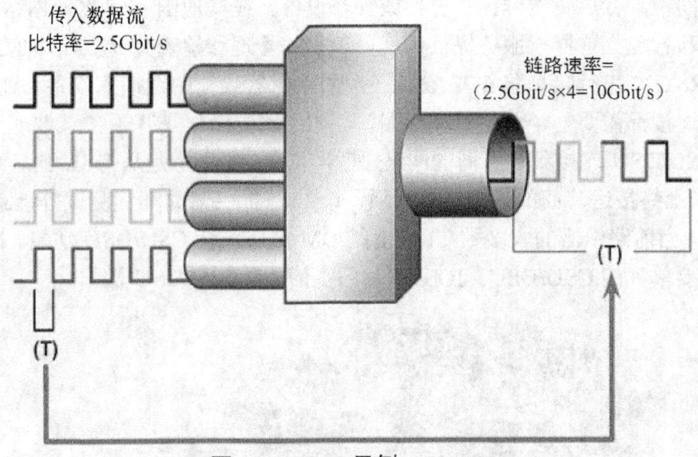

图 3-7 TDM 示例：SONET

7. 分界点

在北美和其他国家/地区解除管制之前，电话公司掌管本地环路，包括布线和用户驻地设备。本地环路是指从电话用户所在地到电话公司中央办公室的线路。解除管制迫使电话公司取消对本地环路基础架构的束缚，而允许其他供应商提供设备和服务。这就需要界定网络的哪部分归电话公司所有，哪部分归客户所有。此界定点即是分界点。分界点标明了您的网络与其他组织的网络的交接点。在电话通讯术语中，这是用户驻地设备（CPE）和网络服务提供商设备之间的接口。分界点是网络中服务提供商责任范围的终点，如图 3-8 所示。

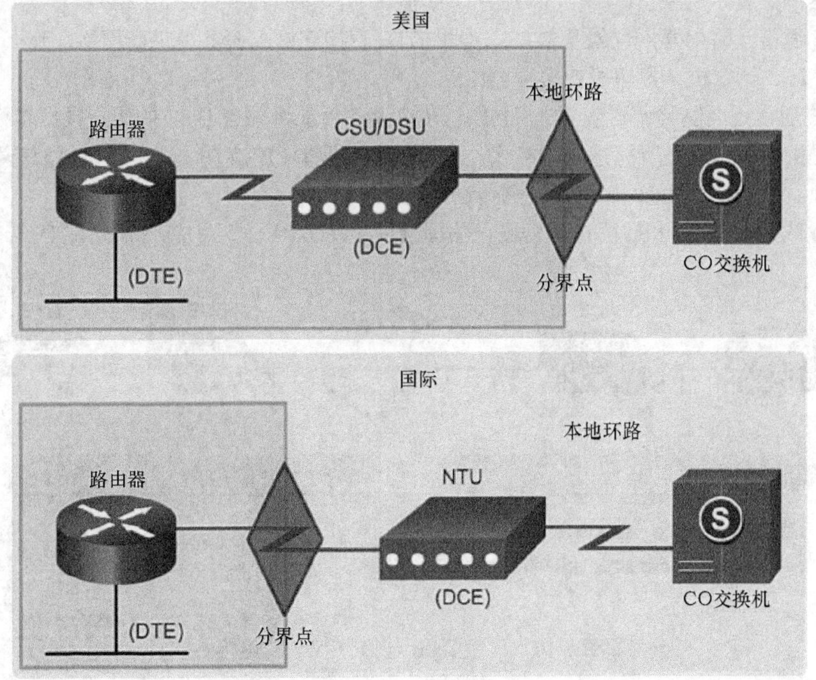

图 3-8 分界点

使用 ISDN 时分界点的区别可以显示得最清楚。在美国，服务提供商提供接入用户驻地的本地环路，而客户则在本地环路的终端提供活动的设备，如信道服务单元/数据服务单元（CSU/DSU）。此端点常位于电信配线间中，客户负责维护、更换或维修设备。在其他国家/地区，网络终端设备（NTU）由服务提供商提供和管理。这样，服务提供商就可以主动管理和检查分界点在 NTU 后的本地环路。客户使用 V.35 或 RS-232 串行接口将 CPE 设备（例如路由器或帧中继接入设备）连接到 NTU。

每个租用线路连接都需要一个路由器串行端口。如果底层网络是基于 T 载波或 E 载波技术，那么租用线路可通过 CSU/DSU 连接到运营商的网络。CSU/DSU 的作用是从 DSU 向客户设备接口提供时钟信号，并在 CSU 上终接运营商的通道传输介质。CSU 还提供诸如环回测试等诊断功能。

如图 3-9 所示，当前路由器的大多数 T1 或 E1 TDM 接口包含 CSU/DSU 功能。因为此功能嵌入在接口中，所以不需要单独的 CSU/DSU。IOS 命令可用于配置 CSU/DSU 操作。

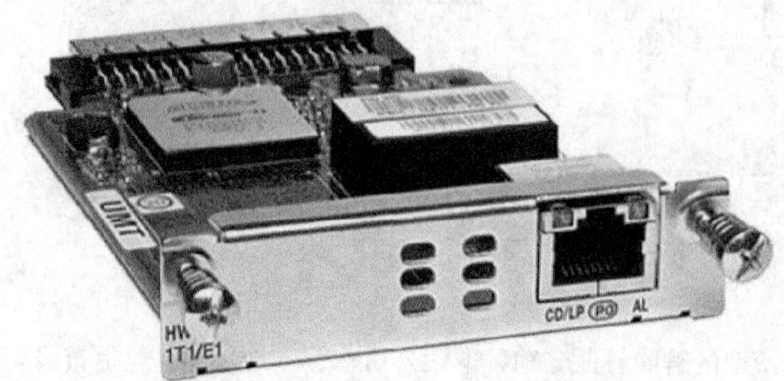

图 3-9 使用嵌入式 CSU/DSU 的 T1/E1

8. DTE-DCE

从 WAN 连接的角度来看，串行连接的一端连接的是数据终端设备（DTE），另一端连接的是数据电路终端设备或数据通信设备（DCE）。如图 3-10 所示，两个 DCE 设备之间的连接是 WAN 服务提供商传输网络。在本例中：

- CPE 通常是路由器，也就是 DTE。如果 DTE 直接连接到服务提供商网络，那么 DTE 也可以是终端、计算机、打印机或传真机；
- DCE 通常是调制解调器或 CSU/DSU，DCE 设备用于将来自 DTE 的用户数据转换为 WAN 服务提供商传输链路所能接受的格式。此信号由远程 DCE 接收，远程 DCE 将信号解码为比特序列。然后，远程 DCE 将该序列传送到远程 DTE。

电子工业联盟（EIA）和国际电信联盟电信标准局（ITU-T）一直积极开发允许 DTE 与 DCE 通信的标准。

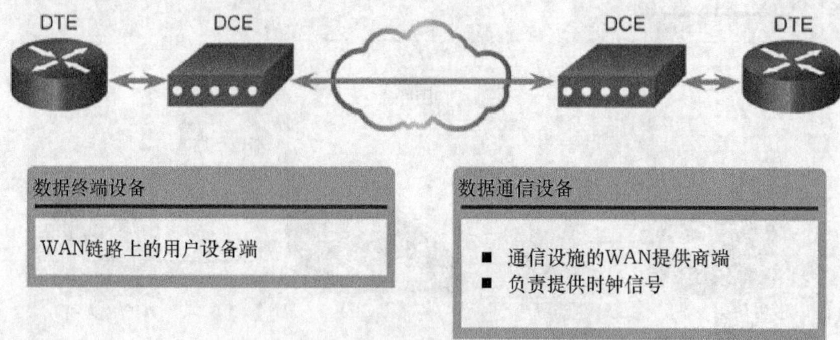

图 3-10 串行 DCE 与 DTE WAN 连接

9. 串行电缆

最初，DCE 和 DTE 的概念均基于这两类设备：生成或接收数据的终端设备，以及仅转发数据的通信设备。在开发 RS-232 标准的过程中，这两类设备上的 25 针 RS-232 连接器必须采取不同的导线是有原因的。这些原因不再重要，但是两种不同类型的电缆保留下来：一种用于将 DTE 连接到 DCE；另一种用于直连两个 DTE。

适用于特定标准的 DTE/DCE 接口定义了以下规范。

- **机械/物理特性**：针脚的编号和连接器类型。
- **电气特性**：定义电平为 0 和 1。
- **功能特性**：通过为接口中每个信号传输线路分配含义来指定线路需要执行的功能。
- **过程特性**：指定传输数据的事件序列。

最初的 RS-232 标准仅定义 DTE 与 DCE 的连接，此处的 DCE 是指调制解调器。但是，如果要连接两个 DTE 设备（例如实验室中的两台计算机或两台路由器），则可以使用称为空调制解调器（null modem）的特殊电缆来代替 DCE。换句话说，两个设备之间无需调制解调器即可互连。空调制解调器是使用 RS-232 串行电缆来直连两个 DTE 的通信方式。采用空调制解调器连接时，发射（Tx）和接收（Rx）线路交叉链接，如图 3-11 所示。

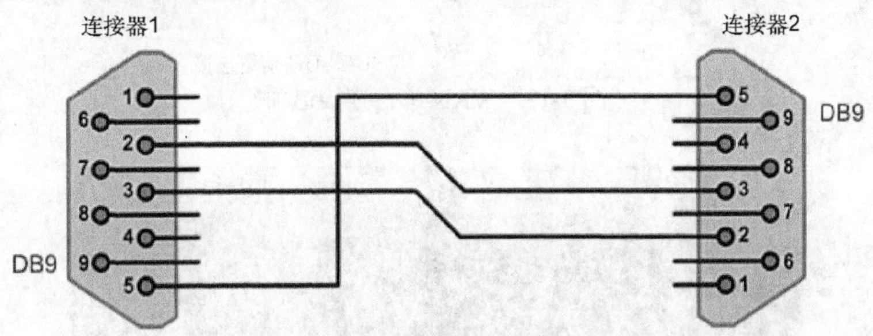

注意交叉链接：针脚2 连接针脚3，针脚3连接针脚2

连接器1	连接器2	功能
2	3	Rx ← Tx
3	2	Tx → Rx
5	5	信号地

图 3-11　连接两个 DTE 的空调制解调器

用于连接 DTE 和 DCE 的电缆是屏蔽串行转接电缆。屏蔽串行转接电缆的路由器端可以是 DB-60 连接器，它可以连接串行 WAN 接口卡的 DB-60 端口，如图 3-12 所示。串行转接电缆的另一端可以带有适合待用标准的连接器。WAN 提供商或 CSU/DSU 通常决定了此电缆的类型。Cisco 设备支持 EIA/TIA-232、EIA/TIA-449、V.35、X.21 和 EIA/TIA-530 串行标准，如图 3-13 所示。

图 3-12　DB-60 路由器连接

为了以更小的尺寸支持更高的端口密度，思科开发了智能串行电缆，如图 3-14 所示。智能串行电缆的路由器接口端是一个 26 针连接器，此连接器要比 DB-60 连接器小得多。

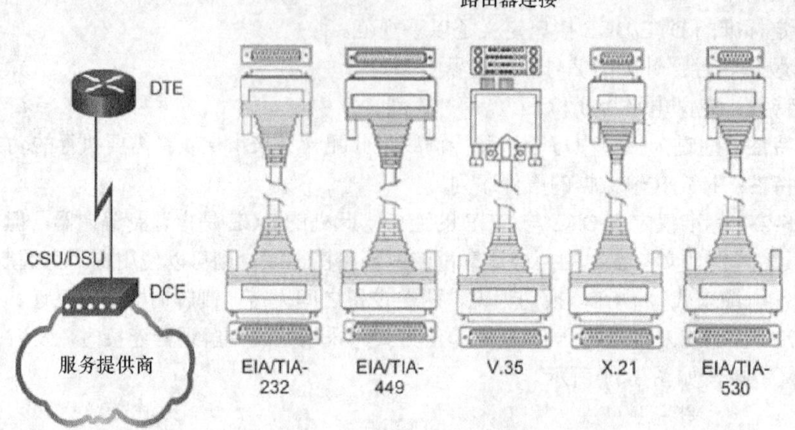

图 3-13 WAN 串行连接选项

图 3-14 智能串行连接器

在使用空调制解调器时，同步连接需要时钟信号。时钟信号可由外部设备或某一台 DTE 设备生成。当 DTE 与 DCE 相连时，默认情况下，路由器上的串行端口用于连接 DTE，而时钟信号通常由 CSU/DSU 或类似的 DCE 设备提供。但是，在路由器到路由器的连接中使用空调制解调器时，要为该连接提供时钟信号，必须将其中一个串行接口配置为 DCE 端，如图 3-15 所示。

10. 串行带宽

带宽是指通信链路上的数据传输速率。底层载波技术取决于可用带宽。北美（T 载波）规范和欧洲（E 载波）规范在带宽点中存在一定区别。光纤网络还使用不同的带宽架构，这一点在北美和欧洲之间再次不同。在美国，光载波（OC）定义带宽点。

在北美，带宽通常表述为 DS（数字信号级别）编号（DS0、DS1 等），指的是信号的速率和格式。最基本的线路速度为 64kbit/s（或 DS-0），这是传输未经压缩的、数字化的电话呼叫所需的带宽。串行连接带宽可以逐渐增加以适应更快的传输需求。例如，可以将 24 条 DS0 捆绑在一起以形成速度为 1.544Mbit/s 的 DS1 线路（也称为 T1 线路）。也可以将 28 条 DS1 捆绑在一起以形成速度为 44.736Mbit/s 的 DS3 线路（也称为 T3 线路）。租用线路有不同的容量，其定价通常取决于所需的带宽及两个连接点之间的距离。

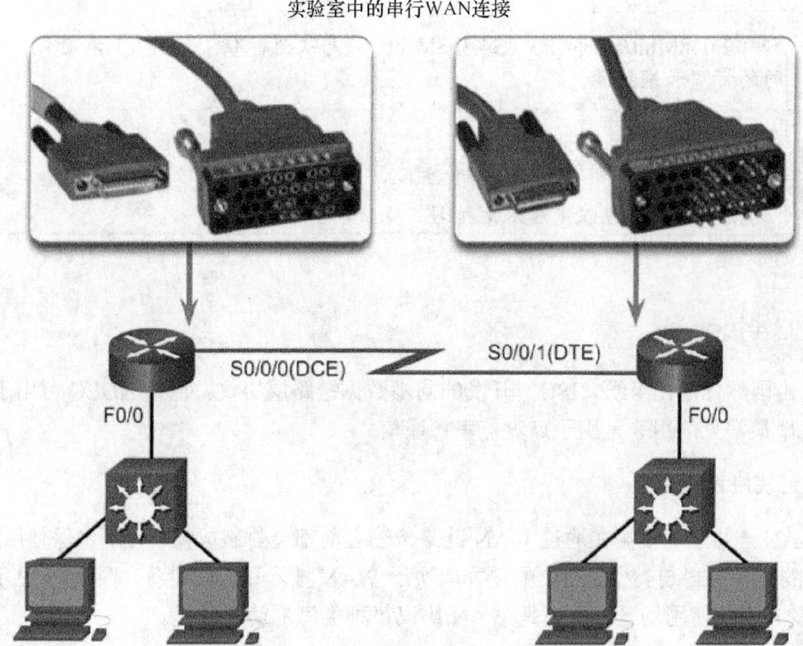

图 3-15 实验室中的智能串行连接

OC 传输速率是一组标准化的规格，用于在 SONET 光纤网络上传输数字信号。标识使用 OC，其后跟随一个整数值，代表 51.84Mbit/s 的基础传输数率。例如，OC-1 的传输容量是 51.84Mbit/s，而 OC-3 传输介质是 51.84Mbit/s 的 3 倍，即 155.52Mbit/s。

表 3-1 列出了最常见的线路类型和每个类型相关联的传输速率。

表 3-1 运营商传输速率

线路类型	传输速率
56	56kbit/s
64	64kbit/s
T1	1.544Mbit/s
E1	2.048Mbit/s
J1	2.048Mbit/s
E3	34.064Mbit/s
T3	44.736Mbit/s
OC-1	51.84Mbit/s
OC-3	155.54Mbit/s
OC-9	466.56Mbit/s
OC-12	622.08Mbit/s
OC-18	933.12Mbit/s
OC-24	1.244Gbit/s
OC-36	1.866Gbit/s
OC-48	2.488Gbit/s
OC-96	4.976Gbit/s
OC-192	9.954Gbit/s
OC-768	39.813Gbit/s

注意： E1（2.048Mbit/s）和 E3（34.368Mbit/s）是欧洲标准（如同 T1 和 T3），但是具有不同的带宽和帧结构。

Interactive Graphic

练习 3.1.1.11：确定串行通信术语

切换至在线课程以完成本次练习。

3.1.2 HDLC 封装

HDLC 是由国际标准化组织（ISO）开发的同步数据链路层协议。尽管 HDLC 可用于点对多点的连接，但 HDLC 最常见的用途是用于点对点串行通信。

1. WAN 封装协议

在每个 WAN 连接上，数据在通过 WAN 链路传输之前都会封装成帧。为了确保使用的协议正确，必须配置合适的第 2 层封装类型。协议的选择取决于 WAN 技术和通信设备。图 3-16 显示了更常见的 WAN 协议以及它们的使用场景。以下是 WAN 协议每种类型的简要描述。

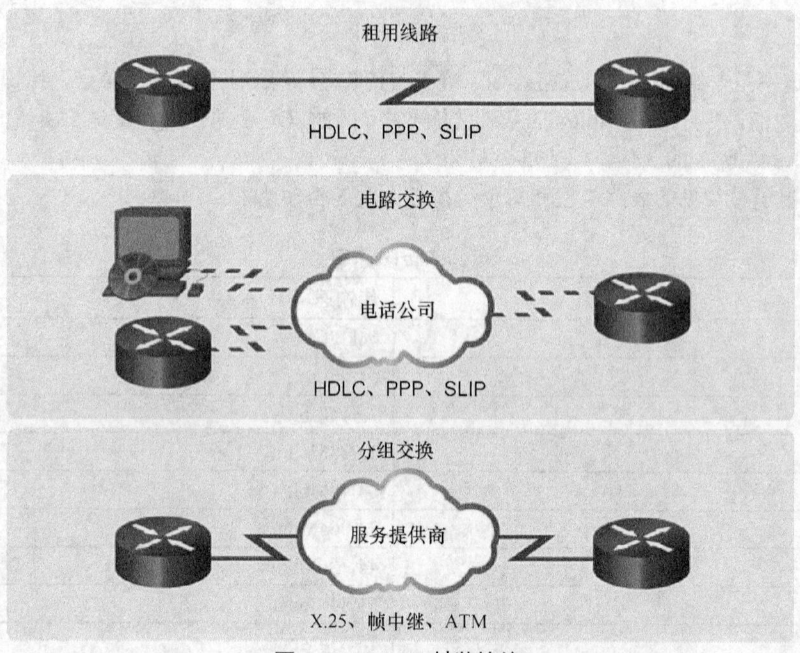

图 3-16 WAN 封装协议

- **HDLC**：当链路两端均为思科设备时，点对点连接、专用链路和电路交换连接上的默认封装类型。HDLC 现在是同步 PPP 的基础，许多服务器使用同步 PPP 连接到 WAN（最常见的是连接到 Internet）。
- **PPP**：通过同步电路和异步电路提供路由器到路由器和主机到网络的连接。PPP 使用多种网络层协议，例如 IPv4 和 IPv6。PPP 使用 HDLC 封装协议，但是也内置有安全机制（如 PAP 和 CHAP）。
- **串行线路 Internet 协议（SLIP）**：使用 TCP/IP 实现点对点串行连接的标准协议。在很大程度上，SLIP 已被 PPP 取代。

- **X.25/链路访问过程平衡（LAPB）**：ITU-T 标准，它定义了如何针对公共数据网络中的远程终端访问和计算机通信维持 DTE 与 DCE 之间的连接。X.25 指定 LAPB，LAPB 是一种数据链路层协议。X.25 是帧中继的前身。
- **帧中继**：行业标准，是处理多个虚电路的交换数据链路层协议。帧中继是 X.25 之后的下一代协议。帧中继消除了 X.25 中使用的某些耗时的过程（例如纠错和流控制）。
- **ATM**：信元中继的国际标准，在此标准下，设备以固定长度（53 字节）的信元发送多种服务类型（例如语音、视频或数据）。固定长度的信元可通过硬件进行处理，从而减少了中转延迟。ATM 使用高速传输介质，例如 E3、SONET 和 T3。

2. HDLC 封装

HDLC 是由国际标准化组织（ISO）开发的、面向比特的同步数据链路层协议。当前的 HDLC 标准是 ISO 13239。HDLC 是根据 20 世纪 70 年代提出的同步数据链路控制（SDLC）标准开发的。HDLC 同时提供面向连接的服务和无连接的服务。

HDLC 采用同步串行传输，可以在两点之间提供无错通信。HDLC 定义的第 2 层帧结构采用确认机制进行流量控制和错误控制。每个帧都具有相同的格式，无论其是数据帧还是控制帧。

当帧通过同步或异步链路传输时，这些链路没有相应的机制来标记帧的开始或结束。因此，HDLC 使用帧定界符（或标志）来标记每个帧的开始或结束。

思科已经扩展了 HLDC 协议，解决了无法支持多协议的问题。尽管思科 HLDC（也称作 cHDLC）是专有的协议，思科已经允许其他许多网络设备供应商采用该协议。思科 HDLC 帧包含一个用于识别待封装网络协议的字段。图 3-17 是标准 HLDC 和思科 HLDC 的对比。

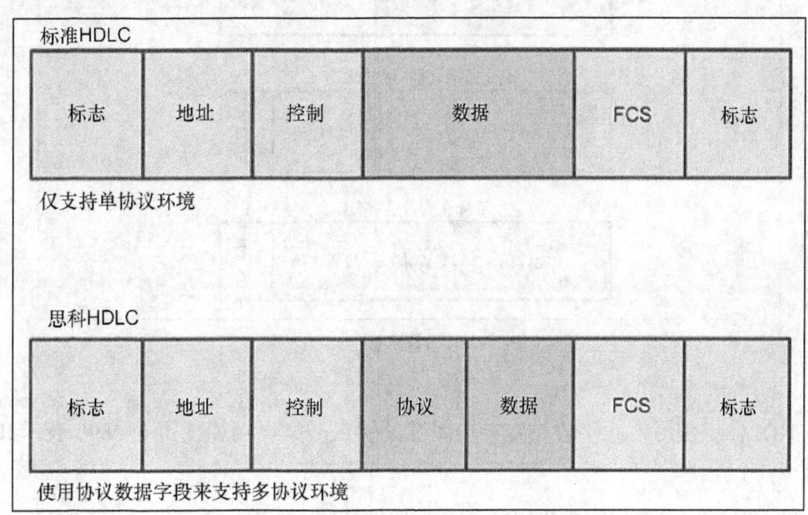

图 3-17 标准 HLDC 和思科 HLDC 帧格式

3. HDLC 帧类型

HDLC 定义了三种类型的帧，每种类型的控制字段格式各不相同。

标志

标志字段启动和终止错误检查。帧的开头和末尾都是一个 8 位标志字段，位模式为 01111110。由于实际数据中很可能会出现这种模式，因此发送 HDLC 系统总是在数据字段中的每五个连续的 1 后面插入一个 0，因此，标志序列实际上只出现在帧尾。接收系统会剔除插入的位。在依次传输帧时，第一个帧的帧尾标志用作下一个帧的帧首标志。

地址

地址字段包含从站的 HDLC 地址。该地址可以包含一个特定的地址、一个组地址或者一个广播地址。主地址是通信源或目的，这样就不必再包含主站的地址。

控制

控制字段（如图 3-18 所示）有三种不同的格式，这取决于所用的 HDLC 帧类型。

- **信息（I）帧**：I 帧传递上层信息和某些控制信息。此类帧发送和接收序列号，轮询/终止（P/F）位执行流量和错误控制。发送序列号是指待发送帧的编号。接收序列号是指待接收帧的编号。发送方和接收方都维护发送和接收序列号。主站点使用 P/F 位告诉从站它是否需要立即响应。从站使用 P/F 位告诉主站当前帧是否是当前响应的尾帧。
- **监控（S）帧**：S 帧提供控制信息。S 帧可以请求和暂停传输，报告状态和确认收到 I 帧。S 帧没有信息字段。
- **无编号（U）帧**：U 帧支持控制目的且没有排序。U 帧的控制字段是 1 个或 2 个字节，这取决于其功能。有些 U 帧带有一个信息字段。

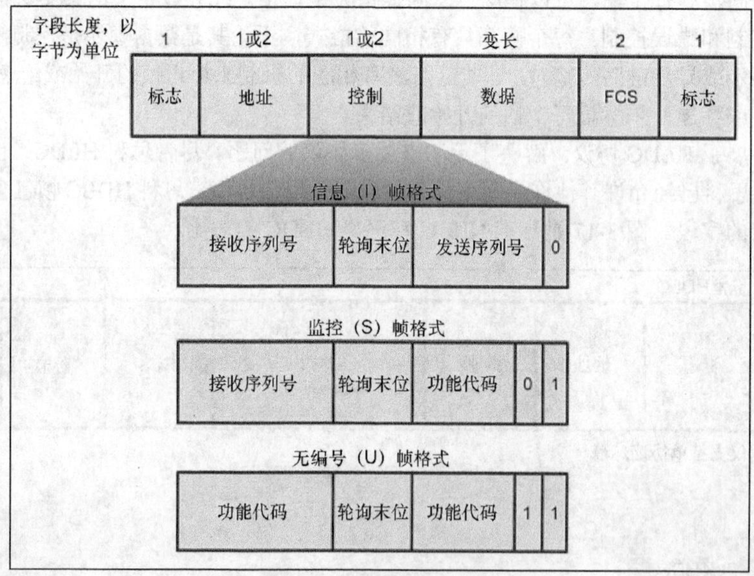

图 3-18　HDLC 帧类型

协议

仅在思科 HDLC 中使用。此字段指定帧内封装的协议类型（例如使用 0x0800 表示 IP 协议）。

数据

数据字段包含路径信息单元（PIU）或交换标识（XID）信息。

帧校验序列（FCS）

FCS 位于尾标识定界符之前，通常是循环冗余校验（CRC）计算结果的余数。在接收端将会重新计算 CRC。如果重新计算的结果与原始帧中的值不同，则视为出错。

4. 配置 HDLC 封装

思科 HDLC 是思科设备在同步串行线路上使用的默认封装方法。

在连接两台思科设备的租用线路上，使用思科 HDLC 作为其点对点协议。如果连接非思科设备，请使用同步 PPP。

如果默认封装方法已更改，则可以在特权 EXEC 模式下使用 **encapsulation hdlc** 命令来重新启用 HDLC。

重新启用 HDLC 封装包括两步。

步骤 1 进入串行接口的接口配置模式。

步骤 2 输入 **encapsulation hdlc** 命令指定接口的封装协议。

下面显示了在串行接口上重新启用 HDLC 的示例：

```
R2(config)# interface s0/0/0
R2(config-if)# encapsulation hdlc
```

5. 串行接口故障排除

show interfaces serial 命令所产生的输出显示了特定于串行接口的信息。在配置 HDLC 之后，输出中将会显示 **encapsulation HDLC**，如例 3-1 中阴影部分所示。**Serial 0/0/0 is up，line protocol is up** 表示线路已启动并正常运行；**encapsulation HDLC** 表示默认串行封装（HDLC）已启用。

例 3-1 显示串行接口信息

```
R1# show interface serial 0/0/0
Serial0/0/0 is up, line protocol is up
  Hardware is GT96K Serial
  Internet address is 172.16.0.1/30
  MTU 1500 bytes, BW 1544 Kbit/sec, DLY 20000 usec,
    reliability 255/255, txload 1/255, rxload 1/255
Encapsulation HDLC, loopback not set
Keepalive set (10 sec)
CRC checking enabled
<Output omitted for brevity>
```

show interfaces serial 命令返回以下 6 种可能状态中的任一种。

- Serial *x* is up, line protocol is up.
- Serial *x* is down, line protocol is down.
- Serial *x* is up, line protocol is down.
- Serial *x* is up, line protocol is up (looped).
- Serial *x* is up, line protocol is down (disabled).
- Serial *x* is administratively down, line protocol is down.

在这 6 种可能的状态中，存在 5 种问题状态。表 3-2 列出了 5 种问题状态、与该状态相关联的问题以及如何解决这一问题。

表 3-2 串行接口故障排除

状态行情况	可能的情况	解决方案
Serial *x* is up, line protocol is up	这是正常的状态行情况	无需任何操作
Serial *x* is down, line protocol is down	路由器未检测到载波检测（CD）信号（这意味着 CD 未处于活动状态） 线路关闭或未连接到远端 电缆出现故障或不正确 出现了硬件故障（CSU/DSU）	1. 检查 CSU/DSU 上的 CD LED 以查看 CD 是否处于活动状态，或在线路上插入接线盒来检查 CD 信号 2. 通过查看硬件安装文档来检验是否使用了正确的电缆和接口 3. 插入接线盒并检查所有控制引线 4. 与租用线路或其他载波服务提供商联系，以确定是否存在问题 5. 更换故障部件 6. 如果怀疑是路由器硬件故障，请将串行线路切换到另一个端口。如果连接恢复，则说明之前连接的接口存在问题

续表

状态行情况	可能的情况	解决方案
Serial *x* is up, line protocol is down（DCE mode）	**clock rate** 接口配置命令缺失 DTE 设备不支持或未设置 SCTE 模式（终端计时） 远程 CSU 或 DSU 出现故障	1．在串行接口上配置 **clock rate** 接口配置命令 语法： **clock rate** *bps* 语法说明： ■ bps：所需的时钟频率，以比特每秒为单位：1200、2400、4800、9600、19200、38400、56000、64000、72000、125000、148000、250000、500000、800000、1000000、1300000、2000000、4000000 或 8000000 2．如果问题似乎出现在远程端，请在远程调制解调器、CSU 或 DSU 上重复步骤 1 3．检查是否使用了正确的电缆 4．如果线路协议仍然关闭，则可能是出现了硬件故障或布线问题。请插入接线盒并观察引线 5．根据需要更换故障部件
Serial *x* is up, line protocol is up (looped)	电路中存在环路。首次检测到环路时，保活数据包中的序列号将变成随机数。如果该链路上返回了相同的随机数，则说明存在环路	1．使用 **show running-config** 特权 EXEC 命令查找任何 **loopback** 接口配置命令条目 2．如果存在 **loopback** 接口配置命令条目，请使用 **no loopback** 接口配置命令删除环路 3．如果不存在 **loopback** 接口配置命令，请检查 CSU/DSU 以确定它们是否在手动环回模式下配置。如果是，则禁用手动环回 4．重置 CSU/DSU 并检查线路状态。如果线路协议恢复正常，则无需执行其他操作 5．如果 CSU/DSU 没有在手动环回模式下配置，请联系租用线路或其他载波服务提供商以寻求线路故障排除帮助
Serial *x* is up, line protocol is down (disabled)	由于远程设备问题导致高错误率 出现了 CSU 或 DSU 硬件故障 路由器硬件（接口）损坏	1．使用串行分析仪和接线盒排除线路故障。查找不断变换的 CTS 和 DSR 信号。 2．环路 CSU/DSU（DTE 环路）。如果问题依旧，则很可能是硬件问题。如果问题不复存在，则很可能是电话公司出现问题 3．根据需要更换故障硬件（CSU、DSU、交换机、本地或远程路由器）
Serial *x* is administratively down, line protocol is down	路由器配置包含 **shutdown** 接口配置命令 存在重复的 IP 地址	1．检查路由器配置中是否包含 **shutdown** 命令 2．使用 **no shutdown** 接口配置命令删除 **shutdown** 命令 3．使用 **show running-config** 特权 EXEC 命令或 **show interfaces** EXEC 命令检验是否存在相同的 IP 地址 4．如果存在重复的地址，通过修改其中一个 IP 地址即可解决冲突

在排除串行线路故障时，**show controllers** 命令是另一个重要的诊断工具，如例 3-2 所示。其输出指示接口通道的状态，以及接口是否连接了电缆。在例 3-2 中，接口 Serial 0/0/0 连接了一根 V.35 DCE 电缆。不同平台上该命令的语法不尽相同。思科 7000 系列路由器使用 cBus 控制器卡来连接串行链路。在这些路由器上使用 **show controllers cbus** 命令。

如果电口的输出显示为 UNKNOWN 而不是 V.35、EIA/TIA-449 或其他某个电口类型，那么问题很可能是电缆连接不当。也有可能是卡内部的布线存在问题。如果电口未知，那么 **show interfaces serial** 命令所产生的输出会显示该接口和线路协议的状态为关闭。

例 3-2 显示串行接口上的控制器硬件信息

```
R1# show controllers serial 0/0/0
Interface Serial0/0/0
Hardware is GT96K
DCE V.35, clock rate 64000
idb at 0x66855120, driver data structure at 0x6685C93C
wic_info 0x6685CF68
Physical Port 0, SCC Num 0
MPSC Registers:
<Output omitted for brevity>
```

Interactive Graphic

练习 3.1.2.6：串行接口故障排除

切换至在线课程，使用语法检查器在串行接口上执行故障排除。

Packet Tracer Activity

Packet Tracer 练习 3.1.2.7：串行接口故障排除

背景/场景

您需要为本地电话公司（Telco）排除 WAN 连接故障。Telco 路由器应与 4 个远程站点通信，但这 4 个远程站点都没有正常运行。使用 OSI 模型和几条常规规则识别并修复网络中的错误。

3.2 PPP 操作

本节将讨论 PPP 的操作，包括 PPP、LCP 和 NCP 协议的优势，以及创建 PPP 会话。

3.2.1 PPP 的优势

PPP 相较于其前身 HDLC 而言具有几点优势。在本节，我们将介绍 PPP，并探讨 PPP 的优势。

1. PPP 简介

前面讲过，HDLC 是连接两台思科路由器的默认串行封装方法。思科版本的 HDLC 是专有版本，它增加了一个协议类型字段。因此，思科 HDLC 只能用于连接其他思科设备。但是，当需要连接到非思科路由器时，应该使用 PPP 封装，如图 3-19 所示。

PPP 封装的设计非常谨慎，保留了对大多数常用支持硬件的兼容性。PPP 对数据帧进行封装以便在第 2 层物理链路上传输。PPP 使用串行电缆、电话线、Trunk 线路、手机、专用无线链路或光缆链路建立直接连接。

PPP 包含三个主要组件：

- 用于通过点对点链路传输多协议数据包且类似于 HDLC 的成帧；
- 用于建立、配置和测试数据链路连接的可扩展链路控制协议（LCP）；
- 用于建立和配置各种网络层协议的一系列网络控制协议（NCP）。

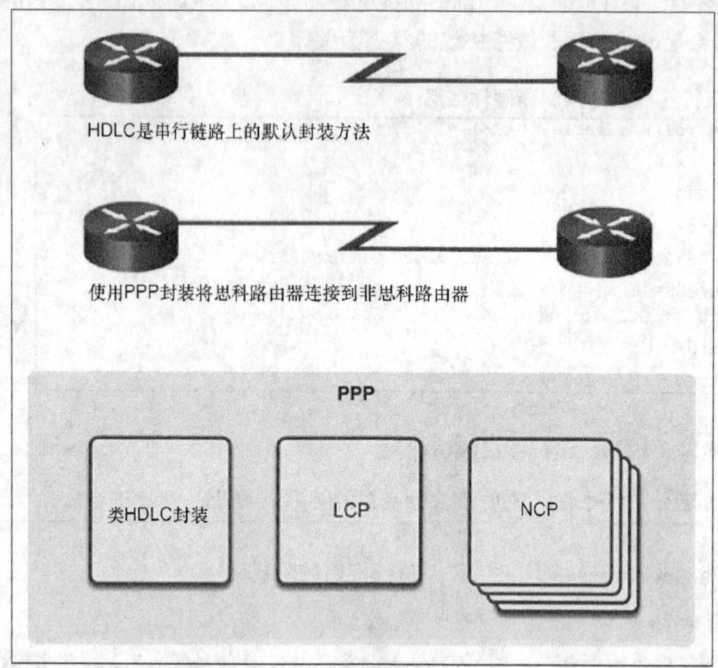

图 3-19 PPP 是什么

PPP 允许同时使用多个网络层协议。更为常见的 NCP 协议包括 Internet 协议（IPv4）控制协议、IPv6 控制协议、AppleTalk 控制协议、Novell IPX 控制协议、思科系统控制协议、SNA 控制协议和压缩控制协议。

2. PPP 的优点

PPP 最初是用于在点对点链路上传输 IPv4 流量的封装协议。PPP 提供了通过点对点链路传输多协议数据包的标准方法。

使用 PPP 有许多优点，比如它不是专用协议。PPP 包含很多 HDLC 中没有的功能，如下所示。

- 链路质量管理功能（如图 3-20 所示），可监控链路的质量。如果检测到过多的错误，PPP 会关闭链路。
- PPP 支持 PAP 和 CHAP 身份验证。后面的章节中将会介绍并练习此功能。

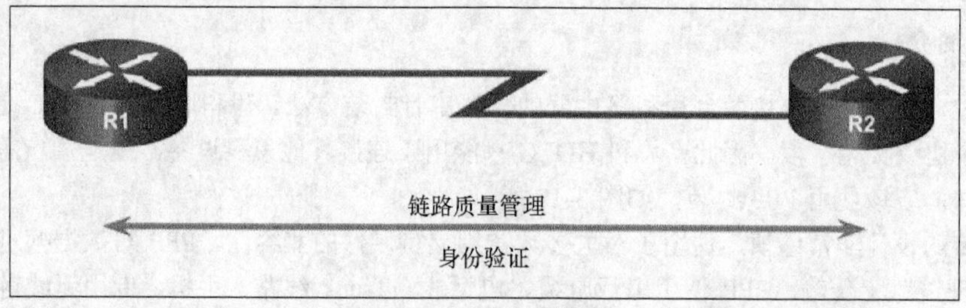

图 3-20 PPP 的优点

3.2.2 LCP 和 NCP

LCP 和 NCP 是 PPP 的两个关键组件。理解这两种协议将有助于理解 PPP 工作原理并排除 PPP 运行故障。

1. PPP 分层体系架构

分层体系架构是一种协助互连层之间相互通信的逻辑模型、设计或蓝图。图 3-21 描绘了 PPP 的分层体系架构与开放式系统互联（OSI）模型的对应关系。PPP 和 OSI 有相同的物理层，但 PPP 将 LCP 和 NCP 功能分开设计。

在物理层，可在一系列接口上配置 PPP，这些接口包括：

- 异步串行，例如租用线路服务；
- 同步串行，例如使用基本电话服务进行调制解调器拨号连接的介质；
- HSSI；
- ISDN。

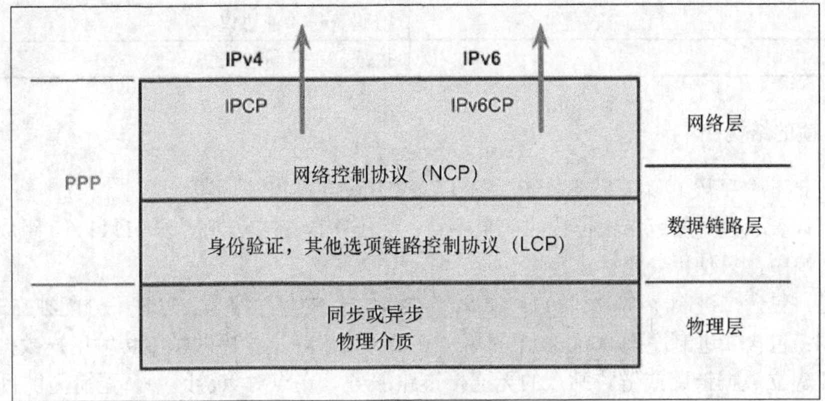

图 3-21 PPP 分层体系结构

PPP 可在任何 DTE/DCE 接口（RS-232-C、RS-422、RS-423 或 V.35）上运行。PPP 的唯一必要条件是要有可在异步或同步位串行模式下运行、对 PPP 链路层帧透明的全双工电路（专用电路或交换电路都可以）。除非正在使用的 DTE/DCE 接口对传输速率有限制，PPP 本身对传输速率没有任何强制性的限制。

PPP 的大部分工作都在数据链路层和网络层由 LCP 和 NCP 执行。LCP 设置 PPP 连接及其参数，NCP 处理更高层的协议配置，LCP 终止 PPP 连接。

2. PPP——链路控制协议（LCP）

LCP 在数据链路层中发挥作用，其职责是建立、配置和测试数据链路连接。LCP 建立点对点链路。LCP 还负责协商和设置 WAN 数据链路上的控制选项，这些选项由 NCP 处理。

LCP 自动配置链路两端的接口，包括：

- 处理对数据包大小的不同限制；
- 检测常见的配置错误；
- 终止链路；
- 确定链路何时运行正常或者何时发生故障。

在建立链路之后，PPP 还使用 LCP 就封装格式（例如身份验证、压缩和错误检测）自动达成一致。图 3-21 显示了 LCP 与物理层和 NCP 之间的关系。

3. PPP——网络控制协议（NCP）

PPP 允许多个网络层协议在同一通信链路上运行。如图 3-21 所示，针对使用的每个网络层协议，

PPP 都使用不同的的 NCP。例如，IPv4 使用 IP 控制协议（IPCP），IPv6 使用 IPv6 控制协议（IPv6CP）。

NCP 中包含的标准化代码的功能字段指示了 PPP 封装的网络层协议。表 3-3 列出了 PPP 协议字段编号。每个 NCP 管理各自网络层协议的特定需求。多种 NCP 组件共同封装和协商多网络层协议选项。

表 3-3　协议字段

值（十六进制）	协议名称
8021	Internet 协议（IPv4）控制协议
8057	Internet 协议第 6 版（IPv6）控制协议
8023	OSI 网络层控制协议
8029	Appletalk 控制协议
802b	Novell IPX 控制协议
c021	链路控制协议
c023	密码身份验证协议
c223	挑战握手身份验证协议

4. PPP 帧的结构

PPP 帧包括 6 个字段。以下描述总结了图 3-22 中所示的 PPP 帧字段。

- **标志**：表示帧开始或结束位置的一个字节。标志字段由二进制序列 01111110 组成。在后续的 PPP 帧中，只使用一个标志字符。
- **地址**：包含二进制序列 11111111（标准广播地址）的单个字节。PPP 不分配独立的站点地址。
- **控制**：包含二进制序列 00000011 的单个字节，要求在不排序的帧中传输用户数据。这提供了需要建立数据链路或链路站点的无连接链路服务。在点对点链路中，无需提供目的节点的地址。因此，对于 PPP，地址字段设置为 0xFF，即广播地址。如果 PPP 的接收方和发送方在 LCP 协商期间同意执行地址和控制字段压缩，则不会包含地址字段。
- **协议**：两个字节，标识封装于帧的信息字段中的协议。双字节协议字段可标识 PPP 负载的协议。如果 PPP 的接收方和发送方在 LCP 协商期间同意执行协议字段压缩，那么协议字段为表示协议标识的一个字节，其范围为 0x00-00～0x00-FF。最近的编号指派机构请求注解（RFC）中指定了协议字段的最新值。
- **数据**：零或多个字节，包含协议字段中指定协议的数据报。通过定位结束语标志序列和支持 2 个字节的 FCS 字段来查找信息字段的结尾。信息字段的默认最大长度为 1500 字节。通过事先协商，一致同意 PPP 实施可以针对最大信息字段长度使用其他值。
- **帧校验序列（FCS）**：通常为 16 位（2 个字节）。通过事先协商，一致同意 PPP 实施可以使用 32 位（4 个字节）FCS，从而提高错误检测能力。如果接收方计算的 FCS 与 PPP 帧中的 FCS 不一致，则该 PPP 帧将被丢弃且不会给出任何提示。

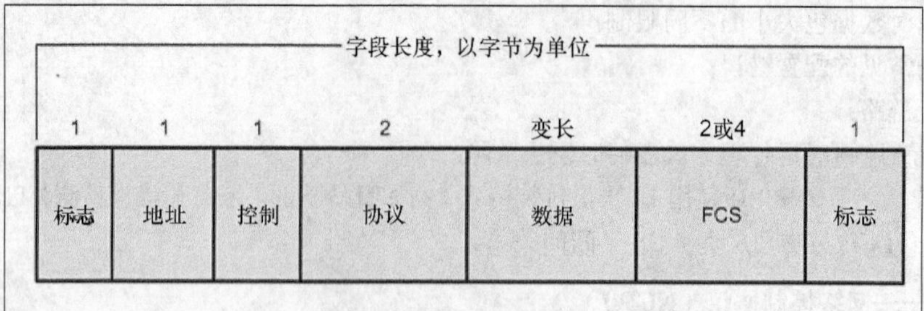

图 3-22　PPP 帧字段

LCP 可以协商对标准 PPP 帧结构的修改。但是，修改之后的帧始终与标准帧不一样。

Interactive Graphic

练习 3.2.2.5：识别 PPP 的功能和操作原理

切换至在线课程以完成本次练习。

3.2.3 PPP 会话数

理解 PPP 会话的建立、LCP 和 NCP 是实施 PPP 和排除 PPP 故障的重要组成部分。接下来将讨论这些主题。

1. 创建 PPP 会话

如图 3-23 所示，建立 PPP 会话包括三个阶段。

- **第 1 阶段——链路建立和配置协商**：在 PPP 交换任何网络层数据报（例如 IP）之前，LCP 必须首先打开连接并协商配置选项。当接收路由器向启动连接的路由器发回配置确认帧时，此阶段结束。
- **第 2 阶段——链路质量确定（可选）**：LCP 对链路进行测试以确定链路质量是否足以启动网络层协议。LCP 可将网络层协议信息的传输延迟到此阶段结束之前。
- **第 3 阶段——网络层协议配置协商**：在 LCP 完成链路质量确定阶段之后，相应的 NCP 就可以独立地配置网络层协议，还可以随时启动或关闭这些协议。如果 LCP 关闭链路，它会通知网络层协议以便协议采取相应的措施。

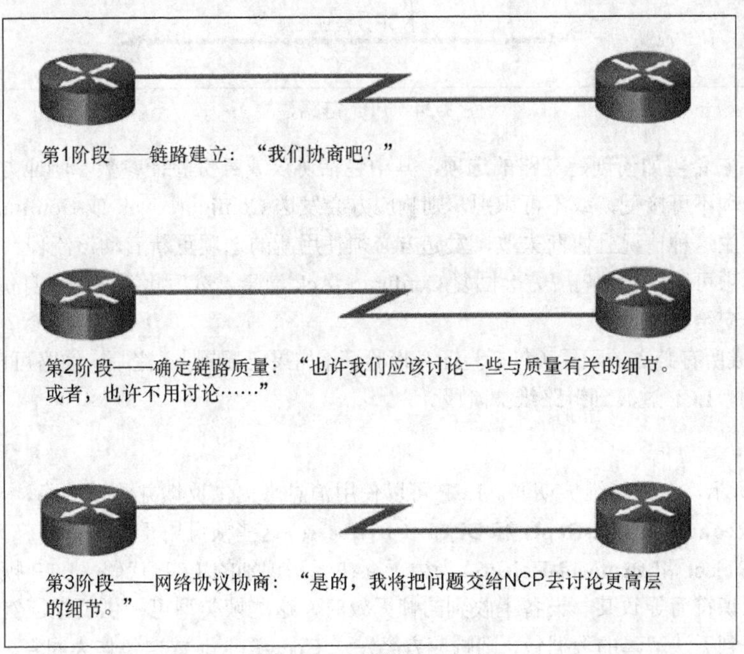

第1阶段——链路建立：“我们协商吧？”
第2阶段——确定链路质量：“也许我们应该讨论一些与质量有关的细节。或者，也许不用讨论……”
第3阶段——网络协议协商：“是的，我将把问题交给NCP去讨论更高层的细节。”

图 3-23 创建 PPP 会话

此链路会保持通信配置，直到显示 LCP 或 NCP 帧关闭该链路，或者直到某些外部事件发生（例如非活动计时器超时或管理员介入）。

LCP 可以随时终止该链路。LCP 终止链路通常是响应其中某台路由器的请求，但也可能是因为发生物理事件，例如载波丢失或者空闲计时器超时。

2. LCP操作

LCP 操作包括链路创建、链路维护和链路终止。LCP 操作使用三类 LCP 帧来完成每个 LCP 阶段的工作。

- 链路建立帧负责建立和配置链路（Configure-Request、Configure-Ack、Configure-Nak 和 Configure-Reject）。
- 链路维护帧负责管理和调试链路（Code-Reject、Protocol-Reject、Echo-Request、Echo-Reply 和 Discard-Request）。
- 链路终止帧负责终止链路（Terminate-Request 和 Terminate-Ack）。

链路建立

链路建立是 LCP 操作的第一阶段，如图 3-24 所示。要交换任何网络层数据包，必须先完成此阶段。在链路建立过程中，LCP 打开连接并协商配置参数。链路建立过程的第一步是发起方设备向响应方发送 Configure-Request 帧。Configure-Request 帧包括需要在该链路上设置的各种配置选项。

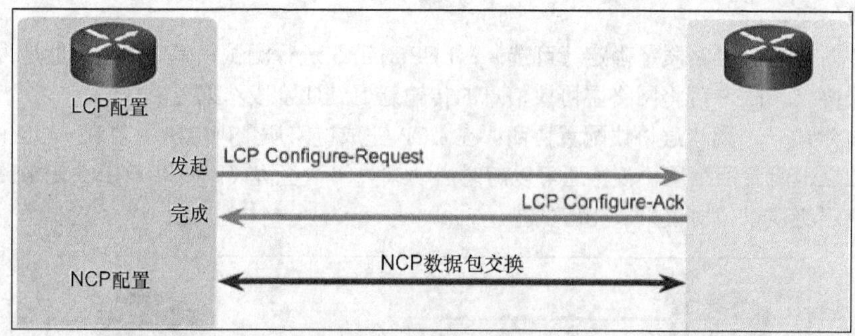

图 3-24 PPP 链路建立

发起方包括它希望如何创建链路的选项，其中包括协议或身份验证参数。响应方处理请求。

- 如果选项不可接受，或不可识别，则响应方会发送 Configure-Nak 或 Configure-Reject 消息。如果发生这种情况且协商失败，发起方必须使用新的选项重新启动该流程。
- 如果选项可以接受，响应方会回复 Configure-Ack 消息，然后此流程进入身份验证阶段。链路的操作交给 NCP 处理。

当 NCP 完成所有必需的配置（包括验证身份验证［如果已配置］）之后，线路可以进行数据传输。在数据交换期间，LCP 过渡到链路维护阶段。

链路维护

如图 3-25 所示，在链路维护期间，LCP 可以使用消息来提供反馈并测试链路。

- **Echo-Request、Echo-Reply 和 Discard-Request**：这些帧可用于测试链路。
- **Code-Reject 和 Protocol-Reject**：当由于存在无法识别的 LCP 代码（LCP 帧类型）或错误的协议标识符而导致某一设备上收到的帧无效时，这些帧类型可提供反馈。例如，如果从对等设备收到无法解释的数据包，则响应方会发送 Code-Reject 数据包作为回复。发送设备将会重新发送数据包。

链路终止

在网络层完成数据传输之后，LCP 会终止链路，如图 3-26 所示。NCP 仅终止网络层和 NCP 链路。链路始终处于打开状态，直到 LCP 终止链路为止。如果 LCP 在 NCP 之前终止链路，那么 NCP 会话也会终止。

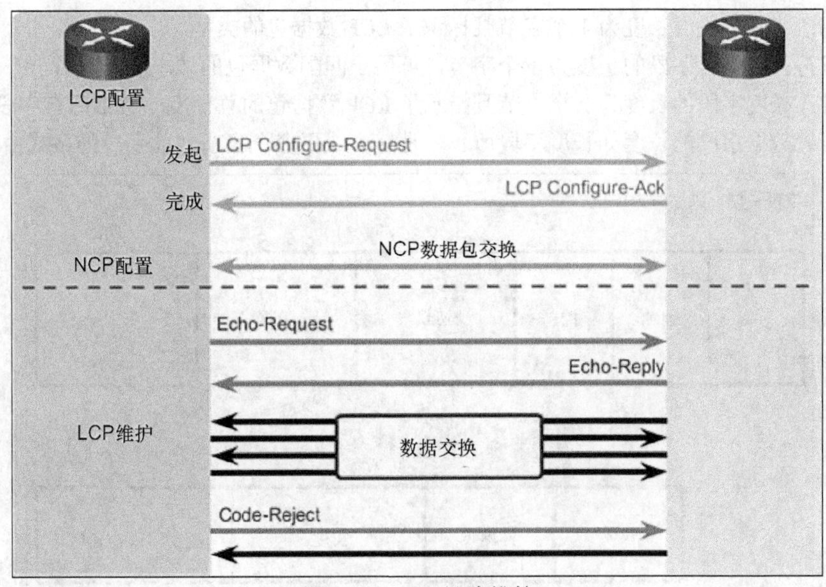

图 3-25 PPP 链路维护

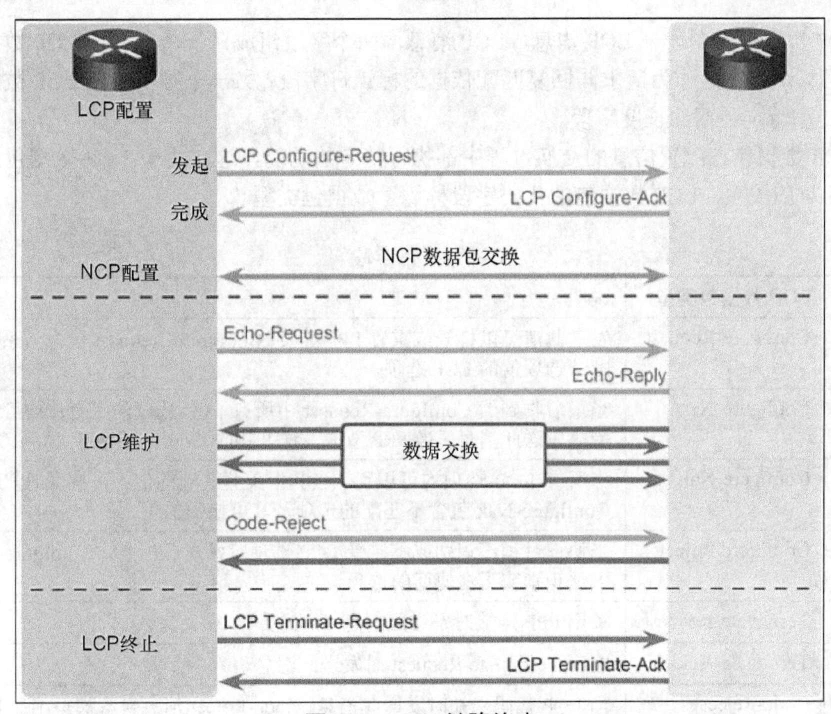

图 3-26 PPP 链路终止

PPP 可以随时终止该链路。发生终止，可能是因为载波丢失、身份验证失败、链路质量故障、空闲计时器超时或管理性关闭链路。LCP 通过交换 Terminate 数据包关闭链路。发起关闭连接的设备发送 Terminate-Request 消息。其他设备则以 Terminate-Ack 作出响应。终止请求表示发送该请求的设备需要关闭链路。在关闭链路时，PPP 会通知网络层协议采取相应的操作。

3. LCP 数据包

图 3-27 显示了 LCP 数据包中的字段。

- **代码**：代码字段的长度为1个字节且标识了LCP数据包的类型。
- **标识符**：标识符字段的长度为1个字节，可用于匹配数据包的请求和回复。
- **长度**：长度字段的长度为2个字节且指示了LCP数据包的总长度（包括所有字段）。
- **数据**：数据字段的长度如长度字段所示，是0个或更多个字节。此字段的格式由代码确定。

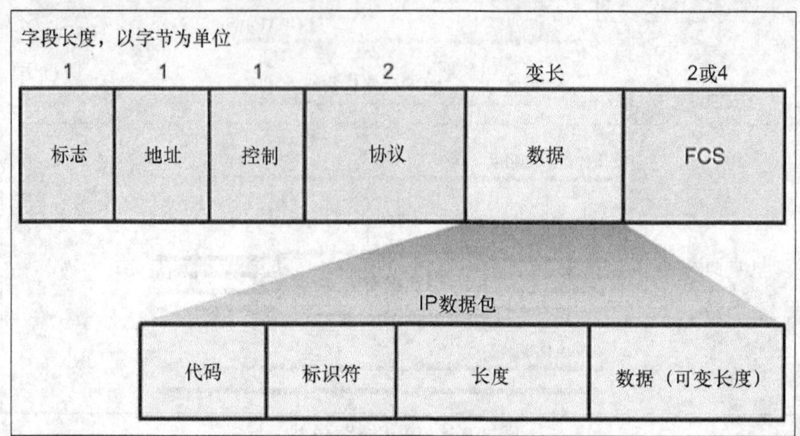

图3-27 LCP数据包代码

每个LCP数据包都是一个LCP消息，LCP消息由两个字段组成，一个是标识LCP数据包类型的LCP代码字段，该字段是作为请求与回复匹配依据的标识符字段；另一个则是表示LCP数据包大小和LCP数据包类型特定数据的长度字段。

每个LCP数据包在配置信息的交换过程中都执行特定的功能，这取决于LCP数据包的类型。根据表3-4中的对应关系，LCP数据包的代码字段标识了数据包类型。

表3-4 LCP数据包字段

LCP代码	LCP数据包类型	说明
1	Configure-Request	发送此消息以打开或重置PPP连接；Configure-Request包含一系列用于修改默认选项值的LCP选项
2	Configure-Ack	当最后收到的Configure-Request中所有LCP选项的所有值均可识别并被接受时发送此消息。当PPP双方发送并接收Configure-Ack时，LCP协商完成
3	Configure-Nak	当所有LCP选项均可识别，当其中某些选项的值不可接受时发送此消息。Configure-Nak包含不匹配的选项及其可接受的值
4	Configure-Reject	当协商过程不识别或不接受LCP选项时发送此消息。Configure-Reject包含无法识别或无法协商的选项
5	Terminate-Request	关闭PPP连接时发送此消息（可选）
6	Terminate-Ack	响应Terminate-Request时发送此消息
7	Code-Reject	当LCP代码未知时发送此消息；Code-Reject消息包含被拒绝的LCP数据包
8	Protocol-Reject	当PPP帧包含未知协议ID时发送此消息。Protocol-Reject消息包含被拒绝的LCP数据包。Protocol-Reject通常由PPP对等设备发送，作为对PPP NCP的响应，表示该PPP对等设备上未启用LAN协议
9	Echo-Request	发送此消息以测试PPP连接（可选）
10	Echo-Reply	响应时发送此消息。PPP Echo-Request和Echo-Reply与ICMP Echo-Request和Echo-Reply消息无关
11	Discard-Request	在出站方向运行链路时发送此消息（可选）

4. PPP 配置选项

如图 3-28 所示，PPP 可配置为支持多种可选功能。这些可选功能包括：

- 使用 PAP 或 CHAP 验证身份；
- 使用 Stacker 或 Predictor 进行压缩；
- 组合两个或多个通道以增加 WAN 带宽的多链路。

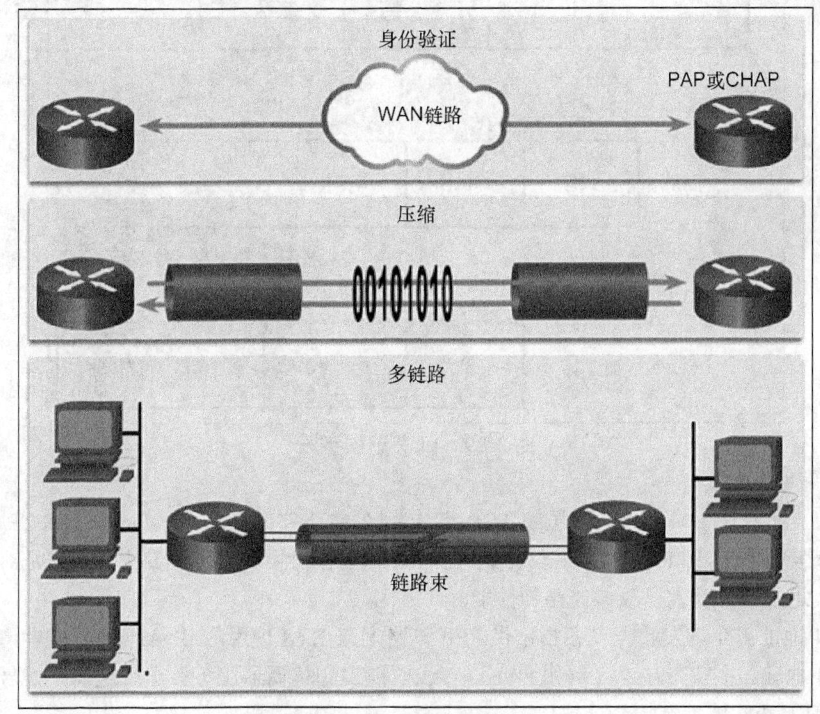

图 3-28 PPP 配置选项

要协商这些 PPP 选项的用法，LCP 链路建立帧在 LCP 帧的数据字段中包含了选项信息，如图 3-29 所示。如果 LCP 帧中不含配置选项，则该配置选项将使用默认值。

发送并收到配置确认帧后，此阶段即完成。

5. NCP 详解

在启动链路后，LCP 会将控制权交给适当的 NCP。

NCP 过程

尽管 PPP 最初是针对 IP 数据包而设计的，但通过在实施中使用模块化的方法，PPP 可以传输来自多个网络层协议的数据。PPP 的模块化版本允许 LCP 设置链路，然后将网络协议的详细信息传输给特定的 NCP。每个网络协议都有一个相应的 NCP，每个 NCP 都有一个相应的 RFC。

拥有 NCP 的协议有 IPv4、IPv6、IPX 和其他许多协议。NCP 使用与 LCP 相同的数据包格式。

在 LCP 对基础链路进行配置和身份验证之后，将会调用相应的 NCP 来完成要使用的网络层协议的特定配置。在 NCP 成功配置网络层协议之后，在已建立的 LCP 链路上，网络协议将处于开启状态。此时，PPP 可以传输相应的网络层协议数据包。

IPCP 示例

作为 NCP 层如何运行的示例，IPv4 的 NCP 配置在图 3-30 中展示，它是最常用的第 3 层协议。在 LCP 建立链路之后，路由器会交换 IPCP 消息，以此协商特定于 IPv4 协议的选项。IPCP 负责在链路的两端配置、启用和禁用 IPv4 模块。IPv6CP 与 IPv6 的 NCP 具有相同的职责。

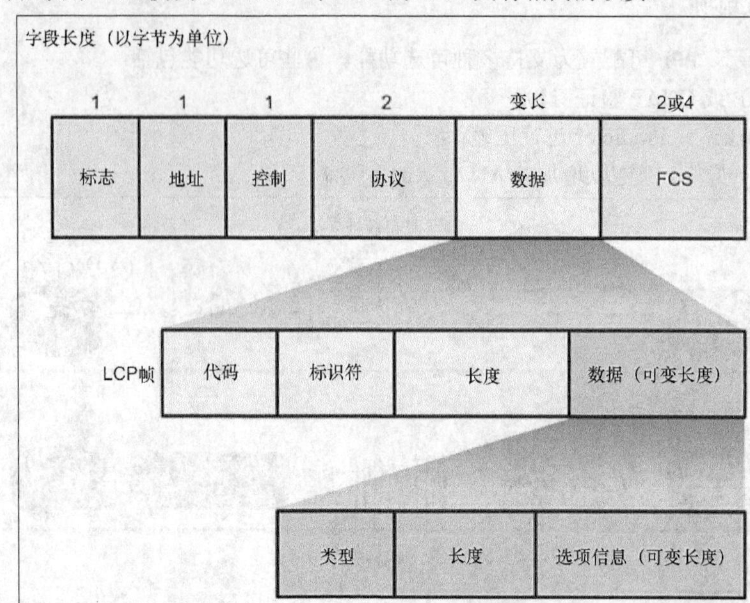

图 3-29　LCP 选项字段

IPCP 协商两个选项。

- **压缩**：允许设备协商算法以压缩 TCP 和 IP 报头并节省带宽。Van Jacobson TCP/IP 报头压缩技术可以将 TCP/IP 报头的大小减少到 3 个字节。在缓慢的串行线路上，尤其是对于交互式通信，此技术可以大幅改善线路的性能。
- **IPv4 地址**：允许发起方设备指定供 PPP 链路上路由 IP 使用的 IPv4 地址，或者请求响应方的 IPv4 地址。在宽带技术（例如 DSL、有线电视调制解调器服务）出现之前，拨号网络链路通常使用 IPv4 地址选项。

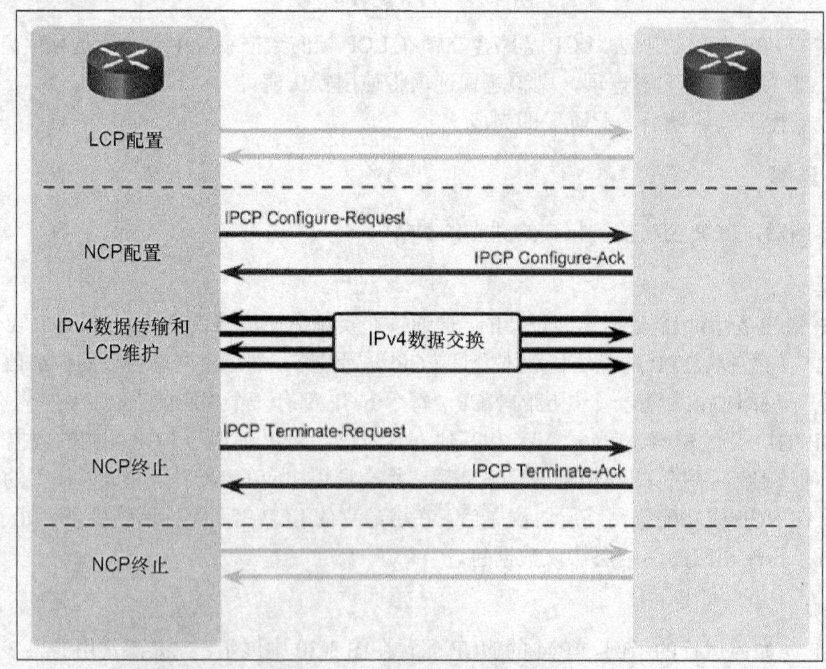

图 3-30　PPP NCP 工作原理

在 NCP 过程完成之后，链路进入开启状态，LCP 在链路维护阶段再次接管。链路流量可能是 LCP、NCP 和网络层协议数据包的任意组合。当数据传输完成后，NCP 会终止协议链路；LCP 会终止 PPP 连接。

Interactive Graphic

练习 3.2.3.6：确定 LCP 链路协商过程的步骤

切换至在线课程以完成本次练习。

3.3 配置 PPP

本节将介绍 PPP 的配置。基本 PPP 配置将与可选 PPP 功能和 PPP 身份验证一同讨论。

3.3.1 配置 PPP

接下来，基本 PPP 配置将与 PPP 压缩、PPP 链路质量监控以及 PPP 多链路一同讨论。

1. PPP 配置选项

在前面的章节中，已经介绍了可配置的 LCP 选项以满足特定的 WAN 连接需求。PPP 可以包含以下 LCP 选项。

- **身份验证**：对等路由器交换身份验证消息。验证方法有两种：口令验证协议（PAP）和挑战握手验证协议（CHAP）。
- **压缩**：通过减少必须通过链路传输的帧所含的数据量来提高 PPP 连接中的有效吞吐量。该协议将在帧到达目的地后将帧解压缩。思科路由器提供两种压缩协议：Stacker 和 Predictor。
- **错误检测**：识别错误条件。质量和幻数选项有助于确保可靠的无环数据链路。幻数字段有助于检测处在环路状态的链路。在成功协商幻数配置选项之前，必须将幻数当作 0 进行传输。幻数是连接的两端随机生成的数字。
- **PPP 回拨**：PPP 回拨用于增强安全性。根据此 LCP 选项的设置，思科路由器可以承担回叫客户端或回叫服务器的角色。客户端发起初始呼叫，请求服务器回叫并终止其初始呼叫。回叫路由器应答初始呼叫，并根据其配置语句回叫客户端。命令是 **ppp callback [accept | request]**。
- **多链路**：该替代选项在 PPP 使用的路由器接口上提供负载均衡。多链路 PPP（也称为 MP、MPPP、MLP 或多链路）提供在多个物理 WAN 链路上传播流量的方法，同时还提供数据包分段和重组、正确定序、多供应商互操作性以及入站和出站流量的负载均衡。

在配置选项之后，相应的字段值将插入到 LCP 选项字段中，如表 3-5 所示。

表 3-5　　可配置的选项字段代码

选项名称	选项类型	选项长度	说明
身份验证协议	3	5 或 6	该字段表示身份验证协议，即 PAP 或 CHAP
协议压缩	7	2	该标志表示当 2 字节协议字段的取值在 0x00-00～0x00-FF 范围内时，将 PPP 协议 ID 压缩为一个二进制八位数（1 字节）
地址和控制字段压缩	8	2	该标志指示从 PPP 报头中删除 PPP 地址字段（始终设置为 OxFF）和 PPP 控制字段（始终设置为 0x03）
幻数（错误检测）	5	6	这是一个随机数，选择该数字是为了区分对等设备并检测环回线路
回叫	13 或 0x0D	3	指出如何确定回叫的二进制八位数指示器

2. PPP 基本配置命令

基本 PPP 配置非常简明易懂。在接口上完成 PPP 配置之后，网络管理员随后将应用一个或更多 PPP 选项。

在接口上启用 PPP

要将 PPP 设置为串行接口所使用的封装方法，可使用 **encapsulation ppp** 接口配置命令。

以下示例在接口 Serial 0/0/0 上启用 PPP 封装：

```
R3# configure terminal
R3(config)# interface serial 0/0/0
R3(config-if)# encapsulation ppp
```

encapsulation ppp 接口命令没有任何参数。记住，如果 PPP 没有在思科路由器上配置，那么串行接口的默认封装为 HDLC。

图 3-31 以及随后列出的示例显示了路由器 R1 和 R2 已在串行接口上都配置了 IPv4 和 IPv6 地址。PPP 是支持多种第 3 层协议（包括 IPv4 和 IPv6）的第 2 层封装。

图 3-31　PPP 基本配置

R1 的部分运行配置：

```
hostname R1
!
interface Serial 0/0/0
 ip address 10.0.1.1 255.255.255.252
 ipv6 address 2001:db8:cafe:1::1/64
 encapsulation ppp
```

R2 的部分运行配置：

```
hostname R2
!
interface Serial 0/0/0
 ip address 10.0.1.2 255.255.255.252
 ipv6 address 2001:db8:cafe:1::2/64
 encapsulation ppp
```

3. PPP 压缩命令

在启用 PPP 封装之后，可在串行接口上配置点对点软件压缩。由于该选项会调用软件压缩进程，因此会影响系统性能。如果流量本身已由压缩的文件（例如.zip、.tar 或.mpeg）组成，那么不需要使用该选项。**compress** 命令的命令语法为：

```
Router(config-if)# compress [ predictor | stac ]
```

- **predictor**（可选）：指定将要使用的 predictor 压缩算法。
- **stac**（可选）：指定将要使用的 Stacker（LZS）压缩算法。

要在 PPP 上配置压缩功能，可输入以下命令：

```
R2(config)# interface serial 0/0/0
R2(config-if)# encapsulation ppp
R2(config-if)# compress [ predictor | stac ]
```

以下示例显示了在 R1 和 R2 之间使用的 predictor 压缩。

R1 的部分运行配置：

```
hostname R1
!
interface Serial 0/0/0
 ip address 10.0.1.1 255.255.255.252
 ipv6 address 2001:db8:cafe:1::1/64
encapsulation ppp
compress predictor
```

R2 的部分运行配置：

```
hostname R2
!
interface Serial 0/0/0
 ip address 10.0.1.2 255.255.255.252
 ipv6 address 2001:db8:cafe:1::2/64
 encapsulation ppp
 compress predictor
```

4. PPP 链路质量监控命令

前面已讲过，LCP 会提供可选的链路质量确定阶段。在此阶段中，LCP 将对链路进行测试，以确定链路质量是否足以支持第 3 层协议的运行。**ppp quality** *percentage* 命令用于确保链路满足设定的质量要求；否则链路将关闭。**ppp quality** 命令的命令语法为：

```
Router(config-if)# ppp quality percentage
```

- *percentage*：指定链路质量阈值。范围为 1～100。

百分比是针对入站和出站两个方向分别计算的。出站链路质量的计算方法是将已发送的数据包及字节总数与目的节点收到的数据包及字节总数进行比较。入站链路质量的计算方法是将已收到的数据包及字节总数与目的节点发送的数据包及字节总数进行比较。

如果未能维护链路质量百分比，链路的质量注定不高，链路将陷入瘫痪。链路质量监控（LQM）执行时滞（time lag）功能，这样，链路不会时而正常运行，时而瘫痪。

以下配置示例可监控在链路上丢失的数据并避免帧循环：

```
R2(config)# interface serial 0/0/0
R2(config-if)# encapsulation ppp
R2(config-if)# ppp quality 80
```

使用 **no ppp quality** 命令禁用 LQM。以下示例显示 R1 和 R2 之间使用的链路质量。

R1 的部分运行配置:

```
hostname R1
!
interface Serial 0/0/0
 ip address 10.0.1.1 255.255.255.252
 ipv6 address 2001:db8:cafe:1::1/64
 encapsulation ppp
 ppp quality 80
```

R2 的部分运行配置:

```
hostname R2
!
interface Serial 0/0/0
 ip address 10.0.1.2 255.255.255.252
 ipv6 address 2001:db8:cafe:1::2/64
 encapsulation ppp
 ppp quality 80
```

Interactive Graphic

练习 3.3.1.4:PPP 链路质量监控命令

切换至在线课程,使用语法检查器在 R1 的 Serial 0/0/1 接口上配置 LQM。

5. PPP 多链路命令

多链路 PPP(也称为 MP、MPPP、MLP 或多链路)提供在多个物理 WAN 链路上传播流量的方法,如图 3-32 所示。多链路 PPP 还提供数据包分段和重组、正确定序、多供应商互操作性以及入站和出站流量的负载均衡。

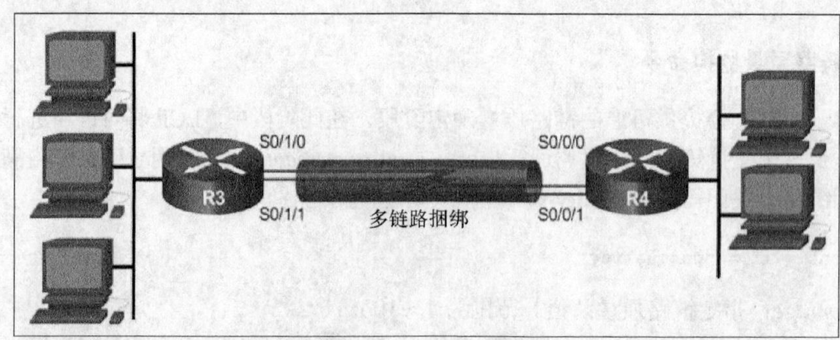

图 3-32 PPP 多链路

MPPP 允许对数据包进行分片并在多个点对点链路上将这些数据段同时发送到同一个远程地址。在用户定义的负载阈值下,多个物理层链路将恢复运行。MPPP 可以只测量入站流量的负载,也可以只测量出站流量的负载,但不能同时测量入站和出站流量的负载。

配置 MPPP 需要两个步骤。

步骤 1 创建多链路捆绑。

interface multilink*number* 命令创建了多链路接口。

在接口配置模式下,IP 地址被分配到多链路接口。在本示例中,路由器 R3 和 R4 上都配置了 IPv4 和 IPv6 地址。

接口已启用了多链路 PPP。

接口已分配多链路组编号。

步骤 2 将接口分配给多链路捆绑。作为多链路组中一部分的每个接口：

已启用 PPP 封装；

已启用多链路 PPP；

使用步骤 1 中配置的多链路组编号绑定到多链路捆绑。

以下示例显示了在 R3 和 R4 之间配置的多链路 PPP。

R3 的部分运行配置：

```
hostname R3
!
interface Multilink 1
 ip address 10.0.1.1 255.255.255.252
 ipv6 address 2001:db8:cafe:1::1/64
 ppp multilink
 ppp multilink group 1
!
interface Serial 0/1/0
 no ip address
 encapsulation ppp
 ppp multilink
 ppp multilink group 1
!
interface Serial 0/1/1
 no ip address
 encapsulation ppp
 ppp multilink
 ppp multilink group 1
```

R4 的部分运行配置：

```
hostname R4
!
interface Multilink 1
 ip address 10.0.1.2 255.255.255.252
 ipv6 address 2001:db8:cafe:1::2/64
 ppp multilink
 ppp multilink group 1
!
interface Serial 0/0/0
 no ip address
 encapsulation ppp
 ppp multilink
 ppp multilink group 1
!
interface Serial 0/0/1
 no ip address
 encapsulation ppp
 ppp multilink
 ppp multilink group 1
```

要禁用 PPP 多链路，可使用 **no ppp multilink** 命令。

6. 检验 PPP 配置

使用 **show interfaces serial** 命令来检验 HDLC 或 PPP 封装的配置是否正确。例 3-3 显示了 PPP 配置。

例 3-3 使用 **show interfaces serial** 检验 PPP 封装

```
R2#show interfaces serial 0/0/0
Serial0/0/0 is up, line protocol is up
  Hardware is GT96K Serial
  Internet address is 10.0.1.2/30
  MTU 1500 bytes, BW 1544 Kbit/sec, DLY 20000 usec,
     reliability 255/255, txload 1/255, rxload 1/255
  Encapsulation PPP, LCP Open
  Open: IPCP, IPV6CP, CCP, CDPCP,, loopback not set
  Keepalive set (10 sec)
  CRC checking enabled
<Output omitted for brevity>
```

在配置 HDLC 时，**show interfaces serial** 命令的输出应该显示 **encapsulation HDLC**。配置 PPP 后，LCP 和 NCP 的状态也会显示。注意，NCP IPCP 和 IPv6CP 对 IPv4 和 IPv6 都适用，因为 R1 和 R2 上同时配置了 IPv4 和 IPv6 地址。

表 3-6 总结了检验 PPP 时使用的命令。

表 3-6 检验 PPP 的命令

命令	说明
show interfaces	显示路由器上所有已配置的接口的统计信息
show interfaces serial	显示有关串行接口的信息
show ppp multilink	显示有关 PPP 多链路接口的信息

show ppp multilink 命令可以检验 PPP 多链路是否在 R3 上启用，如例 3-4 所示。输出显示了接口 Multilink 1、本地和远程端点的主机名以及分配到多链路捆绑的串行接口。

例 3-4 检验 PPP 多链路

```
R3# show ppp multilink
Multilink1
  Bundle name: R4
  Remote Endpoint Discriminator: [1] R4
  Local Endpoint Discriminator: [1] R3
  Bundle up for 00:01:20, total bandwidth 3088, load 1/255
  Receive buffer limit 24000 bytes, frag timeout 1000 ms
    0/0 fragments/bytes in reassembly list
    0 lost fragments, 0 reordered
    0/0 discarded fragments/bytes, 0 lost received
    0x2 received sequence, 0x2 sent sequence
  Member links: 2 active, 0 inactive (max 255, min not set)
    Se0/1/1, since 00:01:20
    Se0/1/0, since 00:01:06
No inactive multilink interfaces
R3#
```

3.3.2 PPP 身份验证

本节将讨论 PPP 身份验证协议和 PPP 身份验证的配置。

1. PPP 身份验证协议

PPP 定义可扩展的 LCP，允许协商身份验证协议以便在允许网络层协议通过该链路传输之前验证对等点的身份。RFC 1334 定义了两种身份验证协议，即 PAP 和 CHAP，如图 3-33 所示。

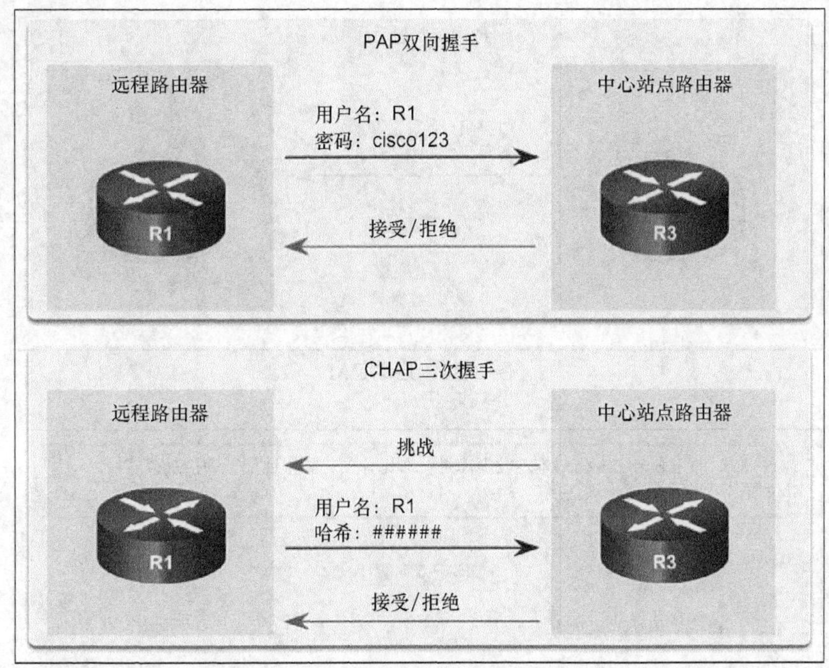

图 3-33 PPP 身份验证协议

PAP 是非常基本的双向过程，不使用加密，用户名和密码以明文形式发送。如果通过此验证，则允许连接。CHAP 比 PAP 更安全，它通过三次握手交换共享密钥。

PPP 会话的身份验证阶段是可选的。如果采用，那么在 LCP 建立链路并选择身份验证协议之后，会对对等设备进行身份验证。如果采用，身份验证将在网络层协议配置阶段开始之前进行。

身份验证选项会要求链路的呼叫方输入身份验证信息。这就确保了用户的呼叫行为得到了管理员的许可。对等路由器交换身份验证消息。

2. 口令验证协议（PAP）

PPP 具有的一项功能是对第 2 层执行身份验证，此外还可以对其他层执行身份验证、加密、访问控制和一般安全措施。

启动 PAP

PAP 使用双向握手为远程节点提供了一种简单的建立身份验证方法。PAP 不支持交互。在使用 **ppp authentication pap** 命令时，系统将以一个 LCP 数据包的形式发送用户名和密码，而不是由服务器发送登录提示并等待响应，如图 3-34 所示。在 PPP 完成链路建立阶段之后，远程节点会在链路上重复发送用户名和密码对，直到接收节点确认接收或连接终止。

完成 PAP

在接收节点，身份验证服务器将检查用户名和口令，以决定允许或拒绝连接。如图 3-35 所示，接受或拒绝消息返回到请求者。

PAP 并非强可靠的身份验证协议。如果使用 PAP，密码将通过链路以明文形式发送，也就无法针对回送攻击或反复的试错攻击进行防护。远程节点将控制登录尝试的频率和时间。

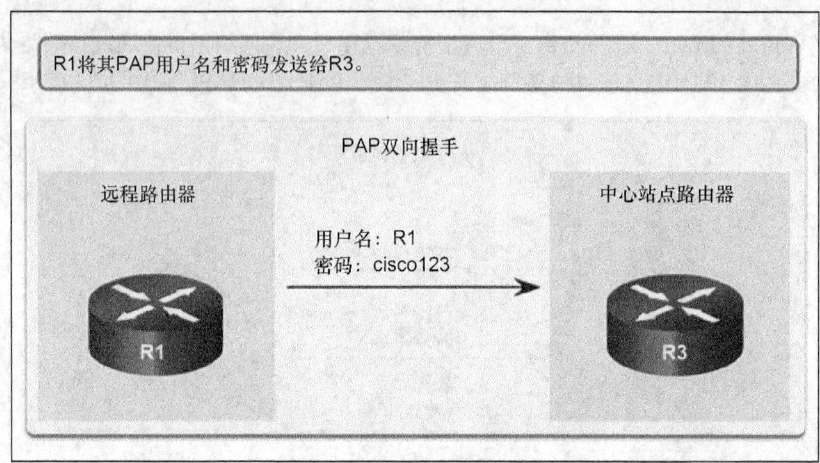

图 3-34 启动 PAP

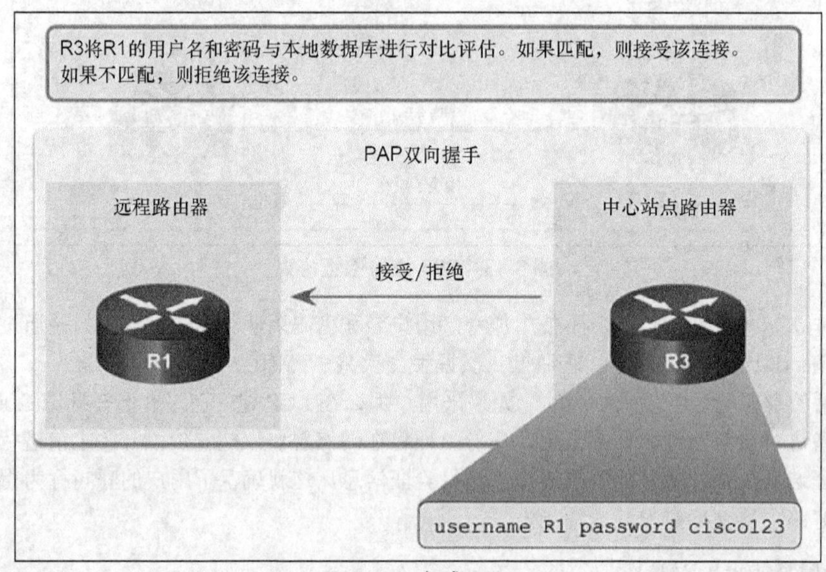

图 3-35 完成 PAP

尽管如此，PAP 还是有其用武之地。例如，PAP 仍可用于以下情形：

- 当系统中安装了大量不支持 CHAP 的客户端应用程序时；
- 当不同供应商实现的 CHAP 互不兼容时；
- 当模拟主机远程登录必须使用纯文本口令时。

3. 挑战握手验证协议（CHAP）

当使用 PAP 建立身份验证之后，它并没有重新进行身份验证。这会让网络容易遭到攻击。与一次性身份验证的 PAP 不同，CHAP 定期执行消息询问，以确保远程节点仍然拥有有效的口令值。口令值是个变量，在链路存在时该值不断改变，并且这种改变是不可预知的。

在 PPP 链路建立阶段完成后，本地路由器会向远程节点发送一条询问消息，如图 3-36 所示。

远程节点将以使用单向哈希函数计算出的值作出响应，该函数通常是基于密码和询问消息的消息摘要 5（MD5），如图 3-37 所示。

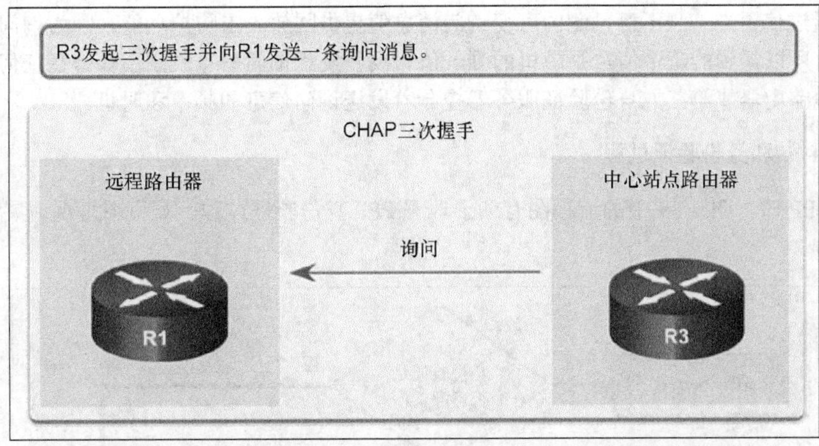
R3发起三次握手并向R1发送一条询问消息。
CHAP三次握手
远程路由器
中心站点路由器
询问
R1
R3

图 3-36 启动 CHAP

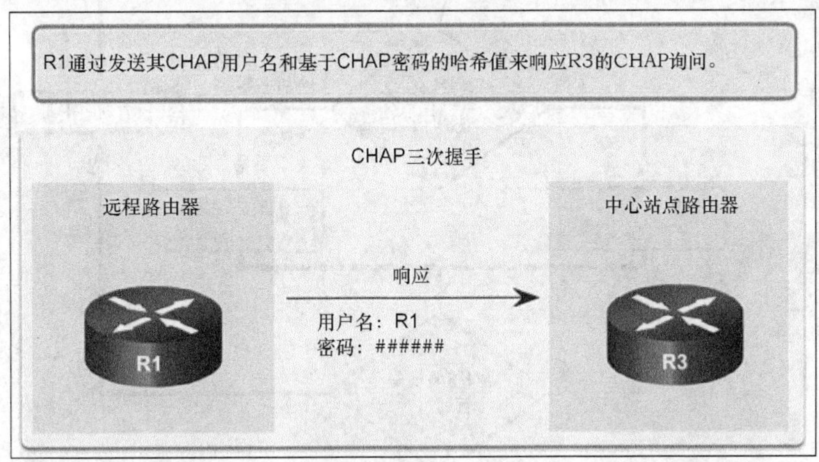
R1通过发送其CHAP用户名和基于CHAP密码的哈希值来响应R3的CHAP询问。
CHAP三次握手
远程路由器
中心站点路由器
响应
用户名：R1
密码：######
R1
R3

图 3-37 响应 CHAP

本地路由器根据自己计算的预期哈希值来检查响应。如果两个值匹配，那么发起方节点确认身份验证，如图 3-38 所示。如果两者的值不匹配，那么发起方节点将立即终止连接。

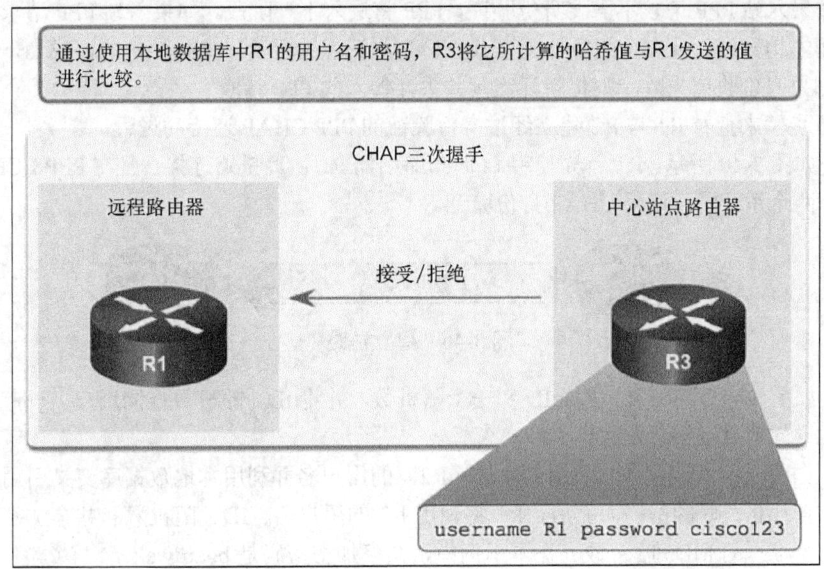
通过使用本地数据库中R1的用户名和密码，R3将它所计算的哈希值与R1发送的值进行比较。
CHAP三次握手
远程路由器
中心站点路由器
接受/拒绝
R1
R3
username R1 password cisco123

图 3-38 完成 CHAP

CHAP 通过使用唯一且不可预测的可变询问消息值提供回放攻击防护功能。因为询问消息唯一而且随机变化，所以得到的哈希值也是随机的唯一值。反复发送询问信息限制了暴露在任何单次攻击下的时间。本地路由器或第三方身份验证服务器控制着发送询问信息的频率和时机。

4. PPP 封装和身份验证过程

在配置 PPP 时，图 3-39 中的流程图有助于理解 PPP 身份验证过程。流程图直观地展示了 PPP 作出的逻辑决策。

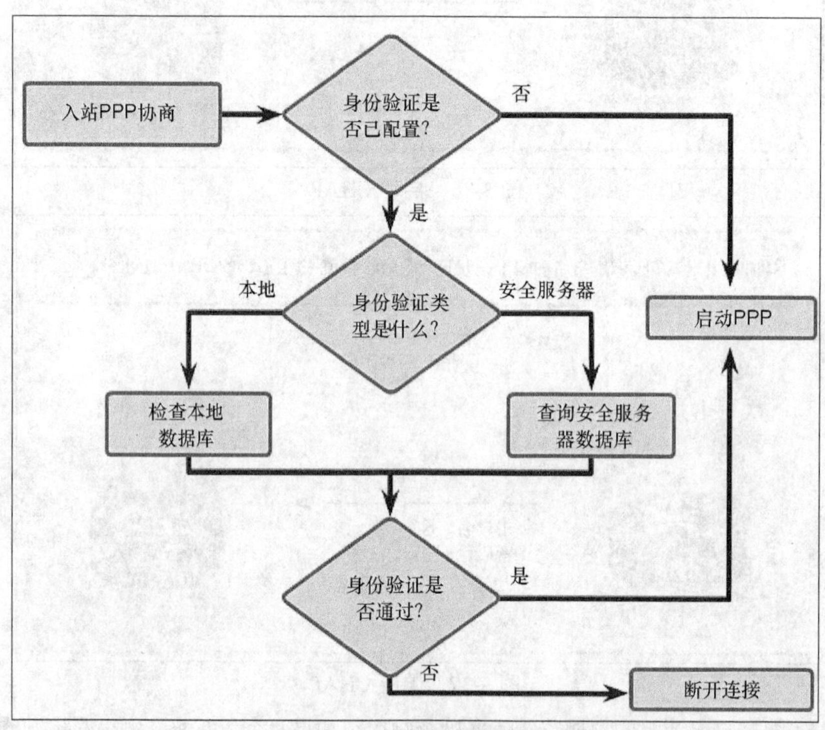

图 3-39　PPP 封装和身份验证过程

例如，如果入站 PPP 请求不需要身份验证，PPP 将进入下一阶段。如果入站 PPP 请求需要身份验证，则将使用本地数据库或安全服务器验证其身份。如流程图所示，如果身份验证成功，则将进入下一阶段，而如果身份验证失败，则将断开连接并丢弃传入的 PPP 请求。

执行以下步骤来查看 R1 与 R2 建立经过身份验证的 PPP CHAP 连接的过程。

步骤 1　如图 3-40 所示，R1 首先使用 LCP 与路由器 R2 协商链路连接，且在 PPP LCP 协商期间，两个系统同意使用 CHAP 身份验证。

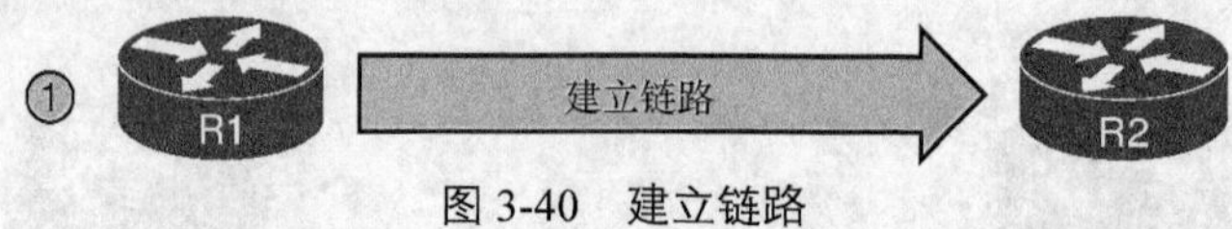

图 3-40　建立链路

步骤 2　如图 3-41 所示，R2 生成 ID 和一个随机数，并将 ID、随机数连同用户名一起作为 CHAP 询问消息数据包发送到 R1。

步骤 3　如图 3-42 所示，R1 使用询问方（R2）的用户名并利用本地数据库交叉引用该用户名来查找相关联的密码。随后，R1 将使用 R2 的用户名、ID、随机数和共享加密密码生成一个唯一的 MD5 哈希数。在本示例中，共享加密密码是 boardwalk。

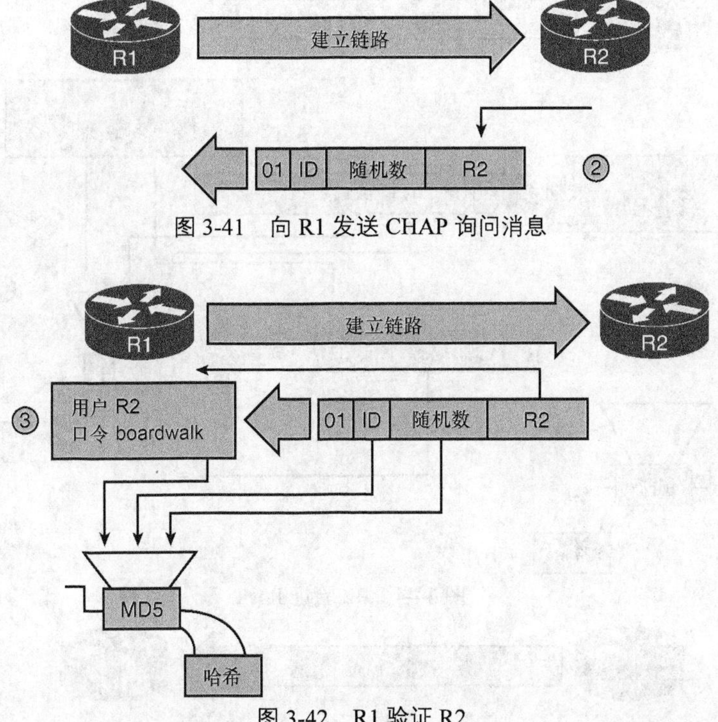

图 3-41 向 R1 发送 CHAP 询问消息

图 3-42 R1 验证 R2

步骤 4 如图 3-43 所示，接着，路由器 R1 将询问消息 ID、哈希值及其用户名（R1）发送到 R2。

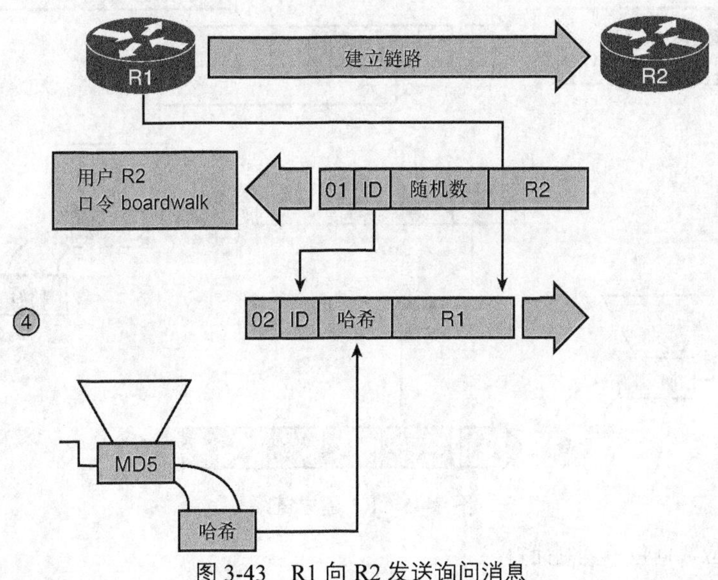

图 3-43 R1 向 R2 发送询问消息

步骤 5 如图 3-44 所示，R2 使用它最初发送给 R1 的 ID、共享加密密码和随机数生成自己的哈希值。

步骤 6 如图 3-45 所示，R2 将自己的哈希值与 R1 发送的哈希值进行比较。如果这两个值相同，R2 将向 R1 发送链路建立响应。

如果身份验证失败，系统会生成一个 CHAP 失败数据包，其结构如下：

- 04=CHAP 失败消息类型；

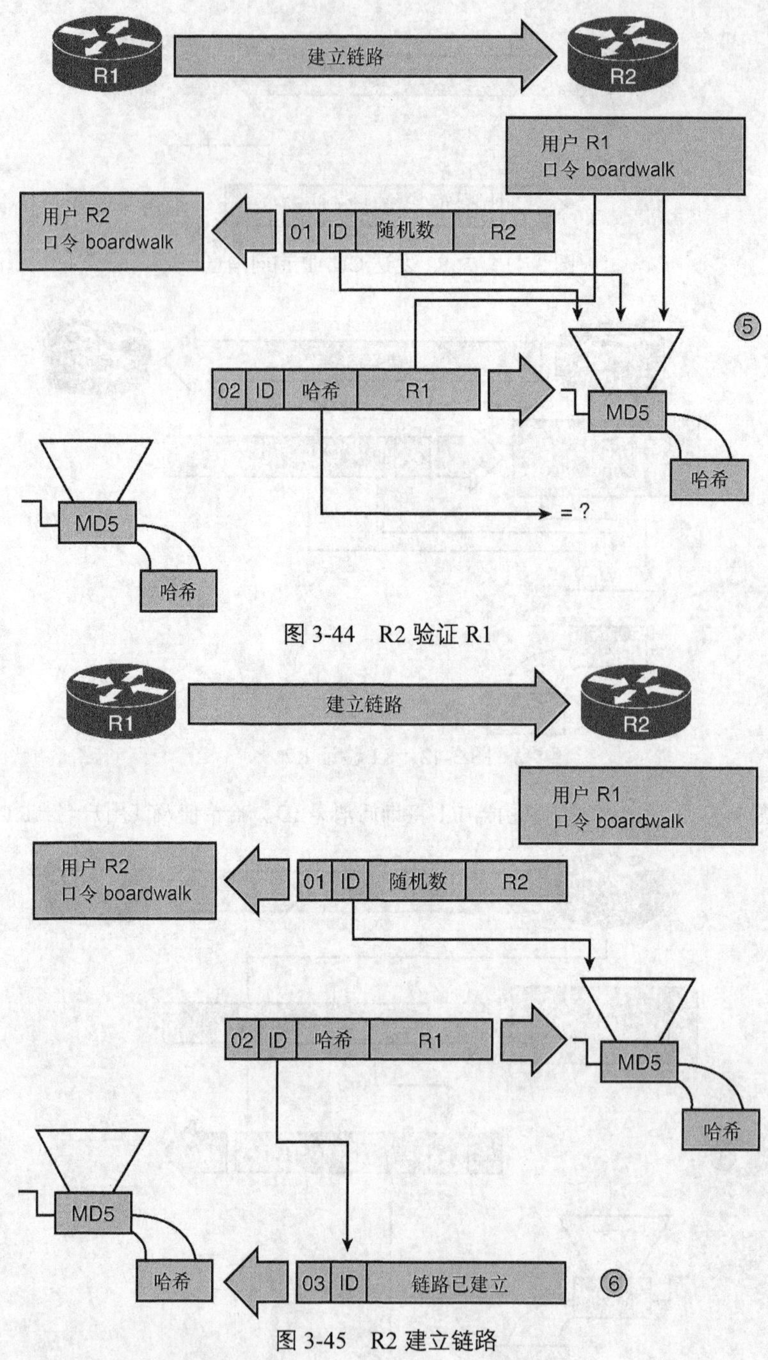

图 3-44 R2 验证 R1

图 3-45 R2 建立链路

- id=从响应数据包中复制而得；
- “Authentication failure”或一些类似的文本消息，是供用户可读懂的说明性信息。

R1 和 R2 上的共享加密密码必须相同。

```
Router(config-if)# ppp authentication {chap | chap pap | pap chap | pap} [if needed]
   [list-name | default] [callin]
```

5. 配置 PPP 身份验证

要指定在接口上请求 CHAP 或 PAP 协议的顺序，可使用 **ppp authentication** 接口配置命令。

```
Router(config-if)# ppp authentication {chap | chap pap | pap chap | pap} [if needed]
    [list-name | default] [callin]
```

- 使用该命令的 **no** 形式将禁用此身份验证。

表 3-7 解释了 **ppp authentication** 接口配置命令的语法。

表 3-7 PPP 命令语法

chap	在串行接口上启用 CHAP
pap	在串行接口上启用 PAP
chap pap	在串行接口上同时启用 CHAP 和 PAP，并在 PAP 之前执行 CHAP 身份验证
pap chap	在串行接口上同时启用 CHAP 和 PAP，并在 CHAP 之前执行 PAP 身份验证
if-needed（可选）	与 TACACS 和 XTACACS 一起使用。如果用户已提供身份验证，则无需执行 CHAP 或 PPP 身份验证。此选项仅在异步接口上可用
list-name（可选）	与 AAA/TACACS+一起使用。指定使用的 TACACS+身份验证方法的列表名称。如果未指定列表名称，则系统将使用默认设置。使用 **aaa authentication ppp** 命令创建列表
default（可选）	与 AAA/TACACS+一起使用。使用 **aaa authentication ppp** 命令创建
Callin	仅在拨入（接收的）呼叫上指定身份验证

在启用 CHAP 或 PAP 身份验证或同时启用这两种身份验证之后，在允许数据流通过之前，本地路由器要求远程设备先提供身份信息，其实现过程如下。

- PAP 身份验证要求远程设备发送一个用户名和口令，然后将其与本地用户名数据库或远程 TACACS/TACACS+数据库中的对应项进行比较。
- CHAP 身份验证向远程设备发送询问消息。远程设备必须使用共享密钥加密询问消息值并将加密后的值及其名称作为响应消息返回给本地路由器。本地路由器使用远程设备的名称在本地用户名或远程 TACACS/TACACS+数据库中查找适当的密钥。它使用查询到的密钥加密原始的询问消息并校验加密后的值与原始值是否匹配。

注意：验证、授权和审计（AAA）/TACACS 是用于验证用户身份的专用服务器。TACACS 客户端向 TACACS 身份验证服务器发送查询消息。服务器可以对用户进行身份验证，授权该用户能执行哪些操作并跟踪该用户的行为。

可以启用 PAP 和 CHAP 两者中任意一个，也可两者同时启用。如果同时启用，那么链路协商期间请求的将是您指定的第一个方法。如果对方建议使用第二种方法或只是拒绝了第一种方法，系统将会尝试第二种方法。有些远程设备仅支持 CHAP，有些则仅支持 PAP。指定方法的顺序取决于您是更关心远程设备协商合适方法的能力，还是更关心数据线路的安全性。PAP 用户名和密码以明文字符串的格式发送，容易被截取和重复使用。CHAP 已经消除了大多数已知的安全漏洞。

6. 配置 PPP 身份验证

表中列出的操作步骤说明了如何配置 PPP 封装和 PAP/CHAP 身份验证协议。配置的正确与否十分关键，因为 PAP 和 CHAP 将使用这些参数进行身份验证。

配置 PAP 身份验证

图 3-46 是用于双向 PAP 身份验证配置的拓扑，随后列出了相关配置。双方路由器将相互验证身份，因此 PAP 身份验证命令可以反映出彼此的身份。每台路由器发送的 PAP 用户名和密码必须与另一台路由器的 **username** *name* **password** *password* 命令指定的用户名和密码一致。

图 3-46 用于 PPP 的拓扑

R1 的部分运行配置：

```
hostname R1
username R2 password sameone
!
interface Serial0/0/0
 ip address 10.0.1.1 255.255.255.252
 ipv6 address 2001:DB8:CAFE:1::1/64
 encapsulation ppp
 ppp authentication pap
 ppp pap sent-username R2 password sameone
```

R2 的部分配置示例：

```
hostname R2
username R1 password 0 sameone
!
interface Serial 0/0/0
ip address 10.0.1.2 255.255.255.252
ipv6 address 2001:db8:cafe:1::2/64
encapsulation ppp
ppp authentication pap
ppp pap sent-username R2 password sameone
```

PAP 使用双向握手为远程节点提供了一种简单的身份验证方法。此验证过程仅在初次建立链路时执行。一台路由器上的主机名必须与已配置 PPP 的另一台路由器的用户名一致。两者的密码也必须一致。指定用户名和密码参数，请使用以下命令：**ppp pap sent-username** *name* **password** *password*。

Interactive Graphic

练习 3.3.2.6：PPP PAP 身份验证

切换至在线课程，使用语法检查器在路由器 R1 的 Serial 0/0/1 接口上配置 PAP 身份验证。

配置 CHAP 身份验证

CHAP 使用三次握手定期校验远程节点的身份。一台路由器上的主机名必须与已配置的另一台路由器的用户名一致。两者的密码也必须一致。此校验在初次建立链路时执行，在链路建立之后可随时重复执行。以下是 CHAP 配置示例。

R1 的部分运行配置：

```
hostname R1
username R2 password sameone
!
interface Serial0/0/0
 ip address 10.0.1.1 255.255.255.252
 ipv6 address 2001:DB8:CAFE:1::1/64
 encapsulation ppp
 ppp authentication chap
```

R2 的部分运行配置：

```
hostname R2
username R1 password 0 sameone
!
interface Serial 0/0/0
 ip address 10.0.1.2 255.255.255.252
 ipv6 address 2001:db8:cafe:1::2/64
 encapsulation ppp
 ppp authentication chap
```

Interactive Graphic

练习 3.3.2.6：PPP CHAP 身份验证

切换至在线课程，使用语法检查器在路由器 R1 的 Serial 0/0/1 接口上配置 CHAP 身份验证。

Packet Tracer Activity

Packet Tracer 练习 3.3.2.7：配置 PAP 和 CHAP 身份验证

背景/场景

在本练习中，您将练习在串行链路上配置 PPP 封装。您还会配置 PPP PAP 身份验证和 PPP CHAP 身份验证。

实验 3.3.2.8：配置基本 PPP 身份验证

在本实验中，您需要完成以下目标。

- 第 1 部分：配置基本设备设置。
- 第 2 部分：配置 PPP 封装。
- 第 3 部分：配置 PPP CHAP 身份验证。

3.4 WAN 连接故障排除

故障排除是理解并实施任何技术时至关重要的一部分。本节将讨论 WAN 连接故障排除，特别是使用 PPP 的点对点串行通信。

3.4.1 PPP 故障排除

与其他在路由器上实施的协议类似，PPP 故障排除涉及 **debug** 和 **show** 命令的结合使用。本节将讨论如何使用这些命令来排除 PPP 协商和身份验证故障。

1. PPP 串行封装故障排除

回顾一下，**debug** 命令可用于故障排除，可在命令行界面的特权 EXEC 模式下进行访问。**debug** 输出显示了关于各种路由器运行、路由器生成或接收的相关流量及所有错误消息的信息。它会占用大量的资源，会强制路由器处理要调试的数据包。**debug** 命令不得用作监控工具，这意味着它只能用于短时间的故障排除。

使用 **debug ppp** 命令显示有关 PPP 运行的信息。

```
Router# debug ppp {packet | negotiation | error | authentication | compression |
   cbcp}
```

表 3-8 显示了该命令的语法。使用此命令的 **no** 形式来禁用调试输出。

表 3-8　　debug ppp 命令参数

参数	用途
packet	显示发送和接收的 PPP 数据包（此命令显示低级数据包转储信息）
negotiation	显示 PPP 启动期间，在协商 PPP 选项过程中传输的 PPP 数据包
error	显示协议错误和与 PPP 连接协商及运行有关的错误统计信息
authentication	显示身份验证协议信息，包括挑战验证协议（CHAP）数据包交换和口令验证协议（PAP）交换
compression	使用 MPPC 显示特定于 PPP 连接交换的信息。此命令用于在启动 MPPC 压缩时获取不正确数据包的序列号信息
cbcp	使用 MSCB 显示协议错误以及与 PPP 连接协商有关的统计信息

在尝试搜索以下内容时，请使用 **debug ppp** 命令：

- PPP 连接的任一端都支持的 NCP；
- 可能存在于 PPP 网际网络中的任何环路；
- 正确协商（或没有正确协商）PPP 连接的节点；
- PPP 连接中出现的错误；
- CHAP 会话失败的原因；
- PAP 会话失败的原因；
- 特定于使用回拨控制协议（CBCP）（微软客户端所使用）的 PPP 连接交换的信息；
- 启用了 MPPC 压缩的不正确数据包的序列号信息。

2. 调试 PPP

除了 **debug ppp** 命令之外，还有其他命令可用于对 PPP 连接进行故障排除。

在对串行接口封装进行故障排除时，最好选用 **debug ppp packet** 命令，如例 3-5 所示。该示例说明了正常的 PPP 操作下的数据包交换，包括 LCP 状态、LQM 过程和 LCP 幻数。

例 3-5　debug ppp packet 命令的输出

```
R1# debug ppp packet
PPP packet display debugging is on
R1#
*Apr  1 16:15:17.471: Se0/0/0 LQM: O state Open magic 0x1EFC37C3 len 48
*Apr  1 16:15:17.471: Se0/0/0 LQM:    LastOutLQRs 70 LastOutPackets/Octets 194/9735
*Apr  1 16:15:17.471: Se0/0/0 LQM:    PeerInLQRs 70 PeerInPackets/Discards/Errors/
  Octets 0/0/0/0
*Apr  1 16:15:17.471: Se0/0/0 LQM:    PeerOutLQRs 71 PeerOutPackets/Octets 197/9839
*Apr  1 16:15:17.487: Se0/0/0 PPP: I pkt type 0xC025, datagramsize 52 link[ppp]
*Apr  1 16:15:17.487: Se0/0/0 LQM: I state Open magic 0xFE83D624 len 48
*Apr  1 16:15:17.487: Se0/0/0 LQM:    LastOutLQRs 71 LastOutPackets/Octets 197/9839
*Apr  1 16:15:17.487: Se0/0/0 LQM:    PeerInLQRs 71 PeerInPackets/Discards/Errors/
  Octets 0/0/0/0
*Apr  1 16:15:17.487: Se0/0/0 LQM:    PeerOutLQRs 71 PeerOutPackets/Octets 196/9809
*Apr  1 16:15:17.535: Se0/0/0 LCP: O ECHOREQ [Open] id 36 len 12 magic 0x1EFC37C3
*Apr  1 16:15:17.539: Se0/0/0 LCP-FS: I ECHOREP [Open] id 36 len 12 magic 0xFE83D624
*Apr  1 16:15:17.539: Se0/0/0 LCP-FS: Received id 36, sent id 36, line up
R1# undebug all
```

例 3-6 显示了 **debug ppp negotiation** 命令在正常协商（两端就 NCP 参数达成一致）中所产生的输出。在这种情况下，协议类型 IPv4 和 IPv6 被提出并确认。网络管理员可以通过 **debug ppp negotiation** 命令查看 PPP 协商事务，确定问题或错误发生的阶段，并制定解决方法。输出包括 LCP 协商、身份验证和 NCP 协商。

例 3-6 debug ppp negotiation 命令的输出

```
R1# debug ppp negotiation
PPP protocol negotiation debugging is on
R1#
*Apr  1 18:42:29.831: %LINK-3-UPDOWN: Interface Serial0/0/0, changed state to up
*Apr  1 18:42:29.831: Se0/0/0 PPP: Sending cstate UP notification
*Apr  1 18:42:29.831: Se0/0/0 PPP: Processing CstateUp message
*Apr  1 18:42:29.835: PPP: Alloc Context [66A27824]
*Apr  1 18:42:29.835: ppp2 PPP: Phase is ESTABLISHING
*Apr  1 18:42:29.835: Se0/0/0 PPP: Using default call direction
*Apr  1 18:42:29.835: Se0/0/0 PPP: Treating connection as a dedicated line
*Apr  1 18:42:29.835: Se0/0/0 PPP: Session handle[4000002] Session id[2]
*Apr  1 18:42:29.835: Se0/0/0 LCP: Event[OPEN] State[Initial to Starting]
*Apr  1 18:42:29.835: Se0/0/0 LCP: O CONFREQ [Starting] id 1 len 23
*Apr  1 18:42:29.835: Se0/0/0 LCP:    AuthProto CHAP (0x0305C22305)
*Apr  1 18:42:29.835: Se0/0/0 LCP:    QualityType 0xC025 period 1000
  (0x0408C025000003E8)
*Apr  1 18:42:29.835: Se0/0/0 LCP:    MagicNumber 0x1F887DD3 (0x05061F887DD3)
<Output omitted>
*Apr  1 18:42:29.855: Se0/0/0 PPP: Phase is AUTHENTICATING, by both
*Apr  1 18:42:29.855: Se0/0/0 CHAP: O CHALLENGE id 1 len 23 from "R1"
<Output omitted>
*Apr  1 18:42:29.871: Se0/0/0 IPCP: Authorizing CP
*Apr  1 18:42:29.871: Se0/0/0 IPCP: CP stalled on event[Authorize CP]
*Apr  1 18:42:29.871: Se0/0/0 IPCP: CP unstall
<Output omitted>
*Apr  1 18:42:29.875: Se0/0/0 CHAP: O SUCCESS id 1 len 4
*Apr  1 18:42:29.879: Se0/0/0 CHAP: I SUCCESS id 1 len 4
*Apr  1 18:42:29.879: Se0/0/0 PPP: Phase is UP
*Apr  1 18:42:29.879: Se0/0/0 IPCP: Protocol configured, start CP. state[Initial]
*Apr  1 18:42:29.879: Se0/0/0 IPCP: Event[OPEN] State[Initial to Starting]
*Apr  1 18:42:29.879: Se0/0/0 IPCP: O CONFREQ [Starting] id 1 len 10
*Apr  1 18:42:29.879: Se0/0/0 IPCP:    Address 10.0.1.1 (0x03060A000101)
*Apr  1 18:42:29.879: Se0/0/0 IPCP: Event[UP] State[Starting to REQsent]
*Apr  1 18:42:29.879: Se0/0/0 IPV6CP: Protocol configured, start CP. state[Initial]
*Apr  1 18:42:29.883: Se0/0/0 IPV6CP: Event[OPEN] State[Initial to Starting]
*Apr  1 18:42:29.883: Se0/0/0 IPV6CP: Authorizing CP
*Apr  1 18:42:29.883: Se0/0/0 IPV6CP: CP stalled on event[Authorize CP]
<Output omitted>
*Apr  1 18:42:29.919: Se0/0/0 IPCP: State is Open
*Apr  1 18:42:29.919: Se0/0/0 IPV6CP: State is Open
*Apr  1 18:42:29.919: Se0/0/0 CDPCP: State is Open
*Apr  1 18:42:29.923: Se0/0/0 CCP: State is Open
*Apr  1 18:42:29.927: Se0/0/0 Added to neighbor route AVL tree: topoid 0, address
  10.0.1.2
*Apr  1 18:42:29.927: Se0/0/0 IPCP: Install route to 10.0.1.2
```

```
*Apr  1 18:42:39.871: Se0/0/0 LQM: O state Open magic 0x1F887DD3 len 48
*Apr  1 18:42:39.871: Se0/0/0 LQM:     LastOutLQRs 0 LastOutPackets/Octets 0/0
*Apr  1 18:42:39.871: Se0/0/0 LQM:     PeerInLQRs 0 PeerInPackets/Discards/Errors/
  Octets 0/0/0/0
*Apr  1 18:42:39.871: Se0/0/0 LQM:     PeerOutLQRs 1 PeerOutPackets/Octets 3907/155488
*Apr  1 18:42:39.879: Se0/0/0 LQM: I state Open magic 0xFF101A5B len 48
*Apr  1 18:42:39.879: Se0/0/0 LQM:     LastOutLQRs 0 LastOutPackets/Octets 0/0

*Apr  1 18:42:39.879: Se0/0/0 LQM:     PeerInLQRs 0 PeerInPackets/Discards/Errors/
  Octets 0/0/0/0
*Apr  1 18:42:39.879: Se0/0/0 LQM:     PeerOutLQRs 1 PeerOutPackets/Octets 3909/155225
<Output omitted>
```

debug ppp error 命令可显示与 PPP 连接协商和操作相关的协议错误以及错误统计信息，如例 3-7 所示。在已运行 PPP 的接口上启用质量协议选项时可能会显示这些消息。

例 3-7　debug ppp error 命令的输出

```
R1# debug ppp error


PPP Serial3(i): rlqr receive failure. successes = 15
PPP: myrcvdiffp = 159 peerxmitdiffp = 41091
PPP: myrcvdiffo = 2183 peerxmitdiffo = 1714439
PPP: threshold = 25
PPP Serial4(i): rlqr transmit failure. successes = 15
PPP: myxmitdiffp = 41091 peerrcvdiffp = 159
PPP: myxmitdiffo = 1714439 peerrcvdiffo = 2183
PPP: l->OutLQRs = 1 LastOutLQRs = 1
PPP: threshold = 25
PPP Serial3(i): lqr_protrej() Stop sending LQRs.
PPP Serial3(i): The link appears to be looped back.
```

3. 排除 PPP 身份验证配置的故障

身份验证是一项需要正确执行的功能，否则可能会危及串行连接的安全性。必须始终使用 **show interfaces serial** 命令来检验配置。

注意：　未经测试，永远不要想当然地认为您的身份验证配置会正常运行。通过调试可以确认您的配置正确无误。为了调试 PPP 身份验证，请使用 **debug ppp authentication** 命令。

例 3-8 显示了 **debug ppp authentication** 命令的输出。

例 3-8　排除 PPP 身份验证配置的故障

```
R2# debug ppp authentication


Serial0/0/0: Unable to authenticate. No name received from peer
Serial0/0/0: Unable to validate CHAP response. USERNAME pioneer not found.
Serial0/0/0: Unable to validate CHAP response. No password defined for USERNAME pio-
  neer
Serial0/0/0: Failed CHAP authentication with remote.
Remote message is Unknown name
Serial0/0/0: remote passed CHAP authentication.
Serial0/0/0: Passed CHAP authentication with remote.
Serial0/0/0: CHAP input code = 4 id = 3 len = 48
```

以下是关于该输出的说明。

第 1 行是说路由器无法在接口 Serial0/0/0 上进行身份验证，因为对等设备未发送名称。

第 2 行是说路由器无法验正 CHAP 响应，因为用户名 pioneer 未找到。

第 3 行是说未找到 pioneer 的密码。此行其他可能的响应还有：未收到要验证身份的用户名；用户名未知；未找到指定用户名的密钥；收到的 MD5 响应消息太短；MD5 比较失败。

在最后一行中，代码 4 表示验证失败。其他代码值如下。

- **1**：挑战。
- **2**：响应。
- **3**：成功。
- **4**：失败。
- **id**：3 是每个 LCP 数据包格式的 ID 编号。
- **len**：48 是不含报头的数据包长度。

Packet Tracer Activity

Packet Tracer 练习 3.4.1.4：PPP 身份验证故障排除

背景/场景

配置贵公司路由器的网络工程师缺乏经验，若干配置错误导致了连接问题。上级要求您排除故障并纠正配置错误，然后记录纠正后的网络。请运用您掌握的 PPP 知识和标准测试方法查找并纠正错误。要确保所有串行链路均采用 PPP CHAP 身份验证，而且所有网络都可连通。密码是 cisco 和 class。

实验 3.4.1.5：基本 PPP 身份验证故障排除

在本实验中，您需要完成以下目标。

- 第 1 部分：构建网络并加载设备配置。
- 第 2 部分：排除数据链路层故障。
- 第 3 部分：排除网络层故障。

3.5 总结

课堂练习 3.5.1.1：PPP 验证

在思科网络技术学院注册的三位朋友想要检查他们的 PPP 网络配置知识。

他们建立了一项竞赛，其中每个人将会通过定义的 PPP 场景要求和变化选项测试配置 PPP 方面的知识。每个人选择不同的配置场景。

第二天，他们一起用各自的 PPP 场景要求测试对方的配置知识。

Packet Tracer Activity

Packet Tracer 练习 3.5.1.2：综合技能挑战

背景/场景

通过本练习，您可以实践各种技能，包括配置 VLAN、采用 CHAP 的 PPP、静态路由和默认路由、使用 IPv4 和 IPv6。由于评分元素的增多，您可以单击“查看结果”和“评估项目”查看是否正确输入评分命令。使用密码 cisco 和 class 来访问路由器和交换机中 CLI 的 EXEC 模式。

串行传输在单个通道上按顺序一次发送一个比特。串行端口是双向的。同步串行通信需要时钟信号。

点对点链路通常比共享服务更昂贵；但是，它的好处可能比成本更重要。对某些协议来说不间断的可用性非常重要，例如 VoIP。

SONET 是使用 STDM 来高效利用带宽的光纤网络标准。在美国，OC 传输速率是 SONET 的标准化规格。

北美（T 载波）和欧洲（E 载波）的运营商使用的带宽架构不同。在北美，基本的线路速率为 64kbit/s 或 DS0。多个 DS0 捆绑在一起可以提供更高的线路速率。

分界点是网络中服务提供商责任终止和客户责任开始的点。CPE（通常是路由器）是 DTE 设备。DCE 通常是调制解调器或 CSU/DSU。

空调制解调器电缆可通过交叉 Tx 和 Rx 线路将两个 DTE 设备连接，而不需要使用 DCE 设备。在实验中两台路由器之间使用此电缆时，其中一台路由器必须提供时钟信号。

思科 HDLC 是 HDLC 的面向比特的同步数据链路层协议扩展，许多供应商都在使用它以提供多协议支持。这是思科同步串行线路所使用的默认封装方法。

同步 PPP 用于连接非思科设备，监控链路质量，提供身份验证或捆绑共用的链路。PPP 使用 HDLC 来封装数据报。LCP 是一种 PPP 协议，用于构建、配置、测试和终止数据链路连接。LCP 可以使用 PAP 或 CHAP 选择性地验证对等设备的身份。PPP 协议可使用一系列 NCP 来同时支持多种网络层协议。多链路 PPP 可在捆绑的链路上通过对数据包进行分段并同时将这些分段通过多条链路发送到相同的远程地址（分段会在此处进行重组）来传播流量。

3.6 练习

下面提供了有关本章所介绍的主题的练习。实验和课堂练习可参阅配套教材《连接网络实验手册》。Packet Tracer 练习的 PKA 文件可在在线课程中下载。

3.6.1 课堂练习

课堂练习 3.0.1.2：PPP 信念
课堂练习 3.5.1.1：PPP 验证

3.6.2 实验

实验 3.3.2.8：配置基本 PPP 身份验证
实验 3.4.1.5：基本 PPP 身份验证故障排除
Packet Tracer 练习
Packet Tracer 练习 3.1.2.7：串行接口故障排除
Packet Tracer 练习 3.3.2.7：配置 PAP 和 CHAP 身份验证
Packet Tracer 练习 3.4.1.4：PPP 身份验证故障排除
Packet Tracer 练习 3.5.1.2：综合技能挑战

3.7 检查你的理解

请完成以下所有复习题，以检查您对本章要点和概念的理解情况。答案列在本书附录中。

1. 将每个 PPP 建立步骤与其相应的序号进行匹配。

   第 1 步

   第 2 步

   第 3 步

   第 4 步

   第 5 步

   A. 测试链路质量（可选）

   B. 协商第 3 层协议选项

   C. 发送链路建立帧以协商选项，如 MTU 大小、压缩和身份验证

   D. 发送配置确认帧

   E. NCP 进入打开状态

2. 命令 **show interface s0/0/0** 的哪项输出表明点到点链路远端使用的封装方法与本地路由器设置的封装不同？

   A. Serial 0/0/0 is down, line protocol is down

   B. Serial 0/0/0 is up, line protocol is down

   C. Serial 0/0/0 is up, line protocol is up (looped)

   D. Serial 0/0/0 is up, line protocol is down (disabled)

   E. Serial 0/0/0 is administratively down, line protocol is down

3. 在思科路由器中，串行接口的默认封装是什么？

   A. HDLC

   B. PPP

   C. 帧中继

   D. X.25

4. PPP 帧中的协议字段有何作用？

   A. 指出了将负责处理帧的应用层协议

   B. 指出了将负责处理帧的传输层协议

   C. 指出了帧的数据字段中封装的数据链路层协议

   D. 指出了帧的数据字段中封装的网络层协议

5. 将描述和术语正确搭配起来。

   错误控制

   身份验证协议

   支持负载均衡

   压缩协议

   A. Stacker/predictor

   B. 幻数

   C. 多链路

   D. CHAP/PAP

   E. 呼入

6. 下面哪 3 项描述了统计时分复用（STDM）的功能？

   A. 多个流共享一个信道

   B. 控制定时机制的位交错将数据放到信道中

   C. 以先来先服务的方式使用时隙

   D. 开发 STDM 旨在解决这样的低效问题，即使信道没有数据需要传输也给它分配时隙

E．交替传输不同信源的数据，并在接收端重新组装

F．可以给数据源分配优先级

7．下面哪项描述了两台路由器之间使用高级数据链路控制（HDLC）协议的串行连接？

A．使用通用帧格式的面向比特的同步或异步传输

B．面向比特的同步传输，使用的帧格式支持流量控制和差错检测

C．面向比特的异步传输，使用从同步数据链路控制（SDLC）协议派生而来的帧格式

D．面向比特的异步传输，使用 V.35 DTE/DCE 接口

8．如果配置了 PPP 身份验证协议，将在什么时候验证客户端或用户工作站的身份？

A．建立链路前

B．链路建立阶段

C．配置网络层协议前

D．配置网络层协议后

9．为什么在 PPP 中使用网络控制协议？

A．用于建立和终止数据链路

B．向 PPP 提供身份验证功能

C．用于管理网络拥塞和测试链路质量

D．让同一条物理链路支持多种第 3 层协议

10．下面哪项正确地描述了 PAP 身份验证协议？

A．默认情况下发送加密的密码

B．使用两次握手验证身份

C．可防范试错攻击

D．要求在每台路由器中配置相同的用户名

11．一位技术人员对新安装的路由器进行测试时，无法 ping 远程路由器的串行接口。该技术人员在本地路由器中执行命令 **show interfaces serial 0/0/0**，得到的输出如下：

Serial0/0/0 is down, line protocol is down

请问下面哪两种原因将导致这样的输出？

A．没有配置命令 **clock rate**

B．没有检测到载波信号

C．没有发送存活消息

D．接口因错误率过高而被禁用

E．接口被关闭

F．电缆类型不正确或出现了故障

12．网络管理员要对路由器 Router1 进行配置，使其使用三次握手身份验证来连接到路由器 Router2。请将下面的描述同所需的配置命令搭配起来。

配置用户名和密码

进入接口配置模式

指定封装类型

配置身份验证

A．**username Router2 password cisco**

B．**username Router1 password cisco**

C．**interface serial 0/1/0**

D．**encapsulation ppp**

E．**encapsulation hdlc**

F．**ppp authentication pap**

G．**ppp authentication chap**

13．使用 CHAP 身份验证时，要在两台路由器之间成功地建立连接，必须满足下面哪种条件？

A．两台路由器的主机名必须相同

B．两台路由器的用户名必须相同

C．两台路由器配置的特权加密密码必须相同

D．在两台路由器中，配置的用户名和密码必须相同

E．在两台路由器中配置的命令 **ppp chap sent-username** 必须相同

14．指出下面每种特征是 PAP 还是 CHAP 的特征：

两次握手

三次握手

无法防范试错攻击

以明文方式发送密码

定期验证身份

使用单向散列函数

15．指出下面各项描述的是 LCP 还是 NCP：

协商链路建立参数

协商第 3 层协议参数

维护/调试链路

可协商多种第 3 层协议

终止链路

16．请描述 LCP 和 NCP 的功能。

17．请描述 5 个可配置的 LCP 选项。

18．路由器 R1 和 R3 的配置如下。

```
hostname R1
username R1 password cisco123
!
int serial 0/0
ip address 128.0.1.1 255.255.255.0
encapsulation ppp
ppp authentication pap
-----------------------------
hostname R3
username R1 password cisco
!
int serial 0/0
ip address 128.0.1.2 255.255.255.0
encapsulation ppp
ppp authentication CHAP
```

路由器 R1 无法连接到路由器 R3。根据所示信息，请问如何修改路由器 R1 的配置可纠正这种问题？

第 4 章

帧中继

学习目标

通过完成本章学习，您将能够回答下列问题：

- 帧中继的优点是什么？
- 帧中继的工作原理是什么？
- 帧中继的带宽控制机制是什么？
- 如何配置帧中继点到点子接口？
- 如何使用 **show** 和 **debug** 命令排除帧中继故障？

关键术语

下列为本章所用的关键术语。您可以在本书的术语表中找到其定义。

租用线路
专用线路
数据链路连接标识符（DLCI）
帧中继接入设备（FRAD）
网状
帧中继链路接入过程（LAPF）
拥塞
前向显式拥塞通知（FECN）
后向显式拥塞通知（BECN）
思科发现协议（CDP）
星形拓扑
中心
全互连拓扑
部分互连拓扑
逆向地址解析协议（InARP）
本地管理接口（LMI）
保活时间间隔
承诺信息速率（CIR）
超额突发量（Be）
可丢弃位（DE）
非广播多路访问（NBMA）

简介

昂贵的租用 WAN 线路的一个替代方案是帧中继。帧中继是一种在 OSI 参考模型的物理层和数据链路层工作的高性能 WAN 协议。虽然较新的服务（如宽带和城域以太网）已经减少了许多地区对帧中继的需求，但帧中继在全球很多地方仍是一个可行方案。帧中继通过使用从每个站点到提供商的单条接入电路，为多个远程站点之间的通信提供经济有效的解决方案。

本章将介绍帧中继的基本概念，还将包括帧中继配置、验证和故障排除任务。

课堂练习 4.0.1.2：新兴 WAN 技术

作为网络管理员，在您的中小型企业中，您已经从租用线路 WAN 迁移到 WAN 网络通信的帧中继连接。您负责通过所有网络的升级跟上时代的步伐。

为了通过新兴技术跟上时代的步伐，您发现有一些备用选项可供 WAN 连接使用。其中一些包括：

- 帧中继；
- 宽带 DSL；
- 宽带电缆调制解调器；
- GigaMAN；
- VPN；
- MPLS。

因为您想为公司提供品质最佳、成本最低的 WAN 网络服务，所以您决定至少研究两种新兴技术。您试图收集有关这两个备用 WAN 选项的信息，以与您的公司经理和其他网络管理员深入讨论未来的网络目标。

4.1 帧中继简介

本节介绍了标准的广域网技术：帧中继。随着专用的宽带服务，如 DSL 和电缆调制解调器，以及以太网光纤技术的出现，帧中继已经成为较少使用的接入技术。然而，帧中继在许多地区仍然是一种可行的选择，在有些偏远地区往往是唯一的选择。

4.1.1 帧中继优势

根据组织的需要，相比于传统的点到点租用线路，帧中继提供了多个优势。我们首先介绍帧中继，然后介绍在中小规模的网络中使用帧中继的好处及灵活性。

1. 帧中继简介

租用线路提供永久专用带宽，广泛用于大楼的 WAN 连接。它们已成为传统的连接选择，但有许多缺点。一个缺点就是客户需要付费使用具有固定带宽的租用线路。然而，WAN 流量通常是变化的，某些带宽并未加以使用。此外，每个端点都需要单独占用路由器上的一个物理接口，而这会增加设备成本。对租用线路的任何改动通常都需要运营商人员现场实施。

帧中继是一种高性能的 WAN 协议，运行在 OSI 参考模型的物理层和数据链路层。与租用线路不同，帧中继只需要一条到帧中继提供商的接入电路就可以与连接到相同提供商的其他站点通信。如图 4-1 所示，任意两个站点之间的带宽都可以是不同的。

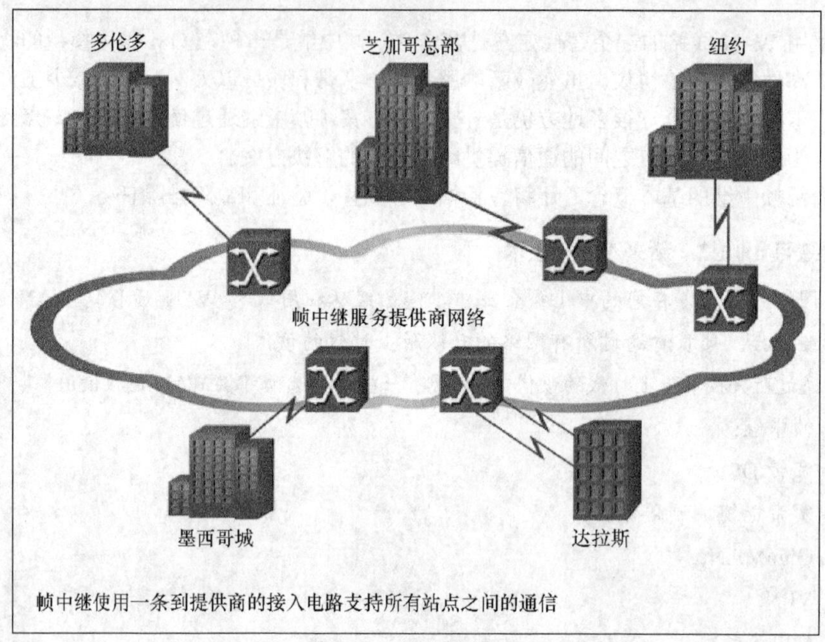

图 4-1　帧中继服务

帧中继是由 Sprint International 的工程师 Eric Scace 发明的，它是 X.25 协议的简化版，起初用于综合业务数字网络（ISDN）接口。如今，在其他各种网络接口上也得到了广泛应用。当 Sprint 首次在其公共网络中采用帧中继时，它们使用的是 StrataCom 交换机。1996 年思科对 StrataCom 的收购标志着思科进入运营商市场。

网络提供商实施帧中继以支持通过 WAN 在 LAN 之间传输语音和数据流量。每个最终用户都享有一条到帧中继节点的专用线路（或租用线路）。帧中继网络在一条不断变化的链路上传输数据，而这对所有最终用户是透明的。如图所示，帧中继提供了这样一种解决方案，使用到提供商的一条接入电路，以支持多个站点之间的通信。

过去，帧中继作为一种 WAN 协议得到广泛使用，因为相比专用的租用线路，其价格比较低廉。此外，在帧中继网络中配置用户设备非常简单。通过配置客户端设备（CPE）路由器或其他设备使之与服务提供商的帧中继交换机通信，即可建立帧中继连接。服务提供商负责配置帧中继交换机，这有助于最大限度地减少最终用户的配置任务。

2. 帧中继 WAN 技术的优点

随着如 DSL 和电缆调制解调器、以太网 WAN（光缆点对点以太网服务）、VPN 和多协议标签交换（MPLS）等宽带服务的出现，帧中继已经成为访问 WAN 的一种不太理想的方案。但是，世界上仍有一些地区依靠帧中继来连接到 WAN。

与私有或租用线路相比，帧中继提供更高的带宽、可靠性和弹性。

我们将以大型企业网络为例说明使用帧中继 WAN 的优点。在图 4-2 中，SPAN Engineering 公司在北美有 5 个园区。与大多数企业相似，SPAN 的带宽需求是不断变化的。

我们首先要考虑的是每个站点的带宽需求。在总部工作时，芝加哥到纽约的连接需要的最大速度为 256kbit/s。连接总部的其他站点需要的最大速度为 48kbit/s，而纽约和达拉斯分支机构办公室之间的连接只需要 12kbit/s。

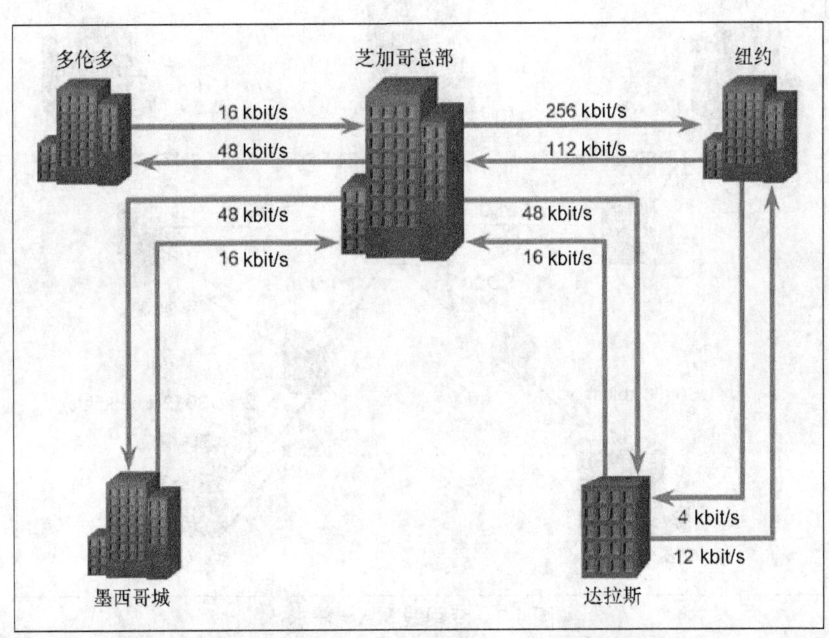

图 4-2 SPAN Engineering 公司——企业的带宽需求

在帧中继问世之前，SPAN Engineering 公司租用专用线路。

注意：本章租用线路和帧中继示例中使用的带宽值不一定反映现今许多用户所使用的当前带宽。本章中使用的带宽值仅供比较使用。

3. 专用线路要求

使用租用线路时，SPAN 的每个站点都通过本地环路连接到本地电话公司中心局（CO）的交换机，再穿越整个网络。如图 4-3 所示，芝加哥和纽约站点分别使用一条 T1 专用线路（相当于 24 个 DS0 通道）连接到交换机，而其他站点则使用 ISDN 连接（56kbit/s）。由于达拉斯站点同时连接纽约和芝加哥，因此它有两条本地租用线路。网络提供商已经为 SPAN 的各个 CO 之间分别提供了一个 DS0，但芝加哥到纽约的连接例外，此连接使用更大的管道，带宽为 4 个 DS0。DS0 的价格因地区而异，在各个地方价格通常比较固定。这些线路实际上是网络提供商为 SPAN 保留的专用线路。这里不存在共享的问题，无论使用了多少带宽，SPAN 都需要为整个端对端电路支付费用。

如果不向网络提供商申请更多的线路，仅靠一条专用线路不太可能实现一对多连接。本例中，几乎所有的通信都必须流经公司总部，这只是为了降低线路增加带来的成本。

通过对每个站点的带宽需求进行进一步检查，显然会发现这一方案缺乏效率。

- 虽然 T1 连接有 24 个 DS0 通道，但芝加哥站点只用了 7 个。某些运营商提供部分 T1 连接，其带宽以 64kbit/s 的增量步进，但这需要在客户端安装专门的复用器对信号进行通道化。本例中，SPAN 选择了全速 T1 服务。
- 同样，纽约站点仅使用了 24 个可用 DS0 中的 5 个。
- 由于达拉斯必须同时连接芝加哥和纽约，因此有两条线路通过 CO 连接到每个站点。

租用线路设计还限制了灵活性。除非已经安装了电路，否则连接新站点通常需要安装新电路，实施过程需要耗费许多时间。从网络可靠性的角度来看，增加备用电路和冗余电路将增加成本和复杂性。

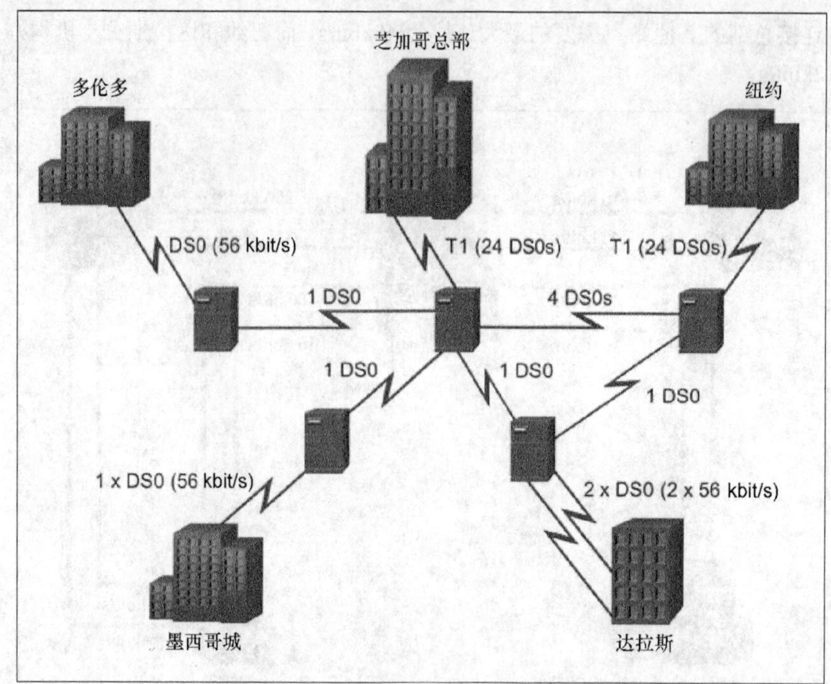

图 4-3 专用线 WAN 需求

4. 帧中继的成本效益和灵活性

如图 4-4 所示，SPAN 的帧中继网络使用永久虚电路（PVC）。PVC 一条逻辑路径，它依次穿越始发帧中继链路、网络和和端接帧中继链路，最后到达最终目的地。试将永久虚电路与专用连接使用的物理路径进行对比。在带有帧中继接入的网络中，PVC 唯一地定义了两个端点之间的路径。本节稍后将更详细地讨论虚电路的概念。

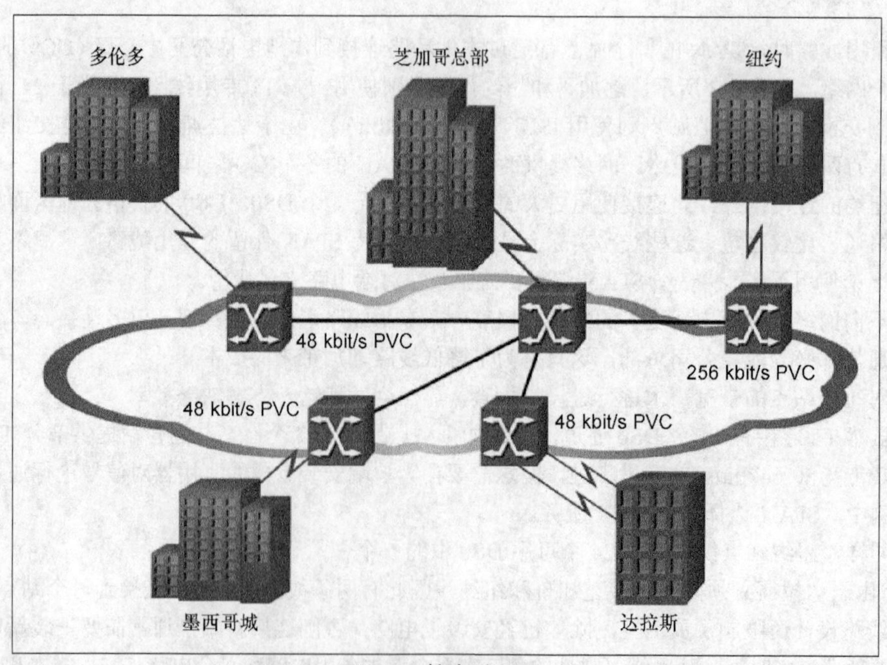

图 4-4 帧中继 PVC

SPAN 的帧中继解决方案兼有成本效益和灵活性的优点。

帧中继的成本效益

帧中继一种是成本效益更高的解决方案，其理由有二。首先，使用专用线路时，用户为整个端到端连接支付费用，包括本地环路和 WAN 网络云中的链路。而使用帧中继时，用户只需为本地环路以及从网络提供商购买的带宽付费，节点之间的距离无关紧要。尽管在专用线路模型中，用户可以使用带宽以 64kbit/s 的增量步进的专用线路，但帧中继用户可以更精确地定义其虚电路需求，其带宽的步进增量通常只有 4kbit/s。

帧中继具有成本效益的第二个理由是，它允许众多用户共享带宽。通常，网络提供商通过一条 T1 电路可以为 40 个乃至更多带宽需求为 56kbit/s 的用户提供服务。使用专用线路则需要更多的 DSU/CSU（每条线路一个），而且路由和交换更复杂。由于需要购买和维护的设备减少了，网络提供商因此节约了成本。

注意：地区不同，成本可能会有显著差异。

帧中继的灵活性

在网络设计中，虚电路提供了很高的灵活性。在图 4-4 中，SPAN 的所有办公室都通过其各自的本地环路连接到帧中继网络云。我们暂不考虑帧中继网云内部的通信机制。重要的是，任何 SPAN 分支机构希望与其他 SPAN 分支机构通信时，只需要连接到通向该分支机构的虚电路即可。在帧中继中，每个连接的端点都有一个标识该连接的编号，该编号称为数据链路连接标识符（DLCI）。只需提供对方站点的地址和要使用的线路的 DLCI 号，任何站点都可方便地连接到其他站点。在本章后面，您将了解到，帧中继可以经过配置，使得来自所有已配置 DLCI 的数据都流经路由器的同一端口。试想使用专用线路是否具有同样的灵活性。结果是不仅设计复杂，而且所需的设备也多得多。

Interactive Graphic

练习 4.1.1.5：确定帧中继术语和概念

切换至在线课程以完成本次练习。

4.1.2 帧中继的工作原理

理解帧中继工作原理必须了解高级帧中继的概念以及如何实现帧中继。本节讨论基本的帧中继概念、术语和原理。

1. 虚电路

两个 DTE 之间通过帧中继网络实现的连接叫做 VC。这种电路之所以叫做虚电路，是因为端到端之间并没有直接的电路连接。这种连接是逻辑连接，数据不通过任何直接电路即从一端传输到另一端。利用虚电路，帧中继允许多个用户共享带宽，而无需使用多条专用物理线路，便可在任意站点间实现通信。

建立虚电路的方法有两种。

- **交换虚电路（SVC）**：通过向网络发送信令消息而动态建立的。使用 SVC 进行的通信会话有 4 种运行状态：呼叫建立、数据传输、空闲和呼叫终止。
- **永久虚电路（PVC）**：是由运营商预配置的，设置后仅可在数据传输和空闲模式下运行。注意，某些图书中的 PVC 表示私有虚电路。

注意：PVC 的实施比 SVC 的实施更常见。

图 4-5 中显示了有关发送节点和接收节点之间的 VC。VC 沿路径 A、B、C 和 D 传输。帧中继通过在每台交换机的内存中存储输入端口到输出端口的映射来创建 VC，从而将一台交换机连接到另一台交换机，直到找到从电路一端到另一端的连续路径。虚电路可以经过帧中继网络范围内任意数量的中间设备（交换机）。

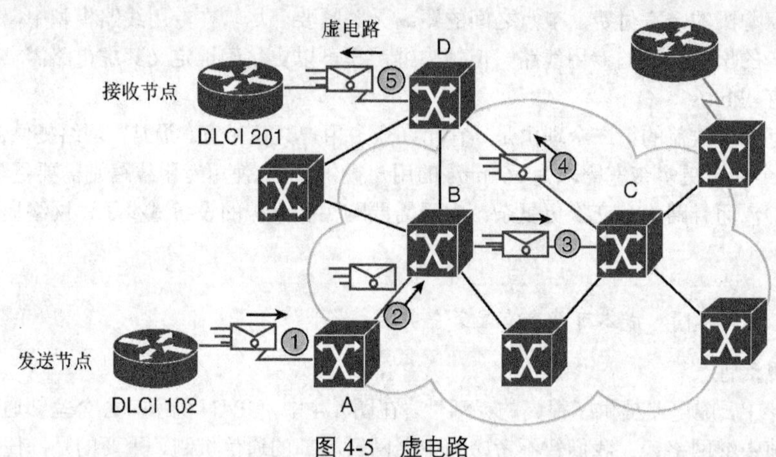

图 4-5 虚电路

DLCI 的值仅具有本地意义，也就是说它们只需要在所驻留的物理信道一侧保持唯一性。在一个连接的两端的设备可以使用相同的 DLCI 值来指代不同的虚电路。

虚电路提供一台设备到另一台设备之间的双向通信路径。如图 4-6 所示，VC 由 DLCI 标识。DLCI 值通常由帧中继服务提供商分配。帧中继 DLCI 仅具有本地意义，也就是说这些值本身在帧中继 WAN 中并不是唯一的。DLCI 标识的是通往端点处设备的虚电路。DLCI 在单链路之外没有意义。虚电路连接的两台设备可以使用不同的 DLCI 值来引用同一个连接。

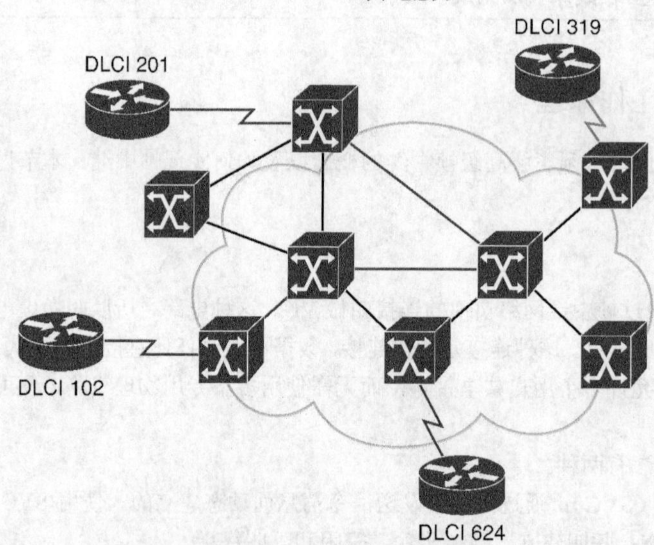

图 4-6 DLCI 的本地意义

具有本地意义的 DLCI 已成为主要的编址方法，因为在不同的位置可使用相同的地址标识不同的连接。本地编址方案可避免因网络的不断发展导致用尽 DLCI。

图 4-7 所示的网络与图 4-6 相同，但当数据帧在网络中传输时，帧中继会为每条虚电路标注 DLCI。DLCI 存储在被传输的每个数据帧的地址字段中，用来告诉网络如何发送该数据帧。帧中继服务提供

商负责分配 DLCI 编号。通常，DLCI 0～15 和 1008～1023 是保留的。因此，服务提供商分配的 DLCI 范围通常为 16～1007。

在图 4-7 中，数据帧使用 DLCI 102。它使用端口 0 和 VC 102 离开路由器（R1）。在交换机 A 处，数据帧通过 VC 432 离开端口 1。随后，继续根据 VC 端口映射在 WAN 中传输，直到通过 DLCI 201 到达其目的地。DLCI 存储于每个所传输数据帧的地址字段中。

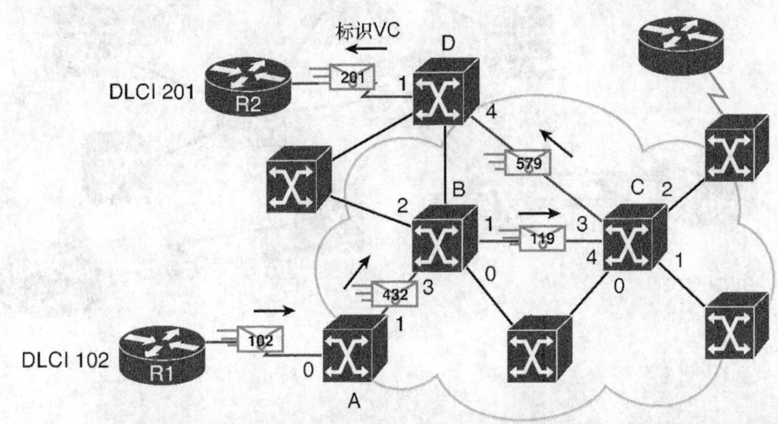

行程	VC	端口	VC	端口
A	102	0	432	1
B	432	3	119	1
C	119	4	579	3
D	579	4	201	1

图 4-7 标识 DLCI——DLCI 102

2. 多条虚电路

帧中继采用统计复用，这意味着它每次只传输一个数据帧，但在同一物理线路上允许同时存在多条逻辑连接。连接到帧中继网络的帧中继接入设备（FRAD）或路由器可能通过多条 VC 连接到不同端点。同一物理线路上的多条虚电路可以相互区分，因为每条虚电路都有自己的 DLCI。请记住，DLCI 仅具有本地意义，因此在 VC 两端的 DLCI 可能不同。

图 4-8 显示了一条接入线路上的两条 VC，每条 VC 都有自己的 DLCI，两者均连接到同一台路由器（R1）上。

此方案减少了所需要的设备，降低了连接多台设备的复杂性，因此是代替网状拓扑接入线路的经济方案。使用这种方案，每个端点只需一条接入线路和一个接口。由于接入线路的容量取决于虚电路的平均带宽需求，而非最大带宽需求，因而可以进一步节省成本。

在图 4-9 的示例中，SPAN Engineering 公司有 5 个分支机构，其总部设在芝加哥。芝加哥使用 5 条虚电路连接到网络，每条虚电路都分配了一个 DLCI。注意，SPAN 在不断发展，最近又在圣何塞设立了一个办事处。采用帧中继，相对来说，扩展还算比较轻松。

多条虚电路的成本优势

使用帧中继时，用户将为他们所用的带宽付费。实际上，他们只支付一个帧中继端口的费用。如前所述，随着端口数量的增加，用户将需要购买更多的带宽，但是他们不必购买更多设备，因为端口是虚拟的。增加端口并没有改变物理基础架构。与之形成对照的是，使用专用线路就需要购买更多的带宽。

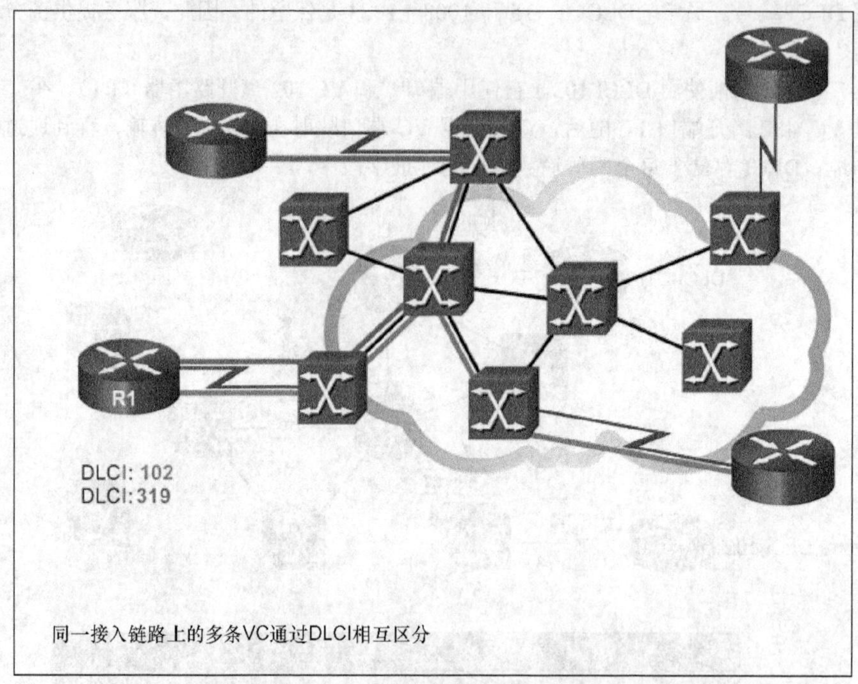

图 4-8 一条接入链路上的多条 VC

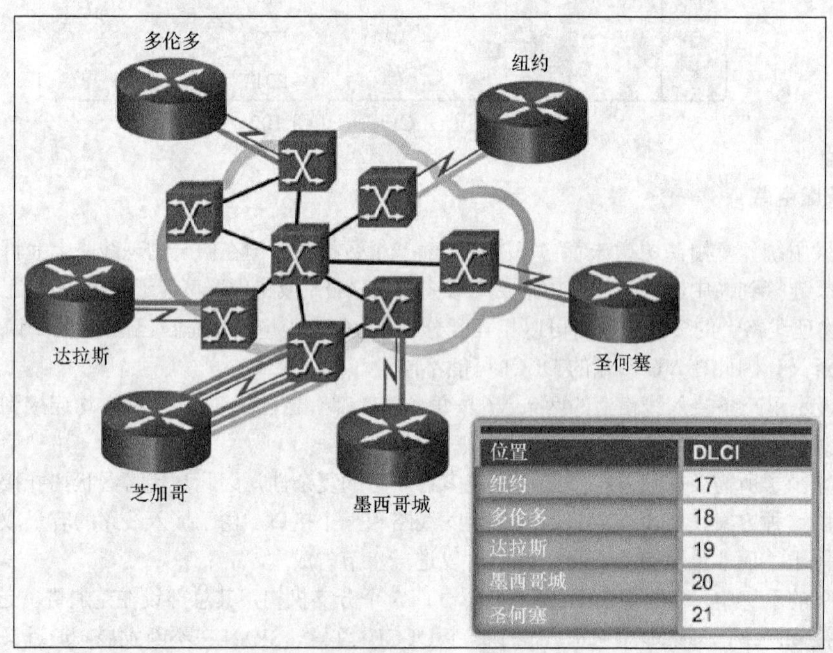

位置	DLCI
纽约	17
多伦多	18
达拉斯	19
墨西哥城	20
圣何塞	21

图 4-9 来自芝加哥的 SPAN Engineering DLCI

3. 帧中继封装

帧中继接受网络层协议（例如 IPv4 或 IPv6）发来的数据包，将其封装为帧中继帧的数据部分，然后再将数据帧传递给物理层以便在线路上传送。为理解上述过程，我们先了解它与 OSI 模型低层之间的关系。

图 4-10 说明了帧中继如何封装要传输的数据，并且传递到物理层进行传输。

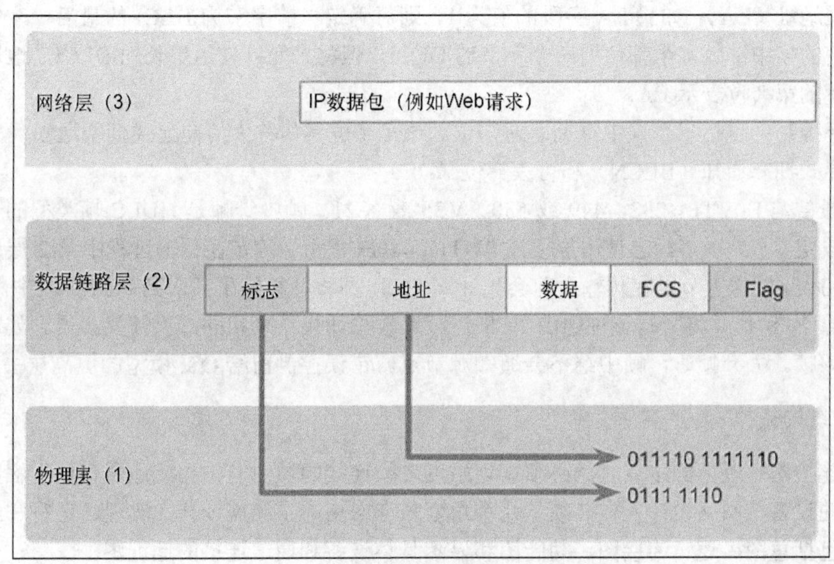

图 4-10 帧中继封装和 OSI 模型

首先，帧中继接受网络层协议（例如 IPv4）发来的数据分组。随后，帧中继在数据包中封装地址字段，地址字段包含 DLCI 和校验和。接下来，添加标志字段以表示帧的开头和结尾。标志字段标记帧头和帧尾，这种标记总是不变的。标志可表示为十六进制数 7E 或二进制值 01111110。在封装了分组之后，帧中继会将帧传递到物理层以进行传输。

CPE 路由器在虚电路上发送每个第 3 层数据包之前会先将其封装到帧中继报头和报尾中。报头和报尾是在帧中继链路接入过程（LAPF）承载服务规范 ITUQ.922-A 定义的。如图 4-11 所示，帧中继报头（地址字段）具体包含以下各项。

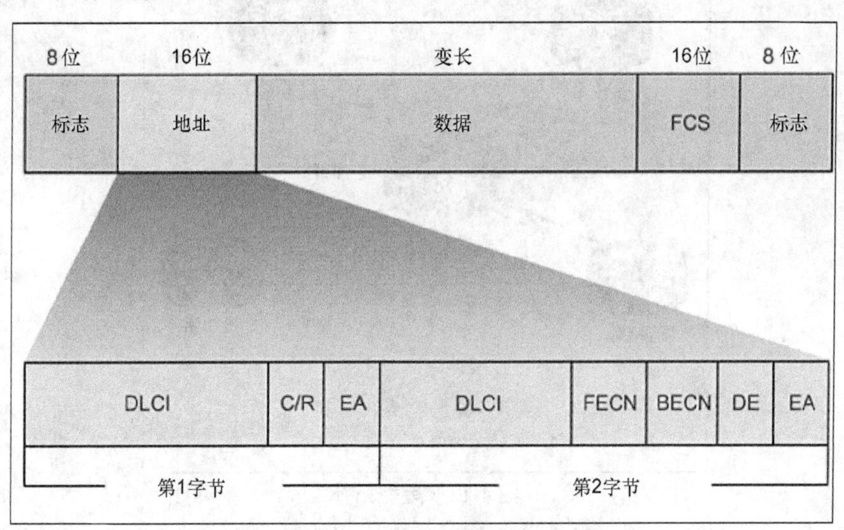

图 4-11 标准的帧中继帧

- **DLCI**：10 位 DLCI 是帧中继报头中最重要的字段之一。该值表示 DTE 设备和交换机之间的虚拟连接。复用物理通道上的每个虚拟连接都由唯一的 DLCI 标识。DLCI 值仅具有本地意义，这意味着它们只在所属的物理通道上是唯一的。因此，位于某个连接两端的设备可以使用不同的 DLCI 值来标识同一个虚拟连接。

- **C/R**：位于地址字段中最重要的 DLCI 后面的位。C/R 位当前没有定义。
- **扩展地址（EA）**：如果 EA 字段的值为 1，则可确定当前字节为 DLCI 的最后一个字节。尽管当前的帧中继版本全都使用两个字节的 DLCI，但将来允许使用更长的 DLCI。地址字段每个字节的第 8 位表示 EA。
- **拥塞控制**：包括三个帧中继拥塞通知位。这三个位具体称为前向显式拥塞通知（FECN）、后向显式拥塞通知（BECN）和可丢弃位（DE）。

物理层通常是 EIA/TIA-232、449 或 530、V.35 或 X.21。帧中继帧是 HDLC 帧类型的子集；因此使用标志字段定界。1 字节标志使用位模式 01111110。FCS 用于确定在传输过程中第 2 层地址字段中是否出现了错误。发送方节点在传输之前会先计算 FCS，并将计算结果插入到 FCS 字段中。在目的端，将会再次计算 FCS 值并将其与该帧中的 FCS 进行比较。如果结果相同，该帧就会得到处理。如果不同，则丢弃该帧。丢弃帧时，帧中继不会通知源节点。错误控制留给 OSI 模型的更高层去处理。

4. 帧中继的拓扑

当必须连接两个以上的站点时，必须规划站点之间连接的帧中继拓扑或地图。要了解网络以及用于组建网络的设备，网络设计人员必须从几个角度来考虑拓扑。涵盖设计、实现、运行和维护等因素的完整拓扑包括总图、逻辑连接图、功能图和显示具体设备和通道连接的地址图。

具有成本效益的帧中继网络可以连接数十个乃至数百个站点。试想一下，如果公司网络可能同时由多个服务提供商提供服务，所收购公司的网络在设计上与公司网络又可能截然不同，那么拓扑的绘制就会非常复杂。但是，每个网络或网段均可视作以下三种拓扑之一：星型、全网状或部分网状。

星型拓扑（集中星型）

最简单的 WAN 拓扑是星型拓扑，如图 4-12 所示。此拓扑中，SPAN Engineering 公司在芝加哥有一个中心站点，该站点充当网络枢纽，主要服务都部署在这里。位于芝加哥的路由器是具有 5 条物理链路的中心枢纽路由器。

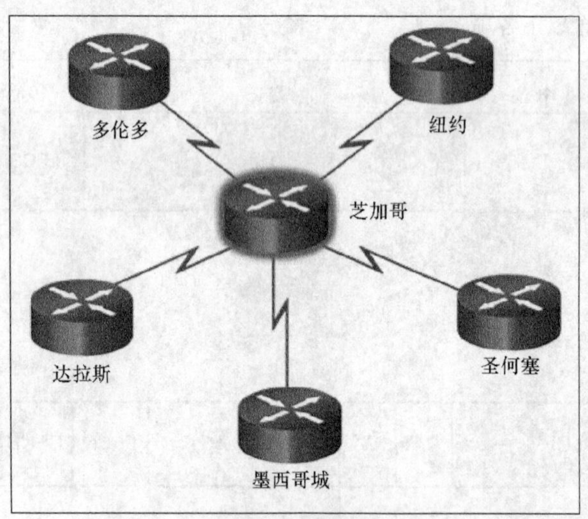

图 4-12 星型拓扑

5 个远程站点的连接就是一个分支。在星型拓扑中，网络枢纽位置的选择通常是以租用线路成本最低为原则。在使用帧中继实现星型拓扑时，每个远程站点都通过一条接入链路连接到帧中继网云，该链路只包含一条 VC。

图 4-13 显示帧中继网云中的星型拓扑。位于芝加哥的网络枢纽也有一个接入链路，但该链路包含多条虚电路，分别连接到每一个远程站点。从网云中出来的线路表示连接从帧中继服务提供商开始，

到用户驻地结束。通常这些线路的传输速度各不相同，从 56bit/s 到 T1（1.544Mbit/s）乃至更快。每条线路的端点都分配有一个或多个 DLCI 编号。由于帧中继的成本与距离无关，因此并不要求网络枢纽是网络的地理中心。

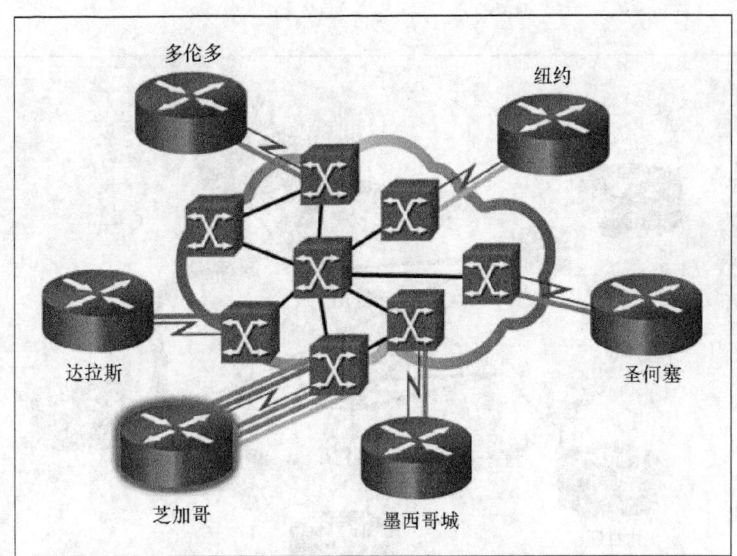

图 4-13 使用一条物理链路承载 5 条 VC 的芝加哥中央站点

全互连拓扑

图 4-14 表示使用专用线路的全互连拓扑。全互连拓扑适用的情况是：要访问的服务位置在地理上分散，并且对这些服务的访问必须高度可靠。在全互连拓扑中，每个站点都连接到其他所有站点。如果使用租用线路实现这种互连，则需要更多的串行接口和线路，从而导致成本的增加。在本例的全互连拓扑中，要让所有站点两两互连，需要 10 条专用线路。

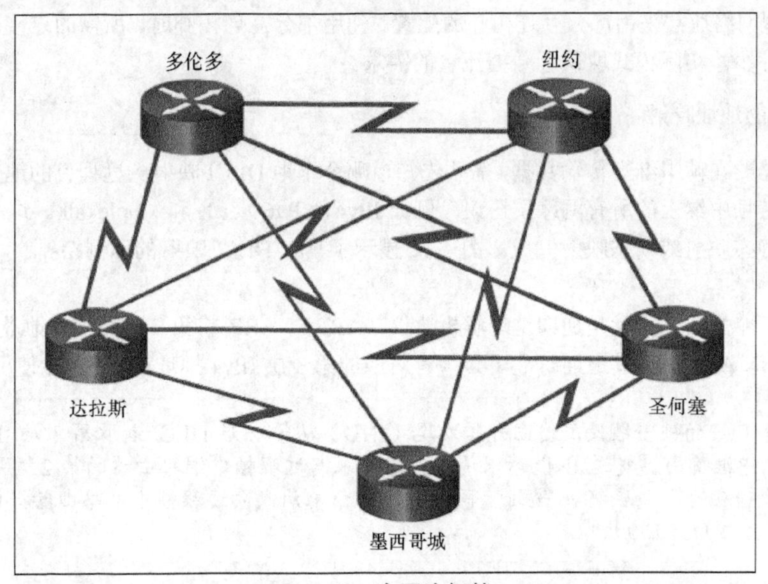

图 4-14 全互连拓扑

如图 4-15 所示，使用帧中继互连拓扑时，网络设计人员只需在每条现有链路上配置另外的 VC，即可建立多个连接。从星型拓扑转变为全互连拓扑只需升级软件，而不需要增加硬件或专用线路，从而节省了开支。由于VC使用统计复用技术，因此，与单条VC相比，在每条接入链路上建立多条VC通常可以更充分地利用帧中继。图4-15显示了SPAN如何在每条链路上使用4条VC，从而达到不增加新硬件便实现网络扩展的目的。服务提供商会对增加的带宽收费，但这种解决方案通常比使用专用线路更省钱。

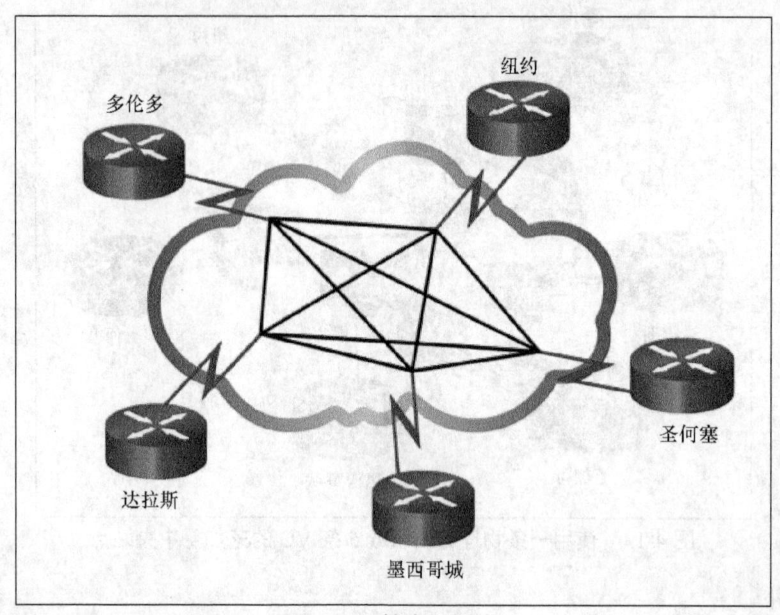

图4-15　帧中继互连

部分互连拓扑

对于大型网络，由于所需链路数量急剧增加，导致全互连拓扑几乎无法承受。这并非硬件成本问题，而是因为每条链路所支持的虚电路数量的理论上限为1000，实际限制甚至比理论限制还小。

为此，大型网络通常采用部分互连拓扑的配置。使用部分互连拓扑时，所需的连接比星型拓扑多，但比全互连拓扑少。实际模式取决于数据流量的需求。

5. 帧中继的地址映射

思科路由器要在帧中继上传输数据，需要先知道哪个本地DLCI映射到远程目的地的第3层地址。思科路由器支持帧中继上的所有网络层协议，例如IPv4、IPv6、IPX和AppleTalk。这种地址到DLCI的映射可通过静态映射或动态映射完成。图4-16显示了具有DLCI映射的示例拓扑。

逆向ARP

帧中继的一个主要工具就是逆向地址解析协议（ARP）。ARP将第3层IPv4地址转换为第2层MAC地址，逆向ARP则反其道而行之。必须有对应的第3层IPv4地址，VC才能使用。

注意： IPv6的帧中继使用逆向邻居发现（IND）从第2层DLCI获取第3层IPv6地址。帧中继路由器发送IND请求消息，以请求与远程帧中继路由器的第2层DLCI地址相对应的第3层IPv6地址。同时，IND请求消息向远程帧中继路由器提供发送方的第2层DLCI地址。

动态映射

动态地址映射依靠逆向ARP将下一跳网络层IPv4地址解析为本地DLCI值。帧中继路由器在其永久虚电路上发送逆向ARP请求，以获悉与帧中继网络相连的远程设备的协议地址。路由器将请求的响应结果填充到帧中继路由器或接入服务器上的地址到DLCI的映射表中。路由器建立并维护该映射表，映射表中包含所有已解析的逆向 ARP 请求，包括动态和静态映射条目。

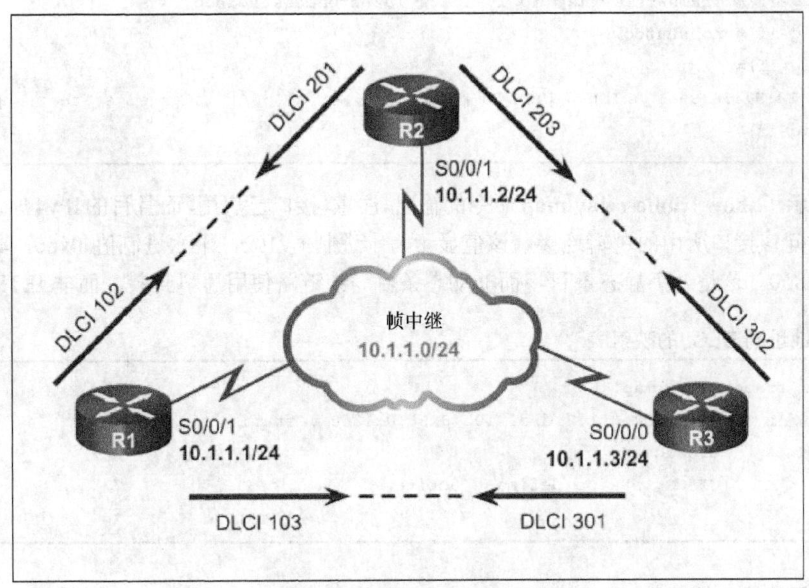

图 4-16 静态帧中继映射

在思科路由器上，对于物理接口上启用的所有协议，默认启用逆向 ARP。对于接口上未启用的协议，则不会发送其逆向 ARP 数据包。

静态帧中继映射

用户可以选择手动补充下一跳协议地址到本地 DLCI 的静态映射，来代替动态逆向 ARP 映射。静态映射的工作方式与动态逆向 ARP 相似，它将指定的下一跳协议地址关联到本地帧中继 DLCI。不能对同一个 DLCI 和协议同时使用逆向 ARP 和 map 语句（实现静态映射）。

例如，如果帧中继网络另一端的路由器不支持指定网络协议的逆向 ARP，此时应使用静态地址映射。为提供可达性，需要使用静态映射将远程网络层地址映射到本地 DLCI。

静态映射的另一个应用是在星型帧中继网络上。在星型路由器上使用静态映射可以提供分支到分支的连通性。由于各个分支路由器之间并没有直接相连，因此动态逆向 ARP 在这里不起作用。动态逆向 ARP 要求两个端点之间必须存在直接的点对点连接。这种情况下，动态逆向 AR 仅在中心和分支之间工作，分支之间需要使用静态映射提供相互之间的可达性。

配置静态映射

静态映射的建立应根据网络需求而定。要在下一跳协议地址和 DLCI 目的地址之间进行映射，请使用命令：**frame-relay map** *protocol protocol-address dlci* **[broadcast] [ietf] [cisco]**。

连接到非思科路由器时，请使用关键字 **ietf**。

在执行此任务时，添加可选的 **broadcast** 关键字可大大简化开放最短路径优先（OSPF）协议的配置工作。**broadcast** 关键字指定广播和组播流量允许通过 VC。该配置允许在 VC 上使用动态路由协议。

例 4-1 提供了有关思科路由器上静态映射的示例。在本示例中，静态地址映射在接口 serial 0/0/1 上执行。在 DLCI 102 上使用的帧中继封装为 CISCO。正如配置步骤所示，使用 **frame-relay map** 命令对地址执行静态映射时，用户可基于每条 VC 指定使用的帧中继封装类型。

例 4-1 静态帧中继映射

```
R1(config)# interface serial 0/0/1
R1(config-if)# ip address 10.1.1.1 255.255.255.0
R1(config-if)# encapsulation frame-relay
```

```
R1(config-if)# no frame-relay inverse-arp
R1(config-if)# frame-relay map ip 10.1.1.2 102 broadcast cisco
R1(config-if)# no shutdown
R1(config-if)#
*Mar 31 18:57:38.994: %LINK-3-UPDOWN: Interface Serial0/0/1, changed state to up
R1(config-if)#
```

例4-2显示了**show frame-relay map**命令的输出。注意，接口已启用，而且目的IPv4地址是10.1.1.2。DLCI 标识访问该接口所用的逻辑连接。该值显示为十进制值 102，十六进制值 0x66，其值在线路上出现时为 0x1860。这是一个静态条目，而非动态条目。该链路使用思科封装，而非 IETF 封装。

例 4-2 地址到 DLCI 的映射表

```
R1# show frame-relay map
Serial0/0/1 (up): ip 10.1.1.2 dlci 102(0x66,0x1860), static,
              broadcast,
              CISCO, status defined, active
R1#
```

6. 本地管理接口（LMI）

帧中继中的另一个重要概念是本地管理接口（LMI）。帧中继网络设计以最低的端对端延迟实现分组交换数据传输。最初的设计省略了任何可能造成延迟的元素。

当厂商开始将帧中继作为一项独立的技术（而不ISDN 的一部分）时，它们断定 DTE 需要动态获取有关网络状态的信息。然而，最初的设计并没有包含这项功能。由思科、数字设备公司（DEC）、北电网络和 StrataCom 组成的联盟针对帧中继协议进行了扩充，以便为复杂的网络互连环境提供更多的功能。这些扩展统称为 LMI。

请参考图 4-17 中的帧中继拓扑。大体而言，LMI 是一种存活（keepalive）机制，提供路由器（DTE）和帧中继交换机（DCE）之间的帧中继连接的状态信息。终端设备大约每 10 秒轮询一次网络，请求哑

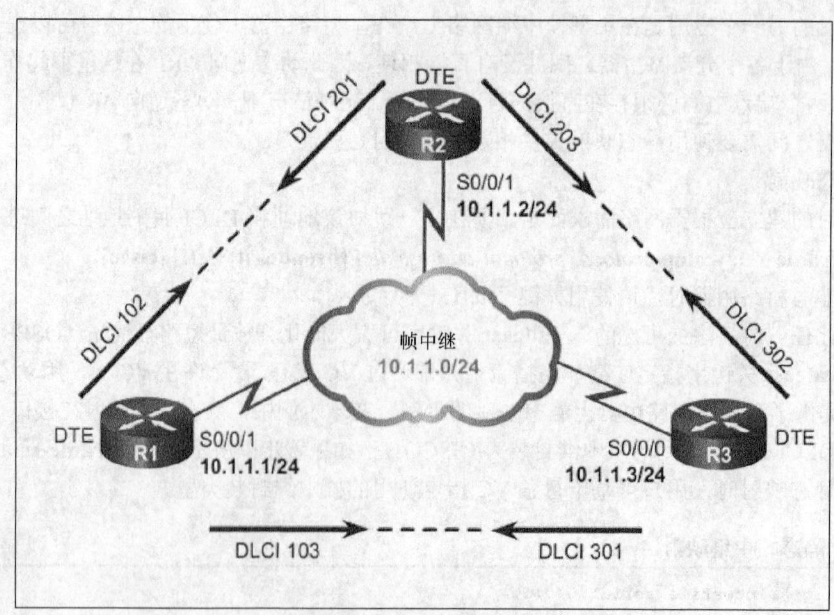

图 4-17 LMI 统计信息

序列响应或通道状态信息。如果网络没有响应请求的信息，用户设备可能会认为连接已关闭。网络作出 FULL STATUS 响应时，响应中包含为该线路分配的 DLCI 的状态信息。终端设备可以根据这些信息判断逻辑连接是否能够传递数据。

例 4-3 所示为 **show frame-relay lmi** 命令的输出。输出显示了帧中继接口使用的 LMI 类型以及 LMI 状态交换序列（包括 LMI 超时之类的错误）的计数器。

例 4-3 显示 LMI 统计信息

```
R1# show frame-relay lmi
LMI Statistics for interface Serial0/0/1 (Frame Relay DTE) LMI TYPE = CISCO
  Invalid Unnumbered info 0              Invalid Prot Disc 0
  Invalid dummy Call Ref 0               Invalid Msg Type 0
  Invalid Status Message 0               Invalid Lock Shift 0
  Invalid Information ID 0               Invalid Report IE Len 0
  Invalid Report Request 0               Invalid Keep IE Len 0
  Num Status Enq. Sent 368               Num Status msgs Rcvd 369
  Num Update Status Rcvd 0               Num Status Timeouts 0
  Last Full Status Req 00:00:29          Last Full Status Rcvd 00:00:29
R1#
```

LMI 和封装这两个术语很容易弄混淆。LMI 定义了 DTE（R1）和 DCE（服务提供商拥有的帧中继交换机）之间使用的消息。而封装定义 DTE 用来将信息传送到虚电路另一端的 DTE 所用的报头。交换机及其连接的路由器必须使用相同的 LMI。交换机不关心封装，但终端路由器（DTE）关心。

7. LMI 扩展

除了用于传输数据的帧中继协议功能之外，帧中继规范还包括可选 LMI 扩展。下面是部分 LMI 扩展。

- **VC 状态消息**：通过设备之间的通信和同步，以及定期报告是否存在新 PVC 以及是否有现有 PVC 被删除，来提供有关 PVC 完整性的信息。虚电路状态消息可以防止将数据发送到黑洞（不再存在的 PVC）中。
- **组播**：允许发送方将单个帧发送给多个接收方。组播支持高效的路由协议消息传输和地址解析过程，它们通常需要同时传输给多个目的地。
- **全局编址**：将连接 ID 指定为全局性（而非仅具本地意义），允许利用此 ID 标识指向帧中继网络的特定接口。全局编址使得帧中继网络的编址方式与 LAN 相似，ARP 的使用与其在 LAN 中相同。
- **简单流量控制**：用于 XON/XOFF 流量控制机制，此机制应用于整个帧中继接口。它可供无法使用拥塞通知位（比如 FECN 和 BECN），但仍需一定程度的流量控制的设备使用，拥塞通知位将由较高层使用。

LMI 用于管理帧中继链路。每条 LMI 消息将由出现在 LMI 帧中的 DLCI 进行归类。10 位 DLCI 字段将支持 1024 个 VC 标识符：0～1023，如表 4-1 所示。LMI 扩展会保留其中一些 VC 标识符，因此支持的虚电路数量随之减少。这些保留的 DLCI 用于在 DTE 和 DCE 之间交换 LMI 消息。

表 4-1 帧中继输入端口到输出端口的映射

VC 标识符	VC 类型
0	LMI 链路管理（ANSI、ITU）
1～15	留作未来使用

续表

VC 标识符	VC 类型
16～991	可用于 VC 端点分配
992～1007	可选的第 2 层管理信息
1008～1018	留作未来使用（ANSI、ITU）
1019～1022	LMI 组播
1023	LMI 链路管理（思科）

LMI 有几种类型，它们彼此互不兼容。路由器上配置的 LMI 类型必须与服务提供商使用的类型一致。思科路由器支持以下三种 LMI。

- **CISCO**：原始 LMI 扩展。
- **ANSI**：对应于 ANSI 标准 T1.617 Annex D。
- **Q933A**：对应于 ITU 标准 Q933 Annex A。

要显示有关 LMI 消息的信息以及相关 DLCI 号，请使用 **show interfaces** [*type number*]命令，如例 4-4 所示。思科使用 DLCI 1023 来确定用于帧中继链路管理的 LMI 消息。

例 4-4 显示 LMI 类型

```
R1# show interfaces serial 0/0/1
Serial0/0/1 is up, line protocol is up
  Hardware is GT96K Serial
  MTU 1500 bytes, BW 1544 Kbit/sec, DLY 20000 usec,
     reliability 255/255, txload 1/255, rxload 1/255
  Encapsulation FRAME-RELAY, loopback not set
  Keepalive set (10 sec)
  CRC checking enabled
  LMI enq sent  443, LMI stat recvd 444, LMI upd recvd 0, DTE LMI up
  LMI enq recvd 0, LMI stat sent  0, LMI upd sent  0
  LMI DLCI 1023  LMI type is CISCO  frame relay DTE
  FR SVC disabled, LAPF state down
  Broadcast queue 0/64, broadcasts sent/dropped 1723/0, interface broadcasts 1582
  Last input 00:00:01, output 00:00:01, output hang never
<output omitted>
```

从思科 IOS 软件版本 11.2 开始，默认的 LMI 自动感应功能可以检测直接连接的帧中继交换机所支持的 LMI 类型。根据从帧中继交换机收到的 LMI 状态消息，路由器自动将接口配置成使用帧中继交换机确认 LMI 类型。如果需要设置 LMI 类型，请使用 **frame-relay lmi-type [cisco | ansi | q933a]**接口配置命令。配置 LMI 类型时，将禁用自动感应功能。

在帧中继交换机使用非默认超时设置的情况下，帧中继接口上还必须配置保活时间间隔以防止状态交换消息超时。LMI 状态交换消息用于确定永久虚电路连接的状态。路由器和交换机上保活间隔差距太大会导致交换机认为路由器已断开。向帧中继服务提供商咨询有关如何修改保活时间间隔设置的信息非常重要。默认情况下，思科串行接口上的保活间隔时间为 10 秒。您可以使用 **keepalive** 接口配置命令更改保活间隔。

状态消息可帮助检验逻辑链路和物理链路的完整性。链路完整性信息在路由环境中非常重要，因为路由协议根据它来作出决策。

如图 4-18 所示，LMI 状态消息类似于帧中继帧。取代帧中继帧中用于数据传输的地址字段的是

LMI DLCI 字段。DLCI 字段之后是控制、协议标识符和呼叫参考字段。这些与标准帧中继数据帧中的字段是相同的。第四个字段表示 LMI 消息类型，包含由思科支持的三种 LMI 消息类型之一。

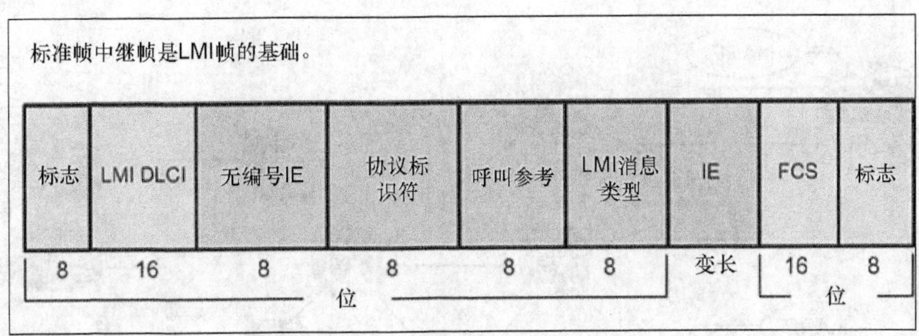

图 4-18 LMI 帧格式

8. 使用 LMI 和逆向 ARP 来映射地址

通过结合使用 LMI 状态消息和逆向 ARP 消息，路由器可以将网络层和数据链路层的地址相关联。

图 4-19 中，当 R1 连接到帧中继网络时，它会向网络发送 LMI 状态查询消息。网络使用 LMI 状态消息进行应答，此消息包含接入链路上配置的每条虚电路的详细信息。

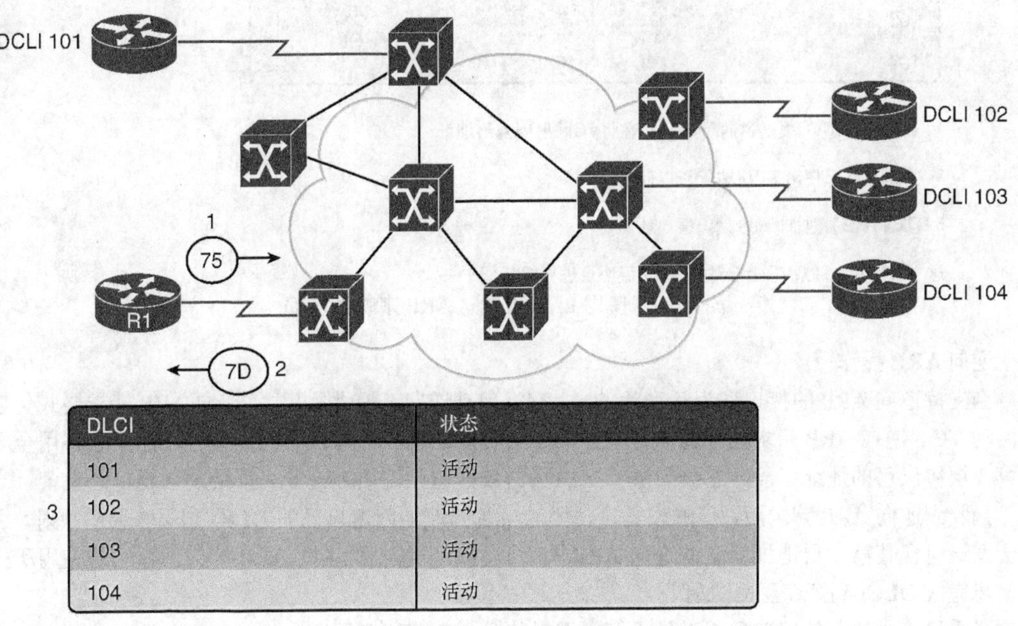

图 4-19 逆向 ARP 和 LMI 操作的过程

路由器定期重复执行状态查询，但后续的响应仅包含状态更改信息。经过指定次数的简化响应之后，网络将发送一个完整的状态消息。

如图 4-20 所示，如果路由器需要将 VC 映射为网络层地址，则会在每条 VC 上发送一条逆向 ARP 消息。逆向 ARP 的运行与本地以太网网络中 ARP 的运行类似，不同的是逆向 ARP 不会广播请求。通过 ARP，发送设备确定了第 3 层 IP 地址并发送广播来获知第 2 层目的 MAC 地址。通过逆向 ARP，路由器确定了属于本地 DLCI 的第 2 层地址，并发送请求以获取第 3 层目的 IP 地址。

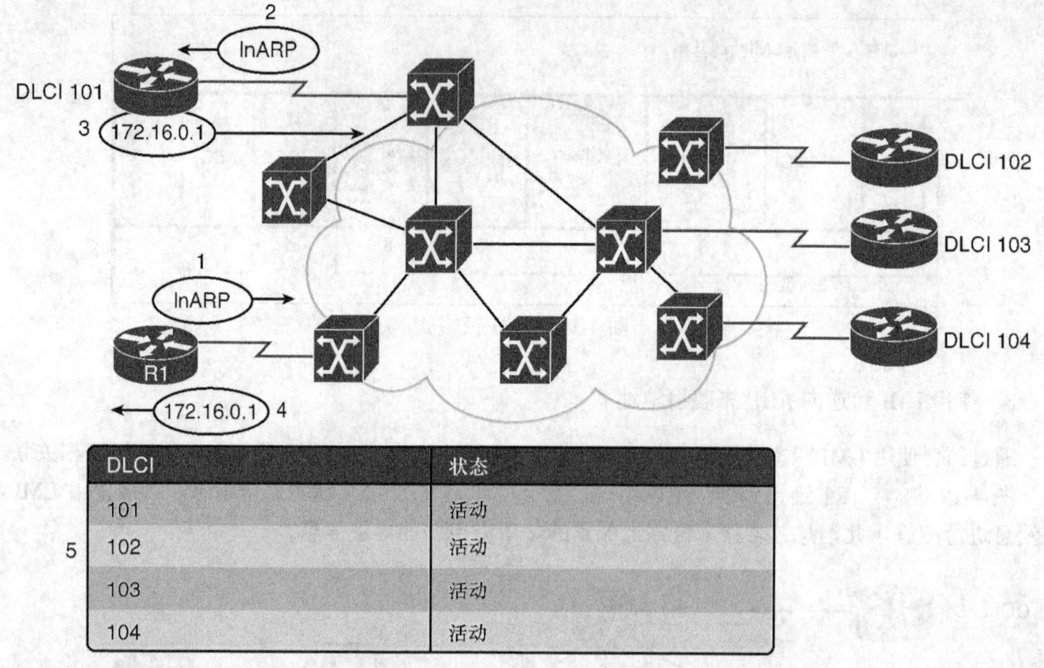

DLCI	状态
101	活动
102	活动
103	活动
104	活动

5

1、2 DTE通过VC发送逆向ARP，旨在将VC映射到网络地址

3、4 远程DTE使用第3层地址予以回复

5 DTE将第2层地址映射到第3层地址

这一过程将在每条VC上针对每种第3层协议进行重复

图 4-20 使用 LMI 和逆向 ARP 来映射操作

逆向 ARP 操作

当支持逆向 ARP 的接口变为活动状态时，它将启动逆向 ARP 协议并将逆向 ARP 请求格式化以获取活动 VC。逆向 ARP 请求包括源硬件、源第 3 层协议地址和已知目的硬件地址。然后它将用全零填写第 3 层协议目的地址字段。它会封装特定网络的数据包并使用 VC 将其直接发送到目的设备。

当收到逆向 ARP 请求后，目的设备将使用源设备的地址创建自己的 DLCI 到第 3 层的映射。之后它会发送包含其第 3 层地址信息的逆向 ARP 响应。当源设备收到逆向 ARP 响应后，它将使用所提供的信息完成 DLCI 到第 3 层的映射。

当思科路由器上的接口配置为使用帧中继封装时，会默认启用逆向 ARP。

Interactive Graphic

练习 4.1.2.9：将虚电路映射到端口号

切换至在线课程以完成本次练习。

Interactive Graphic

练习 4.1.2.10：匹配帧中继字段与定义

切换至在线课程以完成本次练习。

Interactive Graphic

练习 4.1.2.11：确定 LMI 术语和概念

切换至在线课程以完成本次练习。

4.1.3 高级帧中继概念

帧中继提供机制以优化接入链路的带宽。本节将讨论这些机制以及它们是如何实现拥塞通知技术的。

1. 接入速率和承诺信息速率

服务提供商使用功能非常强大的的大型交换机来组建帧中继网络，但设备只与服务提供商的交换机接口通信。网络的组建可能采用了速度很高的技术，例如 SONET 或 SDH，但用户通常并不了解网络内部的运行状况。

从用户的角度来看，帧中继是配置了一条或多条 PVC 的单个接口。用户向服务提供商购买帧中继服务。在考虑如何购买帧中继服务之前，需要了解一些术语和概念。

- **接入速率**：接入速率是指端口速度。从用户的角度来看，服务提供商通过租用线路提供到帧中继网络的串行连接或接入链路。接入速率是接入电路连接到帧中继网络的速率。接入速率通常为 56kbit/s、T1（1.544Mbit/s）或部分 T1（56kbit/s 或 64kbit/s 的整数倍）。接入速率是帧中继交换机的时钟频率。数据的发送速率不可能超过接入速率。
- **承诺信息速率（CIR）**：用户与服务提供商协商每条 PVC 的 CIR。CIR 是指网络从接入电路接收的数据量。服务提供商将保证用户能够以 CIR 发送数据。收到的所有等于或小于 CIR 的帧都是可接受的。

CIR 指定了网络承诺在正常情况下所能提供的最大平均数据速率。当订购帧中继服务时，需要指定本地访问速率（例如 56kbit/s 或 T1）。通常，提供商会要求用户指定每个 DLCI 的 CIR。

如果用户在给定 DLCI 上发送信息的速度大于 CIR，则网络会用可丢弃（DE）位标记一些帧。网络会尽最大努力传输所有数据包；但在发生拥塞时会首先丢弃 DE 数据包。

注意：很多价格低廉的帧中继服务都基于零（0）CIR。零 CIR 意味着每个帧都是 DE 帧，因此网络在需要时可丢弃任何帧。DE 位在帧中继帧报头中的地址字段内。

---

2. 帧中继示例

除了 CPE 成本之外，用户还需支付以下三类帧中继费用。

- **接入速率**：DTE 到 DCE 的接入线路（用户到服务提供商）的费用。这种线路是根据事先协商和安装的端口速度收费的。
- **PVC**：此部分费用取决于 PVC。建立 PVC 之后，增加 CIR 带来的费用增加通常并不多，并且 CIR 可小幅递增（4kbit/s）。
- **CIR**：用户通常选择低于接入速率的 CIR。这样，它们可以享受突发量。

在图 4-21 的示例中，用户的付费项如下。

- 速率为 64kbit/s 的接入线路的费用，该接入线路通过串行端口 S0/0/1 将用户的 DTE 连接到服务提供商的 DCE。
- 两个虚拟端口，一个速率为 32kbit/s，另一个为 16kbit/s。
- 整个帧中继网络上速率为 48kbit/s 的 CIR。这部分通常是固定收费，与距离无关。

注意：本章中使用的带宽值仅供比较使用。它们不一定反映实际的实施。

超额订购

服务提供商有时会假设并非所有用户在所有时间都需要完全利用商定的网络容量，因而会超额销售网络容量。这种超额订购与航空公司超额销售机票一样，因为航空公司也是预计部分已订票的客户不会到场而超额销售。由于超额订购，因此有时某个位置多条 PVC 的 CIR 总和会高于端口速率或接入通道速率。这可能会导致拥塞和流量丢弃。

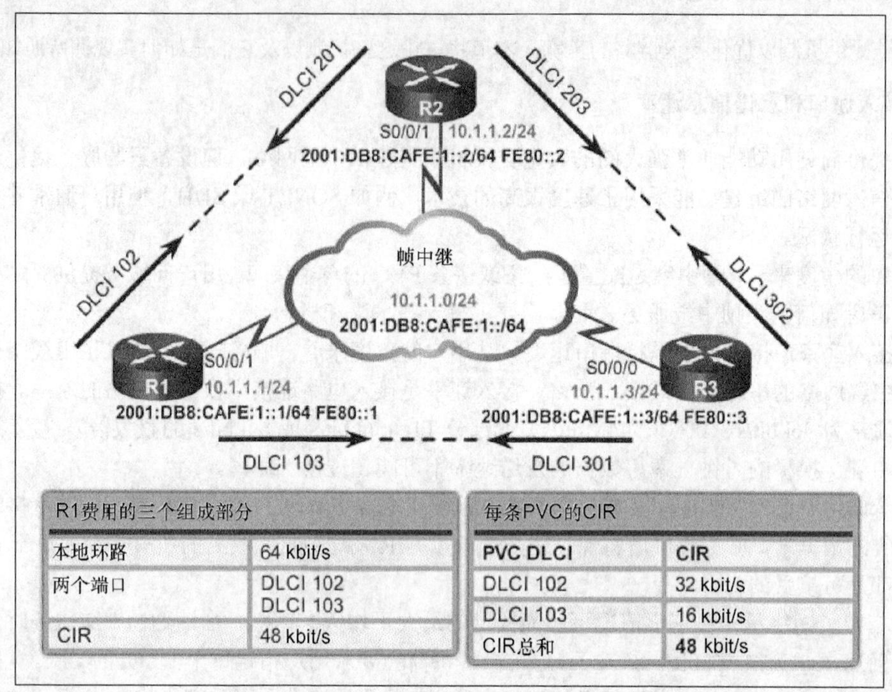

R1费用的三个组成部分	
本地环路	64 kbit/s
两个端口	DLCI 102 DLCI 103
CIR	48 kbit/s

每条PVC的CIR	
PVC DLCI	**CIR**
DLCI 102	32 kbit/s
DLCI 103	16 kbit/s
CIR总和	**48** kbit/s

图 4-21 帧中继费用——示例

3. 突发量

帧中继的重要优势之一是未使用的任何网络带宽可供所有用户使用或共享，而无需额外付费。这让用户可以免费享受超出其 CIR 的突发量。

使用上述示例时，图 4-22 显示路由器 R1 的串行端口 S0/0/1 上接入速率为 64kbit/s。这高于两条 PVC 的 CIR 之和。在正常情况下，两条永久虚电路的传输速度分别不得高于 32kbit/s 和 16kbit/s。但只要两条 PVC 发送的数据量没有超出总的 CIR，数据都将能够顺利通过网络。

由于帧中继网络的物理电路在用户之间共享，因此经常会出现富余带宽。帧中继允许用户动态使用此富余带宽和高于 CIR 的突发量，且不收取额外费用。

突发允许临时需要更多带宽的设备能够免费借用其他暂时不使用的带宽。例如，如果 PVC 102 正在传输一个大文件，它可以使用 PVC 103 的 16kbit/带宽中未使用的部分。设备的突发量最高可达接入速率，此时数据仍有望顺利通过。突发传输的持续时间宜短不宜长，不宜超过三四秒。

有多个术语用于描述突发速率，包括承诺突发量（Bc）和超额突发量（Be）。

Bc 是一种协商速率，指的是用户在传输短时突发量时可高于 CIR 的速率，代表在正常工作环境下允许的最大流量。在可用网络带宽允许的情况下，CBIR 允许流量突发到更高的速度，但不得超出链路的接入速率。设备的突发量最多可为 Bc，此时数据仍有望顺利通过。如果经常需要长时间的突发量，则应购买更高的 CIR。

例如，DLCI 102 的 CIR 为 32kbit/s，额外的 Bc 为 16kbit/s，总共可达 48kbit/s。DLCI 103 拥有 16kbit/s 的 CIR。但是，DLCI 103 没有协商 Bc，因此 Bc 设为 0kbit/s。发送速率不超过协商的 CIR 的帧不可选择丢弃（DE=0）。高于 CIR 的帧，其 DE 位设置为 1，即标记为可选择丢弃，但丢弃的前提是网络出现拥塞。Bc 级别中提交的帧在帧报头中标记为可丢弃（DE），但很可能会转发。

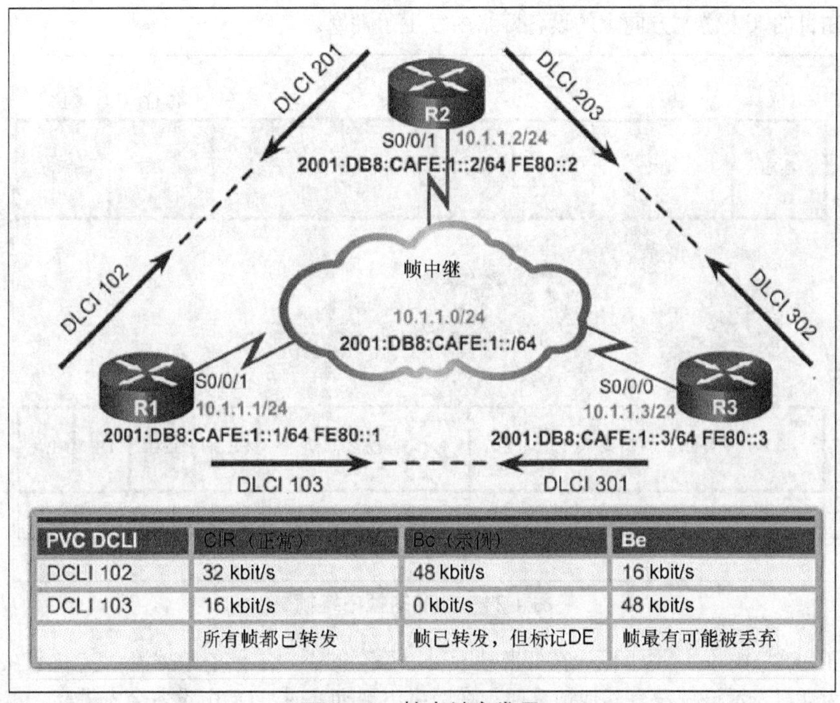

PVC DCLI	CIR（正常）	Bc（示例）	Be
DCLI 102	32 kbit/s	48 kbit/s	16 kbit/s
DCLI 103	16 kbit/s	0 kbit/s	48 kbit/s
	所有帧都已转发	帧已转发，但标记DE	帧最有可能被丢弃

图 4-22 帧中继突发量

Be 用于描述超过 CIR 的可用带宽，最高可为链路的接入速率。与 Bc 不同，Be 是不可协商的。数据帧也许能够达到这样的传输速率，但很可能会被丢弃。

图 4-23 显示了各个突发量术语之间的关系。

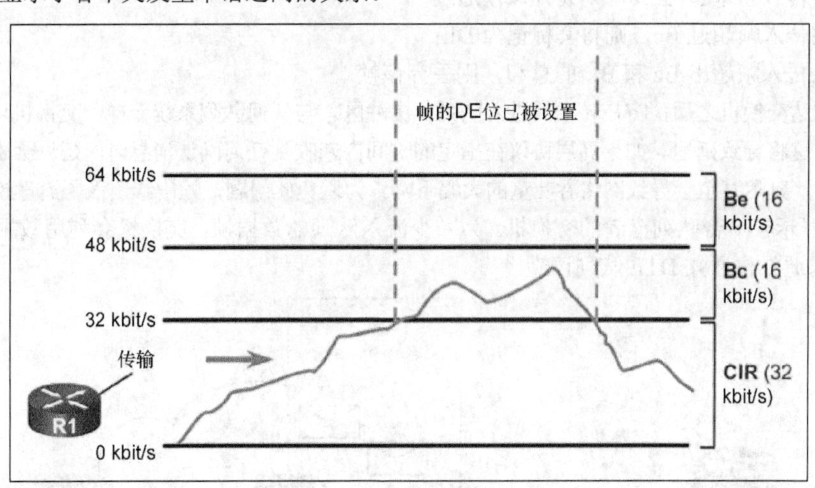

图 4-23 帧中继突发量——示例

4. 帧中继流量控制

帧中继通过采用简单的拥塞通知机制，而不是基于每条 VC 的显式流量控制，这可以降低网络的开销。这些拥塞通知机制包括前向显式拥塞通知（FECN）和后向显式拥塞通知（BECN）。

为了理解这些机制，图 4-24 显示了标准帧中继帧的结构。FECN 和 BECN 分别由帧头中的一个比特位控制。该比特位让路由器知道网络出现拥塞，路由器应停止传输直至拥塞消除为止。当 DCE 将 BECN 位设为 1 时，它将通知源（上游）方向上的设备网络中发生了拥塞。当 DCE 将 FECN 位设为 1

时，它将通知目的（下游）方向上的设备网络中发生了拥塞。

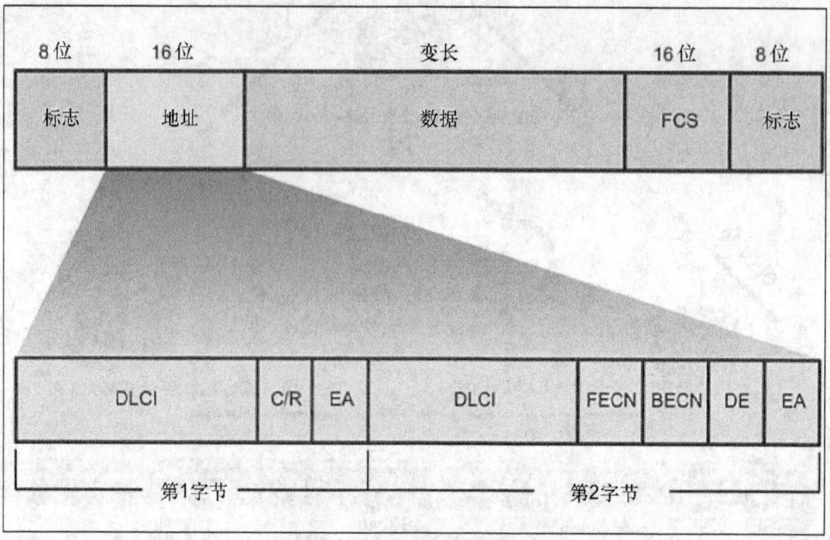

8位	16位	变长	16位	8位
标志	地址	数据	FCS	标志

DLCI	C/R	EA	DLCI	FECN	BECN	DE	EA
第1字节			第2字节				

图 4-24　标准的帧中继帧

帧报头还包含 DE 位，用于标识在拥塞期间可以丢弃的不太重要的数据流。DTE 设备可以将 DE 位的值设置为 1，表示该帧没有其他帧重要。在网络出现拥塞时，DCE 设备会先丢弃 DE 位设置为 1 的帧，再丢弃 DE 位不是 1 的帧。这样就降低了在拥塞期间重要数据被丢弃的可能性。

在网络拥塞时，服务提供商的帧中继交换机会根据每个传入数据帧是否超出 CIR 对其应用以下逻辑规则：

- 如果传入帧未超出 Bc，则允许该帧通过；
- 如果传入帧超过 Bc，则将其标记为 DE；
- 如果传入帧超出 Bc 和 BE 的总和，则丢弃该帧。

数据帧到达交换机之后，将在转发前进入队列或缓冲区。与任何队列系统一样，交换机可能会堆积大量的数据帧，这将导致延迟。如果高层协议在指定的时间内未收到任何确认消息时，延迟会引起不必要的重传。严重时，延迟甚至会导致网络吞吐量的大幅下降。为避免此问题，帧中继引入了流量控制功能。

图 4-25 显示了一台队列已满的交换机。为减少流入队列的数据帧，交换机会利用数据帧地址字段中的显式拥塞通知位通知 DTE 队列已满。

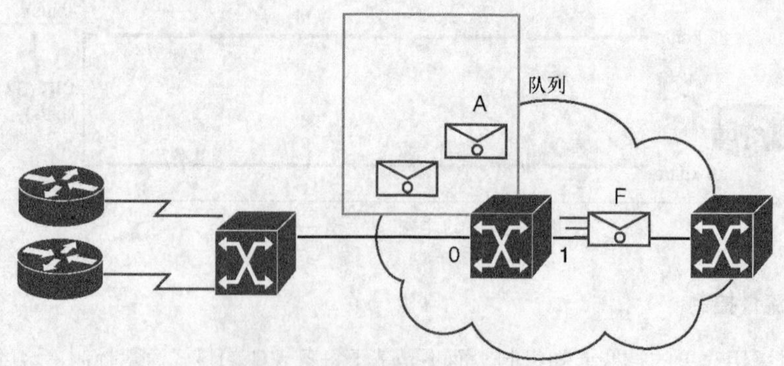

图 4-25　帧中继带宽控制：FECN

- 在链路拥塞时，交换机接收的每个帧上都会设置 FECN 位，FECN 位在图 4-25 中以 F 表示。
- 在链路拥塞时，交换机放置的每个帧上都会设置 BECN 位，BECN 位在图 4-26 中以 B 表示。

DTE 在收到带有 ECN 位的数据帧时，会尝试减少数据帧的流量，直到拥塞消除为止。如果拥塞出现在内部干线上，那么即使 DTE 并非造成拥塞的罪魁祸首，DTE 也会收到拥塞通知。

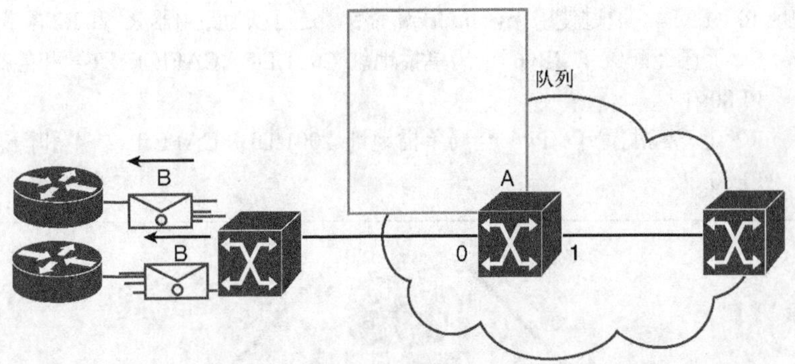

图 4-26 帧中继带宽控制：BECN

Interactive Graphic

练习 4.1.3.5：确定帧中继带宽和流量控制术语

切换至在线课程以完成本次练习。

4.2 配置帧中继

本节重点介绍帧中继的配置，包括基本的帧中继和使用子接口的高级命令。

4.2.1 配置基本帧中继

基本帧中继配置会用到两个目的地之间的静态帧中继映射语句。

1. 基本帧中继配置命令

在思科路由器上，帧中继是使用思科 IOS 命令行界面（CLI）配置的。下面是配置帧中继时，必需执行的步骤和可选的步骤。

必须执行的任务：

- 在接口上启用帧中继封装；
- 配置动态或静态地址映射。

可选任务：

- 配置 LMI；
- 配置帧中继 SVC；
- 配置帧中继流量整形；
- 为网络定制帧中继；
- 监控和维护帧中继连接。

图 4-27 显示这个部分将要使用的三个路由器拓扑，不过起初的重点是 R1 和 R2 之间的帧中继链路，网络 10.1.1.0/24。注意，所有路由器都已配置 IPv4 和 IPv6 地址。

步骤 1 设置接口上的 IP 地址。

在思科路由器上，同步串行接口通常都支持帧中继。使用 **ip address** 命令设置接口的 IPv4 地址。

在R1和R2之间的链路上，为R1 S0/0/1分配了IPv4地址10.1.1.1/24，为R2 S0/0/1分配了IPv4地址10.1.1.2/24。通过使用 **ipv6 address** 命令，还可以为路由器R1和R2配置以下IPv6地址。

- R1上已经配置了IPv6全局单播地址2001:DB8:CAFE:1::1/64和静态本地链路地址FE80::1。
- R2上已经配置了IPv6全局单播地址2001:DB8:CAFE:1::2/64和静态本地链路地址FE80::2。

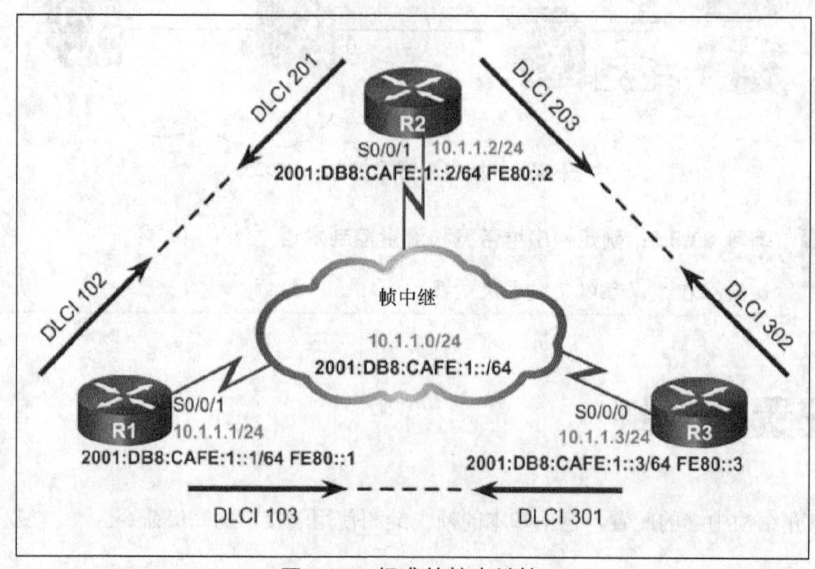

图4-27 标准的帧中继帧

注意： 默认情况下，思科IOS使用EUI-64在接口上自动生成IPv6本地链路地址。配置静态本地链路地址更易于记忆和确定本地链路地址。IPv6路由协议使用IPv6本地链路地址来路由消息和IPv6路由表中的下一跳地址。

步骤2 配置封装。

encapsulation frame-relay [cisco | ietf]接口配置命令用于启用帧中继封装，并允许在受支持的接口上处理帧中继。有两个封装选项可供选择：**cisco** 和 **ietf**。

- **cisco** 封装类型是受支持的接口上启用的默认帧中继封装。如果连接到另一台思科路由器，则请使用该选项。许多非思科设备也支持这种类型的封装。它使用4字节的报头，其中2个字节用于标识DLCI，2个字节用于标识分组类型。
- **ietf** 封装类型遵循RFC 1490和RFC 2427。如果要连接到非思科路由器，则请使用该选项。

步骤3 设置带宽。

使用 **bandwidth** 命令设置串行接口的带宽。指定带宽以kbit/s为单位。此命令通知知路由协议，静态地设置了链路的带宽。路由选择协议EIGRP和OSPF使用带宽值计算并确定链路的度量。

步骤4 设置LMI类型（可选）。

可以选择手动设置LMI类型，因为思科路由器会默认自动感应LMI类型。回想一下，思科支持三种LMI类型：cisco、ANSI Annex D和Q933-A Annex A。思科路由器的默认LMI类型是cisco。

例4-5显示了用于启用帧中继的R1和R2配置。

例 4-5 帧中继接口配置

```
R1:
R1(config)# interface Serial0/0/1
R1(config-if)# bandwidth 64
R1(config-if)# ip address 10.1.1.1 255.255.255.0
R1(config-if)# ipv6 address 2001:db8:cafe:1::1/64
R1(config-if)# ipv6 address fe80::1 link-local
R1(config-if)# encapsulation frame-relay
R2:
R2(config)# interface Serial0/0/1
R2(config-if)# bandwidth 64
R2(config-if)# ip address 10.1.1.2 255.255.255.0
R2(config-if)# ipv6 address 2001:db8:cafe:1::2/64
R2(config-if)# ipv6 address fe80::2 link-local
R2(config-if)# encapsulation frame-relay
```

show interfaces serial 命令用于检验配置，包括帧中继的第 2 层封装和默认的 LMI 类型 cisco，如例 4-6 所示。注意，此命令将显示 IPv4 地址，但不包含任何 IPv6 地址。使用 **show ipv6 interface** 或 **show ipv6 interface brief** 命令来检验 IPv6。

例 4-6 检验帧中继配置

```
R1# show interfaces serial 0/0/1
Serial0/0/1 is up, line protocol is up
  Hardware is GT96K Serial
  Internet address is 10.1.1.1/24
  MTU 1500 bytes, BW 64 Kbit/sec, DLY 20000 usec,
     reliability 255/255, txload 1/255, rxload 1/255
  Encapsulation FRAME-RELAY, loopback not set
  Keepalive set (10 sec)
  CRC checking enabled
  LMI enq sent  481, LMI stat recvd 483, LMI upd recvd 0, DTE LMI up
  LMI enq recvd 0, LMI stat sent  0, LMI upd sent  0
  LMI DLCI 1023  LMI type is CISCO  frame relay DTE
  FR SVC disabled, LAPF state down
  Broadcast queue 0/64, broadcasts sent/dropped 1/0, interface broadcasts 0
  <Output omitted>
```

注意： **no encapsulation frame-relay** 命令会删除接口上的帧中继封装并将接口恢复为默认的 HDLC 封装。

2. 配置静态帧中继映射

思科路由器支持帧中继上的所有网络层协议，例如 IPv4、IPv6、IPX 和 AppleTalk。地址到 DLCI 的映射可通过动态映射获悉，也可通过静态地址映射完成。

动态映射通过逆向 ARP 功能来完成。由于逆向 ARP 为默认启用的配置，因此无需另外执行任何命令即可在接口上配置动态映射。图 4-27 显示了本主题所使用的拓扑。

静态映射需要在路由器上手动进行配置。静态映射的建立应根据网络需求而定。要在下一跳协议地址和 DLCI 目的地址之间进行映射，可使用命令：

frame-relay map *protocolprotocol-address dlci* **[broadcast]**

frame-relay map 命令的参数如下所示。

- *protocol*：定义支持的协议、桥接或逻辑链路控制，可能的取值为 **ip**（IPv4）、**ipv6**、**appletalk**、**decnet**、**dlsw**、**ipx**、**llc2**、**rsrb**、**vines** 和 **xns**。
- *protocol-address*：定义目的路由器接口的网络层地址。
- *dlci*：定义用于连接到远程协议地址的本地 DLCI。
- *broadcast*：（可选）允许通过 VC 传播广播和多播，这将允许在 VC 上使用动态路由协议。

帧中继、ATM 和 X.25 都是非广播多路访问（NBMA）网络。NBMA 网络只允许在 VC 上或通过交换设备将数据从一台计算机传输到另一台计算机。NBMA 网络不支持组播或广播流量，因此，单个分组不能同时到达所有目的地。这就需要将分组手动复制到所有目的地。使用 **broadcast** 关键字是转发路由更新的一种简化方法。**broadcast** 关键字允许将 IPv4 广播和组播传播到所有节点，它还允许 IPv6 组播通过 PVC。当启用了关键字 **broadcast** 时，路由器会将广播或组播流量转换为单播流量，以便其他节点接收路由更新。

例 4-7 显示了在配置静态地址映射时如何使用关键字。注意，到全局单播地址的第一个 IPv6 帧中继映射不包含 **broadcast** 关键字。但是，**broadcast** 关键字用于映射到本地链路地址。IPv6 路由协议使用本地链路地址进行组播路由更新；因此，只有本地链路地址映射需要 **broadcast** 关键字以转发组播数据包。

例 4-7 R1 和 R2 的配置

```
R1:
R1(config)# interface Serial0/0/1
R1(config-if)# bandwidth 64
R1(config-if)# ip address 10.1.1.1 255.255.255.0
R1(config-if)# ipv6 address 2001:db8:cafe:1::1/64
R1(config-if)# ipv6 address fe80::1 link-local
R1(config-if)# encapsulation frame-relay
R1(config-if)# frame-relay map ip 10.1.1.2 102 broadcast
R1(config-if)# frame-relay map ipv6 2001:DB8:CAFE:1::2 102
R1(config-if)# frame-relay map ipv6 FE80::2 102 broadcast

R2:
R2(config)# interface Serial0/0/1
R2(config-if)# bandwidth 64
R2(config-if)# ip address 10.1.1.2 255.255.255.0
R2(config-if)# ipv6 address 2001:db8:cafe:1::2/64
R2(config-if)# ipv6 address fe80::2 link-local
R2(config-if)# encapsulation frame-relay
R2(config-if)# frame-relay map ip 10.1.1.1 201 broadcast
R2(config-if)# frame-relay map ipv6 2001:DB8:CAFE:1::2 201
```

该例仅显示了用于映射 R1 和 R2 之间 VC 的配置。

注意：某些路由协议可能需要更多的配置选项。例如，RIP、EIGRP 和 OSPF 需要进行更多的配置才可在 NBMA 网络上获得支持。

3. 检验静态帧中继映射

如例 4-8 所示，要检验帧中继映射，请使用 **show frame-relay map** 命令。注意，有 3 个帧中继映射：一个 IPv4 的映射和两个 IPv6 的映射，IPv6 的映射分别对应每个 IPv6 地址。

例 4-8 检验 R1 和 R2 的静态帧中继映射

```
R1:
R1# show frame-relay map
Serial0/0/1 (up): ipv6 2001:DB8:CAFE:1::2 dlci 102(0x66,0x1860), static,
              CISCO, status defined, active
Serial0/0/1 (up): ipv6 FE80::2 dlci 102(0x66,0x1860), static,
              broadcast,
              CISCO, status defined, active
Serial0/0/1 (up): ip 10.1.1.2 dlci 102(0x66,0x1860), static,
              broadcast,
              CISCO, status defined, active
R1#

R2:
R2# show frame-relay map
Serial0/0/1 (up): ipv6 2001:DB8:CAFE:1::1 dlci 201(0xC9,0x3090), static,
              CISCO, status defined, active
Serial0/0/1 (up): ipv6 FE80::1 dlci 201(0xC9,0x3090), static,
              broadcast,
              CISCO, status defined, active
Serial0/0/1 (up): ip 10.1.1.1 dlci 201(0xC9,0x3090), static,
              broadcast,
              CISCO, status defined, active
R2#
```

Interactive Graphic

练习 4.2.1.3：配置静态帧中继映射

切换至在线课程，使用语法检查器在 R1 上配置 IPv4 和 IPv6 静态帧中继映射，以将流量转发至 R3。

Packet Tracer Activity

Packet Tracer 练习 4.2.1.4：配置静态帧中继映射

背景/场景

本练习中，您将在每台路由器上配置两个帧中继静态映射以访问其他两台路由器。尽管路由器可以自动感知 LMI 类型，但您仍将手动配置 LMI 来静态指定 LMI 类型。

4.2.2 配置子接口

帧中继网络相比于传统租用线路的优点之一，就是通过使用子接口，用一个单一的接入链路就可以连接到多个站点。

1. 连通性问题

默认情况下，大多数帧中继网络使用星型拓扑，在远程站点之间提供 NBMA 连接。在 NBMA 帧中继拓扑中，在必须使用一个多点接口互连多个站点时，就可能导致路由更新的连通性问题。对于距离矢量路由协议，连通性问题可能因水平分割和组播或广播复制引起。对于链路状态路由协议，有关 DR/BDR 选举的问题可能导致连通性问题。

水平分割

水平分割规则是距离矢量路由协议（例如 EIGRP 和 RIP）的一种环路阻止机制。它不适用于链路状态路由协议。水平分割规则将阻止接口上接收的路由更新从同一接口转发出去，从而减少路由环路。

例如，图 4-28 中是一个星型帧中继拓扑，远程路由器 R2（分支路由器）向总部路由器 R1（中央路由器）发送更新。R1 通过单个物理接口连接多条 PVC。R1 在其物理接口上接收组播；但是，水平分割将不能通过同一接口将此路由更新转发到其他远程（分支）路由器。

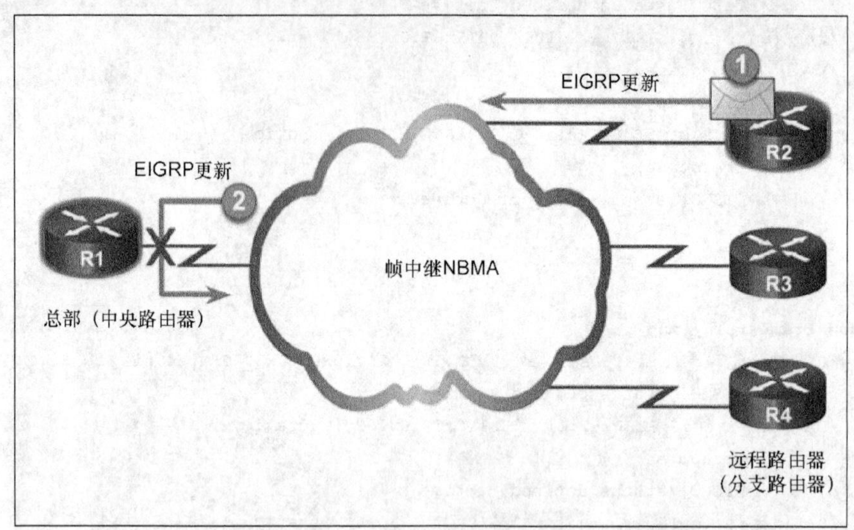

图 4-28 水平分割问题示例 1

注意： 如果物理接口上只配置一条 PVC（单个远程连接），水平分割就不会出现问题。这种类型的连接就是点对点连接。

图 4-29 显示了类似示例，使用的是本章中所用的参考拓扑。R2（分支路由器）将路由更新发送到 R1（中央路由器）。R1 在单个物理接口上有多条 PVC。水平分割规则将阻止 R1 通过同一物理接口将此路由更新转发到其他远程分支路由器（R3）。

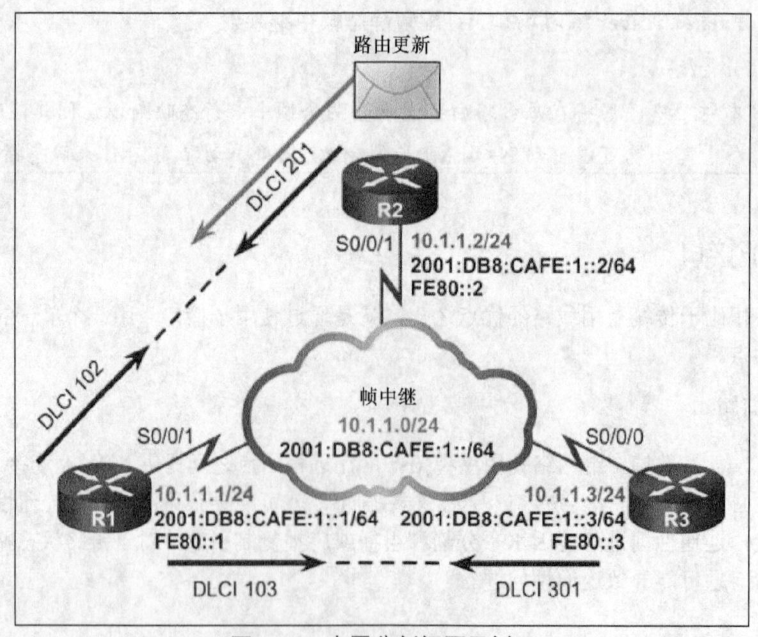

图 4-29 水平分割问题示例 2

组播和广播复制

如图 4-30 所示，由于使用了水平分割，当路由器支持单个接口上的多点连接时，路由器必须复制广播或组播数据包。对于路由更新，必须在每条 PVC 上将更新复制并发送到远程路由器。这些重复的数据包会消耗带宽，并会给用户流量造成显著的延时变化。在帧中继网络的设计阶段，我们应该计算每台路由器上的广播流量和虚电路端接数目。开销性流量（例如路由更新）会影响关键业务数据的传送，在传输路径包含低带宽（56kbit/s）链路时，这种影响尤其明显。

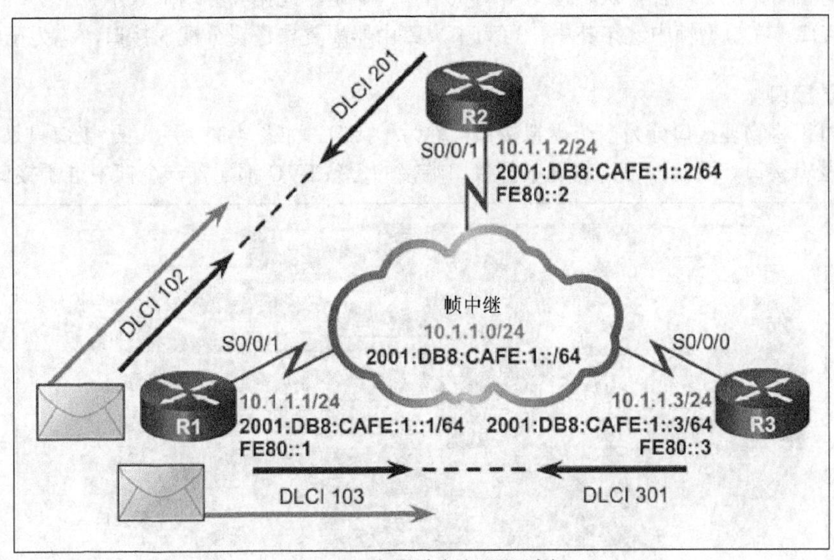

图 4-30 水平分割问题示例 3

邻居发现：DR 和 BDR

链路状态路由协议（如 OSPF）不使用水平分割规则来防止环路。但是，连通性问题可能因 DR/BDR 而出现。默认情况下，NBMA 网络上的 OSPF 在非广播网络模式下运行，而且不会自动发现邻居。可以静态配置邻居，但是，请确保中央路由器成为 DR，如图 4-31 所示。回想一下，NBMA 网络的行为类似于以太网，在以太网中，需要使用 DR 来交换一个网段上所有路由器之间的路由信息。因此，只有中心路由器可以充当 DR，因为它是与所有其他路由器都有 PVC 连接的唯一路由器。

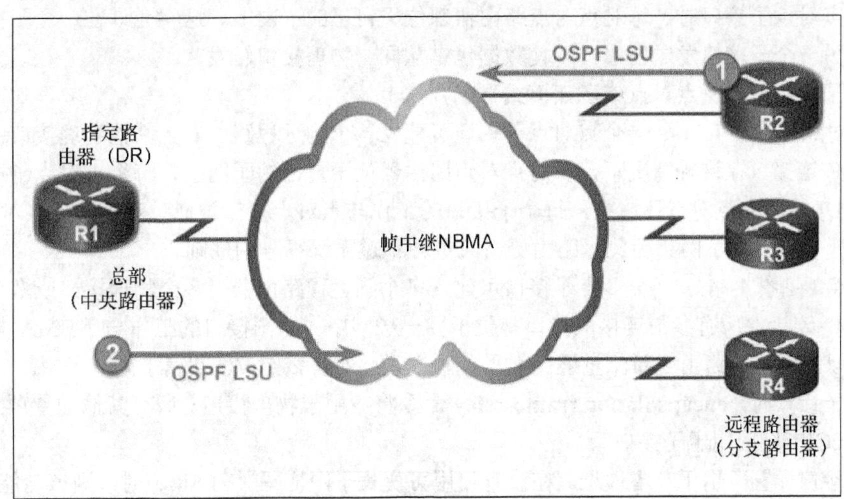

图 4-31 邻居发现：DR/BDR

2. 解决连通性问题

有几种方法可用于解决路由连通性问题。

- **禁用水平分割**：要解决因水平分割而造成的连通性问题，有一种方法是关闭水平分割。然而，禁用水平分割会增加路由环路出现的几率。另外，只有 IP 允许禁用水平分割；IPX 和 AppleTalk 不支持该功能。
- **全网状拓扑**：另一种方法是使用全网状拓扑；但是，此拓扑会增加成本。
- **子接口**：在星型帧中继拓扑中，可为中央路由器配置按逻辑分配的接口，称为子接口。

帧中继子接口

帧中继可以将物理接口分为多个虚拟接口，称为子接口，如图 4-32 所示。子接口只是与物理接口直接关联的逻辑接口。因此，可为物理串行接口端接的每条 PVC 都配置一个帧中继子接口。

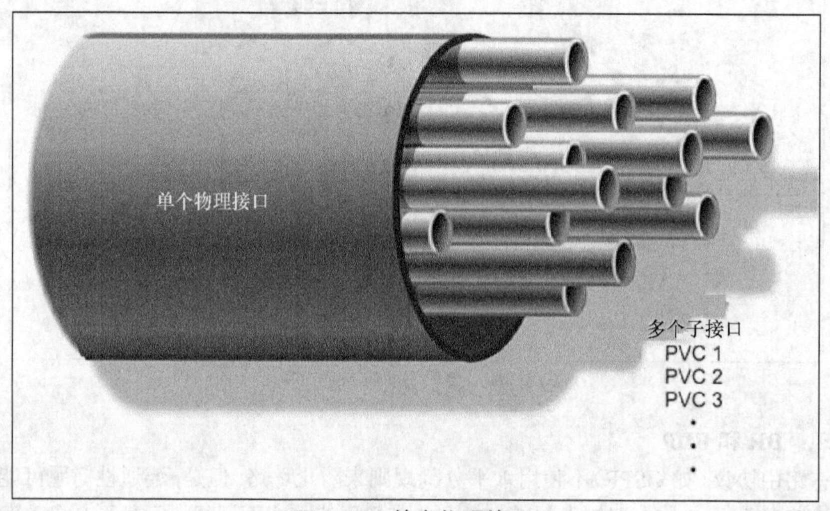

图 4-32 单个物理接口

要在帧中继网络中启用转发广播路由更新功能，可使用指定的逻辑子接口配置路由器。在子接口配置中，每条 VC 都可配置成一个点对点连接。部分网状网络可以分割成若干个更小的全网状点对点网络。可为每个点对点子网分配一个唯一的网络地址，这样就可以让每个子接口充当一条租用线路。使用帧中继点对点子接口时，每对点对点路由器都位于自己的子网上。这将允许在一个子接口上收到的数据包从另一个子接口发送出去，即使数据包是从同一物理接口转发。

帧中继子接口可以在点对点或多点模式下配置。

- **点对点**（见图 4-33）：一个点对点子接口可建立一个到远程路由器上其他物理接口或子接口的 PVC 连接。在这种情况下，每对点对点路由器位于自己的子网上，每个点对点子接口都有一个 DLCI。在点对点环境中，每个子接口的工作与点对点接口类似。对于每条点对点 VC，将有一个独立的子网。因此，路由更新流量并不遵循水平分割规则。
- **多点**（见图 4-34）：一个多点子接口可建立多个到远程路由器上多个物理接口或多个子接口的 PVC 连接。所有参与连接的接口都位于同一子网中。该子接口的工作与 NBMA 帧中继接口类似，因此，路由更新流量遵循水平分割规则。所有多点 VC 都属于同一子网。

当配置子接口时，**encapsulation frame-relay** 命令将应用于物理接口。所有其他配置项（例如网络层地址和 DLCI）则应用于子接口。

多点子接口配置可用于节省地址。在没有使用可变长子网掩码（VLSM）时，则该功能特别有用。但是，在给定的广播流量和水平分割下，多点配置可能无法正常工作。为避免这些问题，应采用点对点子接口。

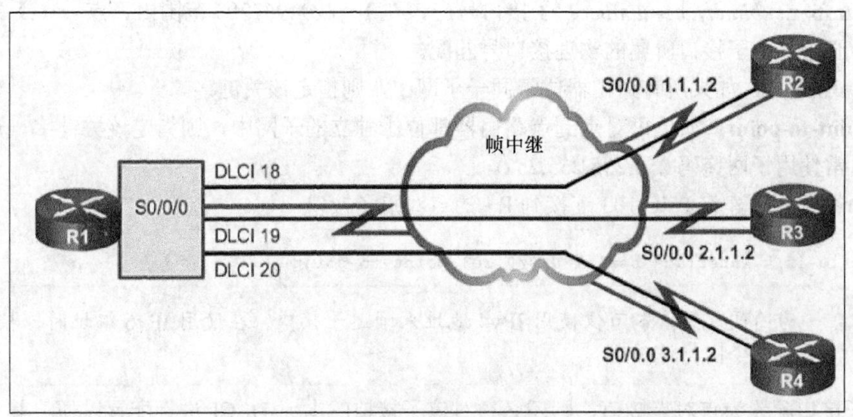

图 4-33 点到点子接口

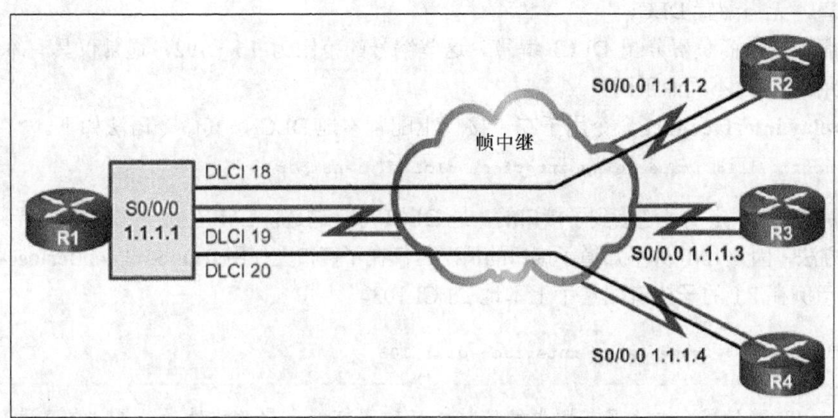

图 4-34 多点子接口

总之，点到点子接口用于星型拓扑：

- 子接口类似于租用线；
- 每个点到点子接口都需要有自己的子网。

总之，多点子接口用于部分互连和全互连拓扑：

- 子接口类似 NBMA，因此无法解决水平分割带来的问题；
- 使用单个子网，因此可节省地址。

3. 配置点对点子接口

通过使用子接口，将部分互连帧中继网络细分为若干更小的全互连（或点对点）子网，可以消除帧中继网络的局限性。每个子网都分配有自己的网络号，对协议来说就好像该子网可以通过独立的接口访问一样。

要创建子接口，请在全局配置模式下，使用 **interface serial** 命令，后面加上物理端口号、一个点号（.）和子接口号。为方便排除故障，请使用 DLCI 作为子接口号。您还必须使用 **multipoint** 或 **point-to-point** 关键字，指定该接口是点对多点接口还是点对点接口，因为这里没有默认设置。用 **interface serial** 命令创建子接口的命令语法如下所示。

```
Router(config-if)# interface serial number.subinterface-number [ multipoint | point-
   to-point]
```

interface serial 命令中各参数的定义如下。

- **number**.*subinterface-number*：子接口号应该在 1～4294967293 范围内。点号（.）之前的接口号必须与该子接口所属的物理接口号匹配。
- **multipoint**：如果所有路由器位于同一子网中，则指定该关键字。
- **point-to-point**：如果每对点到点路由器都位于独立的子网中，则指定该关键字。点到点链路通常使用子网掩码 255.255.255.252。

以下命令用于创建将 PVC 103 连接到 R3 的点对点子接口：

```
R1(config-if)# interface serial 0/0/0.103 point-to-point
```

注意： 为简便起见，本节仅使用 IPv4 地址来阐述子接口。在使用 IPv6 编址时，相同的概念和命令同样适用。

如果子接口配置为点对点接口，则还必须对该子接口的本地 DLCI 进行配置以便将其与物理接口区分开来。对于启用 IPV4 的逆向 ARP 的多点子接口，还必须配置 DLCI。对于配置为静态路由映射的多点子接口，无需配置 DLCI。

帧中继服务提供商负责分配 DLCI 编号。这些编号的范围为 16～992，通常仅具有本地意义。编号范围随所用的 LMI 不同而不同。

frame-relay interface-dlci 命令用于在子接口上配置本地 DLCI，其命令语法如下。

```
Router(config-if)# frame-relay interface-dlci dlci-number
```

- *dlci-number*：定义了连接到子接口的本地 DLCI 号。这是将 LMI 生成的 DLCI 链接到子接口的唯一方法，因为 LMI 并不知道子接口的情况。仅在子接口上使用 **frame-relay interface-dlci** 命令。

下面的示例在 R1 的子接口配置了上本地 DLCI 103。

```
R1(config-subif)# frame-relay interface-dlci 103
```

注意： 遗憾的是，更改现有帧中继子接口的配置可能会导致意外的结果。在这种情况下，请关闭物理接口，对子接口进行适当更改，然后重新启用物理接口。如果纠正后的配置导致出现意外结果，则可能需要保存配置并重新加载路由器。

4. 示例：配置点对点子接口

图 4-35 显示的是先前拓扑，但使用点对点子接口。每个 PVC 是一个独立的子网。路由器的物理接口将分为多个子接口，每个子接口位于不同子网上。

例 4-9 中，R1 有两个点对点子接口。s0/0/1.102 子接口连接到 R2，s0/0/1.103 子接口连接到 R3。每个子接口位于不同的子网上。

例 4-9 配置点到点子接口

```
R1(config)# interface serial 0/0/1
R1(config-if)# encapsulation frame-relay
R1(config-if)# no shutdown
R1(config-if)# exit
R1(config)# interface serial 0/0/1.102 point-to-point
R1(config-subif)# ip address 10.1.1.1 255.255.255.252
R1(config-subif)# bandwidth 64
R1(config-subif)# frame-relay interface-dlci 102
R1(config-fr-dlci)# exit
```

```
R1(config-subif)# exit
R1(config)# interface serial 0/0/1.103 point-to-point
R1(config-subif)# ip address 10.1.1.5 255.255.255.252
R1(config-subif)# bandwidth 64
R1(config-subif)# frame-relay interface-dlci 103
R1(config-fr-dlci)#
```

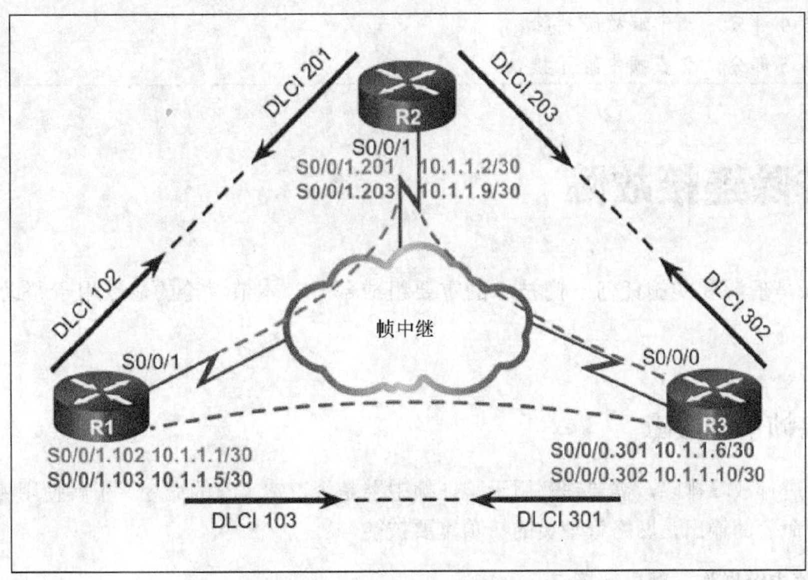

图 4-35 包含子接口的帧中继拓扑

要在物理接口上配置子接口，需要执行以下步骤。

步骤 1 删除为物理接口指定的任何网络层地址。如果该物理接口带有地址，本地子接口将无法接收数据帧。

步骤 2 使用 **encapsulation frame-relay** 命令在该物理接口上配置帧中继封装。

步骤 3 为已定义的每条 PVC，创建一个逻辑子接口。指定端口号，后面加上点号（.）和子接口号。为方便排除故障，建议使用与 DLCI 号相同的子接口号。

步骤 4 配置接口的 IP 地址并设置带宽。

步骤 5 使用 **frame-relay interface-dlci** 命令在子接口上配置本地 DLCI。前面已讲过，帧中继服务提供商负责分配 DLCI 编号。

Interactive Graphic

练习 4.2.2.4：在 R2 上配置点到点子接口

切换至在线课程，使用语法检查器，利用适当的帧中继配置，将路由器 R2 的物理接口配置为点对点子接口。

Interactive Graphic

练习 4.2.2.5：确定帧中继带宽和流量控制术语

切换至在线课程以完成本次练习。

Packet Tracer Activity

Packet Tracer 练习 4.2.2.6：配置帧中继点对点子接口

背景/场景

在本练习中，您将在每台路由器上配置两个子接口的帧中继以访问其他两台路由器。您还将配置 EIGRP 并检验端到端连接。

实验 4.2.2.7：配置帧中继和子接口

在本实验中，您需要完成以下目标。

- 第 1 部分：建立网络并配置设备的基本设置。
- 第 2 部分：配置帧中继交换机。
- 第 3 部分：配置基本的帧中继。
- 第 4 部分：帧中继故障排除。
- 第 5 部分：配置帧中继子接口。

4.3 排除连接故障

故障排除是理解和实施任何一门技术的重要组成部分。本节讨论的命令用于帮助排查和检验帧中继。

4.3.1 排除帧中继故障

对帧中继进行故障排除，需要理解用于验证帧中继是否正常工作的命令。了解使用哪些命令以及如何分析这些命令的输出是网络管理员的一项重要技能。

1. 检验帧中继操作：帧中继接口

帧中继通常是非常可靠的服务。虽然如此，帧中继网络的性能有时也会低于预期水平，需要进行故障排查。例如，用户可能会报告电路中的连接缓慢且时断时续，或者电路完全中断。无论如何，网络中断都会导致生产效率的下降，因而造成损失。建议的最佳做法是在出现问题之前检验配置。

本节中，您将在配置应用于实际网络之前，执行完整的检验过程，以确保一切都正常运行。

检验帧中继接口

在配置帧中继 PVC 之后和排除故障的过程中，请使用 **show interfaces** 命令检验帧中继在该接口上是否运行正常。

前面已讲过，在帧中继网络中，路由器通常被视为 DTE 设备。但是，为了便于测试，可以将思科路由器配置为 DCE 设备来模拟帧中继交换机。在这种情况下，在将路由器配置成帧中继交换机之后，该路由器也就变成了 DCE 设备。

如例 4-10 所示，**show interfaces** 命令用于显示封装的设置方式以及有用的第 1 层和第 2 层状态信息，其中包括：

- LMI DLCI；
- LMI 类型；
- 帧中继的 DTE/DCE 类型。

例 4-10　检验帧中继操作：查看接口

```
R1# show interfaces serial 0/0/1
Serial0/0/1 is up, line protocol is up
  Hardware is GT96K Serial
  MTU 1500 bytes, BW 1544 Kbit/sec, DLY 20000 usec,
     reliability 255/255, txload 1/255, rxload 1/255
```

```
  Encapsulation FRAME-RELAY, loopback not set
  Keepalive set (10 sec)
  CRC checking enabled
  LMI enq sent  443, LMI stat recvd 444, LMI upd recvd 0, DTE LMI up
  LMI enq recvd 0, LMI stat sent  0, LMI upd sent  0
  LMI DLCI 1023  LMI type is CISCO  frame relay DTE
  FR SVC disabled, LAPF state down
  Broadcast queue 0/64, broadcasts sent/dropped 1723/0, interface broadcasts 1582
  Last input 00:00:01, output 00:00:01, output hang never
<Output omitted>
```

第一步总是确认该接口的配置是否正确。此外，您还可以看到有关封装、配置了帧中继的串行接口上的 DLCI 以及用于 LMI 的 DLIC 的详细信息。确认这些值都是预期值；否则，可能需要更改。

2. 检验帧中继操作：LMI 操作

下一步是使用 **show frame-relay lmi** 命令查看某些 LMI 统计信息。例 4-11 中显示了一个示例输出，其中显示了本地路由器和本地帧中继交换机之间交换的状态消息数量。确保发送和接收的状态消息之间的计数是递增的，这将证实 DTE 和 DCE 之间正在进行通信。

还要查找任何非零的无效项。这有助于隔离运营商交换机和客户端路由器之间帧中继通信的问题。

例 4-11　检验帧中继操作：LMI 统计信息

```
R1# show frame-relay lmi
LMI Statistics for interface Serial0/0/1 (Frame Relay DTE) LMI TYPE = CISCO
  Invalid Unnumbered info 0            Invalid Prot Disc 0
  Invalid dummy Call Ref 0             Invalid Msg Type 0
  Invalid Status Message 0             Invalid Lock Shift 0
  Invalid Information ID 0             Invalid Report IE Len 0
  Invalid Report Request 0             Invalid Keep IE Len 0
  Num Status Enq. Sent 578             Num Status msgs Rcvd 579
  Num Update Status Rcvd 0             Num Status Timeouts 0
  Last Full Status Req 00:00:28       Last Full Status Rcvd 00:00:28
R1#
```

3. 检验帧中继操作：PVC 状态

例 4-12 中显示了接口的统计信息。

例 4-12　检验帧中继操作：PVC 状态

```
R1# show frame-relay pvc 102
PVC Statistics for interface Serial0/0/1 (Frame Relay DTE)
DLCI = 102, DLCI USAGE = LOCAL, PVC STATUS = ACTIVE, INTERFACE = Serial0/0/1.102
  input pkts 1230          output pkts 1243          in bytes 103826
  out bytes 105929         dropped pkts 0            in pkts dropped 0
  out pkts dropped 0                 out bytes dropped 0
  in FECN pkts 0           in BECN pkts 0            out FECN pkts 0
  out BECN pkts 0          in DE pkts 0              out DE pkts 0
  out bcast pkts 1228     out bcast bytes 104952
  5 minute input rate 0 bits/sec, 0 packets/sec
```

```
  5 minute output rate 0 bits/sec, 0 packets/sec
  pvc create time 01:38:29, last time pvc status changed 01:26:19
R1#
```

使用 **show frame-relay pvc** [**interface** *interface*] [*dlci*]命令查看 PVC 和流量统计信息。此命令也可用于查看路由器收到的 BECN 数据包和 FECN 数据包的数量。PVC 的状态可以是 active（活动）、inactive（非活动）或 deleted（已删除）。

show frame-relay pvc 命令用于显示路由器上配置的所有 PVC 的状态。您还可以指定特定的 PVC。

在收集了统计信息之后，使用 **clear counters** 命令重置统计信息计数器。在计数器清零后，先等待 5～10 分钟，然后再次执行 **show** 命令，注意观察是否有任何新错误。如需与运营商联系，这些统计信息将有助于运营商解决问题。

4. 检验帧中继操作：逆向 ARP

若要清除动态创建（使用逆向 ARP 创建）的帧中继映射，可使用 **clear frame-relay inarp** 命令，如例 4-13 所示。

例 4-13 检验帧中继操作：清除帧中继映射

```
R1:
R1# clear frame-relay inarp
R1# show frame-relay map
Serial0/0/1.102 (up): point-to-point dlci, dlci 102(0x66,0x1860), broadcast
          status defined, active
Serial0/0/1.103 (up): point-to-point dlci, dlci 103(0x67,0x1870), broadcast
          status defined, active
R1#
R2:
R2# clear frame-relay inarp
R2# show frame-relay map
Serial0/0/1.201 (up): point-to-point dlci, dlci 201(0xC9,0x3090), broadcast
          status defined, active
Serial0/0/1.203 (up): point-to-point dlci, dlci 203(0xCB,0x30B0), broadcast
          status defined, active
R2#
```

最后一步是确认 **frame-relay inverse-arp** 命令是否将远程 IPv4 地址解析为本地 DLCI。使用 **show frame-relay map** 命令显示当前映射条目和有关该连接的信息。例 4-14 显示路由器 R3 的输出，该路由器的物理接口上先前配置了帧中继，而且没有使用子接口。默认情况下启用 IPv4 的逆向 ARP。IPv6 的帧中继使用逆向邻居发现（IND）从第 2 层 DLCI 获取第 3 层 IPv6 的地址。

例 4-14 检验帧中继操作：检验逆向 ARP

```
R3# show frame-relay map
Serial0/0/0 (up): ip 10.1.1.9 dlci 302(0x12E,0x48E0), dynamic,
              broadcast,
              CISCO, status defined, active
R3#
```

输出将显示以下信息。

- **10.1.1.9** 是远程路由器的 IPv4 地址，该地址可通过逆向 ARP 过程动态获取。
- **302** 是本地 DLCI 号的十进制值。
- **0x12E** 是 DLCI 号的十六进制转换，0x12E 对应的十进制值为 302。
- **0x48E0** 是会在线路上出现的值，因为 DLCI 位分散在在帧中继帧的地址字段中。
- 在 PVC 上启用了广播/组播。
- LMI 类型为 **cisco**。
- PVC 状态为 **active**。

发送逆向 ARP 请求时，路由器会使用三种可能的 LMI 连接状态更新其映射表。这些状态如下。

- **ACTIVE：**表示成功建立了端到端（DTE 到 DTE）的电路。
- **INACTIVE：**表示成功建立了到交换机的（DTE 到 DCE）连接，但是没有检测到 PVC 另一端的 DTE。当交换机上的配置不正确时可能会出现这种情况。
- **DELETED：**表示为一个 DLCI 配置了此 DTE，但此 DLCI 被交换机视为对该接口无效。

5. 帧中继运作故障诊断

如果验证过程表明您的帧中继配置未能正常工作，那么下一步就是排除配置故障。

使用 **debug frame-relay lmi** 命令可确定路由器和帧中继交换机是否正确地发送和接收 LMI 数据包。

请看例 4-15，检查 LMI 交换的输出。

- `out` 是路由器发送的 LMI 状态消息。
- `in` 是从帧中继交换机接收的消息。
- `type 0` 表示完整的 LMI 状态消息。
- `type 1` 表示 LMI 交换。
- `dlci 102, status 0x2` 表示 DLCI 102 的状态为 active。

状态字段可能有如下值。

- **0x0：**交换机已设置此 DLCI，但由于某种原因，该 DLCI 不可用。可能是因为永久虚电路的另一端已关闭。
- **0x2：**帧中继交换机已配置 DLCI，且一切正常。
- **0x4：**帧中继交换机没有为路由器设置此 DLCI，但在过去某个时候曾经设置过此 DLCI。造成此问题的原因可能是：该路由器上的 DLCI 已被删除，服务提供商已从帧中继网络云中删除此永久虚电路。

例 4-15 排除帧中继运作故障

```
R1# debug frame lmi
Frame Relay LMI debugging is on
Displaying all Frame Relay LMI data
R1#
*Apr  1 14:57:43.559: Serial0/0/1(in): Status, myseq 22, pak size 29
*Apr  1 14:57:43.559: RT IE 1, length 1, type 0
*Apr  1 14:57:43.559: KA IE 3, length 2, yourseq 22, myseq 22
*Apr  1 14:57:43.559: PVC IE 0x7 , length 0x6 , dlci 102, status 0x2 , bw 0
*Apr  1 14:57:43.559: PVC IE 0x7 , length 0x6 , dlci 103, status 0x2 , bw 0
R1#
*Apr  1 14:57:53.555: Serial0/0/1(out): StEnq, myseq 23, yourseen 22, DTE up
*Apr  1 14:57:53.555: datagramstart = 0xED802AF4, datagramsize = 13
*Apr  1 14:57:53.555: FR encap = 0xFCF10309
```

```
*Apr  1 14:57:53.555: 00 75 01 01 01 03 02 17 16
*Apr  1 14:57:53.555:
*Apr  1 14:57:53.559: Serial0/0/1(in): Status, myseq 23, pak size 13
*Apr  1 14:57:53.559: RT IE 1, length 1, type 1
*Apr  1 14:57:53.559: KA IE 3, length 2, yourseq 23, myseq 23
R1# undebug all
All possible debugging has been turned off
```

实验 4.3.1.6：基本帧中继故障排除

- 第 1 部分：构建网络并加载设备配置。
- 第 2 部分：第 3 层连接故障排除。
- 第 3 部分：帧中继故障排除。

4.4 总结

课堂练习 4.4.1.1：帧中继预算建议

您的公司决定使用帧中继技术来提供总部和两个分支机构之间的视频连接。如果因任何原因当前 ISP 网络连接中断，公司还将使用新的网络来实现冗余。

通常情况下，不论升级哪一种网络，您都必须为您的管理员制定成本建议书。

进行研究后，您决定为您的成本分析使用此帧中继网站。站点列出的成本是典型的真实 ISP 成本——它们仅供您创建自己的成本分析设计时参考。

Packet Tracer
Activity

Packet Tracer 练习 4.4.1.2：综合技能挑战

背景/场景

通过本练习，您可以实践各种技能，包括配置帧中继、采用 CHAP 的 PPP、静态路由和默认路由。

帧中继是一种可靠的、采用分组交换且面向连接的技术，广泛用于互连远程站点。这比租用线路更加经济有效，因为服务提供商网络中的带宽是共享的，终端只需要一条到电路提供商的物理电路即可支持多条 VC。每条 VC 由 DLCI 标识。

第 3 层数据将封装到包含帧中继报头和报尾的帧中继帧中。随后它将传递到物理层，物理层通常为 EIA/TIA-232、449 或 530、V.35 或 X.21。

典型的帧中继拓扑包括星型拓扑、全网状拓扑和部分网状拓扑。

第 2 层 DLCI 地址和第 3 层地址之间的映射可通过使用逆向 ARP 动态获得，也可手动配置静态映射。

LMI 是一种协议，运行与 DCE 与 DTE 设备之间（即 DCE 和 DTE 设备之间会互发此协议消息），用来维护这两种设备间帧中继信息的状态。路由器上配置的 LMI 类型必须与服务提供商的 LMI 类型匹配。

帧中继电路成本包括接入速率、PVC 的数量和 CIR。CIR 之上的有些突发传输通常是允许的，而且不会增加成本。可通过协商 Bc 速率来提供一些短期的可靠突发传输功能。

帧中继使用帧中继报头中的 BECN 和 FECN 位进行拥塞控制。

在帧中继配置中使用子接口，有助于缓解路由协议的水平分割问题。

4.5 练习

以下提供了有关本章所介绍的主题的练习。实验和课堂练习可参阅配套教材《连接网络实验手册》。Packet Tracer 练习的 PKA 文件可在在线课程中下载。

4.5.1 课堂练习

课堂练习 4.0.1.2：新兴 WAN 技术
课堂练习 4.4.1.1：帧中继预算建议

4.5.2 实验

实验 4.2.2.7：配置帧中继和子接口

4.5.3 Packet Tracer 练习

Packet Tracer 练习 4.2.1.4：配置静态帧中继映射
Packet Tracer 练习 4.2.2.6：配置帧中继点对点子接口
Packet Tracer 练习 4.4.1.2：综合技能练习

4.6 检查你的理解

请完成以下所有复习题，以检查您对本章介绍的主题和概念的理解情况。答案列在本书附录中。

1．使用什么标识通往帧中继网络中下一台帧中继交换机的路径？

A．CIR

B．DLCI

C．FECN

D．BECN

2．为什么帧中继路径被称为虚路径？

A．没有连接到帧中继运营商的专用电路

B．根据需要创建和拆除帧中继 PVC

C．PVC 端点之间的连接类似于拨号电路

D．帧中继运营商网络云中没有专用电路

3．下列哪种说法准确地描述了多点拓扑中的水平分割问题？

A．必须对所有非 IP 协议禁用水平分割

B．水平分割将在多点环境中导致 IP 路由选择环路

C．水平分割对广播无效，因此它不能保护使用广播更新的协议

D．水平分割禁止接口接受有效更新以及将更新转发给其他所有接口

4．帧中继比租用线路经济的原因有哪两条？

A．时分复用

B．使用的设备较少

C．优化的分组路由选择

D．在大量客户之间共享带宽

E．动态 IP 编址

5．将命令 **show frame-relay pvc** 显示的状态同含义正确搭配起来。

active

inactive

deleted

A．交换机配置了该 DLCI，但 PVC 的另一端可能出现了故障

B．DLCI 在路由器中不存在

C．帧中继交换机配置了该 DLCI，且它运行正常

D．DLCI 在帧中继交换机中不存在

E．在 PVC 的另一端配置了该 DLCI

6．与租用线路相比，帧中继在可靠性方面有何优势？

A．帧中继接入电路的质量比租用线高

B．运营商内部供虚电路使用的路径是网状的

C．每条端到端虚电路都使用固定的差错校验路径

D．帧中继使用的错误检测方法更先进

7．在图 4-36 中，对于从奥兰多办事处传输到 DC 办事处的帧，其地址字段将包含哪项信息？

图 4-36 问题 7 的网络拓扑

A．路由器奥兰多的 MAC 地址

B．路由器 DC 的 MAC 地址

C．192.168.1.25

D．192.168.1.26

E．DLCI 100

F．DLCI 200

8．在什么情况下多点拓扑优于点到点拓扑？

A．无法使用 VLSM 来节省地址时

B．使用非 IP 路由选择协议时

C．使用互连状拓扑以减少接入电路时

D．使用需要广播更新的路由选择协议时

9．在帧中继环境中配置子接口有何优点？

A．DLCI 将有全局意义

B．避免了使用逆向 ARP

C．解决了水平分割问题

D．改善了流量控制和带宽使用效率

10．哪种协议可对通过帧中继链路传输的数据进行纠错？

A．FECN

B．FTP

C．LMI

D．TCP

E．UDP

11．将每个命令同描述正确搭配起来。

show interface

show frame-relay lmi

show frame-relay pvc

show frame-relay map

debug frame-relay lmi

A．显示虚电路的状态以及 FECN/BECN 统计信息

B．检查路由器和帧中继交换机是否正确地发送和接收 LMI 分组

C．查看封装、LMI 类型、LMI DLCI 和 LMI 状态

D．查看 LMI 统计信息

E．查看映射到 DLCI 的目标地址

12．服务提供商保证在帧中继网络中以什么样的速率传输数据？

A．波特率

B．计时率

C．数据传输率

D．承诺信息速率

13．DLCI 号是如何分配的？

A．由 DLCI 服务器分配

B．由用户随意分配

C．由服务提供商分配

D．根据主机 IP 地址分配

14．某台路由器可通过同一个帧中继接口到达多个网络，该路由器如何知道远程网络 IP 地址对应的 DLCI？

A．查询帧中继映射

B．查询路由选择表

C．使用帧中继交换机表将 DLCI 映射到 IP 地址

D．使用 RARP 查找 DLCI 对应的 IP 地址

15．将每个术语同定义正确搭配起来。

CIR

DE

FECN

BECN

A．用于标识发生拥塞时可丢弃的帧

B．交换机将每个帧放到发生拥塞的链路时，都设置该位

C．服务提供商同意接受的 VC 速率

D．对于从发送拥塞的链路收到的每个帧，交换机都设置该位

16. 请比较术语 DLCI、LMI 和逆向 ARP。

17. 请根据图 4-37 和路由器 R1 的配置回答下面的问题：为静态地配置到 R2 的帧中继连接，需要在路由器 R1 中配置哪个命令？站点之间的流量必须支持 OSPF 路由协议。

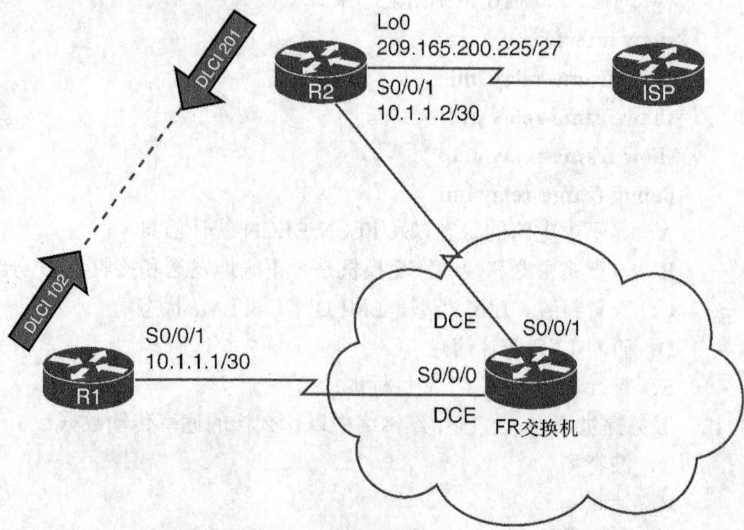

图 4-37　问题 17 的网络拓扑

路由器 R1 的配置如下：

```
interface s0/0/1
ip address 10.1.1.1 255.255.255.252
encapsulation frame-relay
bandwidth 64
```

18. 请比较术语接入速率、CIR、CBIR 和 BE。

19. 请参阅图 4-38 和后面的配置回答下面的问题：R1 无法通过帧中继网络连接到其他路由器，请问其配置存在哪些问题？

```
hostname R1
interface s0/0/1
encapsulation frame-relay
!
interface s0/0/1.201 point-to-point
ip address 10.1.1.1 255.255.255.0
frame-relay interface-dlci 201
!
interface s0/0/1.301 point-to-point
ip address 10.3.3.1 255.255.255.0
frame-relay interface-dlci 301
!
```

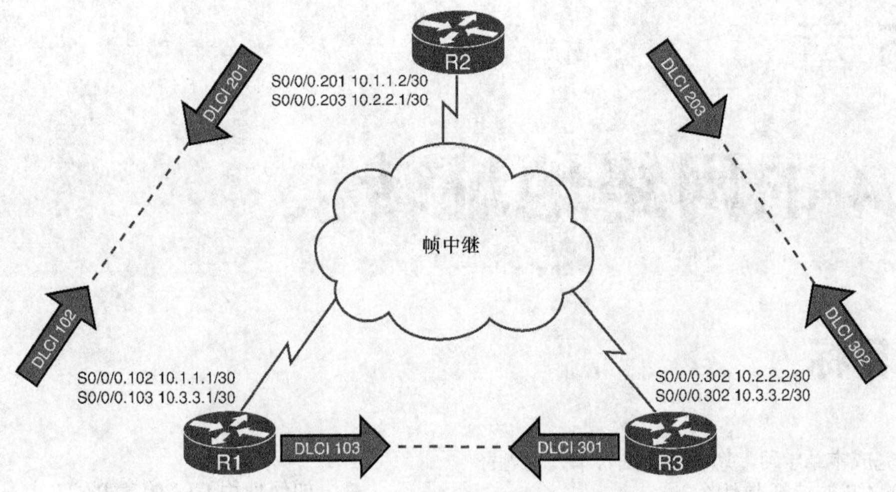


```
hostname R1
interface s/0/0/1
 encapsulation frame-relay
!
interface s/0/0/1.201 point-to-point
 ip address 10.1.1.1 255.255.255.0
 frame-relay interface-dlci 201
!
interface s/0/0/1.301 point-to-point
 ip address 10.3.3.31 255.255.255.0
 frame-relay interface-dlci 301
```

图 4-38　问题 19 的网络拓扑

第 5 章

IPv4 的网络地址转换

学习目标

通过完成本章学习，您将能够回答下列问题：

- NAT 的特征是什么？
- NAT 有哪些优点和缺点？
- 如何使用 CLI 配置静态 NAT？
- 如何使用 CLI 配置动态 NAT？
- 如何使用 CLI 配置 PAT？
- 如何使用 CLI 配置端口转发？
- 什么是 NAT64？
- 如何使用 **show** 命令检验 NAT 的操作？

关键术语

下列为本章所用的关键术语。您可以在本书的术语表中找到其定义。

网络地址转换（NAT）
RFC 1918 私有 IPv4 地址
NAT 池
内部本地地址
内部全局地址
外部全局地址
外部本地地址
NAT 过载
静态 NAT
动态 NAT
端口地址转换（PAT）
端口转发
唯一本地地址
NAT64

Internet 上的所有公有 IPv4 地址必须使用地区 Internet 注册管理机构（RIR）进行注册。企业可以通过服务提供商（SP）租用公有地址，但只有已注册的公有 Internet 地址持有者才可以将该地址分配给网络设备。但是，IPv4 地址空间很有限，43 亿个地址是最大理论值。当 Bob Kahn 和 Vint Cerf 在 1981 年首次开发 TCP/IP 协议簇（包括 IPv4）时，他们从未想象过 Internet 会变成什么样。当时，个人计算机主要是为了满足爱好者的好奇心，而万维网还是在十多年以后才出现的。

随着个人计算机的激增和万维网的出现，43 亿个 IPv4 地址很快就不够用了。长期解决方案是 IPv6，但是现在迫切需要更快的地址耗尽解决方案。就短期而言，IETF 实施了几种解决方案，包括网络地址转换（NAT）和 RFC 1918 私有 IPv4 地址。本章讨论 NAT 与私有地址空间一起如何用于节省并更有效地使用 IPv4 地址，从而让各种规模的网络访问 Internet。本章包括如下内容：

- NAT 的特征、术语和常规操作；
- 不同类型的 NAT，包括静态 NAT、动态 NAT 和 NAT 过载；
- NAT 的优点和缺点；
- 静态 NAT、动态 NAT 和过载 NAT 的配置、检验和分析；
- 端口转发如何用于从 Internet 访问内部设备；
- 使用 **show** 和 **debug** 命令排除 NAT 故障；
- 用于 IPv6 的 NAT 如何用于在 IPv6 地址和 IPv4 地址之间进行转换。

课堂练习 5.0.1.2：NAT 概念

您为一个大型高校或学校系统工作。

由于您是网络管理员，许多教授、管理人员和其他网络管理员每天需要您在网络方面提供帮助。每天的所有时段您都要接听电话，由于接听的电话实在太多，导致您无法完成常规的网络管理任务。

您需要找到一种方法来限制您可以接听电话的时段以及呼叫方。您还需要屏蔽电话号码，这样当您给某人打电话时，接听电话的人看到的是另一个号码。

这一场景描述了大多数中小型企业都会碰到的一个非常常见的问题。访问 http://computer.howstuffworks.com/nat.htm/printable 处的 How Network Address Translation Works，查看更多有关数字化世界如何处理这些类型的工作干扰的信息。

5.1 NAT 工作原理

本节将讨论 NAT 的特征、类型和优点。

5.1.1 NAT 的特征

NAT 的特征包括对 IPv4 私有地址空间的理解、NAT 术语，以及 NAT 运作的基本原理。

1. IPv4 私有地址空间

公有 IPv4 地址不足以为每台连接到 Internet 的设备分配一个唯一地址。通常使用 RFC 1918 中定义的私有 IPv4 地址来实施网络。表 5-1 显示了 RFC 1918 中所包含的地址范围。很可能您用来观看本课程的计算机分配的就是一个私有地址。

表 5-1 RFC 1918 中定义的私有 Internet 地址

类别	RFC 1918 内部地址范围	CIDR 前缀
A	10.0.0.0～10.255.255.255	10.0.0.0/8
B	172.16.0.0～172.31.255.255	172.16.0.0/12
C	192.168.0.0～192.168.255.255	192.168.0.0/16

这些私有地址可在企业或站点内使用，允许设备进行本地通信。但是，由于这些地址没有标识任何一个公司或组织，因此私有 IPv4 地址不能通过 Internet 路由。为了使具有私有 IPv4 地址的设备能够访问本地网络之外的设备和资源，必须首先将私有地址转换为公有地址。

如图 5-1 所示，NAT 提供了私有地址到公有地址的转换。这使具有私有 IPv4 地址的设备能够访问其私有网络之外的资源，例如在 Internet 上找到的资源。NAT 与私有 IPv4 地址相结合，已证明是一个用于节约公有 IPv4 地址的有效方法。单个公有 IPv4 地址可以由数百甚至数千台设备共享，而且每台设备配置一个唯一的私有 IPv4 地址。

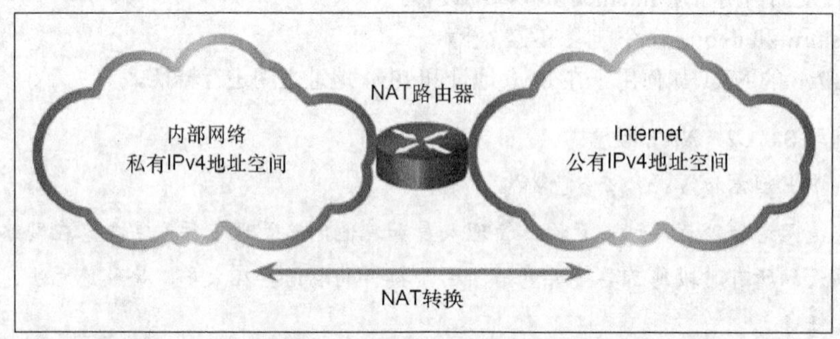

图 5-1 转换私有和公有地址

如果没有 NAT，则 IPv4 地址空间耗尽问题可能早在 2000 年之前就会出现。但是，NAT 也有一些限制，这将在本章后续部分探讨。为了应对 IPv4 地址空间耗尽问题以及 NAT 的局限性，最终需要向 IPv6 过渡。

2. 何谓 NAT

NAT 有很多作用，但其主要作用是节省了公有 IPv4 地址。它通过允许网络在内部使用私有 IPv4 地址，而只在需要时提供到公有地址的转换，从而实现这一作用。NAT 还能在一定程度上增加网络的私密性和安全性，因为它对外部网络隐藏了内部 IPv4 地址。

可以为启用 NAT 的路由器配置一个或多个有效的公有 IPv4 地址，这些公有地址称为 NAT 池。当内部设备将流量发送到网络外部时，启用 NAT 的路由器会将设备的内部 IPv4 地址转换为 NAT 池中的一个公有地址。对外部设备而言，所有进出网络的流量好像都有一个取自所提供地址池中的公有 IPv4 地址。

NAT 路由器通常工作在末节网络边界。末节网络是一个与其相邻网络具有单个连接的网络，而且单进单出。在图 5-2 的示例中，R2 为边界路由器。对 ISP 来说，R2 构成末节网络。

当末节网络内的设备想要与其网络外部的设备通信时，会将数据包转发到边界路由器。边界路由器会执行 NAT 过程，将设备的内部私有地址转换为公有的外部可路由地址。

注意：与 ISP 的连接可以使用私有地址或在客户之间共享的公有地址。出于学习本章的目的，这里显示一个公有地址。

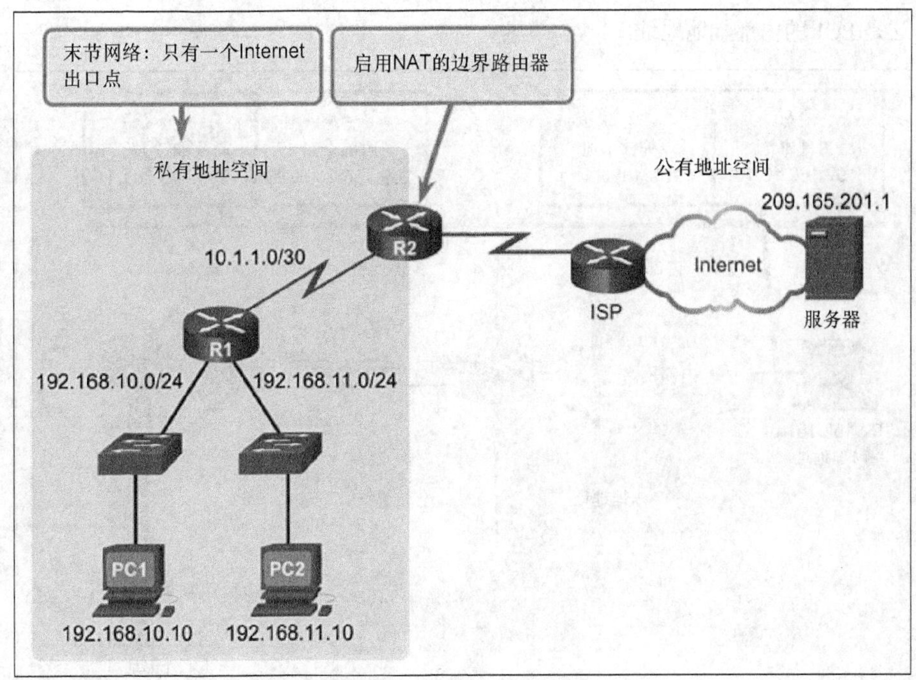

图 5-2　NAT 边界

3. NAT 术语

在 NAT 术语中，内部网络是指需要经过转换的网络集。外部网络指所有其他网络。

当使用 NAT 时，根据地址是在私有网络上还是在公有网络（Internet）上，以及流量是传入还是传出，不同的 IPv4 地址有不同的称谓。

NAT 包括 4 类地址：

- 内部本地地址；
- 内部全局地址；
- 外部本地地址；
- 外部全局地址。

在决定使用哪种地址时，重要的是要记住 NAT 术语始终是从具有转换后地址的设备的角度来应用的。

- **内部地址**：经过 NAT 转换的设备的地址。
- **外部地址**：目的设备的地址。

关于地址，NAT 还会使用本地或全局的概念。

- **本地地址**：在网络内部出现的任何地址。
- **全局地址**：在网络外部出现的任何地址。

在图 5-3 中，PC1 具有内部本地地址 192.168.10.10。从 PC1 的角度来讲，Web 服务器具有外部地址 209.165.201.1。当数据包从 PC1 发送到 Web 服务器的全局地址时，PC1 的内部本地地址将转换为 209.165.200.226（内部全局地址）。通常不会转换外部设备的地址，因为该地址一般是公有 IPv4 地址。

注意，PC1 具有不同的本地和全局地址，而 Web 服务器对于本地和全局地址都使用相同的公有 IPv4 地址。从 Web 服务器的角度来讲，源自 PC1 的流量好像来自 209.165.200.226（内部全局地址）。

NAT 路由器（图 5-3 中的 R2）是内部和外部网络之间以及本地地址和全局地址之间的分界点。

术语“内部”和“外部”与术语“本地”和“全局”相结合，用于表示特定地址。在图 5-4 中，已将路由器 R2 配置为提供 NAT。它具有可以为内部主机分配的公有地址池。

- **内部本地地址**：从网络内部看到的源地址。图 5-4 中，IPv4 地址 192.168.10.10 分配给了 PC1。

这是PC1的内部本地地址。

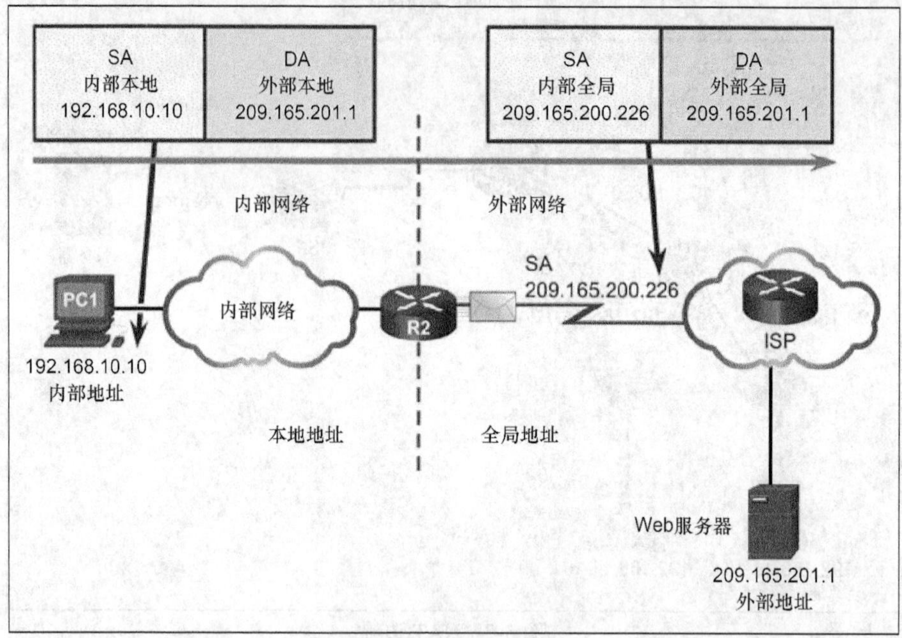

图5-3 NAT地址类型

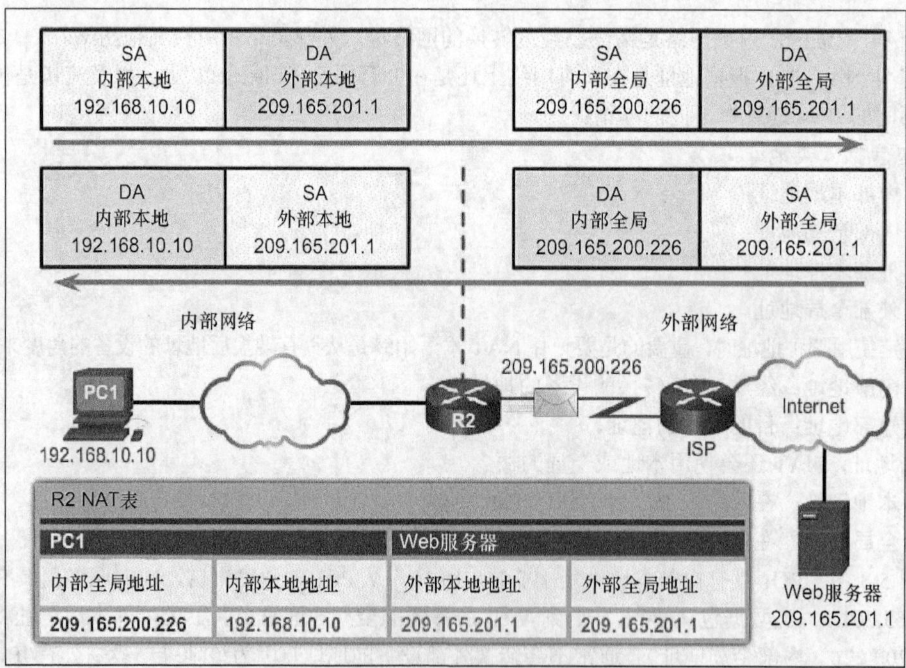

R2 NAT表

PC1		Web服务器	
内部全局地址	内部本地地址	外部本地地址	外部全局地址
209.165.200.226	192.168.10.10	209.165.201.1	209.165.201.1

图5-4 NAT地址示例

- **内部全局地址**：从外部网络看到的源地址。在图5-4中，当流量从PC1发送到位于209.165.201.1的Web服务器时，R2会将内部本地地址转换为内部全局地址。在本例中，R2将IPv4源地址从192.168.10.10转变成209.165.200.226。用NAT术语来讲就是，内部本地地址192.168.10.10将转换为内部全局地址209.165.200.226。
- **外部全局地址**：从外部网络看到的目的地址。它是分配给Internet上主机的全局可路由IPv4

地址。例如，Web 服务器的可达 IPv4 地址为 209.165.201.1。大多数情况下，外部本地地址和外部全局地址是相同的。

- **外部本地地址**：从网络内部看到的目的地址。在本示例中，PC1 将流量发送到 IPv4 地址为 209.165.201.1 的 Web 服务器上。虽然不常见，但该地址也可能与目的设备的全局可路由地址不同。

图 5-4 中显示了如何为从内部 PC 发送到外部 Web 服务器，且经过具有 NAT 功能的路由器的流量分配地址，还显示了如何对返回的流量进行初步的地址分配和转换。

注意： 外部本地地址的使用超出了本课程的范围。

---

4. NAT 运作机制

在图 5-5 中，具有私有地址 192.168.10.10 的 PC1 想要与具有公有地址 209.165.201.1 的外部 Web 服务器通信。

1．PC1 发送了一个目的地址为 Web 服务器的数据包。
2．数据包由 R1 转发到 R2。
3．当数据包到达 R2（网络中启用 NAT 的路由器）时，R2 会读取数据包的源 IPv4 地址，以确定数据包是否符合规定的转换标准。在本例中，源 IPv4 地址确实符合标准，将其从 192.168.10.10（内部本地地址）转换为 209.165.200.226（内部全局地址）。R2 将此本地与全局地址映射关系添加到 NAT 表中。
4．R2 将具有转换后的源地址的数据包发送到目的地。
5．数据包到达目的 Web 服务器。

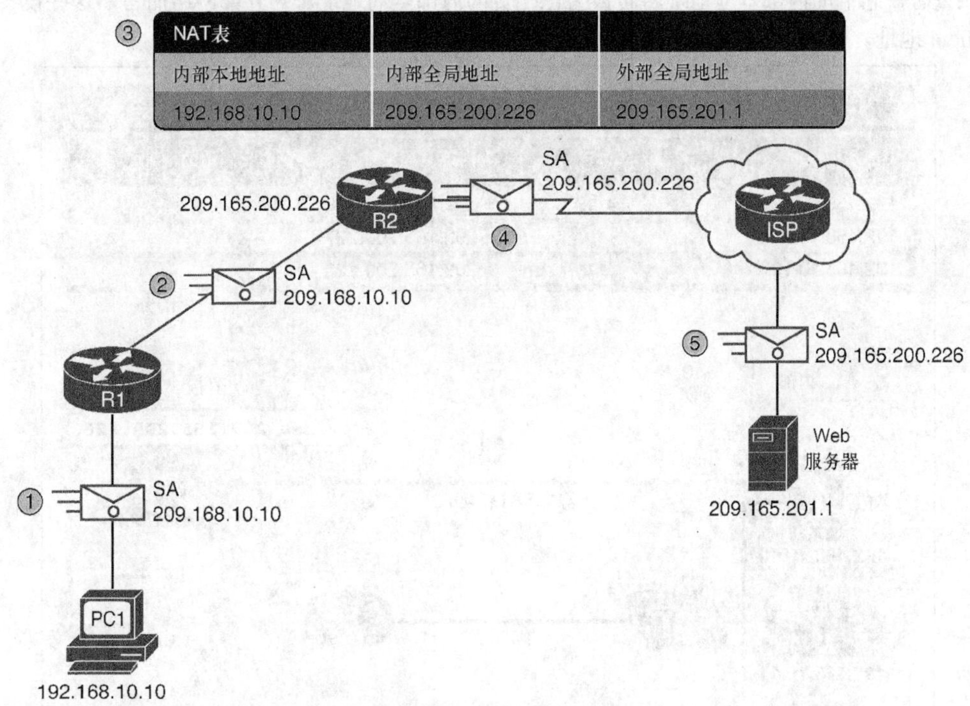

图 5-5 NAT 的作用方式

从 Web 服务器返回 PC1 时存在一个类似的过程。Web 服务器以一个目的地址为 PC1 的内部全局地址（209.165.200.226）的数据包做出响应。

R2 将收到这个目的地址为 209.165.200.226 的数据包。R2 会检查 NAT 表，找出有关此映射的条目。R2 使用此信息，将内部全局地址（209.165.200.226）转换为内部本地地址（192.168.10.10），然后将数据包转发到 PC1。

Interactive Graphic

练习 5.1.1.6：确定 NAT 术语

切换至在线课程以完成本次练习。

5.1.2 NAT 类型

本节将描述不同类型的 NAT、每种类型的 NAT 是如何使用的，以及 NAT 和 PAT 的比较。

1. 静态 NAT

NAT 转换有 3 种类型。

- **静态地址转换（静态 NAT）**：本地地址和全局地址之间的一对一地址映射。
- **动态地址转换（动态 NAT）**：本地地址和全局地址之间的多对多地址映射。
- **端口地址转换（PAT）**：本地地址和全局地址之间的多对一地址映射。此方法也称为过载（NAT 过载）。

静态 NAT

静态 NAT 使用本地地址和全局地址的一对一映射。这些映射由网络管理员进行配置，并保持不变。

在图 5-6 中，R2 上配置了 Svr1、PC2 和 PC3 的内部本地地址的静态映射。当这些设备向 Internet 发送流量时，它们的内部本地地址将转换为已配置的内部全局地址。对外部网络而言，这些设备具有公有 IPv4 地址。

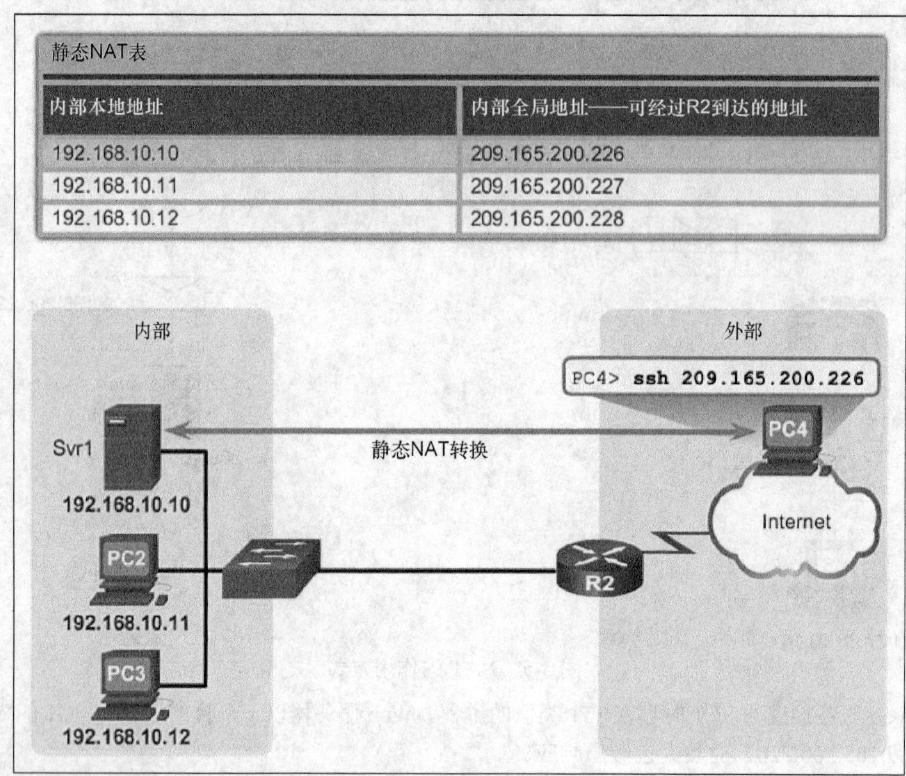

静态NAT表

内部本地地址	内部全局地址——可经过R2到达的地址
192.168.10.10	209.165.200.226
192.168.10.11	209.165.200.227
192.168.10.12	209.165.200.228

图 5-6 静态 NAT

当 Web 服务器或设备必须有能通过 Internet 来访问的一致地址时，静态 NAT 会特别有用，比如公司的 Web 服务器。而且对于必须支持授权人员离线访问而不支持 Internet 上的普通大众访问的设备也很有用。例如，来自 PC4 的网络管理员可以使用 SSH 连接到 Svr1 的内部全局地址（209.165.200.226）。R2 将此内部全局地址转换为内部本地地址，并将管理员的会话连接到 Svr1。

为了满足所有同时发生的用户会话需要，静态 NAT 要求有足够的公有地址可用。

2. 动态 NAT

动态 NAT 使用公有地址池，并以先到先得的原则分配这些地址。当内部设备请求访问外部网络时，动态 NAT 会从地址池中分配一个公共 IPv4 地址。

在图 5-7 中，PC3 已经使用了动态 NAT 池中的第一个可用地址访问 Internet，而其他地址仍可供使用。与静态 NAT 类似，为了满足所有同时发生的用户会话需要，动态 NAT 要求有足够的公有地址可用。

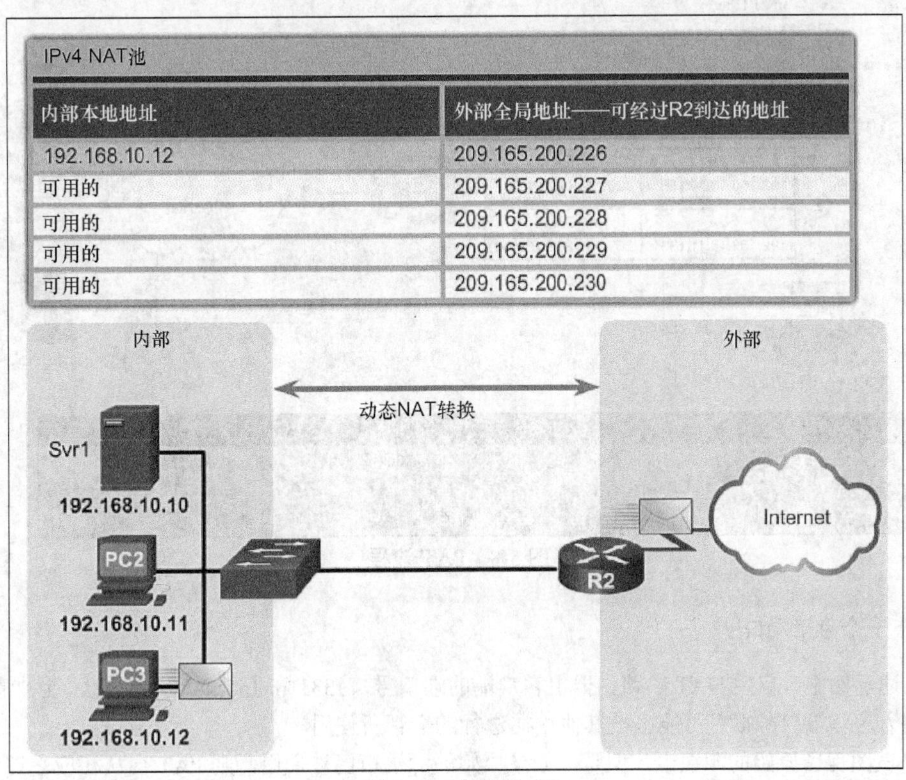

图 5-7 动态 NAT

3. 端口地址转换（PAT）

端口地址转换（PAT）（也称为 NAT 过载）将多个私有 IPv4 地址映射到单个公有 IPv4 地址或几个地址。大多数家用路由器正是如此。ISP 为路由器分配了一个地址，而几个家庭成员可以同时访问 Internet。这是 NAT 最常用的方式。

PAT 可以将多个地址映射到一个或少数几个地址，因为每个私有地址也会用端口号加以跟踪。当设备发起 TCP/IP 会话时，它将生成 TCP 或 UDP 源端口值，以唯一标识会话。当 NAT 路由器收到来自客户端的数据包时，将使用其源端口号来唯一确定特定的 NAT 转换。

PAT 确保设备使用不同的 TCP 端口号与 Internet 上的服务器进行会话。当服务器返回响应时，源端口号（在回程中变成目的端口号）决定路由器将数据包转发到哪个设备。PAT 流程还会确认是否请求过传入的数据包，因此这在一定程度上提高了会话的安全性。

图5-8描述了PAT流程。

1．PC1和PC2发送目的地为Internet的数据包。

2．发送至NAT路由器（运行PAT）R2的数据包包含源地址及其动态源端口号。PAT使用内部全局IP地址中的唯一源端口号来区分不同的转换。

3．当R2处理各数据包时，它使用端口号（本例中为1331和1555）来识别发起数据包的设备。源地址（SA）为内部本地地址加上TCP/IP分配的端口号。目的地址（DA）为外部本地地址加上服务的端口号。在本示例中，服务端口为80：HTTP。

对于源地址，R2会将内部本地地址转换为内部全局地址，并添加端口号。目的地址未做更改，但此时称为外部全局IP地址。当Web服务器做出回复时，路径正好相反。

4．数据包继续其通往目的地的过程。

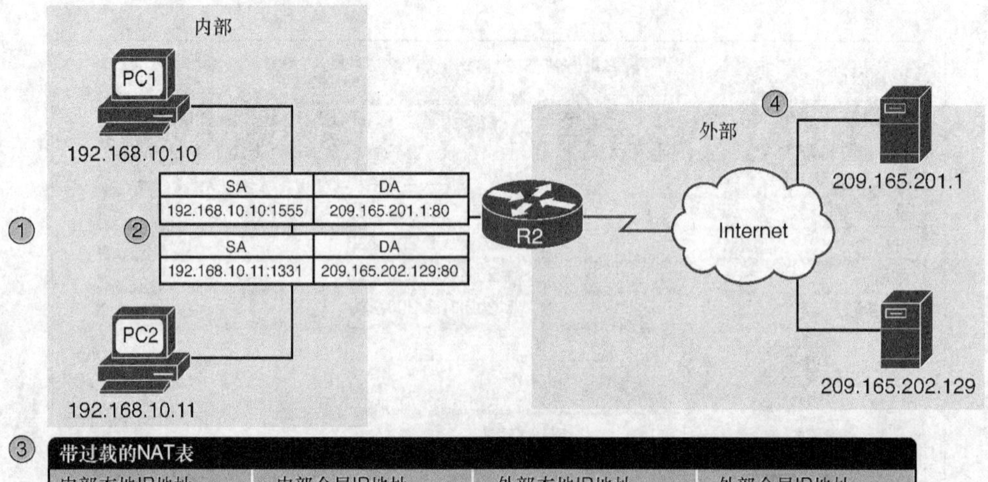

带过载的NAT表			
内部本地IP地址	内部全局IP地址	外部本地IP地址	外部全局IP地址
192.168.10.10:1555	209.165.200.226:1555	209.165.201.1:80	209.165.201.1:80
192.168.10.11:1331	209.165.200.226:1331	209.165.202.129:80	209.165.202.129:80

图5-8　PAT流程

4．下一个可用端口

在上述示例中，启用NAT的路由器上客户端的端口号（1331和1555）没有改变。这种情形不太常见，因为这些端口号很有可能已被其他正在进行的会话所使用。

PAT试图保留原始的源端口。但是，如果原始的源端口已被使用，则PAT会从相应端口组（0～511、512～1023或1024～65535）的开头开始，分配第一个可用端口号。如果没有其他可用端口，而地址池中的外部地址多于一个，则PAT会进入下一地址并尝试重新分配原始的源端口。这一过程会一直持续，直到不再有可用端口或外部IP地址。

图5-9及下列步骤描述了使用相同源端口时PAT的流程。

1．PC1使用源端口号1444发送目的地为Internet的数据包。

2．NAT路由器（运行PAT）R2转换该地址并为其分配源端口号1444，如NAT表中所示。

3．PC2也将发送目的地为Internet的数据包。巧合的是，它也使用源端口号1444。

4．PC1和PC2选择了相同端口号1444。这对于内部地址是可以接受的，因为主机具有唯一的私有IP地址。但是，在NAT路由器上，必须更改端口号；否则，来自两个不同主机的数据包将使用相同的源地址离开R2。在本示例中，PAT已经将下一个可用端口（1445）分配给第二个主机地址。

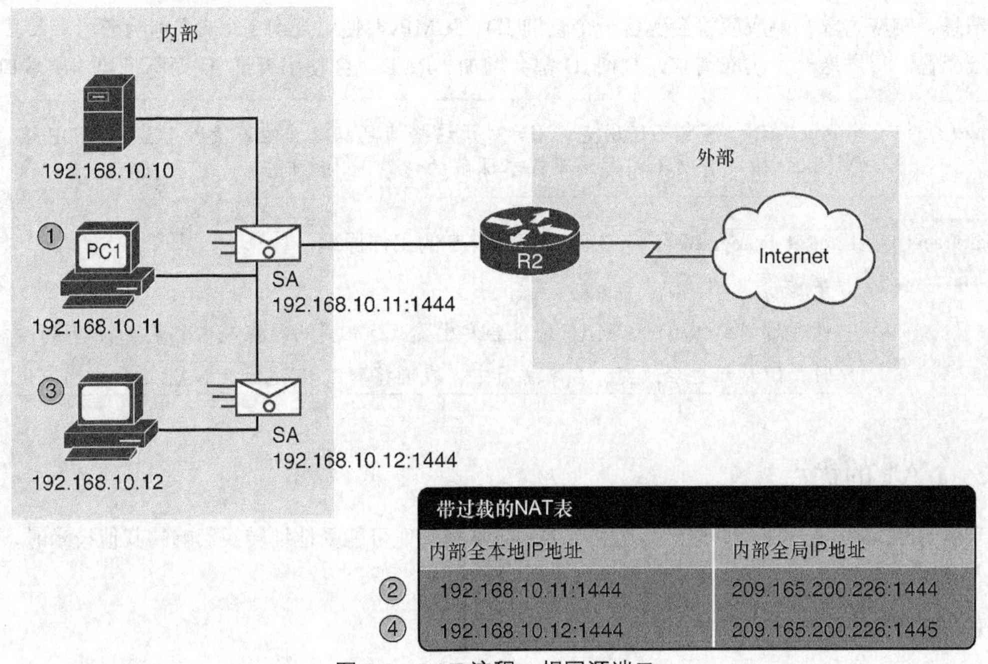

图 5-9 PAT 流程：相同源端口

5. 比较 NAT 和 PAT

总结 NAT 和 PAT 之间的差异将有助于理解这两者。

如表 5-2 所示，NAT 在 1 对 1 的基础上进行私有 IPv4 地址和公有 IPv4 地址之间的 IPv4 地址转换。然而，PAT 会同时修改地址和端口号。

表 5-2 比较 NAT 和 PAT

NAT	
内部全局地址池	**内部本地地址池**
209.165.200.226	192.168.10.10
209.165.200.227	192.168.10.11
209.165.200.228	192.168.10.12
209.165.200.229	192.168.10.13
PAT 或 NAT 过载	
内部全局地址	**内部本地地址池**
209.165.200.226:1444	192.168.10.10:1444
209.165.200.226:1445	192.168.10.11:1444
209.165.200.226:1555	192.168.10.12:1555
209.165.200.226:1556	192.168.10.13:1555

NAT 将传入的数据包转发到其内部目的地时，会参考公有网络上主机给出的传入源 IPv4 地址。使用 PAT，一般只需一个或极少的几个公有 IPv4 地址。通过参考 NAT 路由器中的一个表，将来自公有网络的传入数据包路由到其私有网络中的目的地。此表会跟踪公有与私有端口对，这称为连接跟踪。

不包含第 4 层数据段的数据包

如果 IPv4 数据包传送的是数据而不是 TCP 或 UDP 数据段会怎么样？这些数据包不包含第 4 层端口号。PAT 可以转换 IPv4 承载的大多数常用协议，这些协议不会将 TCP 或 UDP 用作传输层协议。其中最常见的一种就是 ICMPv4。对于每种类型的协议，PAT 会以不同方式进行处理。例如，ICMPv4

查询消息、响应请求和响应应答会包含一个查询 ID。ICMPv4 使用查询 ID 来识别响应请求及其相应的响应应答。每发送一个响应请求，查询 ID 都会增加。PAT 将会使用查询 ID 而不是第 4 层端口号。

注意：其他 ICMPv4 消息不使用查询 ID。对于这些消息以及其他不使用 TCP 或 UDP 端口号的协议，情况有所不同，这不在本课程的讨论范围之内。

Packet Tracer Activity

Packet Tracer 练习 5.1.2.6：研究 NAT 的工作原理

背景/场景

当帧通过网络传输时，MAC 地址会发生更改。但是当数据包由配置了 NAT 的设备转发时，IP 地址也会改变。在本练习中，我们将研究 IP 地址在 NAT 过程中的变化。

5.1.3 NAT 的优点

理解 NAT 的优点和缺点，这一点至关重要。在实施其他可能受地址转换影响的其他技术时，这将会非常有用。

1. NAT 的优点

NAT 提供许多优点，包括如下几项。

- **维护合法注册的寻址方案：**NAT 通过允许对内部网络实行私有寻址，从而维护合法注册的寻址方案。NAT 通过应用程序端口级别的多路复用节省了地址。利用 NAT 过载，对于所有外部通信，内部主机可以共享一个公有 IPv4 地址。在这种配置类型中，只需极少的外部地址就可以支持很多内部主机。
- **增强与公有网络连接的灵活性：**为了确保可靠的公有网络连接，可以实施多池、备用池和负载均衡池。
- **为内部网络寻址方案提供一致性：**在不使用私有 IPv4 地址和 NAT 的网络上，更改公有 IPv4 地址方案时需要对现有网络上的所有主机重新寻址。主机重新寻址的成本会非常高。NAT 允许维持现有的私有 IPv4 地址方案，同时能够很容易地更换为新的公有寻址方案。这意味着，公司可以更换 ISP 而不需要更改任何内部客户端。
- **提供网络安全性：**由于私有网络在实施 NAT 时不会通告其地址或内部拓扑，因此在实现受控外部访问的同时能确保安全。不过，NAT 不能取代防火墙。

2. NAT 的缺点

NAT 确实有一些缺点。Internet 上的主机看起来是直接与启用 NAT 的设备通信，而不是与私有网络内部的实际主机通信，这一事实会造成几个问题。

- **性能降低：**使用 NAT 的一个缺点就是影响网络性能，尤其是对实时协议（如 VoIP）的影响。转换数据包报头内的每个 IPv4 地址需要时间，因此 NAT 会增加交换延迟。第一个数据包采用进程交换；它始终会经过较慢的路径。路由器必须查看每个数据包，以决定是否需要转换。路由器必须更改 IPv4 报头，甚至可能要更改 TCP 或 UDP 报头。每次进行转换时，都必须重新计算 IPv4 报头校验和以及 TCP 或 UDP 校验和。如果缓存条目存在，则其余数据包经过快速交换路径，否则也会被延迟。
- **端到端功能退化：**使用 NAT 的另一个缺点是端到端寻址的丢失。许多互联网协议和应用程序取决于从源到目的地的端到端寻址。某些应用程序不能与 NAT 配合使用。例如，一些安全应用程序（例如数字签名）会因为源 IPv4 地址在到达目的地之前发生改变而失败。使用物理地址而非限定域名的应用程序无法到达经过 NAT 路由器转换的目的地。有时，通过实施静态 NAT 映射可避免此问题。

- **端到端 IPv4 可追溯性丧失**：由于经过多个 NAT 地址转换点，数据包地址已改变很多次，因此追溯数据包将更加困难，排除故障也更具挑战性。
- **隧道变得更为复杂**：使用 NAT 也会使隧道协议（例如 IPSec）更加复杂，因为 NAT 会修改报头中的值，从而干扰 IPSec 和其他隧道协议执行的完整性检查。
- **发起 TCP 连接可能会中断**：需要外部网络发起 TCP 连接的一些服务，或者无状态协议（诸如使用 UDP 的无状态协议），可能会中断。除非对 NAT 路由器进行配置来支持此类协议，否则传入的数据包将无法到达目的地。一些协议可以支持参与通信的双方中的一方采用 NAT 机制（例如被动模式 FTP），但是当两个系统均通过 NAT 与 Internet 分隔时，这些协议会失败。

5.2 配置 NAT

本节将讨论配置 NAT，包括静态 NAT、动态 NAT，以及 PAT。端口转发和用于 IPv6 的 NAT 也在讨论范围之内。

5.2.1 配置静态 NAT

静态 NAT 是配置最简单的 NAT。我们将探讨配置静态 NAT，分析静态 NAT 的工作原理，并展示如何检验静态 NAT 的配置。

1. 配置静态 NAT

静态 NAT 为内部地址和外部地址的一对一映射。静态 NAT 允许外部设备使用静态分配的公有地址发起与内部设备的连接。例如，可以将内部 Web 服务器映射到特定的内部全局地址，以便从外部网络对其进行访问。

图 5-10 显示了一个内部网络，它包含一个具有私有 IPv4 地址的 Web 服务器。路由器 R2 上配置了静态 NAT，以允许外部网络（Internet）上的设备访问 Web 服务器。外部网络中的客户端使用公有 IPv4 地址访问 Web 服务器。静态 NAT 可以将公有 IPv4 地址转换为私有 IPv4 地址。

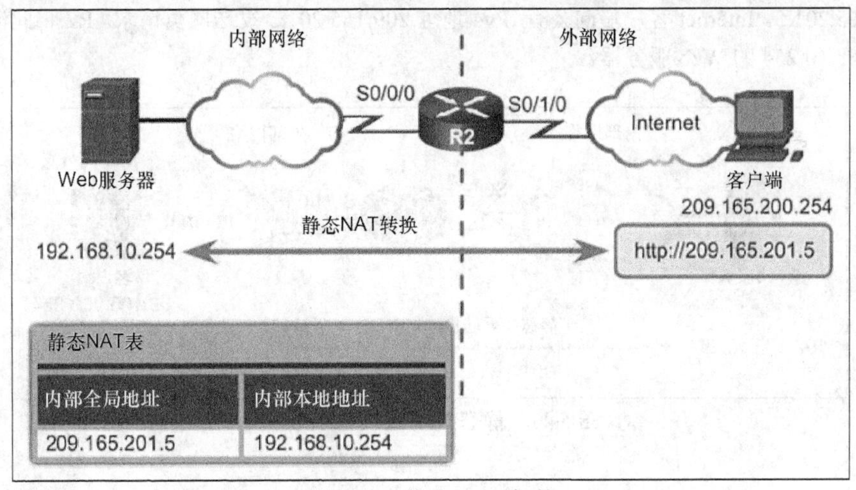

图 5-10 静态 NAT 拓扑

在配置静态 NAT 转换时，有两个基本任务。

步骤 1 第一个任务是建立内部本地地址与内部全局地址之间的映射。例如，图 5-10 中的内部本地地址 192.168.10.254 和内部全局地址 209.165.201.5 已配置为静态 NAT 转换。

步骤 2 在配置了映射后，将参与转换的接口配置为内部或外部接口（相对于 NAT 而言）。在本示例中，R2 的 Serial 0/0/0 接口为内部接口，而 Serial 0/1/0 为外部接口。

对经过已配置的内部本地 IPv4 地址（192.168.10.254）到达 R2 内部接口（Serial 0/0/0）的数据包进行转换，然后将其转发到外部网络。到达 R2 外部接口（Serial 0/1/0）的数据包，其目的地址是已配置的内部全局 IPv4 地址（209.165.201.5），将该目的地址转换为内部本地地址（192.168.10.254），然后将数据包转发到内部网络。

表 5-3 列出了配置静态 NAT 所需的命令。

表 5-3 **静态 NAT 命令**

步骤	操作	备注
1	建立内部本地地址和内部全局地址之间的静态转换。 Router(config)# **ip nat inside source static** *local-ip global-ip*	输入 **no ip nat inside source static** 全局配置模式命令以删除静态源转换
2	指定内部接口 Router(config)# **interface** *type number*	输入 **interface** 命令。CLI 提示符从 Router(config)#变为 Router(config-if)#
3	将接口标记为连接内部网络的接口 Router(config-if)# **ip nat inside**	
4	退出接口配置模式 Router(config-if)# **exit**	
5	指定外部接口 Router(config)# **interface** *type number*	
6	将接口标记为连接外部网络的接口 Router(config-if)# **ip nat outside**	

使用图 5-11 中的拓扑，例 5-1 显示的是在示例拓扑中，R2 在创建与 Web 服务器的静态 NAT 映射时所需的命令。通过所示配置，R2 将来自 Web 服务器（192.168.10.254）的数据包转换到公有 IPv4 地址 209.165.201.5。Internet 客户端向公有 IPv4 地址 209.165.201.5 发送网页请求。R2 将此流量转发到位于 192.168.10.254 的 Web 服务器。

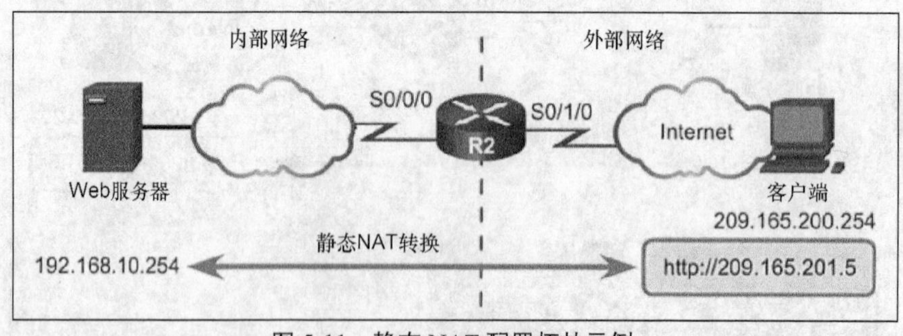

图 5-11 静态 NAT 配置拓扑示例

例 5-1 静态 NAT 配置命令示例

```
Establishes static translation between an inside local address and an inside global
  address.
R2(config)# ip nat inside source static 192.168.10.254 209.165.201.5

R2(config)# interface Serial0/0/0
R2(config-if)# ip address 10.1.1.2 255.255.255.252
Identifies interface Serial 0/0/0 as an inside NAT interface.
R2(config-if)# ip nat inside
R2(config-if)# exit

R2(config)# interface Serial0/1/0
R2(config-if)# ip address 209.165.200.225 255.255.255.224
Identifies interface Serial 0/1/0 as the outside NAT interface.
R2(config-if)# ip nat outside
```

Interactive Graphic

练习 5.2.1.1：配置静态 NAT

切换至在线课程，使用语法检查器在 R2 上配置另一个静态 NAT 条目。

2. 分析静态 NAT

使用上述配置，图 5-12 说明了客户端和 Web 服务器之间的静态 NAT 转换过程。当外部网络（Internet）上的客户端需要到达内部网络上的服务器时，通常使用静态转换。

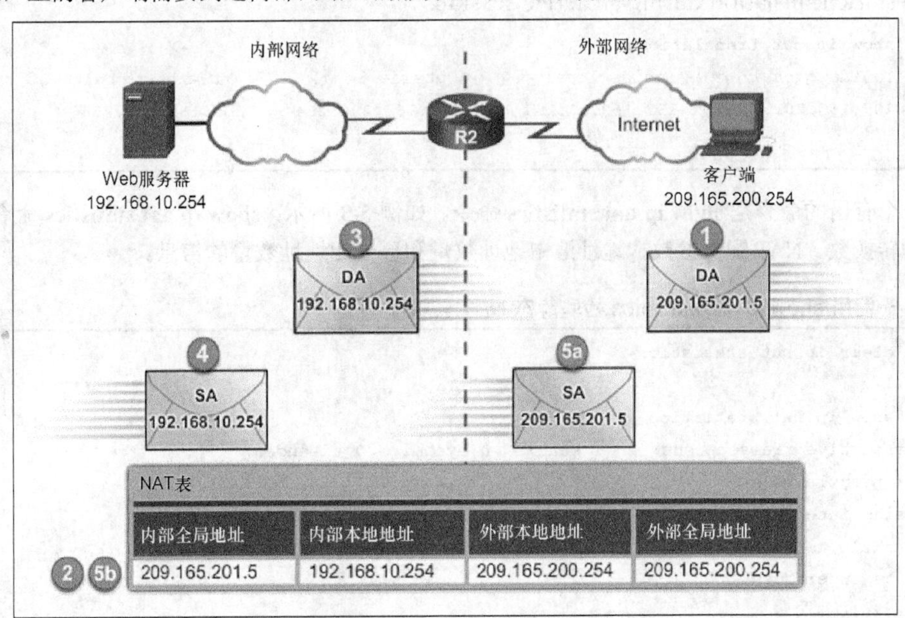

图 5-12 静态 NAT 过程

步骤 1 客户端想要打开与 Web 服务器的连接。客户端使用公有 IPv4 目的地址 209.165.201.5 将数据包发送到 Web 服务器。该地址是 Web 服务器的内部全局地址。

步骤 2 R2 在其 NAT 外部接口上收到来自客户端的第一个数据包，这使得 R2 开始检查 NAT 表。目的 IPv4 地址位于 NAT 表中，因此对其进行转换。

步骤 3 R2 使用内部本地地址 192.168.10.254 替换内部全局地址 209.165.201.5。R2 随后将数据包转发到 Web 服务器。

步骤4 Web 服务器接收数据包，并使用内部本地地址 192.168.10.254 对客户端做出响应。

步骤5a R2 在其 NAT 内部接口上接收来自 Web 服务器的数据包，该 NAT 内部接口具有 Web 服务器内部本地地址（192.168.10.254）的源地址。

步骤5b R2 检查 NAT 表，以便进行内部本地地址的转换。该地址可在 NAT 表中找到。R2 将源地址转换为内部全局地址 209.165.201.5，并将数据包从其 Serial 0/1/0 接口转发到客户端。

步骤6 客户端接收数据包并继续会话。NAT 路由器对每个数据包执行步骤 2 到步骤 5b（图 5-12 中未显示步骤 6）。

3. 检验静态 NAT

用于检验 NAT 运行的一个有用命令是 **show ip nat translations** 命令。此命令可用于显示活动的 NAT 转换。与动态转换不同，静态转换始终在 NAT 表中进行。例 5-2 显示的是使用上述配置时此命令的输出。由于该示例是静态 NAT 配置，因此不论正在进行的是何种通信，转换始终显示在 NAT 表中。如果此命令在活动会话期间发出，则输出还会表示出外部设备的地址，如例 5-2 所示。

例 5-2 使用 show ip nat translations 检验静态 NAT 转换

The static translation is always present in the NAT table.

```
R2# show ip nat translations
Pro Inside global       Inside local        Outside local       Outside global
--- 209.165.201.5       192.168.10.254      ---                 ---
R2#
```

The static translation during an active session.

```
R2# show ip nat translations
Pro Inside global       Inside local        Outside local       Outside global
--- 209.165.201.5       192.168.10.254      209.165.200.254     209.165.200.254
R2#
```

另一个有用的命令是 **show ip nat statistics** 命令。如例 5-3 所示，**show ip nat statistics** 命令显示有关总活动转换数、NAT 配置参数、地址池中地址数量和已分配地址数量的信息。

例 5-3 使用 show ip nat statistics 检验静态 NAT 转换

```
R2# clear ip nat statistics

R2# show ip nat statistics
Total active translations: 1 (1 static, 0 dynamic; 0 extended)
Peak translations: 0
Outside interfaces:
  Serial0/1/0
Inside interfaces:
  Serial0/0/0
Hits: 0  Misses: 0
<output omitted>
```

Client PC establishes a session with the web server

```
R2# show ip nat statistics
```

```
Total active translations: 1 (1 static, 0 dynamic; 0 extended)
Peak translations: 2, occurred 00:00:14 ago
Outside interfaces:
  Serial0/1/0
Inside interfaces:
  Serial0/0/0
Hits: 5  Misses: 0
<output omitted>
```

为了验证 NAT 转换是否正常工作，最好在测试前使用 **clear ip nat statistics** 命令清除任何之前转换的统计信息。

在与 Web 服务器通信之前，**show ip nat statistics** 命令显示当前无匹配（hit）。在客户端与 Web 服务器建立会话后，**show ip nat statistics** 命令显示匹配数增加到 5 个。这验证了在 R2 上正在发生静态 NAT 转换。

Packet Tracer Activity

Packet Tracer 练习 5.2.1.4：配置静态 NAT

背景/场景

在 IPv4 配置网络中，客户端和服务器使用私有寻址。使用私有寻址的数据包在 Internet 上进行传输之前，需要将其转换为公有地址。从公司外部访问的服务器通常会分配一个公有静态 IP 地址和一个私有静态 IP 地址。在本练习中，您将配置静态 NAT，使外部设备可以通过其公有地址访问内部服务器。

5.2.2 配置动态 NAT

配置动态 NAT 与配置静态 NAT 类似。不同之处在于，动态 NAT 使用地址池，而非指定直接的一对一地址映射。

1. 动态 NAT 的工作原理

静态 NAT 提供内部本地地址与内部全局地址之间的永久映射，而动态 NAT 使内部本地地址与内部全局地址能够进行自动映射。这些内部全局地址通常是公有 IPv4 地址。动态 NAT 使用一个公有 IPv4 地址组（或池）来实现转换。

像静态 NAT 一样，动态 NAT 也要求对参与 NAT 的内部和外部接口进行配置。但是，静态 NAT 创建与单个地址的永久映射，而动态 NAT 使用一个地址池。

注意： 到目前为止，公有和私有 IPv4 地址之间的转换是 NAT 的最常见用法。不过，NAT 转换可在任意一对地址之间进行。

在图 5-13 所示的示例拓扑中，有一个内部网络使用的是来自 RFC 1918 私有地址空间的地址。与路由器 R1 连接的是两个 LAN：192.168.10.0/24 和 192.168.11.0/24。在路由器 R2（边界路由器）上配置动态 NAT，使用从 209.165.200.226～209.165.200.240 的公有 IPv4 地址池。

这个公有 IPv4 地址池（内部全局地址池）根据先到先得的原则用于内部网络中的任何设备。使用动态 NAT 时，单个内部地址将转换为单个外部地址。要进行此类转换，池中必须有足够地址以满足需要同时访问外部网络的所有内部设备。如果池中的所有地址已经用完，设备必须等待有可用地址时才能访问外部网络。

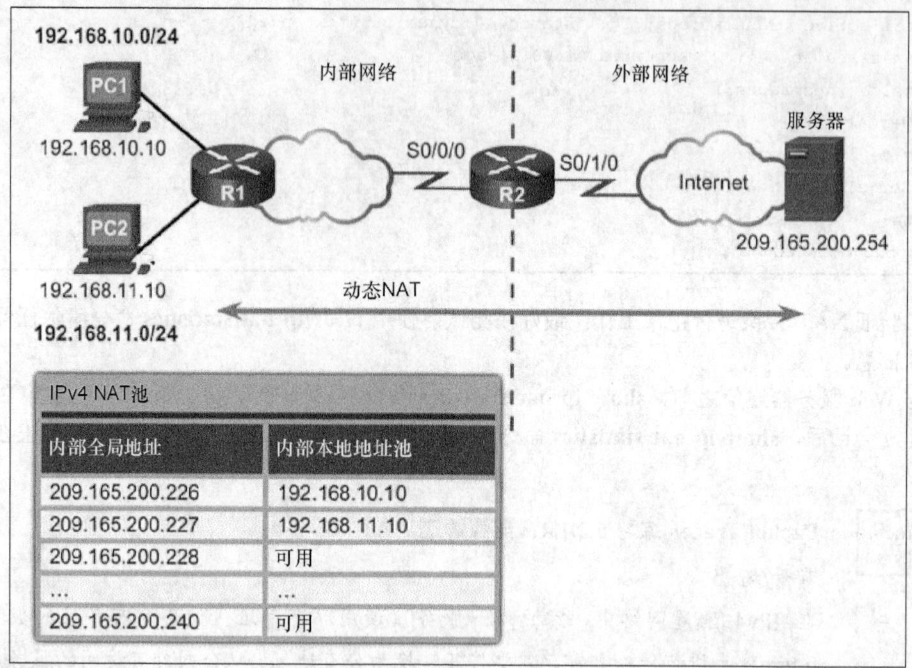

图 5-13　动态 NAT：一对一转换

2. 配置动态 NAT

表 5-4 显示用于配置动态 NAT 的步骤和命令。

表 5-4　动态 NAT 配置步骤

动态 NAT 配置步骤	
步骤 1	定义转换中使用的全局地址池 **ip nat pool** *name start-ip end-ip* {**netmask** *netmask* | **prefix-length** *prefix-length*}
步骤 2	配置标准访问列表，以允许应转换的地址 **access-list** *access-list-number* **permit** *source* [*source-wildcard*]
步骤 3	通过指定前面步骤中定义的访问列表和池建立动态源转换 **ip nat inside source list** *access-list-number* **pool** *name*
步骤 4	识别内部接口 **interface** *type number* **ip nat inside**
步骤 5	识别外部接口 **interface** *type number* **ip nat outside**

步骤 1　使用 **ip nat pool** 命令定义将用于转换的地址池。该地址池通常是一组公有地址。这些地址是通过指明池中的起始 IP 地址和结束 IP 地址而定义的。**netmask** 或 **prefix-length** 关键字指示哪些地址位属于网络，哪些位属于该地址范围内的主机。

步骤 2　配置一个标准 ACL，用于仅标识（允许）那些将要进行转换的地址。范围太宽的 ACL 可能会导致意料之外的后果。请记住，每个 ACL 的末尾都有一条隐式的 **deny all** 语句。

步骤 3　绑定 ACL 与地址池。使用 **ip nat inside source list** *access-list-number* **number pool** *pool* *name* 命令用来绑定 ACL 与地址池。路由器使用该配置来确定哪些设备（**列表**）接收哪些地址（**池**）。

步骤 4 确定对于 NAT 而言哪些接口是内部接口（即任何与内部网络连接的接口）。

步骤 5 确定对于 NAT 而言哪些接口是外部接口（即任何与外部网络连接的接口）。

图 5-14 和例 5-4 显示了一个示例拓扑以及配置。当 192.168.0.0/16 网络上所有主机（包括 192.168.10.0 LAN 和 192.168.11.0 LAN）生成的流量进入 S0/0/0 而退出 S0/1/0 时，这一配置将允许对其进行转换。这些主机将转换为范围为 209.165.200.226～209.165.200.240 的地址池中的一个可用地址。

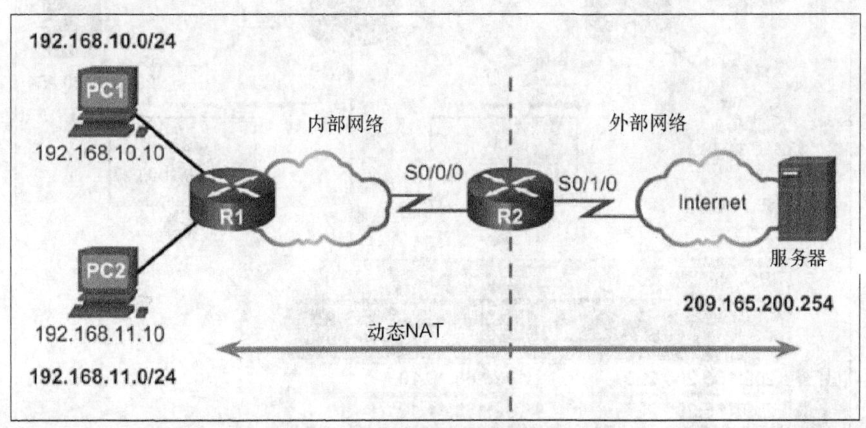

图 5-14　动态 NAT 配置拓扑示例

例 5-4　动态 NAT 配置命令示例

Defines a pool of public IPv4 addresses under the pool name NAT-POOL1.

```
R2(config)# ip nat pool NAT-POOL1 209.165.200.226 209.165.200.240 netmask
  255.255.255.224

Defines which addresses are eligible to be translated.
R2(config)# access-list 1 permit 192.168.0.0 0.0.255.255
```

Binds NAT-POOL1 with ACL 1.

```
R2(config)# ip nat inside source list 1 pool NAT-POOL1

Identifies interface Serial 0/0/0 as an inside NAT interface.
R2(config)# interface Serial0/0/0
R2(config-if)# ip nat inside
```

Identifies interface serial 0/1/0 as an outside NAT interface.

```
R2(config)# interface Serial0/1/0
R2(config-if)# ip nat outside
```

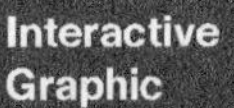

练习 5.2.2.2：配置动态 NAT

利用图 5-14，切换至在线课程，使用语法检查器在 R2 上配置另一个动态 NAT。

3. 分析动态 NAT

使用上述配置，图 5-15 和图 5-16 演示了两个客户端和 Web 服务器之间的动态 NAT 转换过程。

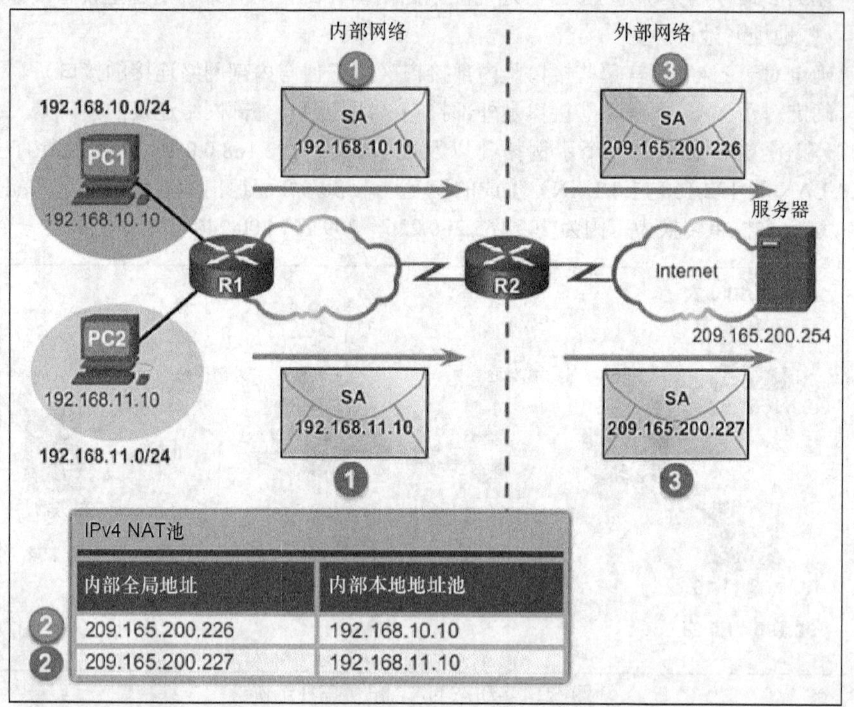

图 5-15　动态 NAT 过程：内部到外部地址

图 5-15 显示了从内部流向外部的流量。

1. 源 IPv4 地址为 192.168.10.10（PC1）和 192.168.11.10（PC2）的主机发送数据包，请求与位于公有 IPv4 地址（209.165.200.254）的服务器连接。

2. R2 收到来自主机 192.168.10.10 的第一个数据包。由于此数据包是在一个配置为内部 NAT 接口的接口上接收的，因此 R2 将检查 NAT 配置，以确定是否应该对其进行转换。ACL 允许该数据包，因此 R2 对数据包进行转换。R2 将检查其 NAT 表。因为此 IP 地址的转换条目不存在，所以 R2 确定必须动态转换源地址 192.168.10.10。R2 从动态地址池中选择一个可用全局地址，并创建一个转换条目 209.165.200.226。在 NAT 表中，最初的源 IPv4 地址（192.168.10.10）是内部本地地址，而转换后的地址是内部全局地址（209.165.200.226）。

   对于第二台主机 192.168.11.10，R2 将重复以上步骤，从动态地址池中选择下一个可用全局地址，并创建第二个转换条目 209.165.200.227。

3. R2 使用转换后的内部全局地址 209.165.200.226 替换 PC1 的内部本地源地址 192.168.10.10，并转发数据包。使用 PC2 转换后的地址（209.165.200.227），对来自 PC2 的数据包执行同一过程。

   图 5-16 显示了从外部流向内部的流量。

4. 服务器收到来自 PC1 的数据包，使用 IPv4 目的地址 209.165.200.226 做出响应。当服务器收到第二个数据包时，它将使用 IPv4 目的地址 209.165.200.227 对 PC2 做出响应。

5a. 当 R2 收到目的 IPv4 地址为 209.165.200.226 的数据包时，它会执行 NAT 表查找。使用表中的映射，R2 将地址转换回内部本地地址（192.168.10.10）并将数据包转发到 PC1。

5b. 当 R2 收到目的 IPv4 地址为 209.165.200.227 的数据包时，它会执行 NAT 表查找。使用表中的映射，R2 将地址转换回内部本地地址（192.168.11.10）并将数据包转发到 PC2。

6. 位于 192.168.10.10 的 PC1 和位于 192.168.11.10 的 PC2 接收数据包并继续会话。路由器对每个数据包执行步骤 2 至步骤 5（图中未显示步骤 6）。

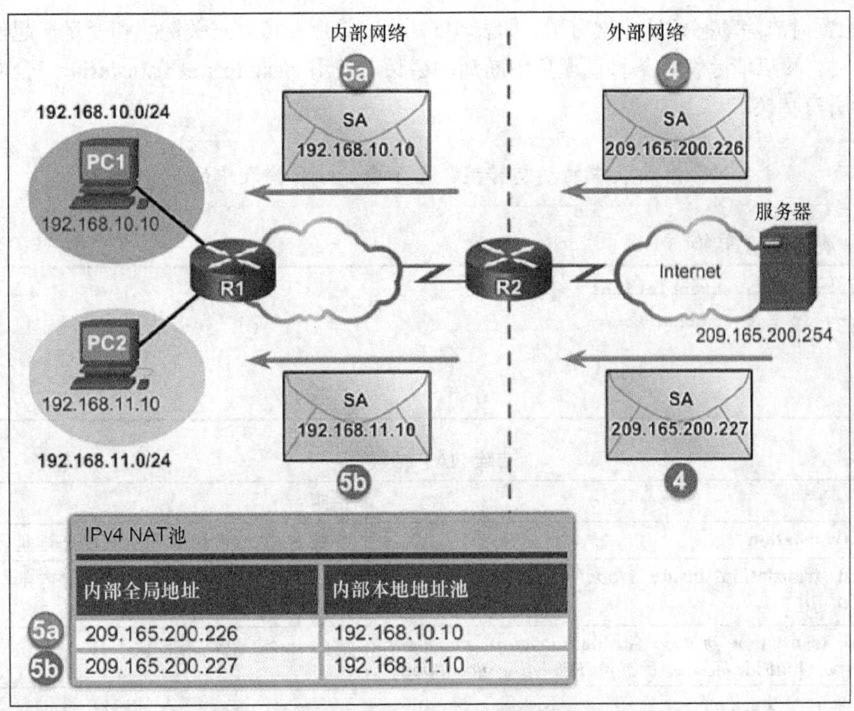

图 5-16 动态 NAT 过程：外部到内部地址

4. 检验动态 NAT

例 5-5 所示 **show ip nat translations** 命令的输出显示了之前两个 NAT 分配的细节。该命令输出显示所有已配置的静态转换和所有由流量创建的动态转换。

例 5-5 使用 show ip nat translations 检验动态 NAT 转换

```
R2# show ip nat translations
Pro Inside global      Inside local       Outside local       Outside global
--- 209.165.200.226    192.168.10.10      ---                 ---
--- 209.165.200.227    192.168.11.10      ---                 ---
R2#
R2# show ip nat translations verbose
Pro Inside global      Inside local       Outside local       Outside global
--- 209.165.200.226    192.168.10.10      ---                 ---
    create 00:17:25, use 00:01:54 timeout:86400000, left 23:58:05, Map-Id(In): 1,
    flags:
none, use_count: 0, entry-id: 32, lc_entries: 0
--- 209.165.200.227    192.168.11.10      ---                 ---
    create 00:17:22, use 00:01:51 timeout:86400000, left 23:58:08, Map-Id(In): 1,
    flags:
none, use_count: 0, entry-id: 34, lc_entries: 0
R2#
```

增加 **verbose** 关键字可显示关于每个转换的附加信息，包括创建和使用条目的时间。

转换条目默认超时时间为 24 小时，但在全局配置模式下使用 **ip nat translation timeout** *timeout-seconds* 命令可重新配置超时时间。

要在超时之前清除动态条目，请使用 **clear ip nat translation** 全局配置模式命令（见例 5-6）。在测试NAT配置时清除动态条目非常有用。如表5-5所示，该命令可以与关键字和变量一起使用以控制清除哪些条目。可以清除特定条目以避免中断活动会话。使用 **clear ip nat translation** *全局配置命令清除表中的所有转换。

注意： 该命令只会清除表中的动态转换，而不会删除转换表中的静态转换。

例5-6 清除NAT转换

```
R2# clear ip nat translations
R2# show ip nat translations

R2#
```

表5-5 清除NAT转换

命令	说明
clear ip nat translation *	清除NAT转换表中的所有动态地址转换条目
clear ip nat translation inside *global-ip local-ip* [**outside** *local-ip global-ip*]	清除一个包含内部转换或包含内部与外部转换的简单动态转换条目
clear ip nat translation *protocol* **inside** *global-ip global-port local-ip local-port* [**outside** *local-ip local-port global-ip global-port*]	清除一个扩展动态转换条目

在例5-7中，**show ip nat statistics** 命令显示有关总活动转换数、NAT配置参数、地址池中地址数量和已分配地址数量的信息。

例5-7 使用 show ip nat statistics 检验动态NAT转换

```
R2# clear ip nat statistics

PC1 and PC2 establish sessions with the server

R2# show ip nat statistics
Total active translations: 2 (0 static, 2 dynamic; 0 extended)
Peak translations: 6, occurred 00:27:07 ago
Outside interfaces:
  Serial0/1/0
Inside interfaces:
  Serial0/0/0
Hits: 24  Misses: 0
CEF Translated packets: 24, CEF Punted packets: 0
Expired translations: 4
Dynamic mappings:
-- Inside Source
[Id: 1] access-list 1 pool NAT-POOL1 refcount 2
 pool NAT-POOL1: netmask 255.255.255.224
        start 209.165.200.226 end 209.165.200.240
        type generic, total addresses 15, allocated 2 (13%), misses 0
Total doors: 0
Appl doors: 0
Normal doors: 0
Queued Packets: 0
R2#
```

或者使用 **show running-config** 命令查看 NAT、ACL、接口或池命令。仔细检查，纠正所发现的任何错误。

Packet Tracer Activity

Packet Tracer 练习 5.2.2.5：配置动态 NAT

背景/场景

- 第 1 部分：配置动态 NAT。
- 第 2 部分：检验 NAT 实施。

实验 5.2.2.6：配置动态和静态 NAT

在本实验中，您需要完成以下目标。

- 第 1 部分：构建网络并检验连接。
- 第 2 部分：配置和检验静态 NAT。
- 第 3 部分：配置和检验动态 NAT。

5.2.3 配置端口地址转换（PAT）

配置 PAT 与配置动态 NAT 非常相似，但其更具可扩展性。PAT 是最常见的 NAT 实施方案。

1. 配置 PAT：地址池

PAT（也称为 NAT 过载）允许路由器为许多内部本地地址使用一个内部全局地址，从而节省了内部全局地址池中的地址。换句话说，一个公有 IPv4 地址可用于数百甚至数千个内部私有 IPv4 地址。当配置了此类转换后，路由器会保存来自更高层协议的足够信息（例如 TCP 或 UDP 端口号），以便将内部全局地址转换回正确的内部本地地址。当多个内部本地地址映射到一个内部全局地址时，每台内部主机的 TCP 或 UDP 端口号可用于区分不同的本地地址。

注意： 理论上，能被转换为同一个外部地址的内部地址总数量最多可达 65536 个。不过，能被赋予单一 IP 地址的内部地址数量通常不会超过 4000 个。

配置 PAT 的方法有两种，具体采用哪一种则取决于 ISP 分配公有 IPv4 地址的方式。第一种分配方式是，ISP 为企业分配多个公有 IPv4 地址。另一种是，为企业分配单个 IPv4 地址，使其通过该地址连接到 ISP。

为公有 IP 地址池配置 PAT

如果某个站点发出了多个公有 IPv4 地址，这些地址可能是 PAT 使用的地址池的一部分。这与动态 NAT 相似，不同之处在于没有足够的公有地址可用于内部到外部地址的一对一映射。这个小的地址池在更多设备之间共享。

表 5-6 显示了使用地址池配置 PAT 的步骤。这种配置与动态、一对一 NAT 配置的主要区别是前者使用了 **overload** 关键字。**overload** 关键字会启用 PAT。

表 5-6　　PAT 配置步骤

为公有地址池配置 PAT 的步骤	
步骤 1	定义过载转换中使用的全局地址池 **ip nat pool** *name start-ip end-ip* {**netmask** *netmask* | **prefix-length** *prefix-length*}
步骤 2	定义标准访问列表，以允许应转换的地址 **access-list** *access-list-number* **permit** *source* [*source-wildcard*]

续表

步骤 3	通过指定前面步骤中定义的访问列表和池建立过载转换 **ip nat inside source list** *access-list-number* **pool** *name* **overload**
步骤 4	识别内部接口 **interface** *type number* **ip nat inside**
步骤 5	识别外部接口 **interface** *type number* **ip nat outside**

图 5-17 中的拓扑以及例 5-8 所示的示例配置，为名为 NAT-POOL2 的 NAT 池建立了过载转换。NAT-POOL2 包含 209.165.200.226～209.165.200.240 范围内的地址。192.168.0.0/16 网络上的主机需要转换。S0/0/0 接口标识为内部接口，而 S0/1/0 接口标识为外部接口。

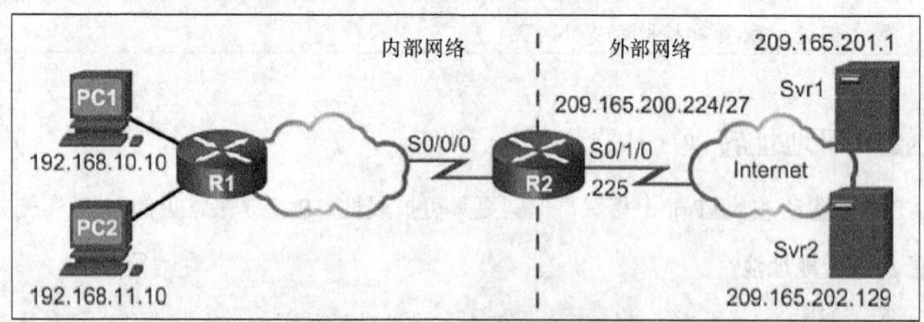

图 5-17 PAT 拓扑示例

例 5-8 使用地址池配置命令的 PAT 示例

Define a pool of public IPv4 addresses under the pool name NAT-POOL2.

```
R2(config)#ip nat pool NAT-POOL2 209.165.200.226 209.165.200.240 netmask
  255.255.255.224
```

Define which addresses are eligible to be translated.

```
R2(config)#access-list 1 permit 192.168.0.0 0.0.255.255
```

Bind NAT-POOL2 with ACL 1.

```
R2(config)#ip nat inside source list 1 pool NAT-POOL2 overload
```

Identify interface Serial 0/0/0 as an inside NAT interface.

```
R2(config)#interface Serial0/0/0
R2(config-if)#ip nat inside
```

Identify interface Serial 0/1/0 as the outside NAT interface.

```
R2(config)#interface Serial0/1/0
R2(config-if)#ip nat outside
```

Interactive Graphic

练习 5.2.3.1：配置 PAT：地址池

切换至在线课程，使用语法检查器，在 R2 上使用地址池配置 PAT。

2. 配置 PAT：单个地址

图 5-18 显示了 PAT 实施的拓扑，可用于单个公有 IPv4 地址的转换。在示例中，来自网络

192.168.0.0/16 的所有主机（匹配 ACL 1）通过路由器 R2 将流量发送到 Internet，这些主机地址将会转换为 IPv4 地址 209.165.200.225（接口 S0/1/0 的 IPv4 地址）。由于使用了 **overload** 关键字，因此在 NAT 表中可通过端口号来识别通信流。

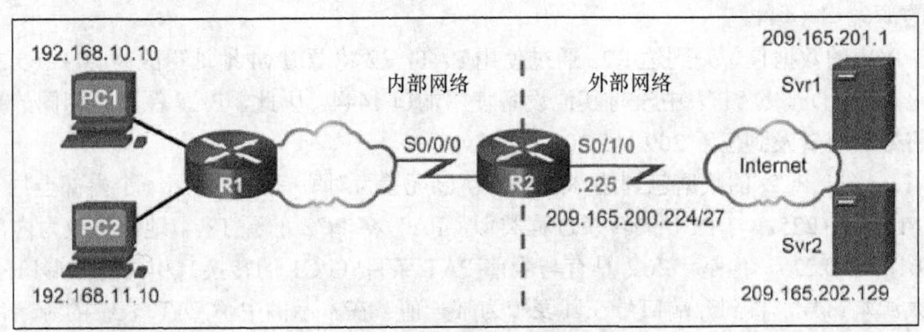

图 5-18　使用单个地址的 PAT

表 5-7 显示的是使用单一 IPv4 地址配置 PAT 时应遵循的步骤。如果只有一个公有 IPv4 地址可用，则过载配置通常会将此公有地址分配给与 ISP 连接的外部接口。所有内部地址离开该外部接口时，均被转换为此 IPv4 地址。

表 5-7　使用单个地址配置 PAT

使用单个地址的 PAT 的配置步骤	
步骤 1	定义标准访问列表，以允许应转换的地址 **access-list** *access-list-number* **permit** *source* [*source-wildcard*]
步骤 2	建立动态源转换，指定 ACL、送出接口和过载选项 **ip nat inside source list** *access-list-number* **interface** *type number* **overload**
步骤 3	标识内部接口 interface *type number* **ip nat inside**
步骤 4	标识外部接口 **interface** *type number* **ip nat outside**

步骤 1　定义 ACL，使其允许流量转换。

步骤 2　使用 **interface** 和 **overload** 关键字配置源转换。**interface** 关键字用于确定在转换内部地址时使用哪个接口 IP 地址。**overload** 关键字指示路由器跟踪端口号以及每个 NAT 条目。

步骤 3　确定对于 NAT 而言哪些接口是内部接口；即与内部网络连接的所有接口。

步骤 4　确定对于 NAT 而言哪些接口是外部接口。这应该与步骤 2 的源转换语句中标识的接口相同。

此配置与动态 NAT 相似，不同之处在于没有使用地址池，而是使用 **interface** 关键字来标识外部 IPv4 地址。因此没有定义 NAT 池。

Interactive Graphic

练习 5.2.3.2：使用单个地址配置 PAT

切换至在线课程，使用语法检查器，在 R2 上使用单个地址配置 PAT。

3. 分析 PAT

不论使用地址池还是使用单个地址，NAT 过载过程相同。继续上述 PAT 示例，PC1 希望使用单个公有 IPv4 地址与 Web 服务器 Svr1 通信。同时，另一个客户端 PC2 希望与 Web 服务器 Svr2 建立类似会话。PC1 和 PC2 都配置了私有 IPv4 地址，而且为 PAT 启用 R2。

PC到服务器的进程

1. 图5-19显示PC1和PC2分别向Svr1和Svr2发送数据包。PC1具有源IPv4地址192.168.10.10，而且使用TCP源端口1444。PC2具有源IPv4地址192.168.10.11，而且恰巧为其分配了相同的源端口1444。
2. 来自PC1的数据包首先到达R2。通过使用PAT，R2将源IPv4地址更改为209.165.200.225（内部全局地址）。NAT表中没有其他设备使用端口1444，因此，PAT保存了相同的端口号。随后将数据包转发到位于209.165.201.1的Svr1。
3. 接着，来自PC2的数据包到达R2。PAT已配置为对所有转换使用一个内部全局IPv4地址209.165.200.225。与PC1的转换过程类似，PAT将PC2的源IPv4地址更改为内部全局地址209.165.200.225。但是，PC2具有与当前PAT条目（PC1的转换）相同的源端口号。PAT将增大源端口号，直到源端口号在其表中为唯一值。在本示例中，NAT表中的源端口条目和来自PC2的数据包收到的端口号为1445。

   尽管PC1和PC2使用相同的转换后地址（内部全局地址209.165.200.225）和相同的源端口号1444，但修改后的PC2的端口号（1445）使NAT表中的每个条目都是唯一的。这在从服务器发送的数据包返回客户端时显得十分明显。

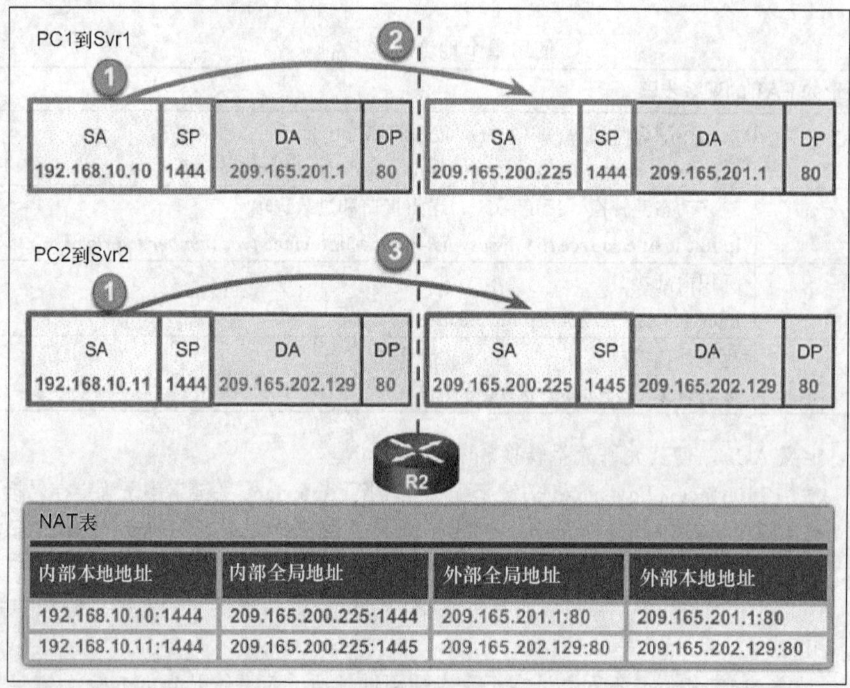

内部本地地址	内部全局地址	外部全局地址	外部本地地址
192.168.10.10:1444	209.165.200.225:1444	209.165.201.1:80	209.165.201.1:80
192.168.10.11:1444	209.165.200.225:1445	209.165.202.129:80	209.165.202.129:80

图5-19 从PC到服务器执行PAT分析

服务器到PC的进程

4. 如图5-20所示，在典型的客户端—服务器交换中，Svr1和Svr2分别对从PC1和PC2收到的请求做出响应。服务器将来自已接收数据包的源端口用作目的端口，而将源地址用作返回流量的目的地址。服务器看起来像是和位于209.165.200.225中的同一主机通信；但事实并非如此。
5. 当数据包到达时，R2使用每个数据包的目的地址和目的端口在其NAT表中查找唯一条目。对于来自Svr1的数据包，目的IPv4地址209.165.200.225具有多个条目，但只有一个条目具有目的端口1444。R2使用其表中的条目，将数据包的目的IPv4地址更改为192.168.10.10，而目的端口无需更改。随后将数据包转发到PC1。

6. 当来自 Svr2 的数据包到达 R2 时，对其执行类似转换。找到了目的 IPv4 地址 209.165.200.225，仍具有多个条目。但是，使用目的端口 1445，R2 能够唯一确定转换条目。目的 IPv4 地址已更改为 192.168.10.11。在这种情况下，目的端口也必须修改回 NAT 表中存储的它的原始值 1444，随后将数据包转发到 PC2。

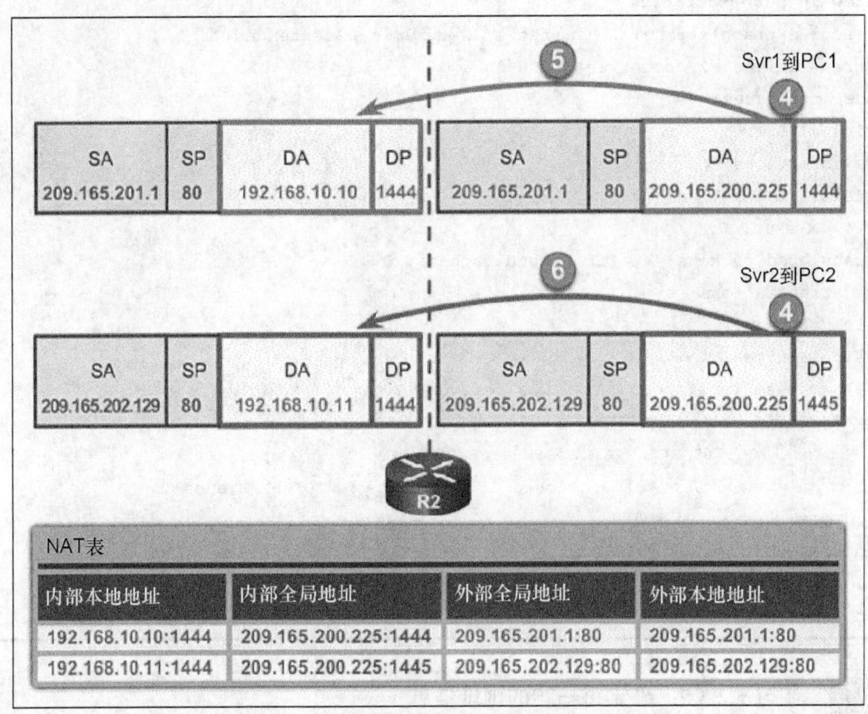

图 5-20 从服务器到 PC 执行 PAT 分析

4. 验证 PAT

路由器 R2 已经配置为向 192.168.0.0/16 客户端提供 PAT。当内部主机离开路由器 R2 进入 Internet 时，将其转换为来自 PAT 池的带有唯一源端口号的 IPv4 地址。

如例 5-9 所示，用于验证 PAT 的命令和用于验证静态和动态 NAT 的命令相同。**show ip nat translations** 命令用于显示从两个不同主机到不同 Web 服务器的转换。注意，为两台不同的内部主机分配了同一个 IPv4 地址 209.165.200.226（内部全局地址）。NAT 表中的源端口号将这两个转换区分开来。

例 5-9 检验 PAT 转换

```
R2# show ip nat translations
Pro Inside global          Inside local          Outside local        Outside global
tcp 209.165.200.226:51839  192.168.10.10:51839  209.165.201.1:80     209.165.201.1:80
tcp 209.165.200.226:42558  192.168.11.10:42558  209.165.202.129:80
  209.165.202.129:80
R2#
```

如例 5-10 所示，**show ip nat statistics** 命令用于验证 NAT-POOL2 是否为两个转换分配了单个地址。输出中所包含的是有关活动转换的数量和类型、NAT 配置参数、地址池中的地址数量以及已分配的地址数量的信息。

例 5-10 检验 PAT 统计信息

```
R2# clear ip nat statistics

R2# show ip nat statistics
Total active translations: 2 (0 static, 2 dynamic; 2 extended)
Peak translations: 2, occurred 00:00:05 ago
Outside interfaces:
  Serial0/1/0
Inside interfaces:
  Serial0/0/0
Hits: 4  Misses: 0
CEF Translated packets: 4, CEF Punted packets: 0
Expired translations: 0
Dynamic mappings:
-- Inside Source
[Id: 3] access-list 1 pool NAT-POOL2 refcount 2
 pool NAT-POOL2: netmask 255.255.255.224
        start 209.165.200.226 end 209.165.200.240
        type generic, total addresses 15, allocated 1 (6%), misses 0
Total doors: 0
Appl doors: 0
Normal doors: 0
Queued Packets: 0
```

Interactive Graphic

练习 5.2.3.5：确定每一跳的地址信息

切换至在线课程以完成本次练习。

Packet Tracer ☐ Activity

Packet Tracer 练习 5.2.3.6：实施静态和动态 NAT

背景/场景

- 第 1 部分：使用 PAT 配置动态 NAT。
- 第 2 部分：配置静态 NAT。
- 第 3 部分：检验 NAT 实施。

实验 5.2.3.7：配置端口地址转换（PAT）

在本实验中，您需要完成以下目标。

- 第 1 部分：构建网络并检验连接。
- 第 2 部分：配置和检验 NAT 地址池过载。
- 第 3 部分：配置和检验 PAT。

5.2.4 端口转发

NAT 的缺点之一就是无法与使用私有 IPv4 地址的设备通信。在这种情况下，端口转发或许是一种可选方案。

1. 端口转发

端口转发（有时也称为隧道）是将指向特定网络端口的流量从一个网络节点转发到另一个网络节点的操作。这种技术允许外部用户从外部网络通过启用 NAT 的路由器到达私有 IPv4 地址（LAN 内部）上的端口。

通常来说，为了让点对点文件共享程序以及 Web 服务和 FTP 下载等操作能够工作，需要转发或打开路由器端口，如图 5-21 所示。因为 NAT 隐藏了内部地址，所以点对点只能以从内到外的方式工作，NAT 在外部可以建立送出请求与传入回复之间的映射。

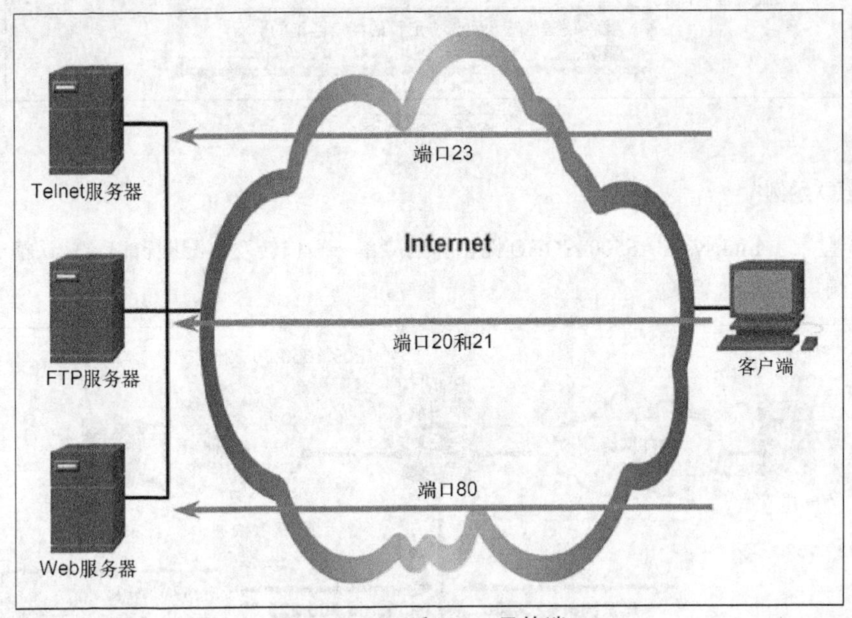

图 5-21 TCP 和 UDP 目的端口

问题是，NAT 不允许从外部发起请求。通过手动干预可以解决这个问题。可以配置端口转发来标识可转发到内部主机的特定端口。

回忆一下，Internet 软件应用程序与用户端口互动时，用户端口需打开或可供应用程序使用。不同的应用程序使用不同的端口号。这样可以预测应用程序并可以使路由器确定网络服务。例如，HTTP 通过公认端口 80 运行。当有人输入地址 **http://cisco.com** 时，浏览器将显示思科公司的网站。注意，我们无需指定页面请求的 HTTP 端口号，因为应用程序假定端口号为 80。

如果需要不同端口号，可将其附加到 URL，以冒号（:）进行分隔。例如，如果 Web 服务器是在端口 8080 上侦听，则用户将输入 **http://www.example.com:8080**。

利用端口转发，Internet 上的用户能够使用路由器的 WAN 端口地址和相匹配的外部端口号来访问内部服务器。通常为内部服务器配置 RFC 1918 私有 IPv4 地址。当一个请求通过 Internet 发送到 WAN 端口的 IPv4 地址时，路由器会将该请求转发到 LAN 上的相应服务器。为安全起见，宽带路由器默认不允许将任何外部网络请求转发到内部主机。

图 5-22 显示一个小型企业主使用销售点（PoS）服务器来跟踪店里的销售和库存。可以在店内访问服务器，但由于它具有私有 IPv4 地址，因此无法从 Internet 公开访问。启用本地路由器以进行端口转发，使店主可以从任何地点在 Internet 上访问销售点服务器。使用销售点服务器的目的端口号和私有 IPv4 地址配置路由器上的端口转发。为了访问服务器，客户端软件将使用路由器的公有 IPv4 地址和服务器的目的端口。

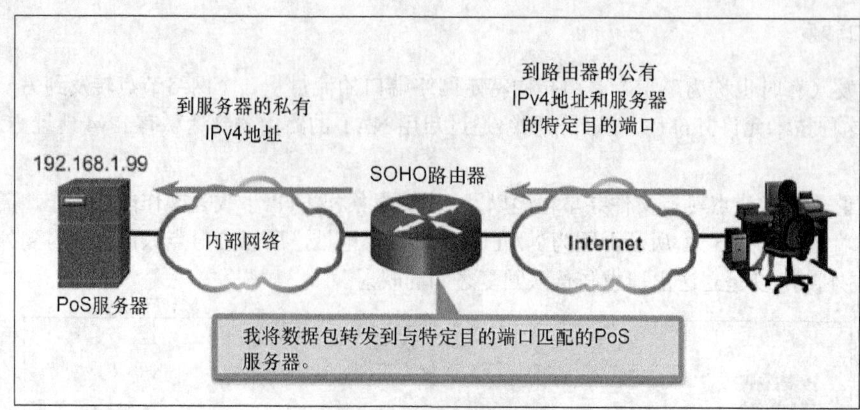

图 5-22 端口转发

2. SOHO 示例

图 5-23 显示了 Linksys EA6500 SOHO 路由器的“单一端口转发”配置窗口。默认情况下，路由器上未启用端口转发。

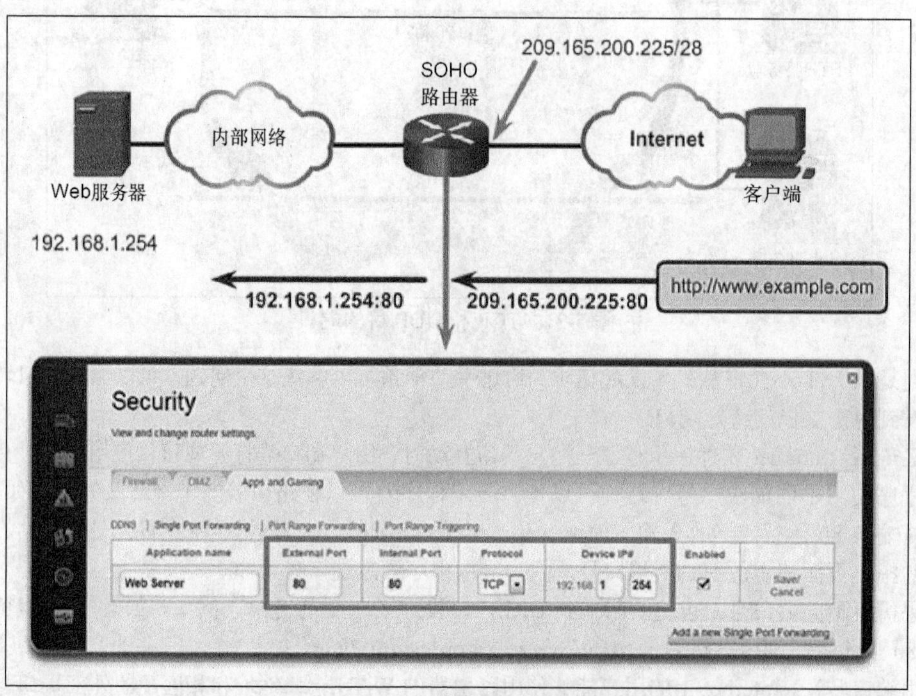

图 5-23 SOHO 路由器上的端口转发

可以通过指定转发请求时应当使用的内部本地地址来为应用程序启用端口转发。在图中，进入此 Linksys 路由器的 HTTP 服务请求将转发到内部本地地址为 192.168.1.254 的 Web 服务器。如果 SOHO 路由器的外部 WAN IPv4 地址为 209.165.200.225，则外部用户可以输入 **http://www.example.com**，Linksys 路由器会把该 HTTP 请求重定向到位于 IPv4 地址 192.168.1.254 的内部 Web 服务器，而且使用的是默认端口号 80。

可以指定除默认端口 80 之外的其他端口。但是，外部用户必须知道所使用的特定端口号。要指定其他端口，需要修改“单一端口转发”窗口中“外部端口”的值。

配置端口转发的方法取决于网络上宽带路由器的品牌和型号。不过，有一些步骤是通用的。如果 ISP 或路由器说明书提供的说明不够充分，可以在网站 http://www.portforward.com 上找到关于数种宽带路由器的指南。可以按照说明，根据需要添加或删除端口，以满足想允许或拒绝的任何应用程序的需要。

3. 使用 IOS 配置端口转发

使用 IOS 命令实施端口转发与用于配置静态 NAT 的命令类似。端口转发实质上是与已指定 TCP 或 UDP 端口号的静态 NAT 转换。

以下是在使用 IOS 配置端口转发时需要使用的静态 NAT 命令：

```
ip nat inside source {static {tcp | udp local-ip local-port global-ip global-port}
  [extendable]
```

表 5-8 显示了在使用 IOS 配置端口转发时需要使用的静态 NAT 命令参数。

表 5-8 使用 IOS 的端口转发

参数	说明
tcp 或 udp	指示这是 TCP 或 UDP 端口号
local-ip	这是分配给内部网络上的主机的 IPv4 地址，通常来自 RFC 1918 私有地址空间
local-port	从 1～65535 范围内选择数值设置本地 TCP/UDP 端口。这是服务器侦听所使用的端口号
global-ip	这是内部主机的全局唯一 IPv4 地址。这是外部客户端到达内部服务器所用的 IP 地址
global-port	从 1～65535 范围内选择数值设置本地 TCP/UDP 端口号。这是外部客户端到达内部服务器所用的端口号
extendable	**extendable** 选项会自动应用。**extendable** 关键字允许用户配置多个模糊的静态转换，模糊转换是指使用相同本地地址或全局地址的转换。它允许路由器必要时在多个端口扩展转换

使用图 5-24 中的拓扑，例 5-11 显示了在路由器 R2 上使用 IOS 命令配置端口转发的示例。192.168.10.254 是在端口 80 上侦听的 Web 服务器的内部本地 IPv4 地址。用户将使用全局 IP 地址 209.165.200.225（全局唯一公有 IPv4 地址）访问此内部 Web 服务器。在本例中，这一地址为 R2 上 Serial 0/1/0 接口的地址。全局端口已配置为 8080。这是目的端口，与全局 IPv4 地址 209.165.200.225 一起用于访问内部 Web 服务器。在 NAT 配置中注意以下命令参数：

```
local-ip = 192.168.10.254
local-port = 80
global-ip = 209.165.200.225
global-port = 8080
```

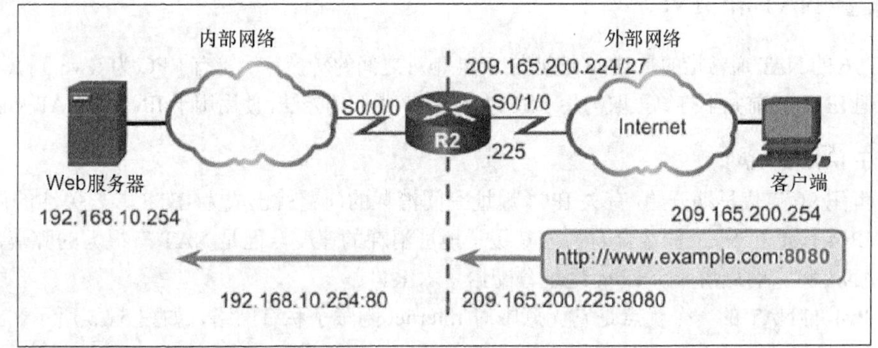

图 5-24 使用 IOS 的端口转发拓扑

例 5-11 使用 IOS 的端口转发示例

Establishes static translation between an inside local address and local port and an inside global address and global port.

```
R2(config)# ip nat inside source static tcp 192.168.10.254 80 209.165.200.225 8080
```

Identifies interface Serial 0/0/0 as an inside NAT interface.

```
R2(config)# interface Serial0/0/0
R2(config-if)# ip nat inside
```

Identifies interface Serial 0/1/0 as the outside NAT interface.

```
R2(config)# interface Serial0/1/0
R2(config-if)# ip nat outside
```

如果没有使用公认端口号，则客户端必须在应用程序中指定端口号。

与 NAT 的其他类型类似，端口转发要求同时配置内部和外部 NAT 接口。

与静态 NAT 相似，**show ip nat translations** 命令可用于验证端口转发，如例 5-12 所示。

在本示例中，当路由器接收内部全局 IPv4 地址为 209.165.200.225 并且 TCP 目的端口为 8080 的数据包时，路由器将使用目的 IPv4 地址和目的端口作为索引来查找 NAT 表。然后路由器将该地址转换为主机的内部本地地址 192.168.10.254 和目的端口 80。R2 随后将数据包转发到 Web 服务器。对于从 Web 服务器返回到客户端的数据包，此过程正好相反。

例 5-12 检验端口转发

```
R2# show ip nat translations
Pro Inside global          Inside local         Outside local          Outside global
tcp 209.165.200.225:8080 192.168.10.254:80  209.165.200.254:46088
  209.165.200.254:46088
tcp 209.165.200.225:8080 192.168.10.254:80  ---                    ---
R2#
```

Packet Tracer
☐ Activity

Packet Tracer 练习 5.2.4.4：配置 Linksys 路由器上的端口转发

您的朋友想要在您的服务器上与您玩游戏。你们分别在各自的家庭中，且都连接至 Internet。您需要配置您的 SOHO 路由器以将 HTTP 请求端口转发到您的服务器，以便您的朋友可以访问游戏大厅网页。

5.2.5 配置 NAT 和 IPv6

用于 IPv6 的 NAT 通常指的是 IPv6 地址与 IPv4 地址之间的转换。尽管有 RFC 为 IPv6 到 IPv6 的转换提供参考，但 IETF 当前并不打算采取与用于 IPv4 的 NAT 类似的方法，使用用于 IPv6 的 NAT 来隐藏地址。

1．用于 IPv6 的 NAT

自 20 世纪 90 年代早期开始，有关 IPv4 地址空间消耗的问题就已成为 IETF 首要关注的问题。RFC 1918 私有 IPv4 地址和 NAT 的结合有力地减缓了地址消耗的速度。但是 NAT 有很大的弊端，在 2011 年 1 月，IANA 将它的最后一个 IPv4 地址分配给了 RIR。

用于 IPv4 的 NAT 的一个优点是它无意中对 Internet 隐藏了私有网络，如图 5-25 所示。NAT 的优势在于它通过拒绝 Internet 上的计算机访问内部主机，从而提供了一定级别的安全性。但是，不应将其视为适当网络安全设置（例如防火墙提供的安全设置）的替代物。

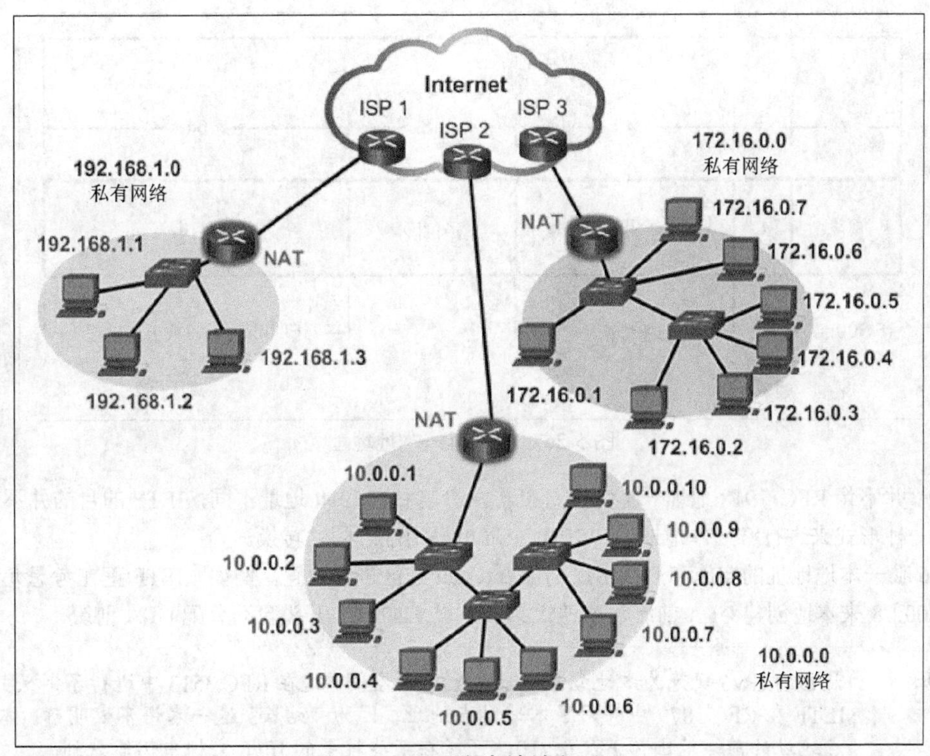

图 5-25 IPv4 私有地址和 NAT

在 RFC 5902 中，Internet 基础架构委员会（IAB）对于 IPv6 网络地址转换包含以下引述。

通常认为 NAT 进程可以提供一定级别的保护，因为外部主机无法直接与 NAT 后面的主机发起通信。然而，不应将 NAT 进程与防火墙相混淆。如 RFC 4864 中的第 2.2 部分所述，转换行为本身并不提供安全性。有状态过滤功能可以提供相同级别的保护，而无需具备转换功能。

具有 128 位地址的 IPv6 可以提供 2^{128} 个地址。因此，不会出现地址空间耗尽问题。IPv6 的开发旨在使用于 IPv4 的 NAT 以及公有和私有 IPv4 地址之间的转换不再必要。不过，IPv6 确实会实施一种形式的 NAT。IPv6 同时包括其自身的 IPv6 私有地址空间和 NAT，其实施与在 IPv4 中的实施方式不同。

2. IPv6 唯一本地地址

IPv6 唯一本地地址（ULA）与 IPv4 中的 RFC 1918 私有地址相似，但是也有着显著差异。ULA 的目的是为本地站点内的通信提供 IPv6 地址空间；而不是为了提供额外的 IPv6 地址空间，也不是为了提供一定级别的安全性。

如图 5-26 所示，ULA 拥有前缀 FC00::/7，这将产生第一个十六进制数的范围 FC00～FDFF。如果该前缀是本地分配的，则接下来的 1 位将设置为 1。设置为 0 的情况将在以后进行定义。之后的 40 位是全局 ID，然后是 16 位的子网 ID。以上前 64 位结合在一起，形成 ULA 前缀。这样，剩余的 64 位保留为接口 ID，或者在 IPv4 术语中称为地址的主机部分。

RFC 4193 中定义了唯一本地地址。ULA 也称为本地 IPv6 地址（不要与 IPv6 本地链路地址相混淆），具有下述几个特征。

- 允许站点进行合并或私下互连，而不会产生任何地址冲突或要求使用这些前缀对接口进行重新编号。
- 独立于任何 ISP，而且可用于站点内通信，无需进行 Internet 连接。
- 不可通过 Internet 路由，但是如果无意中因路由或 DNS 而泄露出去，也不会与其他地址发生冲突。

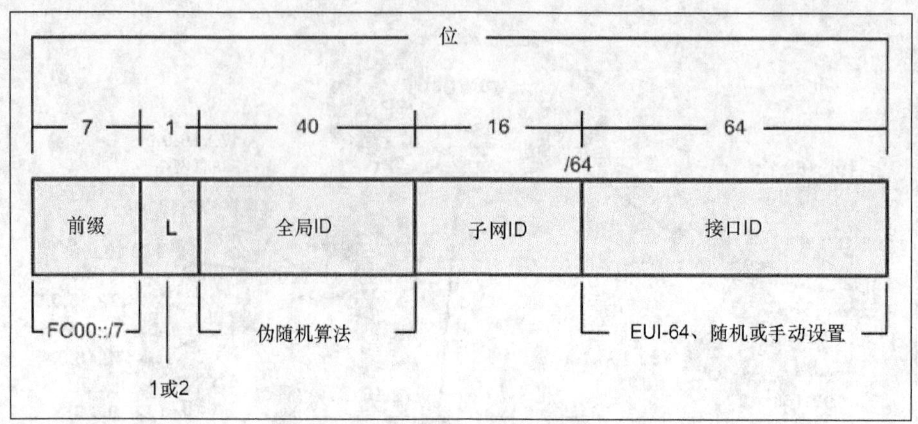

图 5-26 IPv6 唯一本地地址

ULA 并不像 RFC 1918 地址一样完全直接转发。与私有 IPv4 地址不同，IETF 的目的并不是使用 NAT 的一种形式来进行唯一本地地址和 IPv6 全局单播地址之间的转换。

IPv6 唯一本地地址的实施和潜在用途仍由 Internet 社区进行检查。例如，IETF 正在考虑允许选择使用 FC00::/8 来本地创建 ULA 前缀，或通过第三方以 FD00::/8 开头自动分配 ULA 前缀。

注意： 最初的 IPv6 规范为本地站点地址分配地址空间，这在 RFC 3513 中进行了定义。后来 IETF 在 RFC 3879 中弃用了本地站点地址，因为“站点”这一术语不太明确。本地站点地址的前缀范围为 FEC0::/10，可能在某些较早的 IPv6 文档中仍能见到。

---

3. 用于 IPv6 的 NAT

用于 IPv6 的 NAT 与用于 IPv4 的 NAT 使用背景大不相同，如图 5-27 所示。各种各样用于 IPv6 的 NAT 用来透明地提供纯 IPv6 和纯 IPv4 的网络之间的访问，而不是用作一种私有 IPv6 到全局 IPv6 的转换。

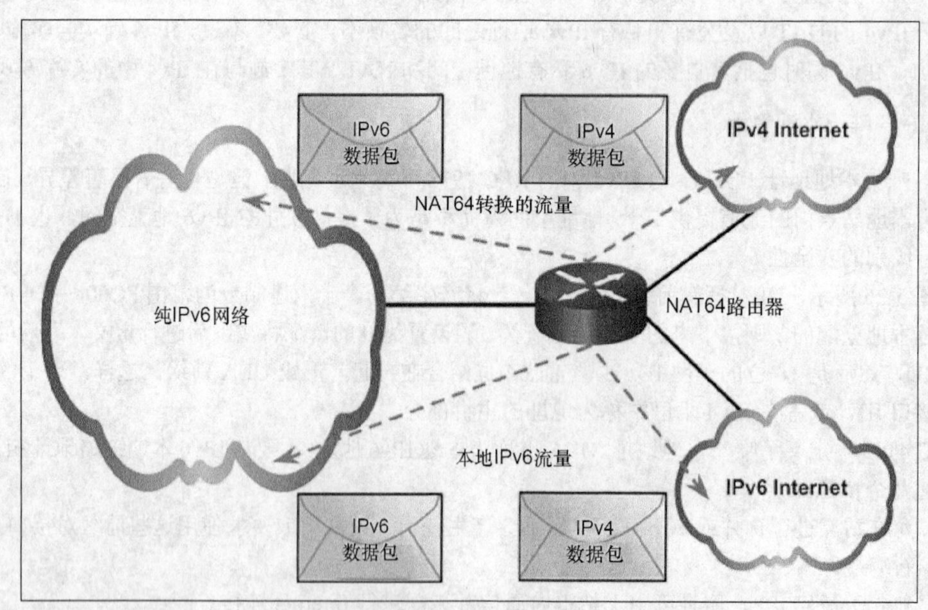

图 5-27 NAT64

理想情况下，只要有可能，IPv6 就应当在本地运行。这意味着 IPv6 设备将通过 IPv6 网络相互通信。但是，为了帮助实现从 IPv4 到 IPv6 的迁移，IETF 已经开发了多项过渡技术以满足各种 IPv4 到 IPv6 的迁移情景，包括双堆栈、隧道和转换。

双堆栈是指设备运行与 IPv4 和 IPv6 都相关的协议。IPv6 隧道是指将 IPv6 数据包封装到 IPv4 数据包中的过程。这将使 IPv6 数据包能够通过纯 IPv4 网络传输。

用于 IPv6 的 NAT 不应当作为一种长期策略使用，但可作为一种临时机制来帮助进行 IPv4 到 IPv6 的迁移。多年来，已经开发了多个用于 IPv6 的 NAT 的类型，包括网络地址转换—协议转换（NAT-PT）。IETF 已弃用 NAT-PT，开始倾向于其替代者 NAT64。NAT64 不属于本课程的范围。

5.3 NAT 故障排除

任何技术的故障排除都是一项重要的技能，NAT 亦是如此。充分理解 NAT 的工作原理以及 NAT 的配置命令，对于能够解决与 NAT 相关的问题而言至关重要。

5.3.1 NAT 故障排除：show 命令

图 5-28 显示的是为 PAT 启用了 R2，使用的地址范围为 209.165.200.226～209.165.200.240。

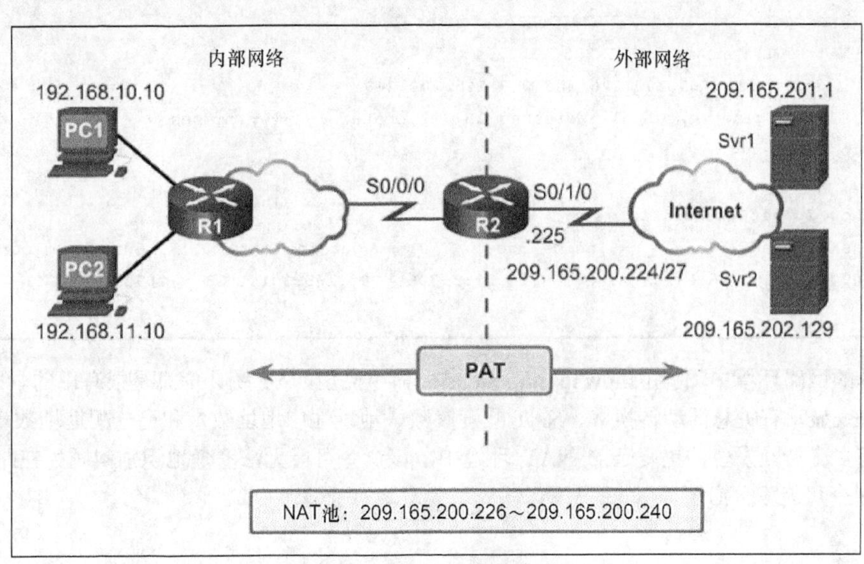

图 5-28　NAT 故障排除

当 NAT 环境中发生 IPv4 连通性问题时，经常难以确定问题的原因。解决问题的第一步便是检查 NAT 是否为故障的原因。请执行下列步骤来检验 NAT 是否如预期一样工作。

步骤 1　根据配置，清楚地确定应该实现什么样的 NAT。这可能会揭示出配置问题。

步骤 2　使用 **show ip nat translations** 命令检验转换表是否包含正确的转换条目。

步骤 3　使用 **clear** 和 **debug** 命令检验 NAT 是否如预期一样工作。检查动态条目被清除后，是否又被重新创建出来。

步骤 4　详细审查数据包传送情况，确认路由器具有传输数据包所需的正确路由信息。

例 5-13 显示了 **show ip nat statistics** 和 **show ip nat translations** 命令的输出。在使用 **show** 命令之前，可以使用 **clear ip nat statistics** 和 **clear ip nat translation** *命令清除 NAT 统计信息和 NAT 表中的

条目。在位于192.168.10.10的主机通过Telnet连接到位于209.165.201.1的服务器上之后，将显示NAT统计信息和NAT表，以验证NAT是否如预期一样工作。

例 5-13 NAT 故障排除

```
R2# clear ip nat statistics
R2# clear ip nat translation *
R2#

Host 192.168.10.10 telnets to server at 209.165.201.1
R2# show ip nat statistics
Total active translations: 1 (0 static, 1 dynamic; 1 extended)
Peak translations: 1, occurred 00:00:09 ago
Outside interfaces:
  Serial0/0/1
Inside interfaces:
  Serial0/0/0
Hits: 31  Misses: 0
CEF Translated packets: 31, CEF Punted packets: 0
Expired translations: 0
Dynamic mappings:
-- Inside Source
[Id: 5] access-list 1 pool NAT-POOL2 refcount 1
 pool NAT-POOL2: netmask 255.255.255.224
        start 209.165.200.226 end 209.165.200.240
        type generic, total addresses 15, allocated 1 (6%), misses 0
<output omitted>

R2# show ip nat translations
Pro Inside global          Inside local          Outside local       Outside global
tcp 209.165.200.226:19005  192.168.10.10:19005  209.165.201.1:23   209.165.201.1:23
R2#
```

在简单的网路环境中，使用**show ip nat statistics**命令监控NAT统计信息是很有用的。**show ip nat statistics**命令显示有关总活动转换数、NAT配置参数、地址池中地址数量和已分配地址数量的信息。但是，在有多个转换发生的更复杂的NAT环境中，该命令可能无法清楚地识别问题。在路由器上运行**debug**命令可能十分必要。

5.3.2 NAT故障排除：debug命令

debug ip nat命令用来显示有关被路由器转换的每个数据包的信息，以检验NAT功能的运作。**debug ip nat detailed**命令会产生要进行转换的每个数据包的说明。此命令还会输出关于某些错误或例外条件的信息，例如分配全局地址失败等。**debug ip nat detailed**命令会比**debug ip nat**命令产生更多开销，但它可以提供在排除NAT故障时可能需要的详细信息。请务必在完成后关闭调试。

例5-14显示了**debug ip nat**命令的输出示例。输出显示，内部主机（192.168.10.10）向外部主机（209.165.201.1）发起流量，而且源地址已转换为地址209.165.200.226。

例 5-14 使用 debug ip nat 进行 NAT 故障排除

```
R2# debug ip nat
IP NAT debugging is on
R2#
*Feb 15 20:01:34.670: NAT*: s=192.168.10.10->209.165.200.226, d=209.165.201.1 [2817]
*Feb 15 20:01:34.682: NAT*: s=209.165.201.1, d=209.165.200.226->192.168.10.10 [4180]
*Feb 15 20:01:34.698: NAT*: s=192.168.10.10->209.165.200.226, d=209.165.201.1 [2818]
*Feb 15 20:01:34.702: NAT*: s=192.168.10.10->209.165.200.226, d=209.165.201.1 [2819]
*Feb 15 20:01:34.710: NAT*: s=192.168.10.10->209.165.200.226, d=209.165.201.1 [2820]
*Feb 15 20:01:34.710: NAT*: s=209.165.201.1, d=209.165.200.226->192.168.10.10 [4181]
*Feb 15 20:01:34.722: NAT*: s=209.165.201.1, d=209.165.200.226->192.168.10.10 [4182]
*Feb 15 20:01:34.726: NAT*: s=192.168.10.10->209.165.200.226, d=209.165.201.1 [2821]
*Feb 15 20:01:34.730: NAT*: s=209.165.201.1, d=209.165.200.226->192.168.10.10 [4183]
*Feb 15 20:01:34.734: NAT*: s=192.168.10.10->209.165.200.226, d=209.165.201.1 [2822]
*Feb 15 20:01:34.734: NAT*: s=209.165.201.1, d=209.165.200.226->192.168.10.10 [4184]
<Output omitted>
```

解读调试输出时，注意下列符号和值的含义。

- *（星号）：NAT 旁边的星号表示转换发生在快速交换路径。会话中的第一个数据包始终是进程交换，因而较慢。如果存在缓存条目，则其余数据包经过快速交换路径。
- **s=**：该符号是指源 IP 地址。
- **a.b.c.d--->w.x.y.z**：该值表示源地址 a.b.c.d 已转换为 w.x.y.z。
- **d=**：该符号是指目的 IP 地址。
- **[xxxx]**：中括号中的值表示 IP 标识号。此信息可能对调试有用，因为它与协议分析器的其他数据包跟踪相关联。

注意：验证 NAT 命令中引用的 ACL 是否允许所有必需的网络。使用图 5-29 中的拓扑，例 5-15 中的 ACL 显示只有地址 192.168.0.0/16 具有转换资格。数据包从内部网络发往 Internet，其源地址未得到 ACL 1 的明确允许，因此 R2 没有对该源地址进行转换。

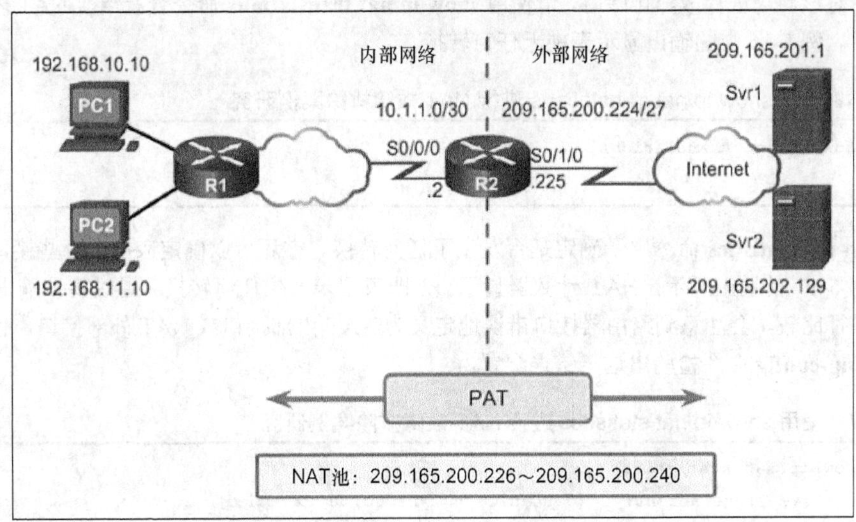

图 5-29 用于 NAT 的 ACL 故障排除

例 5-15　使用 show access-list 进行 NAT 故障排除

```
R2# show access-lists
Standard IP access list 1
    10 permit 192.168.0.0, wildcard bits 0.0.255.255 (29 matches)
R2#
```

5.3.3　案例研究

图 5-30 显示来自 192.168.0.0/16 LAN 的主机 PC1 和 PC2 无法对外部网络上的服务器 Svr1 和 Svr2 进行 ping 操作。

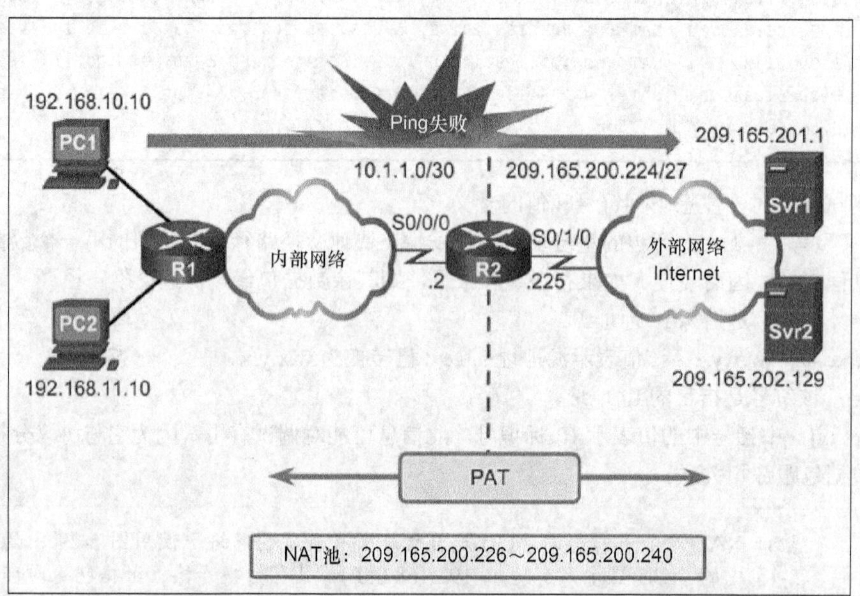

图 5-30　PC1 和 PC2 无法对 Svr1 和 Svr2 进行 ping 操作

在开始对该问题进行故障排除时，请使用 **show ip nat translations** 命令查看当前 NAT 表中是否存在任何转换。例 5-16 中的输出显示表中无任何转换。

例 5-16　使用 show ip nat translations 进行 NAT 故障排除案例研究

```
R2# show ip nat translations
R2#
```

show ip nat statistics 命令用于确定是否发生了任何转换。它还可以确定应当在哪些接口之间进行转换。如例 5-17 的输出所示，NAT 计数器显示 0，即表示未发生任何转换。通过将该输出与图 5-30 所示拓扑进行比较，会注意到路由器接口错误地定义为 NAT 内部接口或 NAT 外部接口。也可以使用 **show running-config** 命令检验出这一错误配置。

例 5-17　使用 show ip nat statistics 进行 NAT 故障排除案例研究

```
R2# show ip nat statistics
Total active translations: 0 (0 static, 0 dynamic; 0 extended)
Peak translations: 0
```

```
Outside interfaces:
  Serial0/0/0
Inside interfaces:
  Serial0/1/0
Hits: 0  Misses: 0
<Output omitted>

R2(config)# interface serial 0/0/0
R2(config-if)# no ip nat outside
R2(config-if)# ip nat inside
R2(config-if)# exit
R2(config)# interface serial 0/0/1
R2(config-if)# no ip nat inside
R2(config-if)# ip nat outside
```

在应用正确配置之前，必须从接口上删除当前 NAT 接口配置。

在正确定义了 NAT 内部接口和外部接口后，再次从 PC1 对 Svr1 执行 ping 操作，ping 操作仍然失败。再次使用 **show ip nat translations** 和 **show ip nat statistics** 命令验证是否仍未发生转换。

如例 5-18 所示，**show access-lists** 命令可用于确定 NAT 命令中的 ACL 是否允许所有必需的网络。输出指示用于定义需要转换的地址的 ACL 中使用了错误的通配符位掩码。通配符掩码只允许 192.168.0.0/24 子网。先删除访问列表，然后使用正确的通配符掩码重新配置。

例 5-18 使用 show access-lists 进行 NAT 故障排除

```
R2# show access-lists
Standard IP access list 1
    10 permit 192.168.0.0, wildcard bits 0.0.0.255
R2#
R2(config)#no access-list 1
R2(config)#access-list 1 permit 192.168.0.0 0.0.255.255
```

在更正了配置后，再次从 PC1 对 Svr1 执行 ping 操作，这次 ping 操作成功。如例 5-19 所示，**show ip nat translations** 和 **show ip nat statistics** 命令用于验证是否发生了 NAT 转换。

例 5-19 使用 show ip nat translations 和 show ip nat statistics 进行 NAT 故障排除

```
R2# show ip nat statistics
Total active translations: 1 (0 static, 1 dynamic; 1 extended)
Peak translations: 1, occurred 00:37:58 ago
Outside interfaces:
  Serial0/0/1
Inside interfaces:
  Serial0/1/0
Hits: 20  Misses: 0
CEF Translated packets: 20, CEF Punted packets: 0
Expired translations: 1
Dynamic mappings:
-- Inside Source
[Id: 5] access-list 1 pool NAT-POOL2 refcount 1
 pool NAT-POOL2: netmask 255.255.255.224
       start 209.165.200.226 end 209.165.200.240
```

```
      type generic, total addresses 15, allocated 1 (6%), misses 0
<Output omitted>
R2# show ip nat translations
Pro  Inside global         Inside local        Outside local     Outside global
icmp 209.165.200.226:38 192.168.10.10:38 209.165.201.1:38 209.165.201.1:38
R2#
```

Packet Tracer Activity

Packet Tracer 练习 5.3.1.4：检验并排除 NAT 配置故障

背景/场景

承包商将旧的配置恢复到运行 NAT 的新路由器。但是，网络已发生变化，而且在旧配置备份之后添加了新子网。您负责让网络重新运行正常。

实验 5.3.1.5：NAT 配置故障排除

在本实验中，您需要完成以下目标。

- 第 1 部分：建立网络并配置设备的基本设置。
- 第 2 部分：静态 NAT 故障排除。
- 第 3 部分：动态 NAT 故障排除。

5.4 总结

课堂练习 5.4.1.1：NAT 检查

网络地址转换当前未包括在贵公司的网络设计中。已决定配置某些设备来使用 NAT 服务以连接到邮件服务器。

在网络中实时部署 NAT 之前，您需要使用网络仿真程序进行仿真。

Packet Tracer Activity

Packet Tracer 练习 5.4.1.2：综合技能挑战

本总结练习包括您在本课程中获得的许多技能。首先，您将完成对网络的文档化。所以，请确保您有文本名的打印版本。在实施期间，您需要配置交换机上的 VLAN、Trunk、端口安全和 SSH 远程访问。接下来，您将在路由器上实施 VLAN 间路由和 NAT。最后，您将使用文档通过测试端到端的连接来检验实施。

本章概述如何使用 NAT 帮助缓解 IPv4 地址空间耗尽的问题。用于 IPv4 的 NAT 允许网络管理员使用 RFC 1918 私有地址空间，同时使用单个或数量有限的公有地址提供 Internet 连接。

NAT 可以节约公有地址空间，并节省相当大的添加、移动和更改等管理开销。NAT 和 PAT 的实施可以节省公有地址空间，并构建私有的安全内部网，而不会影响 ISP 连接。但是，NAT 的缺点在于它对设备性能、安全性、移动性和端到端连通性产生的负面影响，因此应将其视为针对地址耗尽问题采取的短期实施，而长期解决方案是使用 IPv6。

本章讨论用于 IPv4 的 NAT，包括：

- NAT 特征、术语和常规操作；
- 不同类型的 NAT，包括静态 NAT、动态 NAT 和 PAT；
- NAT 的优点和缺点；

- 配置、检验和分析静态 PAT、动态 NAT 和 PAT；
- 如何使用端口转发从 Internet 访问内部设备；
- 使用 **show** 和 **debug** 命令排除 NAT 故障。

5.5 练习

下面提供了有关本章所介绍的主题的练习。实验和课堂练习可参阅配套教材《连接网络实验手册》。Packet Tracer 实验部分的 PKA 文件可在在线课程中下载。

5.5.1 课堂练习

课堂练习 5.0.1.2：NAT 概念
课堂练习 5.4.1.1：NAT 检查

5.5.2 实验

实验 5.2.2.6：配置动态和静态 NAT
实验 5.2.3.7：配置端口地址转换（PAT）
实验 5.3.1.5：NAT 配置故障排除

5.5.3 Packet Tracer 练习

Packet Tracer 练习 5.1.2.6：研究 NAT 的工作原理
Packet Tracer 练习 5.2.1.4：配置静态 NAT
Packet Tracer 练习 5.2.2.5：配置动态 NAT
Packet Tracer 练习 5.2.3.6：实施静态和动态 NAT
Packet Tracer 练习 5.2.4.4：配置 Linksys 路由器上的端口转发
Packet Tracer 练习 5.3.1.4：检验并排除 NAT 配置故障
Packet Tracer 练习 5.4.1.2：综合技能挑战

5.6 检查你的理解

请完成以下所有复习题，以检查您对本章主题和概念的理解情况。答案列在本书附录中。

1. 参考下列输出：

```
NAT1# show ip nat translations
Pro Inside global Inside local Outside local Outside global
udp 198.18.24.211:123 192.168.254.7:123 192.2.182.4:123 192.2.182.4:123
tcp 198.18.24.211:4509 192.168.254.66:4509 192.0.2.184:80 192.0.2.184:80
tcp 198.18.24.211:4643 192.168.254.2:4643 192.0.2.71:5190 192.0.2.71:5190
tcp 198.18.24.211:4630 192.168.254.7:4630 192.0.2.71:5190 192.0.2.71:5190
tcp 198.18.24.211:1026 192.168.254.9:1026 198.18.24.4:53 198.18.24.4:53
```

根据输出，下列哪项关于NAT配置的说法是正确的？

A．配置了静态NAT

B．配置了动态NAT

C．配置了NAT过载（PAT）

D．NAT的配置不正确

2．如果管理员选择避免使用NAT过载，NAT转换的默认超时值是多少？

A．1小时

B．1天

C．1周

D．无限期

3．请将每种NAT特征同相应的NAT技术正确搭配起来。

提供本地地址到全局地址之间的一对一固定映射

从公有地址池中分配转换后的IP主机地址

可以将多个地址映射到单个外部接口地址

为每个会话分配内部全局地址的唯一源端口号

允许外部主机与内部主机建立会话

A．动态NAT

B．NAT过载

C．静态NAT

4．参考下列配置：

```
R1(config)# ip nat inside source static 192.168.0.100 209.165.200.2
R1(config)# interface serial0/0/0
R1(config-if)# ip nat inside
R1(config-if)# no shutdown
R1(config-if)# ip address 10.1.1.2 255.255.255.0
R1(config)# interface serial0/0/2
R1(config-if)# ip address 209.165.200.2 255.255.255.0
R1(config-if)# ip nat outside
R1(config-if)# no shutdown
```

NAT将转换哪台（哪些）主机的地址？

A．10.1.1.2

B．192.168.0.100

C．209.165.200.2

D．位于10.1.1.0网络的所有主机

E．位于192.168.0.0网络的所有主机

5．根据下面的配置，NAT将转换哪些地址？

```
R1(config)# ip nat pool nat-pool1 209.165.200.225 209.165.200.240 netmask
   255.255.255.0
R1(config)# ip nat inside source list 1 pool nat-pool1
R1(config)# interface serial0/0/0
R1(config-if)# ip address 10.1.1.2 255.255.0.0
R1(config-if)# ip nat inside
R1(config-if)# no shutdown
R1(config)# interface serial s0/0/2
R1(config-if)# ip address 209.165.200.1 255.255.255.0
```

```
R1(config-if)# ip nat outside
R1(config-if)# no shutdown
R1(config)# access-list 1 permit 192.168.0.0 0.0.0.255
```

A．10.1.1.2～10.1.1.255

B．192.168.0.0～192.168.0.255

C．209.165.200.240～209.165.200.255

D．仅主机 10.1.1.2

E．仅主机 209.165.200.255

6．参考图 5-31。

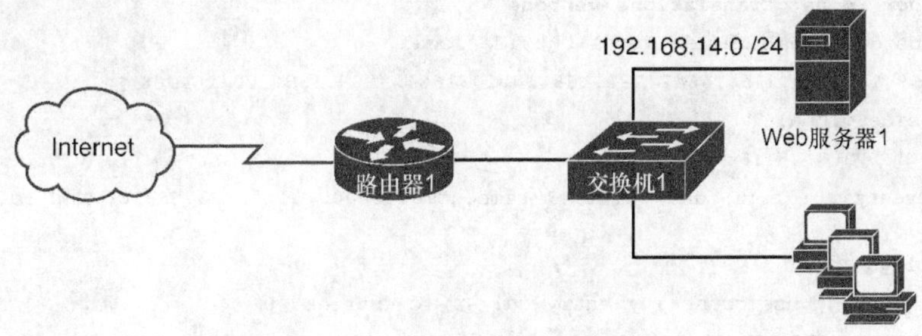

图 5-31　问题 6 的 NAT 拓扑

Web 服务器 1 已被分配了一个 IP 地址 192.168.14.5/24。为使 Internet 中的主机能够访问 Web 服务器 1，需要在路由器 R1 上使用哪种类型的 NAT 配置？

A．静态 NAT

B．动态 NAT

C．NAT 过载

D．端口地址转换（PAT）

7．下面哪种 NAT 解决方案允许外部用户访问私有网络中的内部 FTP 服务器？

A．动态 NAT

B．端口地址转换（PAT）

C．NAT 过载

D．静态 NAT

8．根据下列给定的 **debug ip nat** 路由器输出，确定 24.74.237.203 是哪种地址？

```
s=10.10.10.3->24.74.237.203, d=64.102.252.3 [29854]
s=10.10.10.3->24.74.237.203, d=64.102.252.3 [29855]
s=10.10.10.3->24.74.237.203, d=64.102.252.3 [29856]
s=64.102.252.3, d=24.74.237.203->10.10.10.3 [9935]
s=64.102.252.3, d=24.74.237.203->10.10.10.3 [9937]
s=10.10.10.3->24.74.237.203, d=64.102.252.3 [29857]
s=64.102.252.3, d=24.74.237.203->10.10.10.3 [9969]
s=64.102.252.3, d=24.74.237.203->10.10.10.3 [9972]
s=10.10.10.3->24.74.237.203, d=64.102.252.3 [29858]
```

A．内部本地地址

B．内部全局地址

C．外部本地地址

D．外部全局地址

9．请描述静态 NAT、动态 NAT 和 NAT 过载之间的区别。

10. 请参考下列输出：

```
R2# show ip nat translations

Pro Inside global Inside local Outside local
tcp 209.165.200.225:16642 192.168.10.10:16642 209.165.200.254:80
tcp 209.165.200.225:62452 192.168.11.10:62452 209.165.200.254:80
  Outside global
  209.165.200.254:80
  209.165.200.254:80

R2# show ip nat translations verbose
Pro Inside global Inside local Outside local
tcp 209.165.200.225:16642 192.168.10.10:16642 209.165.200.254:80
  Outside global
  209.165.200.254:80
    create 00:01:45, use 00:01:43 timeout:86400000, left 23:58:16, Map-Id(In):
   1,
    flags:
    extended, use_count: 0, entry-id: 4, lc_entries: 0
tcp 209.165.200.225:62452 192.168.11.10:62452 209.165.200.254:80
  209.165.200.254:80
  create 00:00:37, use 00:00:35 timeout:86400000, left 23:59:24, Map-Id(In): 1,
  flags:
  extended, use_count: 0, entry-id: 5, lc_entries: 0
R2#
```

路由器 R2 已被配置为提供 NAT 服务。请根据提供的信息，说明输出中的 NAT 转换。

11. 请参考图 5-32。

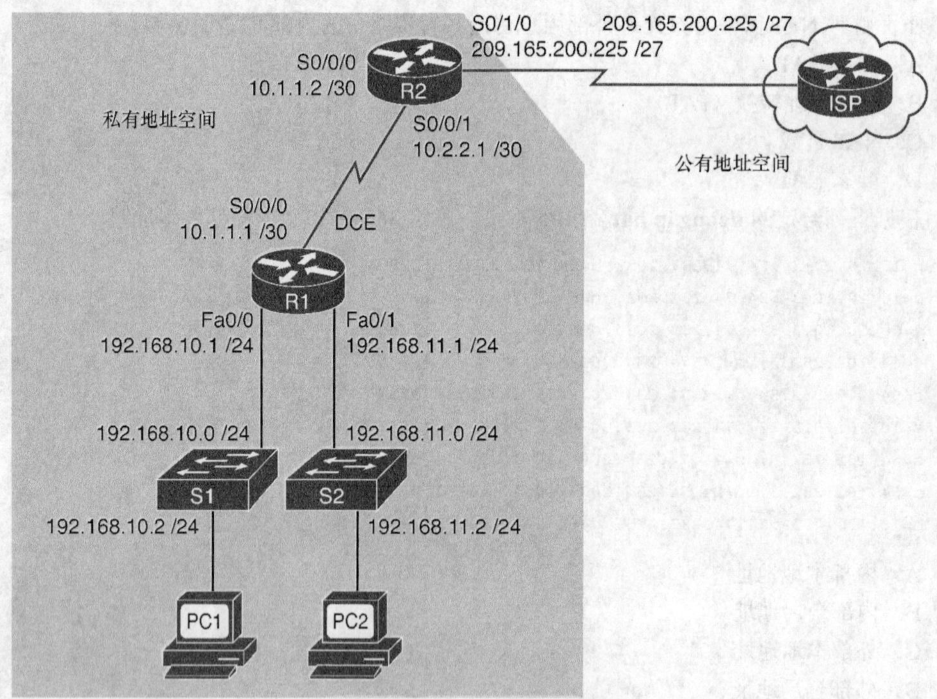

图 5-32　问题 11 的拓扑

管理员将路由器 R2 配置成了 NAT 边界网关。具体地说，配置了 NAT 过载，以便将连接到路由器 R1 的内部主机的地址转换为公有地址池中的地址之一，该地址池的地址范围为 209.165.200.224/29。下面是在路由器 R2 中配置的命令：

```
access-list 1 permit 192.168.0.0 0.0.0.255
ip nat pool NAT-POOL 209.165.200.225 209.165.200.239 netmask 255.255.255.240
ip nat inside source list 1 pool NAT-POOL1
interface serial s0/1/0
ip nat inside
interface serial 0/0/0
ip nat outside
```

主机 PC1 和 PC2 能够 ping 路由器 R2，但无法访问 Internet。根据上面提供的信息，为解决这种问题应如何修改配置？

12．哪种类型的 IPv6 地址用于为本地站点内的通信提供 IPv6 地址？

A．本地链路地址

B．站点本地地址

C．唯一本地地址

D．环回地址

13．哪一种 NAT 形式用于在纯 IPv6 网络与纯 IPv4 网络之间提供透明访问？

A．NAT64

B．NAT66

C．NATv6

D．NAT-PT

第 6 章

宽带解决方案

学习目标

通过完成本章学习，您将能够回答下列问题：

- 远程办公有哪些优点？
- 使用宽带支持远程办公解决方案有哪些要求？
- 您能否描述有线电视系统和有线电视宽带接入？
- 您能否描述DSL系统和DSL宽带接入？
- 您能否描述无线宽带接入？
- 您能否能为给定的网络需求选择适当的宽带解决方案？
- 您能否描述以太网点对点协议（PPPoE）的工作原理？
- 您能否在客户端路由器上配置基本的以太网 PPP 连接？

关键术语

下列为本章所用的关键术语。您可以在本书的术语表中找到其定义。

远程办公
宽带连接
IPSec VPN
射频（RF）
光纤同轴电缆混合（HFC）
有线电缆数据服务接口规范（DOCSIS）
时分多址（TDMA）
同步码分多址（S-CDMA）
频分多址（FDMA）
码分多址（CDMA）
非对称 DSL（ADSL）
对称 DSL（SDSL）
网络接口设备（NID）
以太网 PPP（PPPoE）
最大传输单元（MTU）

简介

远程办公或在非传统意义上的工作场所办公（如在家里）对员工和企业来说都有诸多好处。宽带解决方案能够为这些员工提供到企业站点和 Internet 的高速连接。小型分支机构也可以利用这些技术实现连接。

本章包含常用的宽带解决方案，例如有线、DSL 和无线。VPN 技术为通过这些连接传输的数据确保安全。本章还探讨了当一个特定位置具有多个宽带解决方案时需要考虑的因素。

课堂练习 6.0.1.2：宽带类型

在您所在的当地区域，远程办公的就业机会每天都在扩大。一家大型公司已经雇用您为一名远程工作人员。新的雇主要求远程工作人员能够访问 Internet 以便履行其工作职责。

研究下列您所在地理区域中可用的宽带 Internet 连接类型：

- DSL；
- 有线；
- 卫星。

6.1 远程办公

越来越多的公司体验到了聘用远程工作人员的益处。随着宽带和无线技术的进步，远程办公不再像以往那样难以实现。远程办公时，工作人员感觉自己几乎就是在相邻的隔间或办公室中工作。无论远程工作人员的工作地点多么遥远、多么分散，组织都能够以经济的方式通过共用的网络连接将数据、语音、视频和实时应用程序分发给所有远程工作人员。本节介绍远程办公的好处及需要的组件。

6.1.1 远程办公的好处

在本节，我们将讨论远程办公的优点和缺点。

1. 远程办公简介

远程办公是指远离传统工作场所办公（如在家办公）。选择远程办公的原因多种多样，包括从个人便利到让生病或残疾员工有机会继续工作。

远程办公一词的含义很宽泛，系指在远程位置借助于电信手段连接到工作场所进行工作。借助宽带 Internet 连接、虚拟专用网络（VPN）、IP 语音（VoIP）和视频会议，可实现有效的远程办公。

许多现代企业为无法每天通勤上班或者在家办公更切实际的人提供就业机会。我们将这些人员称为远程工作人员，他们必须连接到公司网络，才能在自己的家里完成工作和共享信息。

宽带解决方案是成功进行远程办公不可或缺的一部分。本章详细介绍远程办公的好处，以及宽带解决方案如何让远程办公成为更加智能的业务经营方式。

2. 远程办公对雇主的好处

对于企业来说，提供远程办公环境具有诸多好处。最常提及的一些好处如下所示。

- **提高员工工作效率**：一般而言，远程工作人员能够比只限于办公室空间的员工完成更多工作且维持更高质量。根据 Gartner Group 对英国电信的一项调查，远程工作人员比办公室工作人员的工作时间平均多出 11%。Bell Atlantic 公司（现为 Verizon 公司）曾指出，在家工作 25 个小时相当于在办公室工作 40 个小时。
- **降低成本和费用**：许多组织中的主要开支是房地产成本。远程办公意味着降低了办公空间的要求。房地产成本方面的节约有可能减少 10%～80%的开支。房地产成本即使节省 10%，也对盈亏具有重要影响。其他成本节约包括：供暖、空调、停车场、照明、办公设备和日常用品等所有这类成本和其他成本，随着员工进行远程办公都会下降。
- **招聘与续聘更加简单**：增加工作灵活性可使员工流动率降低 20%。在不考虑培训和续聘成本的情况下，更换员工的成本是薪资的 75%或更多，这也是相当大的一笔节约。一些观察者计算得出，员工流动和更换员工的成本高达薪资的 250%。
- **降低缺勤率**：远程办公可以降低多达 80%的缺勤率。
- **提高员工士气**：如果雇主提供远程办公机会来改善工作方式，将被员工视为亲和家庭的雇主。
- **提高企业公民权**：允许员工在家工作，从而减少公司员工因通勤产生的排放，是每个组织成为无碳环保企业的其中一项重要举措。这样可以带来很多好处，包括：创造商机、为产品和服务增值、解决客户指出的问题和应对供应链要求。
- **改善客户服务**：员工无需首先到达办公室就能开始工作，客户和顾客将体验到联系速度和响应时间的改进，从而显著提高客户保留率和价值。客户和顾客报告响应速度更快，服务质量更好。

通过加快响应时间、改善客户服务、降低成本和提高员工工作效率，企业可以在快速变化的市场中赢得竞争优势。远程办公实际上是一种非常明智的业务开展方式。

3. 对社区和政府的好处

从小型企业到大型企业，远程办公可以为各种规模的组织带来好处。然而，这些好处实际上远远超出组织层面，还能够为公共机构带来独特优势，例如社区甚至地方和国家政府。

公共机构（如社区和政府）是必须控制收入和支出的企业。由于涉及纳税人的资金，它们应尽可能高效、负责且透明。因此，从企业的角度来看，远程办公带来的员工和成本节约好处同样适用于这些公共机构。此外，公共机构受益于远程办公体现在以下几个方面。

- **有助于降低交通和基础设施要求**：远程办公从根源上消除了当代许多问题。交通只是其中一个例子。根据 2004 年《华盛顿邮报》的一篇文章，在华盛顿哥伦比亚特区，每 3%离家工作的通勤者会增加 10%的交通拥堵。此外，远程办公减少了基础设施和服务交付成本。
- **有助于减少城市漂移**：城市漂移是指个人从农村地区迁移到城市中心和城镇来寻求更好的条件和就业机会。城市漂移导致过度拥挤和拥塞。远程办公能够让人们无论身在何处都能工作，人们不需要因为就业而迁移。
- **改善农村和郊区设施**：在农村或郊区工作的人越多，也意味着公共交通服务会更好，当地零售设施会有所改进。邮局、医院、银行或加油站不太可能关闭和移到其他地方。通过增加响应的灵活性，提高企业的生产力，并让所有人贡献出自己的力量，地区或国家将变得更具竞争力并吸引更多的就业和发展机会。

4. 远程办公对个人的好处

个人也能从远程办公中获得巨大好处，如下所示。

- **工作效率：**70%的远程工作人员称自己的工作效率显著提高，这意味着他们能够事半功倍；因此，这样能够节省时间或在相同时间内完成更多任务。
- **灵活性：**远程工作人员能够更好地管理工作时间和地点。他们能够更灵活地处理现代生活中的许多琐事，如维修汽车、避开周末高峰期、带孩子看医生等。
- **成本节约：**到办公室上班的员工需要花费一大笔车辆燃油费和维护费、午餐、工作服、外出就餐以及传统工作方式的所有其他成本，而远程办公可以节约这些费用。
- **家和家庭：**对于许多人来说，花更多时间陪伴家人或照顾亲属是远程办公的一个主要原因。

5. 远程办公的不利因素

尽管远程办公有许多好处，但我们还必须考虑一些不利因素。

雇主方面：

- **跟踪员工进度：**一些管理者可能较难跟踪远程工作人员的工作完成情况。他们需要以不同的方式为在家工作的员工安排检查点和检验任务进度。
- **需要实施新的管理方式：**监督办公室内员工的管理者能够面对面联系所有员工。这意味着，如果出现问题或者对分配的任务存在误解时，可以随时通过面对面交流来快速解决问题。在远程办公环境中，管理者应制定相应流程来检验员工的理解情况，并灵活地应对远程工作人员的各种需求。

员工方面：

- **孤立感：**对于许多人来说，自己工作会觉得孤单。
- **连接较慢：**住宅和农村地区通常无法获得市中心办公室所能获得的技术支持和服务，而且这些服务非常昂贵。如果工作需要高带宽，则要仔细考虑家庭办公室是否是最佳选择。
- **干扰：**无论是邻居、配偶、子女、除草、洗衣、电视还是冰箱，家庭办公室都会存在干扰。此外，许多人认为远程办公可以忽略照顾孩子的需要，但事实不一定如此。尤其是幼儿，在需要专注于工作时，必须考虑不时照顾孩子。

Interactive Graphic

练习 6.1.1.6：远程办公的好处

切换至在线课程以完成本次练习。

6.1.2 远程工作人员服务的业务需求

本节提供了关于远程工作人员解决方案及支持远程工作人员必需组件的概述。

1. 远程工作人员解决方案

组织需要通过安全、可靠并且经济的网络来连接企业总部、分支机构和各供应商。随着远程工作人员的数量不断增加，企业越来越需要安全可靠且经济高效的方法来连接远程工作人员与公司 LAN 站点上的组织资源。

图 6-1 中显示的是现代网络与远程位置连接时所采用的远程连接拓扑。在某些情况下，远程位置只连接到总部位置，而在其他一些情况下，远程位置则会与多方连接。图中的分支机构连接到总部和合作伙伴站点，而远程工作人员只连接到总部。

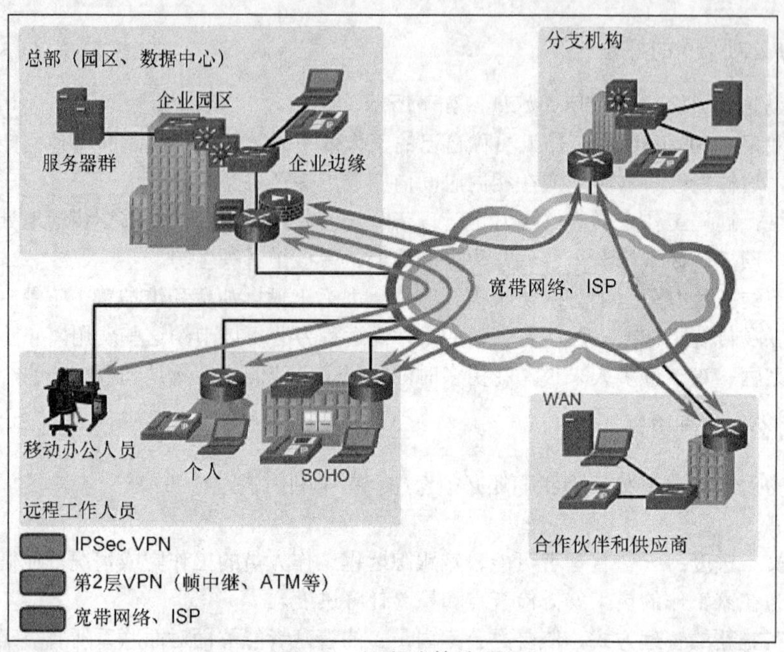

图 6-1 远程连接选项

组织支持远程工作人员服务可采用三种主要的远程连接技术。

- **宽带连接**：宽带一词系指可以在 Internet 和其他网络上高速地传输数据、语音和视频等服务的先进通信系统。传输可通过多种技术来实现，其中包括 DSL、光纤到户技术、同轴电缆系统技术、无线技术以及卫星技术。宽带服务的数据传输速度通常在 ISP 与用户之间的至少一个方向超过 200kbit/s。
- **IPSec VPN**：这是远程工作人员最常用的方案，将其与宽带远程访问相结合可以在公共 Internet 上建立安全的 VPN。这种 WAN 连接可以提供灵活且可扩展的连接。站点对站点连接能够以安全、快速并且可靠的方式与远程工作人员建立远程连接。
- **传统的私有 WAN 第 2 层技术**：这些连接类型提供了许多远程连接解决方案，包括诸如租用线路、帧中继和 ATM 等技术。这些连接的安全性取决于服务提供商。

2. 远程工作人员的连接需求

无论使用哪种远程连接技术有效地连接到公司网络，远程工作人员都需要家庭办公室组件和企业组件。

- **家庭办公室组件**：必备的家庭办公室组件包括笔记本电脑或台式计算机、宽带接入（有线、DSL 或无线）以及 VPN 路由器或安装在计算机上的 VPN 客户端软件。附加组件可能包括无线接入点。出行时，远程工作人员需要使用 Internet 连接和 VPN 客户端通过任何可用的拨号连接、网络连接或宽带连接与企业网络相连。
- **企业组件**：企业组件包括支持 VPN 的路由器、VPN 集中器、多功能安全设备以及用于弹性聚集和终止 VPN 连接的身份验证和集中管理设备。

支持服务质量（QoS）的 VoIP 和视频会议组件也逐渐成为远程工作人员工具包的组成部分。QoS 是指网络根据语音和视频应用程序的需要为选定的网络流量提供更优质服务的能力。为 VoIP 和视频会议提供支持需要升级支持 QoS 功能的路由器和设备。

图 6-2 中显示了将远程工作人员与企业网络相连的加密 VPN 隧道，它是远程工作人员能够安全、可靠地连接的主要基础。

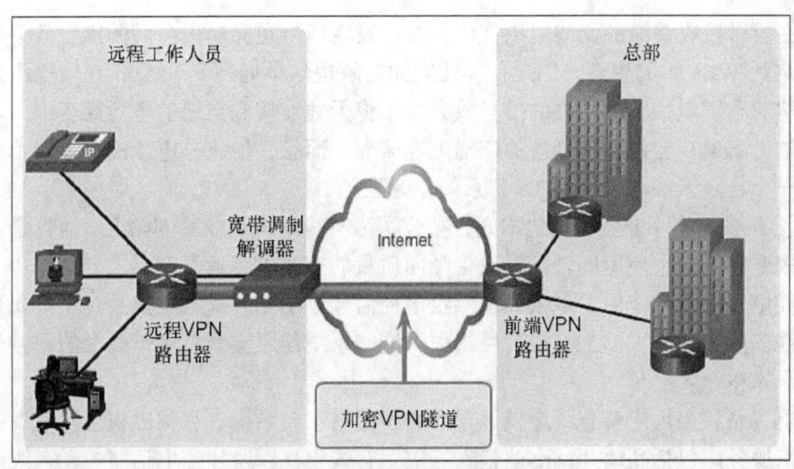

图 6-2　远程工作人员的连接需求

VPN 是使用公共电信基础架构的私有数据网络，在安全上利用隧道协议和安全规程保持私密性。本课程将 IPSec（IP 安全性）协议作为首选的安全 VPN 隧道构建方法加以介绍。与早期的安全方法不同，IPSec 并不是在 OSI 模型的应用层采取安全措施，而是在处理数据包的网络层采取安全措施。

如上所述，安全 VPN 隧道用于公共电信基础设施。这意味着在启动 VPN 之前，家庭用户必须首先使用某种高速宽带接入形式成功连接到 Internet 服务。宽带接入的三种常见形式包括：

- 有线；
- DSL；
- 无线宽带。

Interactive Graphic

练习 6.1.2.3：远程工作人员连接需求分类

切换至在线课程以完成本次练习。

6.2　比较宽带解决方案

远程工作人员通常使用各种应用（如电子邮件、基于 Web 的应用、任务关键应用、实时协作、语音、视频和视频会议），这些应用要求连接具有高带宽。连接远程工作人员时，需要重点考虑的是选择合适的接入网络技术以及确保带宽能够满足需要。本节讨论不同类型的宽带解决方案。

6.2.1　有线

本节讨论有线宽带服务。

1. 什么是有线电视系统

通过有线电视网络接入 Internet 是远程工作人员访问企业网络时常用的一种连接方式。有线电视系统使用同轴电缆将射频（RF）信号输送到网络各处。同轴电缆是构建有线电视系统时所使用的主要介质。

有线电视于 1948 年诞生于美国宾夕法尼亚州。John Walson 是该州一个山区小镇电器商店的店主，他的一些客户在尝试接收费城的无线电电视信号时，发现信号在穿越山区后的接收效果很差，由于此情况可能会影响到 Walson 的生意，因此他便研究如何解决这个问题。Walson 在当地山顶的电线杆上架设了天线，然后利用电缆和改装过的信号放大器，将天线连接到自己的电器商店中。这样，他的商店便能从费城的三家电视台接收到清晰的广播电视信号。而且，他还在电缆沿线连接了几位客户。这样，美国的第一个社区天线电视（CATV）系统便诞生了。

Walson 的公司多年来不断壮大，他本人也被公认为有线电视行业的创始人。他也是第一个使用微波导入远程电视台和第一个使用同轴电缆改善画面质量的有线电视运营商。

大多数有线电视运营商使用卫星天线来接收电视信号。早期的有线电视系统是单向系统，以串联方式在网络沿线安置级联放大器来补偿信号损失。这些系统使用支线将主干线中的视频信号通过引入电缆连接到用户家中。

现代有线电视系统在用户与有线电视运营商之间提供双向通信。有线电视运营商现在能够为客户提供先进的电信服务，包括高速 Internet 接入、数字有线电视以及住宅电话服务。有线电视运营商通常部署光纤同轴电缆混合（HFC）网络来支持向 SOHO 处的电缆调制解调器高速传输数据。

图 6-3 中显示了现代有线电视系统的拓扑示例，表 6-1 总结了有线电视分布系统的各个部分。

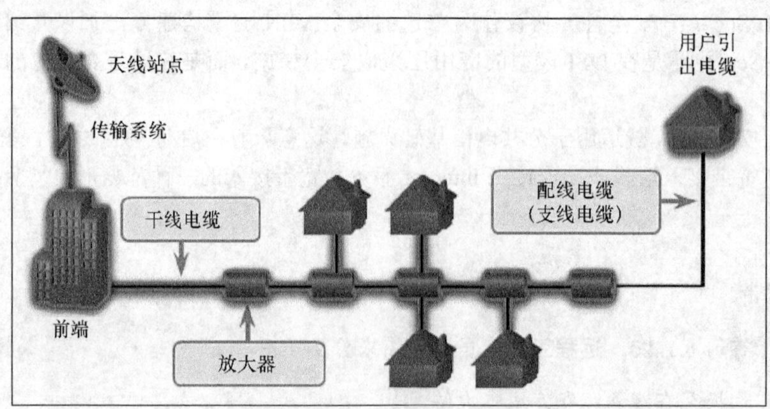

图 6-3 有线电视系统示例拓扑

表 6-1 有线电视分布式系统的组成部分

组成部分	说明
天线站点	天线站点的位置需要最适合接收无线电广播信号、卫星信号，有时还需要接收点到点信号。主要的接收天线和卫星天线都位于天线站点
传输系统	传输网络将远程天线站点连接到前端，或将远程前端连接到分布式网络。传输网络可以是微波、同轴超干线或光纤
前端	这是首次接收、处理、格式化信号并将信号分发给下游有线电视网络的地方。前端设施通常不配备人员，有安全防护措施，类似于电话公司的中心局
分布式网络	在名为树状系统的传统有线电视系统中，分配网络由干线电缆和配线电缆组成。干线电缆是将整个社区服务区的信号分发到配线电缆的主干，通常使用直径 0.750 英寸（19 毫米）的同轴电缆。配线电缆从干线电缆分流，通过同轴电缆连接到服务区内的所有用户。配线电缆通常为直径 0.50 英寸（13 毫米）的同轴电缆
用户引出电缆	用户引出电缆将用户连接到有线电视服务。用户引出电缆是指分配网络的配线电缆部分与用户终端设备（例如电视机、蓝光播放器、高清电视机顶盒或有线电视调制解调器）之间的连接。用户引出电缆由无线广播级（RG）同轴电缆（通常是 59 系列或 6 系列同轴电缆）、接地和附接设备、无源设备以及机顶盒组成

2. 电缆和电磁频谱

电磁频谱包括大范围的各种频率。

频率是指电流或电压周期发生的速率。频率计算为每秒波数。波长是从一个波的峰值到下一个波的峰值之间的距离。波长是电磁信号传播速度与其频率（单位为每秒循环次数）的商。

无线电波通常称为 RF，构成了大约 1 kHz～1 THz 之间的电磁频谱。当用户使用收音机或电视机调谐以搜索不同的无线电台或电视频道时，实际上是在将其调到该 RF 频谱的不同电磁频率。有线电视系统也遵循同样的原理。

有线电视行业也使用一部分 RF 电磁频谱。在电缆内，不同的频率传送不同的电视频道和数据。在用户端，用户将电视、蓝光播放器、录像机和高清晰电视机顶盒等设备调谐到特定频率来观看电视频道，或使用电缆调制解调器来高速接入 Internet。

有线电视网络能够在电缆上同时双向传输信号，通常使用以下频率范围。

- **下行**：RF 信号从来源（或前端）传输到目的地（或用户）的方向，例如电视频道和数据。从来源向目的地的传输称为正向通路。下行频率的范围是 50 MHz～860 MHz。
- **上行**：RF 信号从用户传输到前端的方向。上行频率的范围是 5 MHz～42 MHz。

3. DOCSIS

有线电缆数据服务接口规范（DOCSIS）是由 CableLabs 制定的一项国际标准，该机构是一家非盈利性的电缆相关技术研发联盟。CableLabs 测试并认证电缆设备供应商的设备，如电缆调制解调器和电缆调制解调器端接系统，并授予 DOCSIS 认证或合格证书。

DOCSIS 定义了有线电缆数据系统的通信和运行支持接口要求，并允许为现有 CATV 系统添加高速数据传送功能。有线电视运营商使用 DOCSIS 通过其现有的光纤同轴电缆混合（HFC）基础架构来提供 Internet 接入服务。

DOCSIS 对 OSI 第 1 层和第 2 层有以下要求。

- **物理层**：对于有线电视运营商可以使用的数据信号，DOCSIS 将信道宽度（每个信道的带宽）规定为 200kHz、400kHz、800kHz、1.6MHz、3.2MHz 及 6.4MHz。DOCSIS 还规定了调制技术，即如何使用 RF 信号传递数字数据。
- **MAC 层**：定义指定的接入方法——时分多址（TDMA）或同步码分多址（S-CDMA）。

对各种通信技术的通道访问分割方法加以说明有助于理解 DOCSIS 对 MAC 层的要求。TDMA 按时间分割访问；频分多址（FDMA）按频率分割访问；码分多址（CDMA）采用扩频技术和一种特殊的编码方案，按照该方案，每个发送器都分配有一个具体的代码。

我们可以打一个比方来说明这些概念，首先我们用一个房间来表示一个信道，房间里站满了人，他们需要彼此通话。换句话说，每个人都需要信道访问。一种解决方案是让大家轮流讲话（即时分），另一种解决方案则是让每个人以不同的音调讲话（即频分）。在 CDMA 中，人们会以不同的语言讲话，操相同语言的人能够听得懂对方的话，与其他人则无法交流。在许多北美移动电话网络使用的无线电 CDMA 中，每一组用户都有一个共享代码。有许多代码占用的都是同一信道，但只有与特定代码关联的用户才能听懂对方的话。S-CDMA 是由 Terayon Corporation 为在同轴电缆网络中传输数据而开发的专有版本 CDMA。S-CDMA 使数字数据散布于宽频段各处，这样多位用户便可同时连接到网络来收发数据。而且，S-CDMA 非常安全并具备极强的抗干扰能力。

北美有线电视系统与欧洲有线电视系统间的频段分配方案并不相同。相关机构推出了针对该地区的 Euro-DOCSIS。DOCSIS 与 Euro-DOCSIS 之间的主要差别是信道带宽。全球各地的不同电视技术标准，会影响 DOCSIS 地区版本的制定。现行的国际电视标准包括覆盖北美及日本部分地区的 NTSC，覆盖欧洲大部、亚洲、非洲、澳大利亚、巴西及阿根廷的 PAL，以及覆盖法国和一些东欧国家的 SECAM。

4. 电缆组件

在有线电视网络上提供服务需要不同的无线电频率。下行频段是 50MHz～860MHz，上行频段是 5MHz～42MHz。

在有线电视系统中传送上行和下行数字调制解调器信号需要使用以下两种类型的设备：

- 在有线电视运营商前端使用的有线电视调制解调器端接系统（CMTS）；
- 在用户端使用的有线电视调制解调器（CM）。

图 6-4 显示了通过电缆进行端到端数据传播所用到的设备。表 6-2 总结了用到的各种组件。

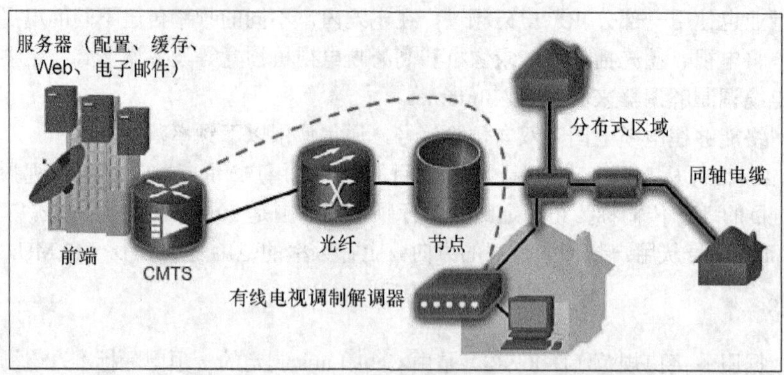

图 6-4　通过有线电视进行端到端数据传播

表 6-2　有线电视系统中的组件

组件	说明
有线电视调制解调器终端系统（CMTS）	CMTS 与有线电视网络中的有线电视调制解调器交换数字信号。前端 CMTS 与位于用户家中的 CM 进行通信
光纤	有线电视网络的干线电缆部分通常为光纤电缆
节点	节点将光信号转换为 RF 信号
有线电视调制解调器	有线电视调制解调器使得用户能够高速接收数据。通常，有线电视调制解调器与计算机内的标准 10BASE-T 以太网卡相连

前端CMTS与用户家中的CM通信，它实际上是一个路由器，带有用于为有线电视用户提供Internet服务的数据库。这种架构相对简单，采用光纤同轴电缆混合网络，以光纤替代带宽较低的同轴电缆。

通过光纤干线电缆网络将前端连接到各个节点，然后在节点处将光信号转换为 RF 信号。与同轴电缆一样，光纤也可以同时传送 Internet 连接、电话服务和视频流宽带内容。同轴支线电缆从节点引出，将 RF 信号传送给用户。

在现代 HFC 网络中，一个有线电视网络段一般连接有 500～2000 位活跃的数据用户，他们共同分享上行和下行带宽。CATV 线路上的 Internet 服务实际带宽在使用 DOCSIS 的最新迭代时，下行带宽可以高达 160Mbit/s，上行带宽可以高达 120Mbit/s。

因使用量大而导致拥塞时，有线电视运营商可以通过再分配一个用于高速数据传输的电视频道来增加数据服务的带宽，这种带宽增加方案实际上是将用户的可用下行带宽加倍。另一种方案是减少每个网络段所服务的用户数量。为减少用户数量，有线电视运营商需要对网络做进一步细分，铺设的光纤连接点要更深入服务区。

Interactive Graphic

练习 6.2.1.5：确定有线术语

切换至在线课程以完成本次练习。

6.2.2 DSL

本节将讨论另外一种宽带技术：DSL。

1. 什么是 DSL

DSL 是一种通过埋设的铜缆提供高速连接的连接方式。DSL 是其中一种重要的远程工作人员解决方案。

若干年前，贝尔实验室发现本地环路上的一般语音会话所需的带宽仅为 300Hz～3kHz，许多年来，电话网络中 3kHz 以上频段的带宽未得到利用。技术的进步使 DSL 能够利用 3kHz～1MHz 这部分额外带宽通过普通的铜线提供高速数据服务。

举例来说，非对称 DSL（ADSL）使用的频段是 20kHz～1MHz。幸运的是，只需对电话公司现有基础架构做较小的更改，便可为用户提供高带宽数据传输速率。图 6-5 中表示的是铜缆上分配给 ADSL 使用的带宽空间。

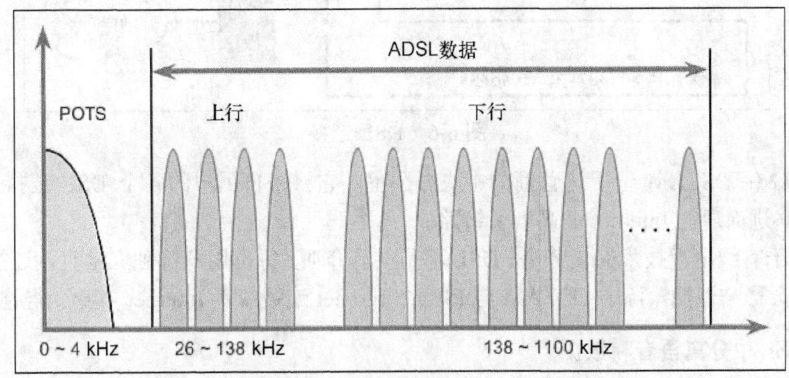

图 6-5 电磁频谱中的非对称 DSL

标记 POTS 的区域表示语音级电话服务所占用的频段。标记 ADSL 的区域表示 DSL 上行和下行信号所占用的频段。包含 POTS 区域和 ADSL 区域的区域表示铜缆对支持的整个频段。

DSL 技术的另一种形式是对称 DSL（SDSL）。所有形式的 DSL 服务都归属 ADSL 和 SDSL 这两种类型，每种类型都有几种变体。ADSL 为用户提供的下行带宽比上行带宽要高，而 SDSL 提供的上行带宽和下行带宽相同。

DSL 的不同变体支持不同带宽，有些甚至能够超过 40Mbit/s。转发速率取决于本地环路（用户连接到中央办公室）的实际长度与布线的类型和条件。要让 ADSL 服务满足要求，环路必须短于 3.39 英里（5.46 公里）。

2. DSL 连接

服务提供商在本地电话网络架设的最后一个步骤（称为本地环路或最后一公里）是部署 DSL 连接。连接是在一对调制解调器之间建立的，这两个调制解调器分别位于连接客户端设备（CPE）与 DSL 接入复用器（DSLAM）的铜缆两端。DSLAM 设备位于提供商的中央办公室（CO），用于集中来自多位 DSL 用户的连接。DSLAM 通常内置在聚合路由器中。

图 6-6 所示的是为 SOHO 提供 DSL 连接所需的关键设备。

两个关键组件是 DSL 收发器和 DSLAM。

- **收发器：**将远程工作人员的计算机连接到 DSL。收发器一般是使用 USB 电缆或以太网电缆连接到计算机的 DSL 调制解调器。新型 DSL 收发器可以内置在具有多个 10/100 交换机端口（适用于家庭办公）的小型路由器内。

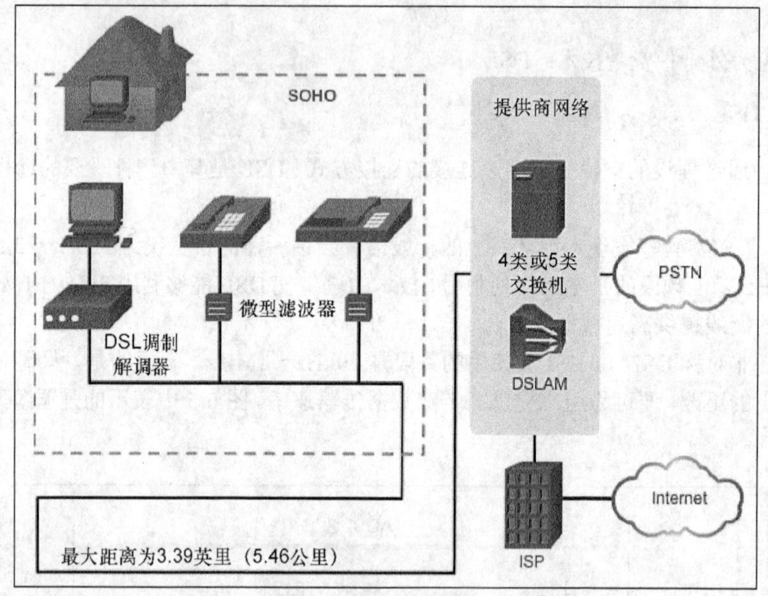

图 6-6 DSL 连接

- **DSLAM**：DSLAM 位于运营商的中央办公室，它将来自用户的各个 DSL 连接合并成一个通往 ISP 进而通往 Internet 的高容量链路。

DSL 相对于有线电视技术的优势是，DSL 不是共享介质。每位用户都独立地直接连接到 DSLAM，增加用户也不会影响性能，除非 DSLAM 与 ISP 的 Internet 连接或者 Internet 本身变得饱和。

3. 在 ADSL 中分离语音和数据

ADSL 的主要优点是能够随 POTS 语音服务一并提供数据服务。如图 6-7 所示，语音传输和数据信号沿同一个线对传播。语音交换机卸载了数据电路。

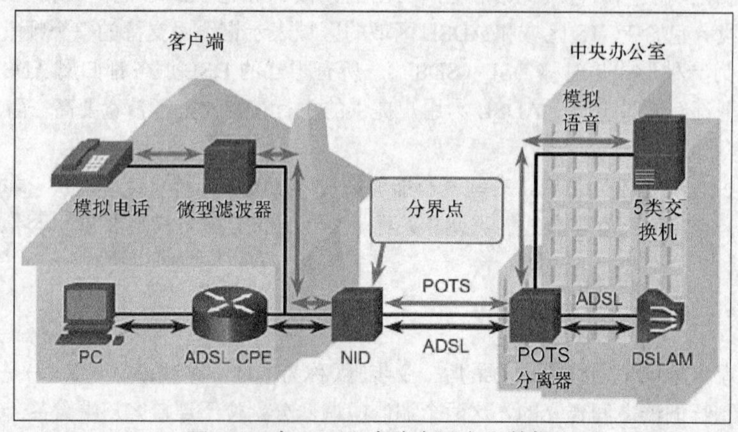

图 6-7 在 ADSL 中分离语音和数据

当服务提供商将模拟语音和 ADSL 放在同一个线对时，ADSL 信号会干扰语音传输。因此，提供商在客户端使用滤波器或分离器来分离 POTS 信道与 ADSL 调制解调器。这样设置能够确保即使 ADSL 出现故障，常规电话服务也不会中断。安装滤波器或分离器后，用户便可同时使用电话线和 ADSL 连接而互不干扰。

图 6-7 所示为端接于客户端分界点的本地环路，分界点是电话线路进入客户端的点。指示分界点的实际设备是网络接口设备（NID）。用户可在此处为电话线连接分离器。连接后，分离器便可将电话线分流，一条支线提供原有的住宅电话线路，另一条支线则连接到 ADSL 调制解调器。分离器充当低通滤波器，只允许 0～4 kHz 频率的信号进出电话。

在客户端分离 ADSL 和语音有两种方法：使用微型滤波器或使用分离器。

如图 6-8 所示，微型滤波器是有两个端的无源低通滤波器。

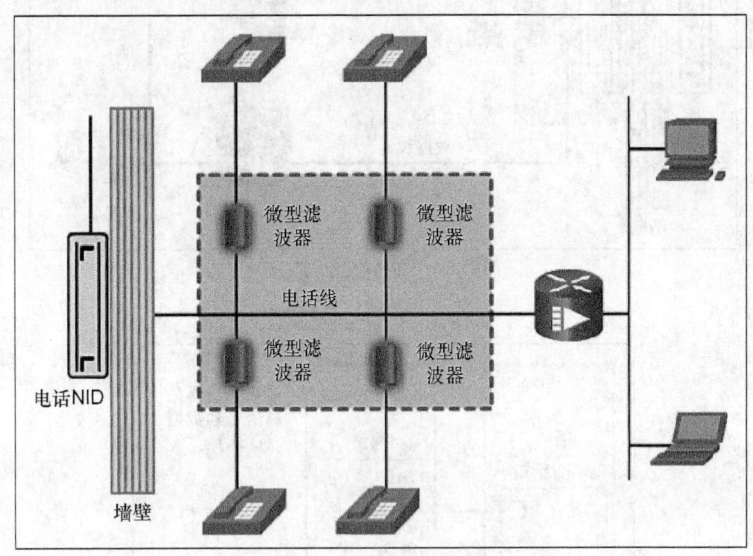

图 6-8　微型滤波器

微型滤波器的一端连接到电话，另一端连接到电话的墙壁插孔。图 6-9 中显示了微型滤波器的图像。此解决方案允许用户使用室内的任何电话插孔接收语音或 ADSL 服务。

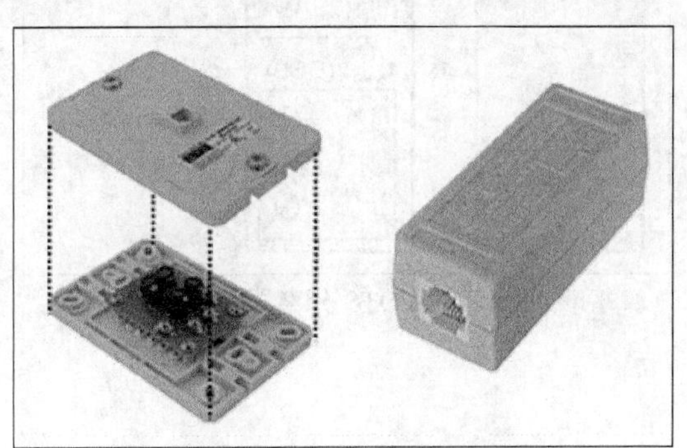

图 6-9　微型滤波器示例

如图 6-10 所示，POTS 分离器可分离 DSL 流量与 POTS 流量。它是一种无源设备。

图 6-11 显示了 POTS 分离器示意图。

出现电源故障时，语音流量仍然可以传送到电信公司总机房处的语音交换机。分离器位于总机房处，有时也会部署在客户端。在总机房，POTS 分离器将发往 POTS 连接的语音流量与发往 DSLAM 的数据流量分离。一般而言，在 NID 处安装 POTS 分离器，需要技术人员前往客户所在地。

Interactive Graphic

练习 6.2.2.4：确定 DSL 术语

切换至在线课程以完成本次练习。

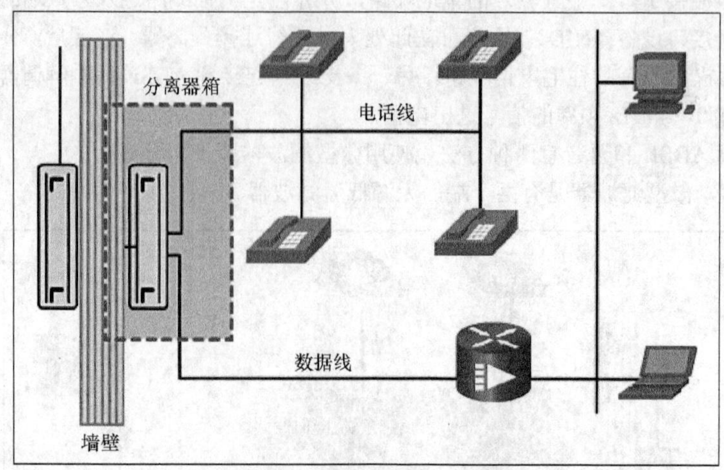

图 6-10 POTS 分离器

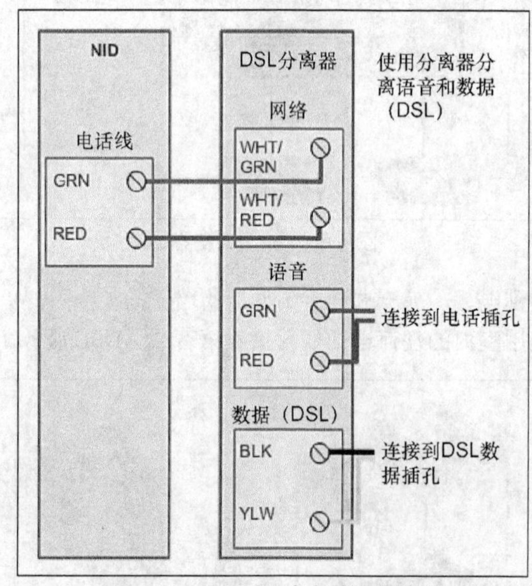

图 6-11 POTS 分离器示意图

6.2.3 无线宽带

本节讨论无线宽带技术。当有线连接和 DSL 不可用时，无线宽带是一种可行的选择。

无线宽带技术的类型

许多用户目前选择无线连接来取代有线连接和 DSL。

无线连接目前包括个域网、LAN 和 WAN。热点数量使全球范围的无线连接接入能力得到了增强。热点是指由一个或多个互联接入点覆盖的区域。公众聚集场所（例如咖啡店、咖啡馆及图书馆）都具有 Wi-Fi 热点。通过重叠接入点，热点可以覆盖许多平方英里的区域。

无线宽带技术领域的新发展正在使无线连接的覆盖范围不断扩展。表 6-3 总结了以下宽无线技术。

表 6-3 无线技术

无线技术	说明
城市 Wi-Fi（互连）	■ IEEE 802.11 标准通常称为 Wi-Fi ■ 实施采用的是互连拓扑，每个节点有一个接入点 ■ 变体包括 802.11a/b/g/n/ac/ad ■ 支持高达 7Gbit/s 的速度
WiMAX（微波接入全球互通）	■ IEEE 802.16 标准通常称为 WiMAX ■ 采用点到多点拓扑来提供无线蜂窝宽带接入 ■ 支持高达 1Gbit/s 的速度
蜂窝/移动	■ 蜂窝/移动宽带接入由支持高达 5Mbit/s 速度的多种标准组成 ■ 变体包括 2G（使用 GSM、CDMA 或 TDMA）、3G（使用 UMTS、CDMA2000、EDGE 或 HSPA+）、4G（使用 WiMAX 或 LTE）
卫星 Internet	■ 通过使定向卫星天线与 GEO 卫星对齐来进行卫星通信 ■ 适合没有其他无线接入的偏远地区 ■ 支持高达 10Mbit/s 的下载速度

城市 Wi-Fi

许多市政府通常与服务提供商联合部署无线网络。有些网络是以免费方式或远低于其他宽带服务的价格提供高速 Internet 接入；而有些城市则部署了专供官方使用的 Wi-Fi 网络，以便警察、消防员和公务员能够远程接入 Internet 及各种市政网络。

大部分市政无线网络采用的是互连拓扑，而不是集中星型模型。如图 6-12 所示，互连是一系列相互连接的接入点。

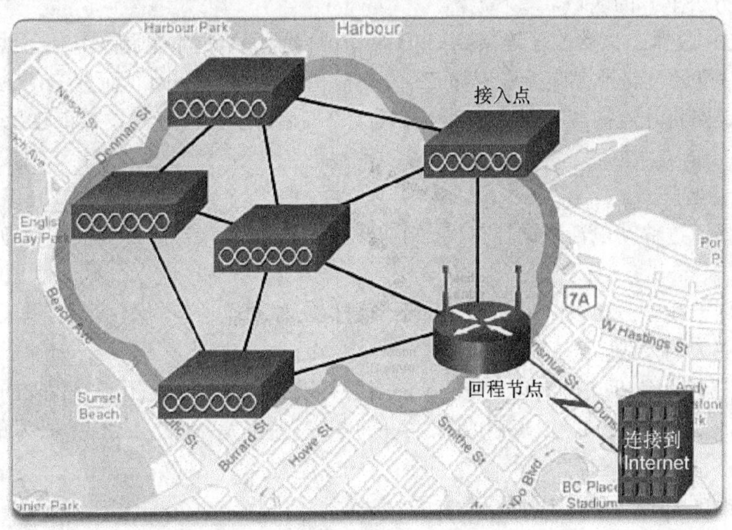

图 6-12 城市 Wi-Fi（互连）实施

每个接入点都在覆盖范围内，并且能够与至少两个其他接入点进行通信。互连使无线电信号遍布其覆盖的区域，信号通过这个网络云在接入点之间传送。

互连网络在以下几个方面优于单个无线路由器热点。安装更容易，而且由于使用的电缆较少，成本也更低。在大型城区部署更快、更可靠。某个节点出现故障时，互连网络中的其他节点会做出补偿。

WiMAX

如图 6-13 所示，WiMAX 是一种旨在以各种方式（从点对点链路到全移动蜂窝式接入）远距离提供无线数据的电信技术。与 Wi-Fi 相比，WiMAX 的传输速度更高，传输距离更远，支持的用户也更多。由于其速度（带宽）较高，并且组件价格不断下降，因此预计 WiMAX 不久便会取代市政网状网络，成为新的首选无线部署方案。

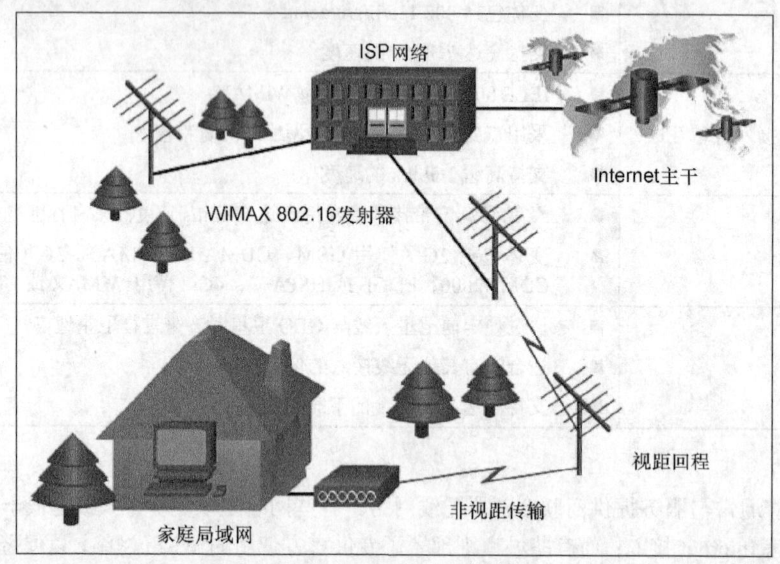

图 6-13 WiMAX 实施

WiMAX 网络由两个主要组件构成。

- WiMAX 塔：概念上类似于移动电话塔。一座 WiMAX 塔可以覆盖广达 3000 平方英里（接近 7500 平方公里）的区域。
- WiMAX 接收器：该接收器连接到 USB 端口或内置于笔记本电脑或其他无线设备。

WiMAX 塔站可通过高带宽连接（例如 T3 线路）直接连到 Internet。而各 WiMAX 塔之间又可借助视距范围微波链路相互连接，从而使 WiMAX 覆盖“最后一公里”有线技术和 DSL 技术无法到达的农村地区。

蜂窝/移动电话实施

移动宽带是指通过移动电话塔向计算机、手机和使用便携式调制解调器的其他数字设备传输无线 Internet 接入。

移动电话使用无线电波通过附近的移动电话塔通信。移动电话有一个小无线电天线。提供商在信号塔顶部安装了更大的天线。

蜂窝/移动宽带接入包括支持高达 5 Mbit/s 的多种标准。变体包括使用 GSM、CDMA 或 TDMA 的 2G；使用 UMTS、CDMA2000、EDGE 或 HSPA+的 3G；使用 WiMAX 或 LTE 技术的 4G。移动电话订购不一定包括移动宽带订购。

讨论蜂窝/移动网络时，通常用到三个术语。

- **无线 Internet**：移动电话或使用相同技术的任何设备的 Internet 服务的通用术语。
- **2G/3G/4G 无线**：通过第二、第三和第四代无线移动技术的发展，显著改变移动电话公司的无线网络。
- **长期演进（LTE）**：4G 技术中更新、更快的技术。

卫星实施

卫星 Internet 服务可用于无法提供固网 Internet 接入的地区，或不停变换位置的临时设施。使用卫星的 Internet 接入方式能够覆盖全球，包括为海上的船只、飞行中的飞机以及地上行驶的车辆提供 Internet 接入。

使用卫星连接到 Internet 有以下三种方式。

- **单向组播**：卫星 Internet 系统用于 IP 组播型数据、音频和视频的分发。尽管大部分 IP 协议要求采用双向通信，但对于包括网页的 Internet 内容，使用单向卫星 Internet 服务即可将各种页面“推送”至最终用户的本地存储。双向互动是不可能的。
- **单向地面回传**：卫星 Internet 系统使用的是传统的拨号接入方式，它通过调制解调器发送出站数据，并从卫星上接收下载的数据。
- **双向卫星 Internet**：通过卫星从远程站点向集线器发送数据，再由集线器将数据发送到 Internet。每个地点的卫星天线都需要精确定位以避免干扰其他卫星。

图 6-14 所示的是一个双向卫星 Internet 系统。

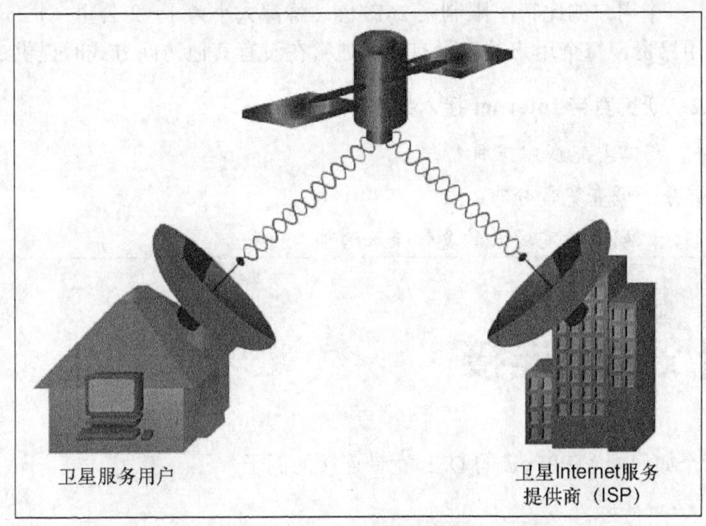

图 6-14 双向卫星实施

上传速度大约是下载速度的 1/10，约在 500kbit/s 范围内。

安装天线时必须使其朝向赤道（大部分轨道卫星的驻扎点）且在该方向上不能有障碍，树木和大雨等都会影响信号的接收效果。

双向卫星 Internet 使用 IP 组播技术，利用该技术，一颗卫星最多可以同时为 5000 个通信通道提供服务。由于 IP 组播是以压缩格式来发送数据，因此可以将数据从一个点同时发送到许多个点。而使用压缩技术既减少了数据大小，又降低了带宽需求。

公司可以使用卫星通信和甚小口径终端（VSAT）创建私有 WAN。VSAT 是类似于卫星电视使用的那种天线，通常宽度约为 1 米。VSAT 卫星天线位于外部，指向特定卫星并连接到专用路由器接口，而该路由器位于建筑物内部。使用 VSAT 可以创建私有 WAN。

Interactive Graphic

练习 6.2.3.3：确定无线宽带术语

切换至在线课程以完成本次练习。

6.2.4 选择宽带解决方案

在本节中，我们重点介绍各宽带解决方案之间的差异。

比较宽带解决方案

每种宽带解决方案都有各自的优缺点。理想方式是将光缆直接连接到 SOHO 网络。有些位置只有一种方案，例如有线或 DSL。有些位置只有 Internet 连接的无线宽带选项。

如果有多种宽带解决方案，应执行成本与收益分析来确定最佳解决方案。

要考虑的一些因素如下所示。

- **有线**：多个用户共享带宽，上行数据速率通常较慢。
- **DSL**：带宽有限，易受距离影响，与下行速率相比，上行速率相对较小。
- **光纤到户**：需要光纤直接安装到家庭。
- **蜂窝/移动**：覆盖范围通常是问题所在，即使在 SOHO 中，带宽也相对有限。
- **Wi-Fi 网状**：大多数城市没有部署网状网络；如果具有网状网络并且 SOHO 在范围内，则这也是一种可行方案。
- **WiMAX**：每个用户的比特率限制到 2Mbit/s，蜂窝大小为 1～2 公里（1.25 英里）。
- **卫星**：费用昂贵，每个用户的容量有限；通常在没有其他访问方式时提供访问。

实验 6.2.4.2：研究宽带 Internet 接入技术

在本实验中，您需要完成以下目标。

- 第 1 部分：调查宽带分布。
- 第 2 部分：研究特定场景的宽带接入选项。

6.3 配置 xDSL 连接

本节提供了一个如何配置 PPPoE 的 DSL 宽带连接的例子。

6.3.1 PPPoE 概述

本节介绍以太网 PPP（PPPoE）。

1. PPPoE 动因

除了了解可供宽带 Internet 接入使用的各种技术之外，还有必要了解 ISP 用来形成连接的基础数据链路层协议。

ISP 常用的数据链路层协议是点对点协议（PPP）。PPP 可在所有串行链路上使用，包括使用拨号和 ISDN 调制解调器创建的链路。到目前为止，拨号用户到 ISP 之间使用模拟调制解调器的链路可能使用 PPP。图 6-15 显示了使用 PPP 的模拟拨号连接的基本表示方法。

此外，ISP 通常使用 PPP 作为宽带连接的数据链路层协议。这样做主要有以下几个原因。首先，PPP 能够为 PPP 链路的远程终端分配 IP 地址。当启用 PPP 时，ISP 可以使用 PPP 为每个客户分配一个公共 IPv4 地址。更重要的是，PPP 支持 CHAP 身份验证。ISP 通常要使用 CHAP 验证客户，因为在身份验证过程中，在允许客户连接到 Internet 之前，ISP 可以检查记帐记录来确定客户账单是否已经支付。

这些技术的面市顺序如下，且对 PPP 的支持各异：

- 用于拨号的模拟调制解调器，可以使用 PPP 与 CHAP；
- 用于拨号的 ISDN，可以使用 PPP 与 CHAP；
- DSL，不创建点对点链路并且不支持 PPP 与 CHAP。

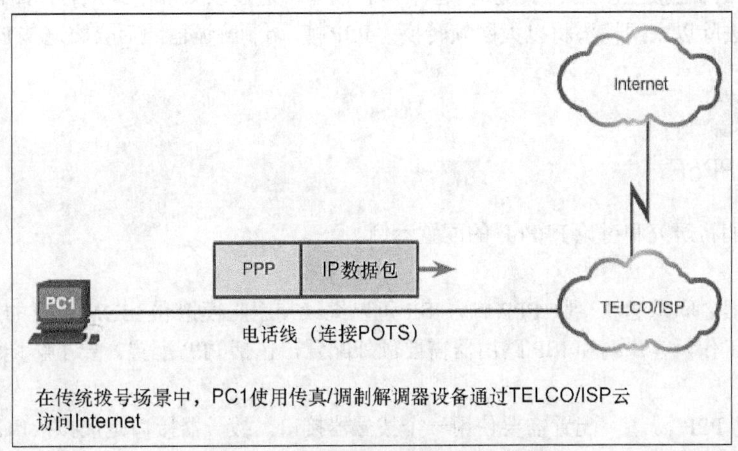

图 6-15 通过传统拨号连接的 PPP 帧

ISP 看重 PPP 的身份验证、记账和链路管理功能。客户看重以太网连接的简便性和可用性。但是，以太网链路本身不支持 PPP。为了解决这一问题，人们开发出了以太网 PPP（PPPoE）。如图 6-16 所示，PPPoE 能够发送以太网帧中封装的 PPP 帧。

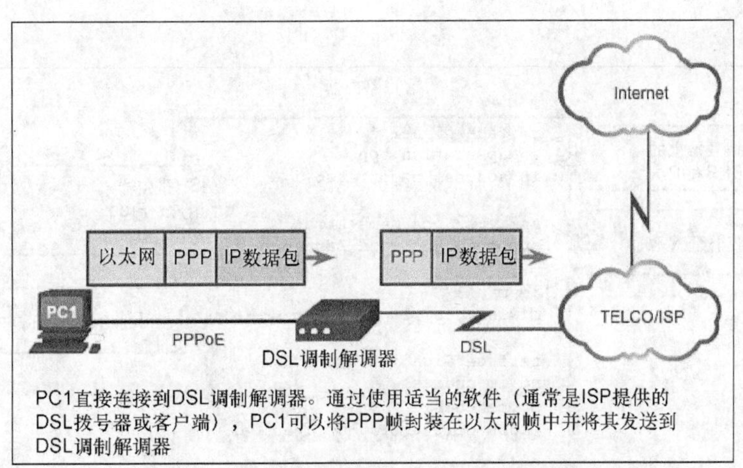

图 6-16 通过以太网连接（PPPoE）的 PPP 帧

2. PPPoE 概念

如图 6-17 所示，客户路由器通常使用以太网电缆连接到 DSL 调制解调器。

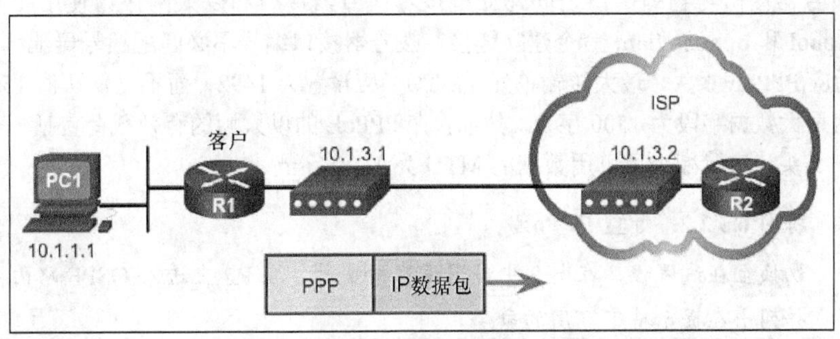

图 6-17 通过隧道创建 PPP 以太网链路

PPPoE 在以太网连接上创建 PPP 隧道。这样 PPP 帧即可通过以太网电缆从客户路由器发送到 ISP。调制解调器通过去除以太网帧头将以太网帧转换为 PPP 帧。调制解调器随后会将这些 PPP 帧传输到 ISP 的 DSL 网络上。

6.3.2 配置 PPPoE

在本节，我们将研究和讨论 PPPoE 的配置示例。

PPPoE 配置

通过在路由器之间发送和接收 PPP 帧，ISP 可以继续使用与模拟和 ISDN 一样的身份验证模式。要使其完全正常工作，客户端和 ISP 路由器需要额外配置，包括 PPP 配置。要了解详细配置，请考虑以下几点。

1. 为了创建 PPP 隧道，配置需要使用一个拨号器接口。拨号器接口是虚拟接口。PPP 配置都在拨号器接口进行，而不是物理接口。拨号器接口使用 **interface dialer** *number* 命令创建。客户端可以配置静态 IP 地址，但更可能由 ISP 自动分配一个公共 IP 地址。
2. PPP CHAP 配置通常定义单向身份验证；因此，ISP 对客户进行身份验证。客户路由器上配置的主机名和密码必须与 ISP 路由器上配置的主机名和密码匹配。请注意图 6-18 中 CHAP 用户名和密码匹配 ISP 路由器上的设置。

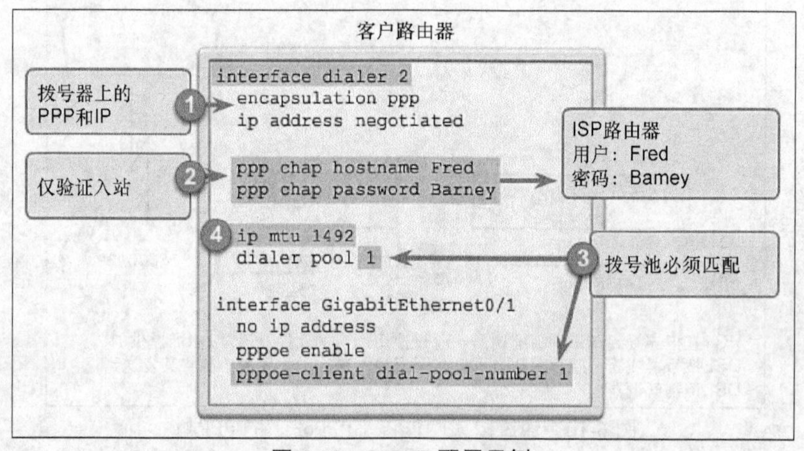

图 6-18 PPPoE 配置示例

3. 然后，通过启用 PPPoE 的 **pppoe enable** 命令启用连接到 DSL 调制解调器的物理以太网接口，并在拨号器接口与物理接口之间建立链接。拨号器接口和以太网接口使用相同的编号通过 **dialer pool** 和 **pppoe-client** 命令建立链接。拨号器接口编号不必匹配拨号器池编号。
4. 为了适应 PPPoE 报头，最大传输单元（MTU）应设置为 1492，而不是默认值 1500。以太网帧的默认最大数据字段为 1500 字节。然而，在 PPPoE 的以太帧的有效载荷包括一个 PPP 帧，它也有一个头。这就减少了可用数据的 MTU 为 1492 字节。

Interactive Graphic

练习 6.3.2.2：配置 PPPoE

切换至在线课程，在图 3 中使用语法检查器，在 R2 上进入 OSPF 路由器配置模式，并列出在提示符下可用的命令。

实验 6.3.2.3：将路由器配置为 DSL 连接的 PPPoE 客户端

在本实验中，您需要完成以下目标。

- 第 1 部分：建立网络。
- 第 2 部分：配置 ISP 路由器。
- 第 3 部分：配置 Cust1 路由器。
- 第 4 部分：配置 OSPF 被动接口。
- 第 5 部分：更改 OSPF 度量。

6.4 总结

课堂练习 6.4.1.1：远程办公建议

您的中小型企业刚刚赢得一个大的营销设计合同。由于办公空间有限，您决定最好雇用远程员工来帮助完成合同。

因此，出于对公司扩展的预期，必须为您的公司设计一个极为通用的远程办公计划。随着签订的合同越来越多，您将会修改并扩展计划来满足公司需求。

为您的公司制定一个基本远程办公建议大纲，作为远程办公计划的基础。

宽带传输可通过多种技术来实现，其中包括数字用户线路（DSL）、光纤到户技术、同轴电缆系统技术、无线技术以及卫星技术。这种传输方式需要在家庭端与企业端提供附加组件。

DOCSIS 是一种允许在现有 CATV 系统中添加高速数据传输的 CableLabs 标准。CATV 线路上的 Internet 服务带宽在使用 DOCSIS 的最新迭代时，下行带宽可以高达 160Mbit/s，同时上行带宽可以高达 120Mbit/s。它要求在有线电视运营商的前端使用有线电视调制解调器端接系统（CMTS），而在用户端使用有线电视调制解调器（CM）。

DSL 技术的两种基本类型为非对称型（ADSL）和对称型（SDSL）。ADSL 为用户提供的下行带宽比上行带宽要高，而 SDSL 提供的上行带宽和下行带宽相同。DSL 能够提供超过 40Mbit/s 的带宽。DSL 要求在运营商的中央办公室使用 DSLAM，并在客户端的家用路由器中内置接收器。

无线宽带解决方案包括城市 Wi-Fi、WiMAX、蜂窝/移动和卫星 Internet。城市 Wi-Fi 网状网络并未广泛部署。WiMAX 比特率限制为每用户 2Mbit/s。蜂窝/移动覆盖范围是有限的，而且带宽可能会成为问题。卫星 Internet 较为昂贵且范围有限，但也可能是提供访问的唯一方法。

如果一个特定位置有多种宽带连接，应执行成本与收益分析来确定最佳解决方案。最佳解决方案可能是连接到多个服务提供商来实现冗余和可靠性。

6.5 练习

以下提供了有关本章所介绍的主题的练习。实验和课堂练习可参阅配套教材《连接网络实验手册》。Packet Tracer 练习的 PKA 文件可在在线课程中下载。

6.5.1 课堂练习

课堂练习 6.0.1.2：宽带类型

课堂练习 6.4.1.1：远程办公建议

6.5.2 实验

实验 6.2.4.2：研究宽带 Internet 接入技术

实验 6.3.2.3：将路由器配置为 DSL 连接的 PPPoE 客户端

6.6 检查你的理解

请完成以下所有复习题，以检查您对本章要点和概念的理解情况。答案列在本书附录中。

1．技术人员正尝试向客户解释宽带技术，他应该用下列哪种描述教育用户？（选择 2 项）
   A．它包括使用 POTS 的拨号连接
   B．它与多路复用不兼容
   C．它使用的频段较宽
   D．它持续提供 128kbit/s 甚至更高的速度
   E．它需要与服务提供商进行视线连接

2．如果远程工作人员需要在出差时移动接入且无法使用宽带连接时，应使用哪种连接？
   A．住宅有线电视
   B．DSL
   C．拨号
   D．卫星

3．DOCSIS 和 Euro-DOCSIS 之间的主要差别是什么？
   A．流量控制机制
   B．最大数据传输速率
   C．接入方法
   D．信道带宽

4．如果要您描述 DSL 技术，下列哪种说法有助于用户理解该技术？（选择 2 项）
   A．ADSL 可以干扰语音流量，因此在手机连接时需要微型滤波器或分离器
   B．ADSL 的上行带宽通常比下行带宽高
   C．ADSL 传输速率随本地环路长度的增加而降低
   D．各种 DSL 都提供相同的带宽
   E．只要有电话就可使用 DSL
   F．SDSL 的下行带宽通常比上行带宽高

5．在一般的 DSL 安装环境中，哪种设备装在客户处？（选择 2 项）
   A．CM
   B．DOCSIS

C．DSLAM

D．微型滤波器或分离器

E．DSL 收发器

6．关于远程办公的哪两个陈述是正确的？（选择 2 项）

A．远程办公增加了病假和休假的使用率

B．远程办公增加了跟踪任务进度的难度

C．远程办公增加了办公费用

D．远程办公需要实施新的管理风格

E．远程办公导致较慢的客户服务响应时间

7．哪种连接足以支持 SOHO 远程工作人员访问 Internet 且最经济？

A．到 Internet 的 T1 链路

B．拨号

C．单向多播卫星 Internet 系统

D．到 ISP 的 DSL

8．哪种无线标准使用 2GHz～6GHz 的授权和免授权频段，且传输速度为 70Mbit/s 时最远可传输 50 千米？

A．802.11b

B．802.11e

C．802.11g

D．802.11n

E．802.16

9．有线电视提供商通常使用下面哪项向 SOHO 有线电视调制解调器提供高速数据传输？

A．1000BASE-TX

B．宽带铜质同轴电缆

C．高速拨号有线电视调制解调器

D．混合光纤同轴电缆（HFC）

10．下列哪个有线网络通信技术的描述是正确的？

A．码分多址（CDMA）按时间分割访问

B．频分多址（FDMA）采用扩频技术和一种特殊的编码方案

C．同步码分多址（S-CDMA）增加了一层安全性和降噪功能

D．时分多址（TDMA）按频率分割访问

11．哪个关于 DSL 的陈述是正确的？

A．当本地环路超过 5 公里（3.39 里）时，DSL 是不错的选择

B．DSL 速度更快，采用 HFC 基础设施

C．DSL 不是共享介质

D．DSL 需要使用 DOCSIS 协议

E．DSL 上传和下载的速度始终是相同的

F．每个 DSL 调制解调器都具有终止在 CMTS 的单独连接

第 7 章

保护站点到站点连接

学习目标

通过完成本章学习，您将能够回答下列问题：

- VPN 技术的优点是什么？
- 什么是站点到站点 VPN 和远程访问 VPN？
- GRE 隧道的用途和特点是什么？
- 如何配置站点到站点的 GRE 隧道？
- IPSec 的特征是什么？
- 如何使用 IPSec 协议框架实施 IPSec？
- AnyConnect 客户端和无客户端 SSL 远程访问 VPN 的实施如何支持业务需求？
- 如何对 IPSec 和 SSL 远程访问 VPN 进行相互比较？

关键术语

下列为本章所用的关键术语。您可以在本书的术语表中找到其定义。

虚拟专用网络（VPN）
通用路由封装（GRE）
思科自适应安全设备（ASA）
IPSec
Internet 密钥交换（IKE）
预共享密钥（PSK）
反重放保护
数据加密标准算法（DES）
三重数据加密标准算法（3DES）
高级加密标准（AES）
Rivest-Shamir-Adleman（RSA）
对称加密
不对称加密
公钥加密
Diffie-Hellman（DH）算法
基于哈希的消息验证代码（HMAC）
安全散列算法（SHA）
RSA 签名
验证报头（AH）
封装安全负载（ESP）
安全套接字层（SSL）
思科 Easy VPN 服务器
思科 Easy VPN 远端
思科 VPN 客户端

简介

当使用公共 Internet 开展业务时，安全是大家关注的问题。虚拟专用网络（VPN）用于确保 Internet 上数据的安全性。VPN 用于在公共网络中创建专用隧道。在通过 Internet 的这个隧道时，通过使用加密并使用身份验证保护数据免受未授权访问，从而保护数据。

本章解释了与 VPN 相关的概念和过程，以及实施 VPN 的优点和配置 VPN 所需的底层协议。

课堂练习 7.0.1.2：VPN 概览

一个中小型企业正在扩展，需要客户、远程工作人员和有线/无线员工能够从任何位置访问主干网络。作为企业的网络管理员，您决定实施安全性高、网络访问简单并且能够节约成本的 VPN。您的工作就是确保所有网络管理员使用相同的知识结构来开始 VPN 规划过程。

需要对 4 个基本 VPN 信息区域进行调查，并将其提供给网络管理团队：

- VPN 的简明定义；
- 一些常见的 VPN 事实；
- IPSec 作为 VPN 安全选项；
- VPN 使用隧道的方式。

7.1 VPN

本节探讨虚拟专用网（VPN）技术及其类型、组成部分、功能特征和优点。

7.1.1 VPN 的基本原理

本节将介绍 VPN，重点强调实施 VPN 解决方案的优点。

1. VPN 简介

组织需要以安全、可靠且经济高效的方式互联多个网络，例如允许分支机构和供应商连接到企业的总部网络。另外，随着远程工作人员的数量不断增加，企业也越来越需要以安全、可靠且经济高效的方式将在 SOHO 以及其他远程位置办公的员工与企业站点的资源连接起来。

图 7-1 中显示了现代网络用于连接远程位置的拓扑。在某些情况下，远程位置只与总部位置连接，而在其他情况下，远程位置可与其他站点连接。

组织使用 VPN 通过第三方网络（例如 Internet 和外联网）来创建端到端的专用网络连接。隧道消除了距离障碍并使远程用户能够访问中心站点的网络资源。VPN 是在公共网络（通常为 Internet）中通过隧道创建的专用网络。VPN 是一种通信环境，在该环境下访问受到严格控制，仅允许定义的某类设备中对等设备之间的连接。

严格来说，最初的 VPN 只是 IP 隧道，并不包含身份验证或数据加密。例如，通用路由封装（GRE）是由思科开发的隧道协议，可在 IP 隧道内封装各种网络层协议数据包类型。这在 IP 网际网络中创建了通往远程站点上思科路由器的虚拟点对点链路。

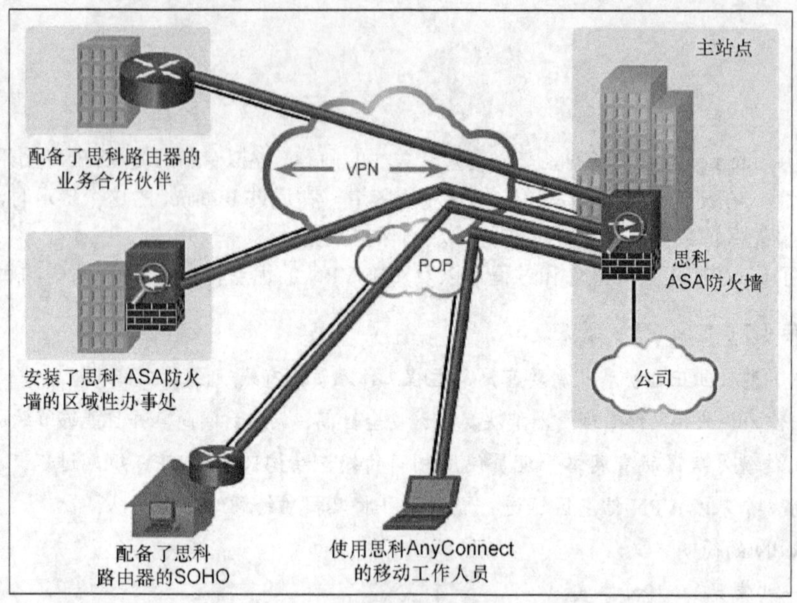

图 7-1 VPN

如今，带有加密功能的 VPN 的安全实施（例如 IPSec VPN），就是通常所指的虚拟专用网络。

要实施 VPN，VPN 网关是必不可少的。VPN 网关可以是路由器、防火墙或思科自适应安全设备（ASA）。ASA 是独立的防火墙设备，将防火墙、VPN 集中器和入侵防御功能整合到一个软件映像中。

2. VPN 的优点

如图 7-2 所示，VPN 使用的是虚拟连接，该虚拟连接通过 Internet 从组织的专用网络连接到远程站点或员工主机。来自专用网络的信息在公共网络中安全地传输，从而形成虚拟网络。

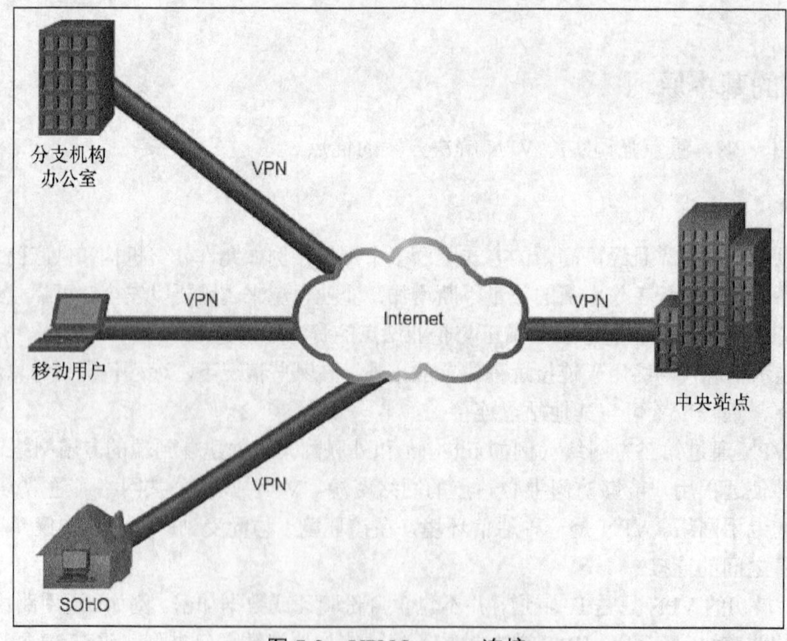

图 7-2 VPN Internet 连接

VPN 的优点如下所示。

- **节约成本**：VPN 使组织能够使用经济有效的第三方 Internet 传输将远程办公室和远程用户连接到主站点；因而，无需使用昂贵的专用 WAN 链路和大量调制解调器。而且，随着经济有效的高带宽技术（例如 DSL）的出现，组织可以使用 VPN 在降低连接成本的同时增加远程连接的带宽。
- **可扩展性**：VPN 使企业能够在 ISP 和设备内使用 Internet 基础设施，从而便于添加新用户。因此，组织无需大规模添置基础架构即可大幅度扩充容量。。
- **与宽带技术的兼容性**：VPN 允许移动员工和远程工作人员使用高速宽带连接（例如 DSL 和电缆）来访问其组织的网络。宽带连接可同时提供灵活性和效率。高速宽带连接还可为连接远程办公室提供经济有效的解决方案。
- **安全性**：通过使用高级加密和身份验证协议来保护数据免遭未授权访问，VPN 具备可提供最高级别安全性的安全机制。

Interactive Graphic

练习 7.1.1.3：确定 VPN 的优点

切换至在线课程以完成本次练习。

7.1.2 VPN 的类型

本节讨论在现代企业里最常部署的两种 VPN 类型。

VPN 网络有两种类型：

- 站点到站点；
- 远程访问。

1. 站点到站点 VPN

当位于 VPN 连接两端的设备已事先获悉 VPN 配置时，将会创建站点到站点 VPN，如图 7-3 所示。

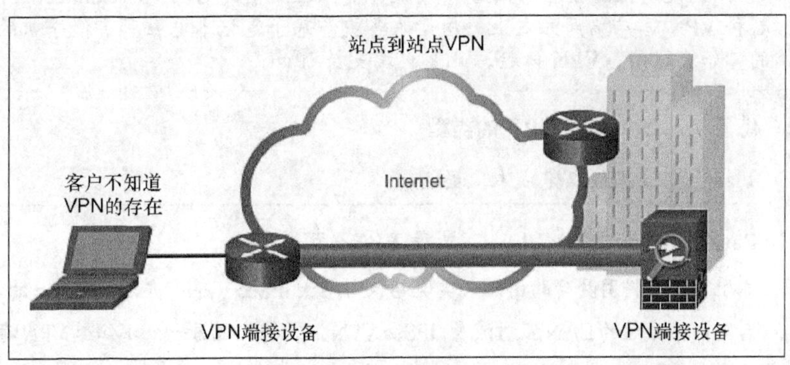

图 7-3 站点到站点 VPN

VPN 是保持静态的，因此内部主机并不知道 VPN 的存在。在站点到站点 VPN 中，终端主机通过 VPN“网关”发送和接收正常的 TCP/IP 流量。VPN 网关负责封装和加密来自特定站点的出站流量。然后，VPN 网关通过 Internet 中的 VPN 隧道将其发送到目标站点上的对等 VPN 网关。接收后，对等 VPN 网关会剥离报头，解密内容，然后将数据包转发到其专有网络内的目标主机上。

站点到站点 VPN 是标准 WAN 网络的扩展。站点到站点 VPN 将整个网络彼此连接，例如，它们可将分支机构网络连接到公司的总部网络。过去，连接站点需要租用线路或帧中继连接，但是由于现在大多数企业都可以访问 Internet，所以这些连接可以用站点到站点 VPN 来替代。

2. 远程访问 VPN

当站点到站点 VPN 用于连接整个网络时，远程访问 VPN 可以支持远程工作人员、移动用户、外联网以及消费者到企业的流量需求。在没有静态设置 VPN 信息而是允许动态更改信息时，可以创建远程访问 VPN，并可根据情况启用和禁用远程访问 VPN。远程访问 VPN 支持客户端/服务器架构，其中 VPN 客户端（远程主机）通过网络边缘的 VPN 服务器设备获得对企业网络的安全访问。

远程访问 VPN 用于连接那些必须通过 Internet 安全访问其公司网络的单个主机。远程工作人员使用的 Internet 连接通常是宽带、DSL、无线或有线连接，如图 7-4 所示。

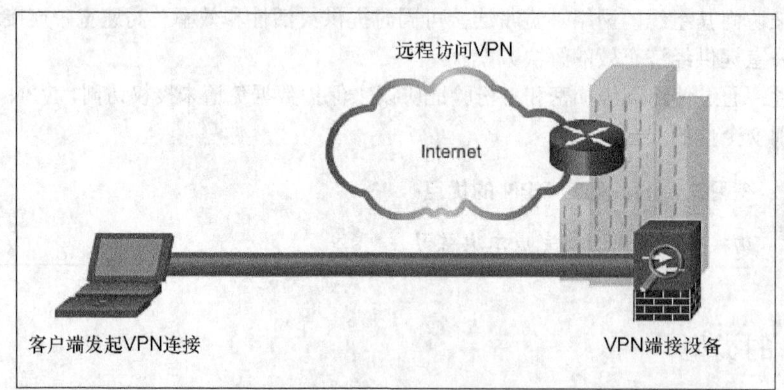

图 7-4　远程访问 VPN

可能需要将 VPN 客户端软件安装到移动用户的终端设备上；例如，每台主机可能会安装思科 AnyConnect 安全移动客户端软件。当主机尝试发送任何流量时，思科 AnyConnect VPN 客户端软件都会对流量进行封装和加密。然后将经过加密的数据通过 Internet 发送到目标网络边缘上的 VPN 网关。收到数据后，VPN 网关的运作就与站点到站点 VPN 一样。

注意：思科 AnyConnect 安全移动客户端软件建立在之前的思科 AnyConnect VPN 客户端和思科 VPN 客户端产品之上，用于改善更多基于笔记本电脑和智能手机的移动设备上的“始终联网”VPN 体验。此客户端支持 IPv6。

Interactive Graphic

练习 7.1.2.3：比较 VPN 的类型

切换至在线课程以完成本次练习。

Packet Tracer Activity

Packet Tracer 练习 7.1.2.4：配置 VPN（可选）

本配置场景将用两台路由器来实现站点到站点 IPSec VPN，亦即以 IPSec 的方式来传递每台路由器身后的 LAN 互访流量。IPSec VPN 流量将经过另一个不知道 VPN 存在的路由器。IPSec 对通过未受保护网络（如 Internet）的敏感信息进行安全传输。IPSec 在网络层起作用，保护和验证参与 IPSec 的设备（对等设备，例如思科路由器）之间的 IP 数据包。

7.2　站点到站点 GRE 隧道

IPSec VPN 的一个缺点是只能对单播流量进行加密。为了支持组播和广播流量，GRE 可以用来在站点间封装 IPSec 的流量。本节将讨论 GRE 的基本原理及如何配置一个基本的 GRE 隧道。

7.2.1 通用路由封装的基本原理

本节介绍通用路由封装（GRE）。

1. GRE 简介

通用路由封装（GRE）是基本的、不安全的站点到站点 VPN 隧道协议的一个示例。GRE 是由思科开发的隧道协议，可以在 IP 隧道内封装各种协议数据包类型。GRE 在 IP 网络中创建通往远程站点上思科路由器的虚拟点对点链路。

GRE 用于管理两个或多个站点之间（可能只有 IP 连接）多协议和 IP 组播流量的传输。它可在 IP 隧道内封装多种协议数据包类型。

图 7-5 显示了 GRE 如何用于封装数据包。

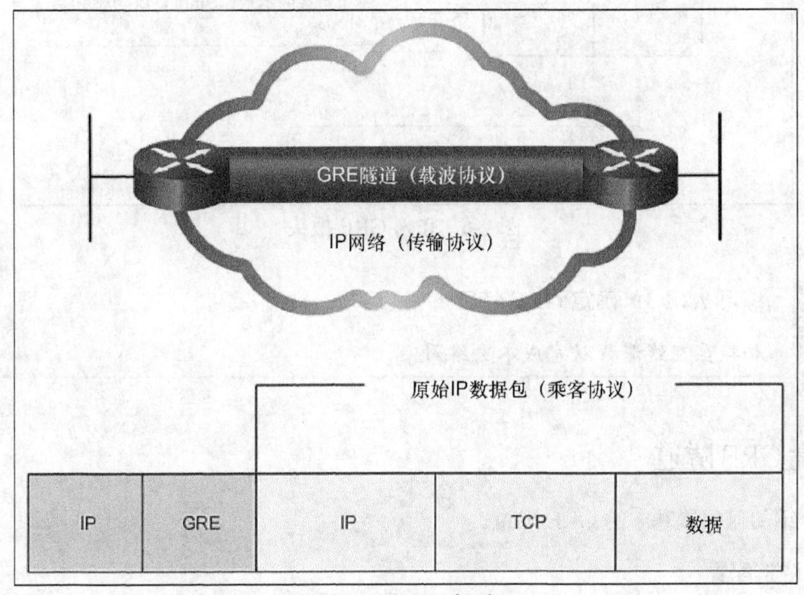

图 7-5 GRE 报头

如图 7-5 所示，隧道接口支持以下各项的报头：

- 经过封装的协议（或乘客协议），例如 IPv4、IPv6、AppleTalk、DECnet 或 IPX；
- 封装协议（或载波），例如 GRE；
- 传输交付协议（例如 IP），该协议用于传输经过封装的协议。

2. GRE 的特征

GRE 是由思科开发的隧道协议，能够在 IP 隧道内封装各种协议数据包类型，并在 IP 网络中创建通往远程站点上思科路由器的虚拟点对点链路。使用 GRE 的 IP 隧道将支持单协议主干环境中的网络扩展。它通过连接单协议主干环境中的多协议子网来完成此操作。

GRE 有以下特征。

- GRE 被定义为 IETF 标准（RFC 2784）。
- 在外部 IP 报头中，协议字段中使用 47 来表示后面将有一个 GRE 报头。
- GRE 封装在 GRE 报头中使用协议类型字段来支持所有 OSI 第 3 层协议的封装。协议类型在

RFC 1700 中定义为 EtherType。

- GRE 本身无状态；默认情况下它不包含任何流量控制机制。
- GRE 不包括任何用来保护负载的强安全机制。
- GRE 报头与图 7-6 中所示隧道 IP 报头相结合，为通过隧道的数据包创建至少 24 字节的额外开销。

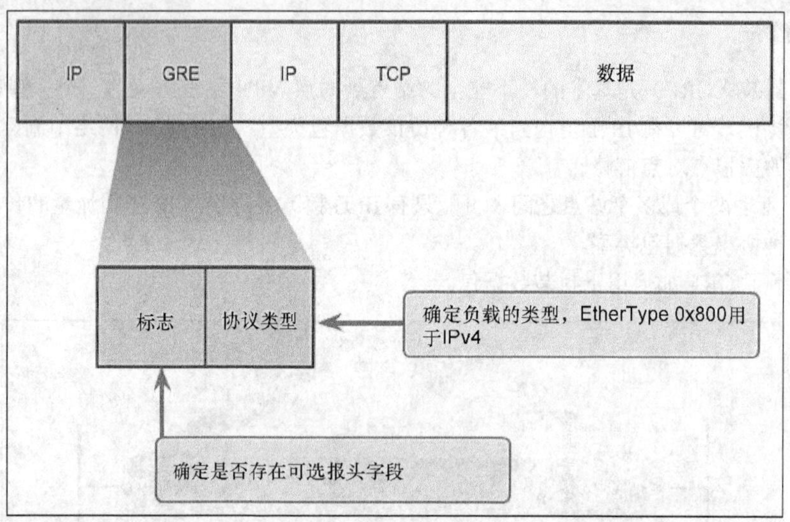

图 7-6　IPv4 GRE 报头

Interactive Graphic

练习 7.2.1.3：确定 GRE 特征

切换至在线课程以完成本次练习。

7.2.2　配置 GRE 隧道

本节将介绍如何配置基本的 GRE 隧道。

1. GRE 隧道配置

如图 7-7 所示，GRE 用于在两个站点之间创建 VPN 隧道。

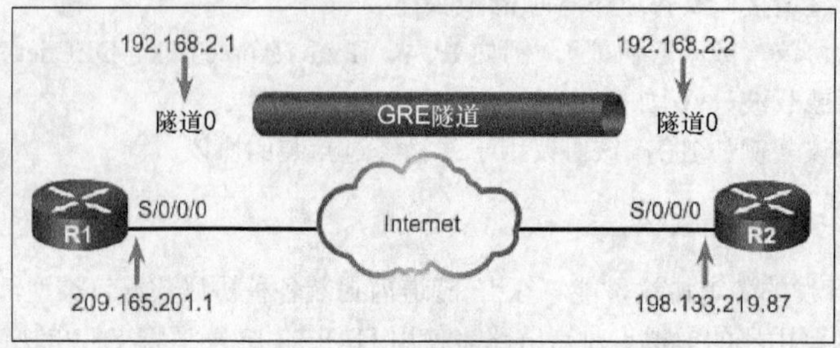

图 7-7　GRE 隧道拓扑

要实施 GRE 隧道，网络管理员必须首先知道隧道端点的 IP 地址。

有 5 个步骤用于配置 GRE 隧道。

步骤 1　使用 **interface tunnel number** 命令创建隧道接口。

步骤 2　配置隧道接口的 IP 地址。

步骤 3 指定隧道源 IP 地址（或源接口）。

步骤 4 指定隧道目的 IP 地址。

步骤 5 （可选）将 GRE 隧道模式指定为隧道接口模式。GRE 隧道模式是 Cisco IOS 软件的默认隧道接口模式。

表 7-1 中描述了单独的 GRE 隧道命令。

表 7-1 GRE 隧道命令

命令	说明
interface tunnel x	创建或输入隧道接口
ip address *ip_address mask*	指定隧道接口的 IP 地址
tunnel source {*ip_address* | *interface number*}	在接口隧道配置模式下指定隧道源 IP 地址
tunnel destination *ip_address*	在接口隧道配置模式下指定隧道目的 IP 地址
tunnel mode gre ip	在接口隧道配置模式下指定 GRE 隧道模式作为隧道接口模式

例 7-1 在路由器 R1 上配置 GRE 隧道和并启用 OSPF。

例 7-1 在 R1 上配置 GRE 隧道和 OSPF

```
R1(config)# interface tunnel 0
*Jan  2 13:46:47.391: %LINEPROTO-5-UPDOWN: Line protocol on Interface Tunnel0,
 changed state to down
R1(config-if)# ip address 192.168.2.1 255.255.255.0
R1(config-if)# tunnel source 209.165.201.1
R1(config-if)# tunnel destination 198.133.219.87
R1(config-if)# tunnel mode gre ip
R1(config-if)# exit
R1(config)# router ospf 1
R1(config-router)# network 192.168.2.0 0.0.0.255 area 0
R1(config-router)#
```

例 7-2 中在路由器 R2 上配置相似的 GRE 隧道和并启用 OSPF。在该示例中，串行接口用来识别该隧道源。该隧道将使用源接口的 IP 地址。

例 7-2 在 R2 上配置 GRE 隧道和 OSPF

```
R2(config)# interface tunnel 0
R2(config-if)# ip address 192.168.2.2 255.255.255.0
R2(config-if)# tunnel source serial 0/0/1
R2(config-if)# tunnel destination 209.165.201.1
R2(config-if)# tunnel mode gre ip
R2(config-if)#
*Jan  2 14:14:34.155: %LINEPROTO-5-UPDOWN: Line protocol on Interface Tunnel0,
 changed state to up
R2(config-if)# exit
R2(config)# router ospf 1
R2(config-router)# network 192.168.2.0 0.0.0.255 area 0
R2(config-router)#
*Jan  2 14:14:49.707: %OSPF-5-ADJCHG: Process 1, Nbr 209.165.201.1 on Tunnel0 from
 LOADING to FULL, Loading Done
R2(config-router)#
```

注意 IOS 信息控制台消息表明隧道已启用，并且在链路上产生了路由。

注意： 在配置 GRE 隧道时，记住哪些 IP 网络与物理接口相关联，哪些 IP 网络与隧道接口相关联可能比较困难。请记住，在创建 GRE 隧道之前，物理接口已配置。**tunnel source** 和 **tunnel destination** 命令引用预先配置的物理接口的 IP 地址。隧道接口上的 **ip address** 命令引用了一个为 GRE 通道特别构建的 IP 网络。

2. GRE 隧道验证

有多个命令可用于对 GRE 隧道进行监控和故障排除。要确定隧道接口处于启用还是关闭状态，请使用 **show ip interface brief** 命令。下面的示例输出证实 R1 上的 GRE 隧道接口已激活。

```
R1# show ip interface brief | include up
Serial0/0/0                209.165.201.1   YES manual up                    up
Tunnel0                    192.168.2.1     YES manual up                    up
R1#
```

要检验 GRE 隧道的状态，请使用 **show interface tunnel** 命令。例 7-3 确认 GRE 隧道的具体情况，如通道状态、隧道的 IP 地址、封装、隧道的源地址和目的地址，以及隧道模式。

例 7-3 在 R1 上检验 GRE 隧道

```
R1# show interfaces tunnel 0
Tunnel0 is up, line protocol is up
  Hardware is Tunnel
  Internet address is 192.168.2.1/24
  MTU 17916 bytes, BW 100 Kbit/sec, DLY 50000 usec,
     reliability 255/255, txload 1/255, rxload 1/255
  Encapsulation TUNNEL, loopback not set
  Keepalive not set
  Tunnel source 209.165.201.1, destination 198.133.219.87
  Tunnel protocol/transport GRE/IP
    Key disabled, sequencing disabled
    Checksumming of packets disabled

<Output omitted>
```

只要有到达隧道目标的路由，GRE 隧道接口的线路协议就会处于启用状态。在实施 GRE 隧道之前，潜在 GRE 隧道两端物理接口的 IP 地址之间的 IP 连接必须有效。

GRE 隧道使得广播（和组播）协议能够在站点之间运行。在我们的示例配置中，OSPF 已经在站点之间启用。因此，使用 **show ip ospf neighbor** 命令验证在隧道接口上的 OSPF 邻接关系已建立。在下列输出中，邻居的 ID 是 R2 的路由器 ID，即路由器 R2 上的最大 IP 地址。而 OSPF 邻居的对等地址是 GRE 隧道的地址。

```
R1# show ip ospf neighbor

Neighbor ID      Pri   State           Dead Time   Address         Interface
198.133.219.87     0   FULL/  -        00:00:37    192.168.2.2     Tunnel0
R1#
```

Interactive Graphic

练习 7.2.2.2：配置并检验 GRE

切换至在线课程，在图 3 中使用语法检查器依次在 R2 和 R1 上配置并检验 GRE 隧道。

GRE 被视为 VPN，因为它是通过在公共网络中建立隧道而创建的专用网络。通过使用封装，GRE 隧道可以在 IP 网络中创建通往远程站点上思科路由器的虚拟点对点链路。GRE 的优点是它可用于在 IP 网络中通过隧道传输非 IP 流量，通过连接单协议主干环境中的多协议子网来支持网络扩展。GRE 还支持 IP 组播隧道。这意味着路由协议可在隧道中使用，使路由信息能够在虚拟网络中进行动态交换。最后，普遍的做法是创建通过 IPv4 GRE 隧道的 IPv6，其中 IPv6 是经过封装的协议而 IPv4 是传输协议。将来，随着 IPv6 成为标准 IP 协议，这些角色有可能会调换。

但是，GRE 不提供加密或任何其他安全机制。因此，通过 GRE 隧道发送的数据并不安全。如果需要安全的数据通信，应该配置 IPSec 或 SSL VPN。

Packet Tracer
☐ Activity

Packet Tracer 练习 7.2.2.3：配置 GRE

在本练习中，已配置 IP 寻址。您是一家公司的网络管理员，想要设置连向远程办公室的 GRE 隧道。两个网络都在本地配置，并且只需要配置遂道。

Packet Tracer
☐ Activity

Packet Tracer 练习 7.2.2.4：GRE 故障排除

在本练习中，已配置 IP 寻址。公司聘用了一名初级网络管理员来设置两个站点之间的 GRE，但他无法完成任务。需要您来纠正公司网络中的配置错误。

实验 7.2.2.5：配置点对点 GRE VPN 隧道

在本实验中，您需要完成以下目标。

- 第 1 部分：配置基本设备设置。
- 第 2 部分：配置 GRE 隧道。
- 第 3 部分：启用通过 GRE 隧道的路由。

7.3 IPSec 简介

IPSec 是用于保护 IP 通信的协议簇，可提供加密、完整性和身份验证的功能。本节将介绍 IPSec 安全框架和站点到站点 VPN 中使用的加密协议。

7.3.1 Internet 协议安全性

本节将介绍 IPSec 并讨论它执行的 4 个重要功能。

1. IPSec

IPSec VPN 可提供灵活的且可扩展的连接。站点到站点连接能够提供安全、快速并且可靠的远程连接。通过 IPSec VPN，来自专用网络的信息可在公共网络上安全地传输。如图 7-8 所示，这将形成虚拟网络，而非使用专用的第 2 层连接。为了保持隐私性，需要对流量进行加密以保持数据的机密性。

IPSec 是定义如何使用 Internet 协议安全地配置 VPN 的 IETF 标准。

IPSec 是清楚说明安全通信规则的开放标准框架。IPSec 不限于任何特定的加密、验证、安全算法或密钥技术。相反，IPSec 依靠现有算法来实施安全的通信。IPSec 允许实施更新更好的算法，而无需修改现有的 IPSec 标准。

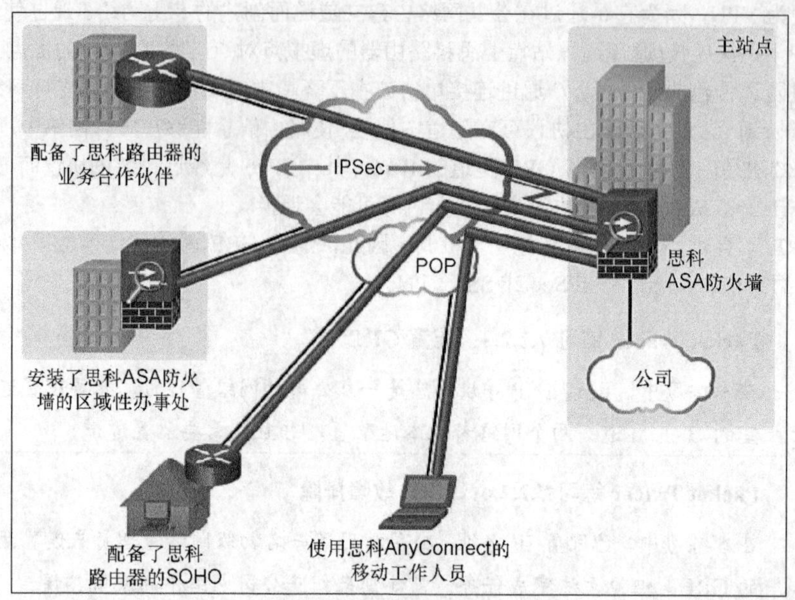

图 7-8 IP 安全性

IPSec 工作在网络层，保护和验证参与 IPSec 的设备（也称为对等设备）之间的 IP 数据包。IPSec 可以保护网关与网关之间、主机与主机之间或网关与主机之间的路径。因此，IPSec 几乎可以保护任何应用流量，因为它可以在第 4 层到第 7 层上实施保护。

IPSec 的所有实施均具有明文第 3 层报头，因此路由不会出现问题。IPSec 可在所有的第 2 层协议中运行，例如以太网、ATM 或帧中继。

IPSec 特征可归纳如下：

- IPSec 是一种与算法无关的开放式标准框架；
- IPSec 提供数据机密性、数据完整性和来源验证；
- IPSec 在网络层起作用，保护和验证 IP 数据包。

2. IPSec 安全服务

IPSec 安全服务可提供 4 个重要功能。

- **机密性（加密）**：实施 VPN 时，私有数据通过公共网络传输。因此，数据机密性至关重要。这可通过在通过网络传输数据之前对数据进行加密来实现。这是获取一台计算机发送给另一台计算机的所有数据并将其编码为只有另一台计算机能够解码的形式的过程。如果通信被截取，黑客将无法读取其内容。IPSec 提供更强的安全功能，例如强加密算法。
- **数据完整性**：接收方可以检验通过 Internet 传输的数据是否没有以任何方式更改或篡改过。虽然在公共网络中加密数据很重要，但是确认数据在传输过程中没有被更改也同样重要。IPSec 具有一种机制，可确保数据包的加密部分（或数据包的整个报头和数据部分）不被更改。IPSec 使用一种简单的冗余检查，即校验和，来确保数据的完整性。如果检测到数据被篡改，则丢弃数据包。
- **身份验证**：检验数据来源的身份。这对于防御依赖于欺骗发送方的身份而进行的大量攻击是必需的。身份验证可确保与预期通信伙伴建立连接。接收方可以通过验证信息的来源对数据包的来源进行身份验证。IPSec 使用 Internet 密钥交换（IKE）对可独立传输通信的用户和设备进行身份验证。IKE 采用多种身份验证方法，包括用户名和密码、一次性密码、生物特征、预共享密钥（PSK）以及数字认证。

■ **反重放保护**：能够检测并拒绝重放的数据包以防止被欺骗。反重放保护可检验每个数据包是否是唯一且不重复的。通过比较已接收数据包的序列号与目标主机或安全网关上的滑动窗口，从而保护 IPSec 数据包。序列号在滑动窗口之前的数据包将被视为延迟或重复的数据包。延迟和重复的数据包将被丢弃。

缩写 CIA 通常用于帮助记忆前三个功能：机密性、完整性和身份验证。

7.3.2 IPSec 框架

本节将介绍如下概念：IPSec 是相互作用以确保站点间数据安全的协议框架。

1. 使用加密的机密性

通过加密来保持 VPN 流量的机密性。通过 Internet 传输的明文数据非常容易被拦截和解读。加密数据可以保持数据的隐私性。以数字方式加密的数据无法读取，直到由授权接收方将其解密。

要使加密的通信起作用，发送方和接收方都必须知道将原始消息转换成编码形式时所使用的规则。规则基于算法和相关密钥。加密时，算法是一系列步骤的数学序列，这些步骤将消息、文本、数字或这三者同时与一串数字（即密钥）组合起来。输出为不可读的加密字符串。加密算法还规定了如何解密已加密的消息。如果没有正确的密钥，解密将极其困难或根本无法进行。

在图 7-9 中，Gail 希望通过 Internet 向 Jeremy 发送电子资金转帐（EFT）。

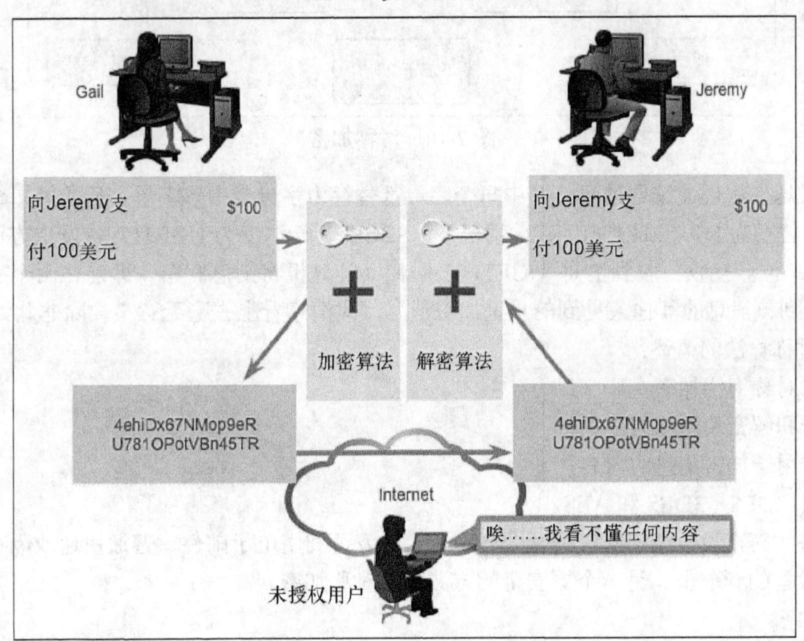

图 7-9 使用加密的机密性

在本地端，文档与密钥结合并通过加密算法运行，输出是经过加密的密文。然后密文将通过 Internet 发送。在远程端，消息与密钥再次结合并通过加密算法发回，输出是原始财务文档。

在流量通过 VPN 传输时，对流量进行加密以实现机密性。安全程度取决于加密算法的密钥长度和算法的复杂程度。如果黑客尝试通过暴力攻击破解密钥，可能的尝试次数是密钥长度的函数。处理所有尝试可能性的时间是攻击设备计算机能力的函数。密钥越短，就越容易被破解。例如，一个相对复杂的计算机可能需要大约一年的时间来破解长为 64 位的密钥，而同一计算机可能需要 10～19 年才能破解长为 128 位的密钥。

2. 加密算法

安全程度取决于加密算法的密钥长度。当密钥长度增加时，破解加密就变得更加困难。但是，在加密和解密数据时，密钥越长，需要的处理器资源越多。

加密算法包括数据加密标准算法（DES）和三重数据加密算法（3DES）。DES 和 3DES 现在已不安全；因此，建议使用高级加密标准（AES）进行 IPSec 加密。AES 256 位选项可为思科设备之间 VPN 的 IPSec 加密提供最高安全性。此外，由于 512 位和 768 位 Rivest-Shamir-Adelman（RSA）密钥已被破解，因此思科建议在 IKE 身份验证阶段使用具有 RSA 选项的 2048 位密钥。

对称加密

加密算法（例如 AES）需要使用共享密钥来执行加密和解密。两台网络设备都必须知道密钥才能解密信息。使用对称加密（也称为密钥加密）时，每台设备先加密信息，然后再将信息通过网络发送到另一台设备。对称密钥加密需要知道哪些设备要相互通信，以便在每台设备上配置相同密钥，如图 7-10 所示。

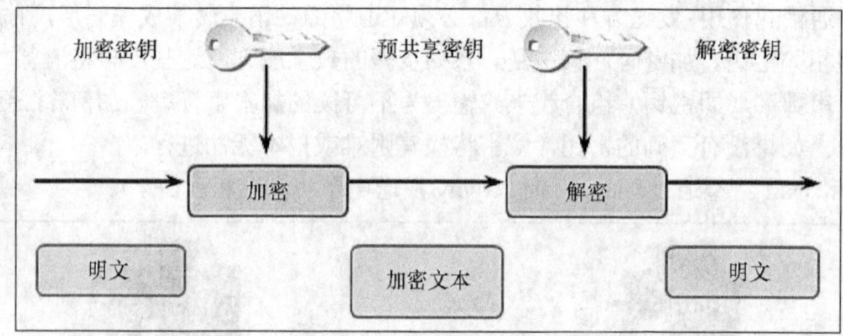

图 7-10　对称加密

例如，发送方将创建编码消息，其中每个字母都替换为字母表中该字母之后的第二个字母，即 A 替换为 C，B 替换为 D，依此类推。在此情况下，SECRET 一词变为 UGETGV。发送方已告知接收方密钥是前移 2 位。接收方收到消息 UGETGV 时，其计算机将消息解密，即前移两个字母，计算出 SECRET。看到该消息的其他人见到的只是加密消息，此消息看上去毫无意义，除非此人知道密钥。

以下是对称算法的概述：

- 使用对称密钥加密；
- 加密和解密使用相同密钥；
- 通常用于加密消息的内容；
- 示例：DES、3DES 和 AES。

加密设备和解密设备如何同时拥有共享密钥？一方可利用电子邮件、普通快递或隔夜快递将共享密钥发送给设备的管理员。另一个更安全的方法是非对称加密。

非对称加密

非对称加密在加密和解密时使用不同的密钥。黑客即使知道了其中一个密钥，也无法推断出另一个密钥并解密信息。一个密钥加密消息，而第二个密钥解密消息，如图 7-11 所示。无法使用同一密钥进行加密和解密。

公钥加密是非对称加密的一个变体，它组合使用私钥和公钥。接收方为其想要通信的发送方提供一个公钥，发送方使用与接收方公钥结合的私钥来加密消息。同样，发送方必须与接收方共享其公钥。为了解密消息，接收方将结合使用发送方的公钥与自己的私钥。

这是非对称算法的概述：

- 使用公钥加密；

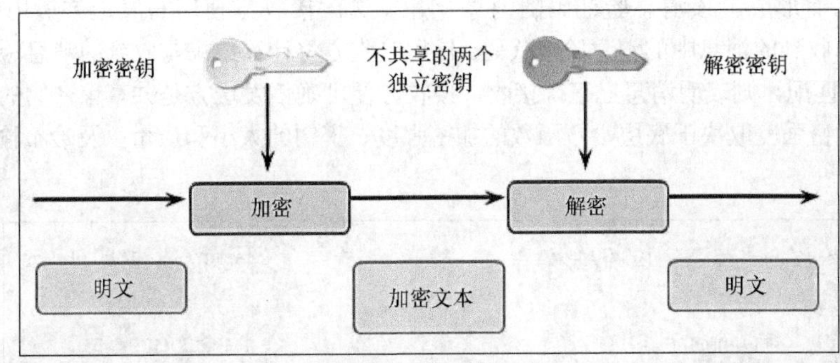

图 7-11 非对称加密

- 加密和解密使用不同的密钥；
- 通常用于数字证书和密钥管理；
- 示例：RSA。

3. Diffie-Hellman 密钥交换

Diffie-Hellman（DH）算法不是加密机制，通常并不用于加密数据。相反，它是用于安全交换加密数据所用密钥的一种方法。DH 算法允许双方建立可供加密和哈希算法使用的共享密钥。

DH 在 1976 年由 Whitfield Diffie 和 Martin Hellman 引入，它是第一个使用公钥或非对称加密密钥的系统。现在，DH 是 IPSec 标准的一部分。而且，OAKLEY 协议也使用 DH 算法。OAKLEY 由 IKE 协议使用，是互联网安全协会和密钥管理协议的整体框架（ISAKMP）的一部分。

加密算法（例如 DES、3DES、AES 以及 MD5 和 SHA-1 哈希算法）需要使用对称的共享密钥来执行加密和解密。加密设备和解密设备如何获得共享密钥？最简单的密钥交换方法是加密和解密设备之间的公钥交换方法。

DH 算法指定公钥交换方法，让两个对等设备建立只有双方知道的共享密钥，尽管它们通过不安全的通道通信。像所有加密算法一样，DH 密钥交换基于步骤的数学序列。

4. 完整性与哈希算法

VPN 流量的完整性和身份验证由哈希算法来处理。哈希通过确保未授权人员无法篡改传输的消息来提供数据完整性和身份验证。哈希也称为消息摘要，是由一串文本生成的一个数字。哈希比文本自身要小。它是通过使用公式生成的，这种方式使一些其他文本几乎不可能生成同一哈希值。

原始发送方生成消息的哈希值，并将其随消息本身一起发送。接收方解析消息和哈希值，根据收到的消息生成另一个哈希值，然后比较这两个哈希值。如果它们相同，那么接收方就有理由确信原始消息的完整性。

在图 7-12 中，Gail 向 Alex 发出了 100 美元的 EFT（电子资金转账）。Jeremy 已拦截并篡改了此 EFT，将自己显示为收件人且金额为 1000 美元。在此情况下，如果使用了数据完整性算法，则哈希值不匹配，交易无效。

VPN 数据在公共 Internet 上传输。如图 7-12 所示，数据被拦截并篡改的可能性是存在的。为防范这种威胁，主机可以为消息添加哈希值，如果传输的哈希值与收到的哈希值匹配，则表明消息的完整性得到了保持；但如果不匹配，则表明消息已被篡改。

VPN 使用消息验证码来验证消息的完整性和真实性，并不使用任何额外的机制。

基于哈希的消息验证代码（HMAC）是使用哈希函数进行消息验证的机制。使用密钥的 HMAC 是一种可确保消息完整性的数据完整性算法。HMAC 有两个参数：一个消息输入和一个只有消息发送方和预期接收方知道的密钥。消息发送方使用 HMAC 函数生成一个值（消息验证代码），该值通过压缩密钥和消息输入而形成。该消息验证码随消息一并发送。接收方使用与发送方所用的相同密钥和HMAC函数计算收到的消息中的消息验证代码。然后接收方将计算结果与收到的消息验证代码进行比较。如果两个值匹配，则表明消息已正确接收，接收方便可确信发送方是共享该密钥的用户社区的成员。HMAC的加密强度取决于底层哈希函数的加密强度、密钥的大小和质量以及哈希输出的长度（以位表示）。

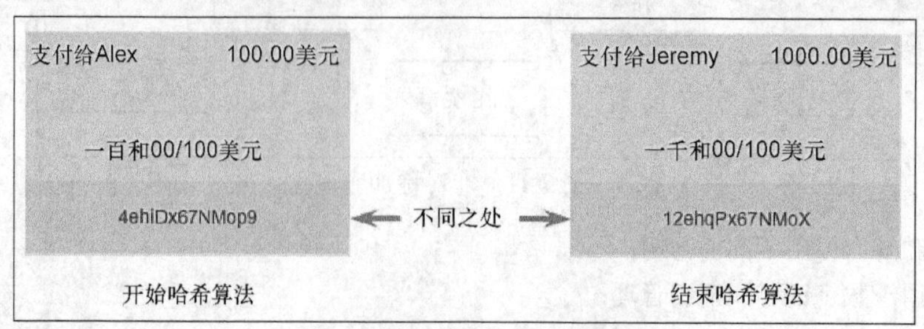

图7-12 哈希算法确保完整性

常见的HMAC算法有以下两种。

- **MD5消息摘要算法**：使用128位共享密钥。可变长消息与128位共享密钥组合在一起，通过HMAC-MD5哈希算法运行。输出一个128位的哈希值。该哈希值附加在原始消息上，并转发到远程端。
- **安全散列算法（SHA）**：SHA-1使用160位密钥。可变长消息与160位共享密钥组合在一起，通过HMAC-SHA1哈希算法运行。输出一个160位的哈希值。该哈希值附加在原始消息上，并转发到远程端。

注意：思科IOS也支持256位、384位和512位的SHA实施。

5. IPSec身份验证

IPSec VPN支持身份验证。在开展远距离业务时，需要知道电话、电子邮件或传真的另一端是谁。VPN网络也是如此。VPN隧道另一端的设备必须通过身份验证才能认为通信路径是安全的，如图7-13所示。

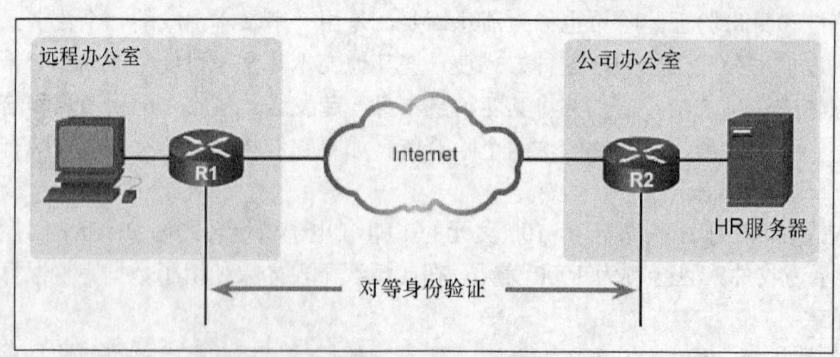

图7-13 IPSec身份验证

有以下两种对等身份验证方法。

- **PSK**：在需要使用密钥之前，密钥是在使用安全通道的双方之间共享的。预共享密钥（PSK）使用对称密钥加密算法。它以手动方式输入到每个对等点中，用于验证对等点的身份。在每一端，PSK都与其他信息合并以形成身份验证密钥。
- **RSA签名**：交换数字证书以验证对等设备。本地设备取得哈希值并用其私钥将其加密。经过加密的哈希值（或数字签名）将附加在消息上，并转发到远程端。在远程端，使用本地端的公钥将加密的哈希值解密，如果解密的哈希值与重新计算的哈希值匹配，则表明签名是真实的。

IPSec 在 IKE 中使用 RSA（公钥加密系统）进行身份验证。RSA 签名方法使用数字签名设置，在该设置下每台设备对一组数据进行数字签名并将其发送给另一方。RSA 签名使用证书授权中心（CA）生成唯一的身份数字证书，分配给每个对等设备以进行身份验证。身份数字证书的功能类似于 PSK，但它可以提供更强的安全性。IKE 会话中使用 RSA 签名的每个发起方和响应方都会发送自己的 ID 值、身份数字证书以及由各种 IKE 值组成的 RSA 签名值，所有这些都通过已协商的 IKE 加密方法（例如 AES）进行了加密。

数字签名算法（DSA）是身份验证的另一个选项。

6. IPSec 协议框架

如前所述，IPSec 协议框架描述了可保护通信的消息传输，但它依赖于现有算法。

有两种主要的 IPSec 协议。

- **验证报头（AH）**：如图 7-14 所示，当不需要或不允许保证机密性时，使用 AH 协议比较合适。它为两个系统之间传递的 IP 数据包提供数据验证和完整性。但是，AH 并不提供数据包的数据机密性（加密）。所有文本都以明文形式传输。AH 协议单独使用时提供的保护较脆弱。

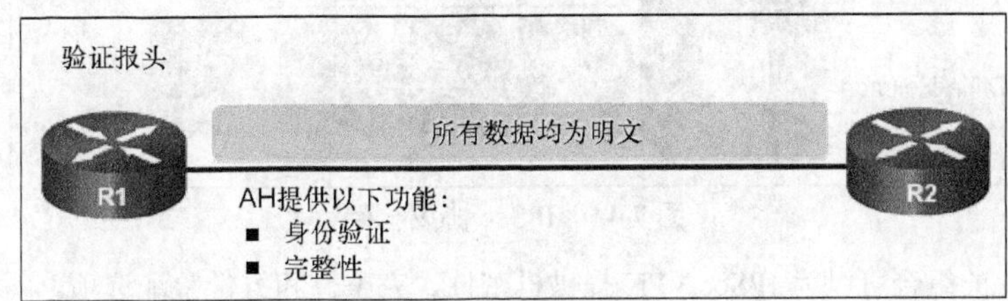

图 7-14 验证报头

- **封装安全负载（ESP）**：通过加密 IP 数据包提供机密性和身份验证的安全协议。对 IP 数据包进行加密隐藏了数据及源主机和目的主机的身份。如图 7-15 所示，ESP 可验证内部 IP 数据包和 ESP 报头的身份，从而提供数据来源验证和数据完整性检查。尽管加密和身份验证在 ESP 中都是可选功能，但必须至少选择其中一个。

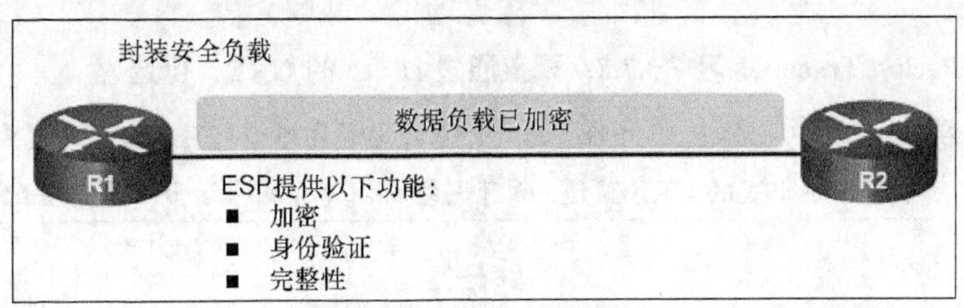

图 7-15 封装安全负载报头

有 5 个必须选择的 IPSec 框架的基本构建基块。

- **IPSec 框架协议**：当配置 IPSec 网关以提供安全服务时，必须选择 IPSec 协议。这种选择是 ESP 和 AH 的某种组合。实际上，由于 AH 本身并不提供加密功能，因此总是选择 ESP 或 ESP+AH 选项。
- **机密性（如果 IPSec 与 ESP 一起实施）**：所选加密算法应最适合所需安全级别：DES、3DES 或 AES。强烈建议使用 AES，因为 AES-GCM 可提供最高的安全性。
- **完整性**：确保内容在传输中未被篡改，通过使用哈希算法来实施。选项包括 MD5 和 SHA。
- **身份验证**：表示如何对 VPN 隧道任一端的设备进行身份验证。两种方法是 PSK 或 RSA。

- **DH 算法组**：表示如何在对等设备之间建立共享密钥。有多个选项，但 DH24 可以提供最高的安全性。

图 7-16 标识了在 IPSec 框架中针对每个构建基块可供选择的协议。

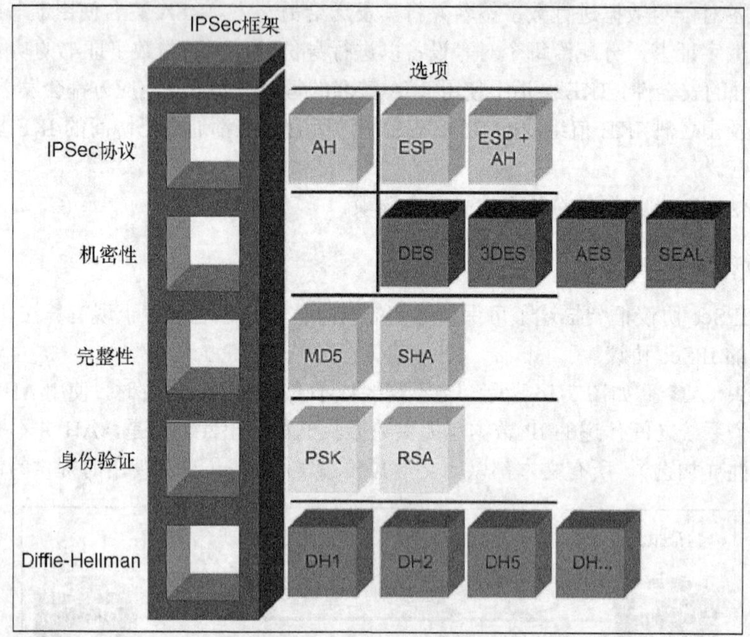

图 7-16 IPSec 协议框架

这些构建基块的组合可以为 IPSec VPN 提供机密性、完整性和身份验证选项。

注意：本节介绍了 IPSec，以帮助您理解 IPSec 保护 VPN 隧道的方式。IPSec VPN 的配置不属于本课程的范围。

Interactive Graphic

练习 7.3.2.7：确定 IPSec 术语和概念

切换至在线课程以完成本次练习。

Packet Tracer Activity

Packet Tracer 练习 7.3.2.8：配置通过 IPSec 的 GRE（可选）

在本练习中，已配置 IP 寻址。您是一家公司的网络管理员，该公司想要设置通过 IPSec 连向远程办公室的 GRE 隧道。所有网络都在本地配置，而且只需要配置隧道和加密。

7.4 远程访问

远程工作人员和移动用户需要访问公司资源。本节介绍了两种类型的远程访问 VPN：IPSec 和基于 SSL 的 VPN。

7.4.1 远程访问 VPN 解决方案

本节将介绍两种类型的远程访问 VPN。

1. 远程访问 VPN 的类型

由于多种原因，VPN 成为适用于远程访问连接的合理解决方案。VPN 通过针对单个用户（例如员工、承包商和合作伙伴）调整访问权限来提供安全通信。如图 7-17 所示，远程访问 VPN 还通过安全地扩展公司网络和应用程序提高了工作效率，同时降低了通信成本并提高了灵活性。

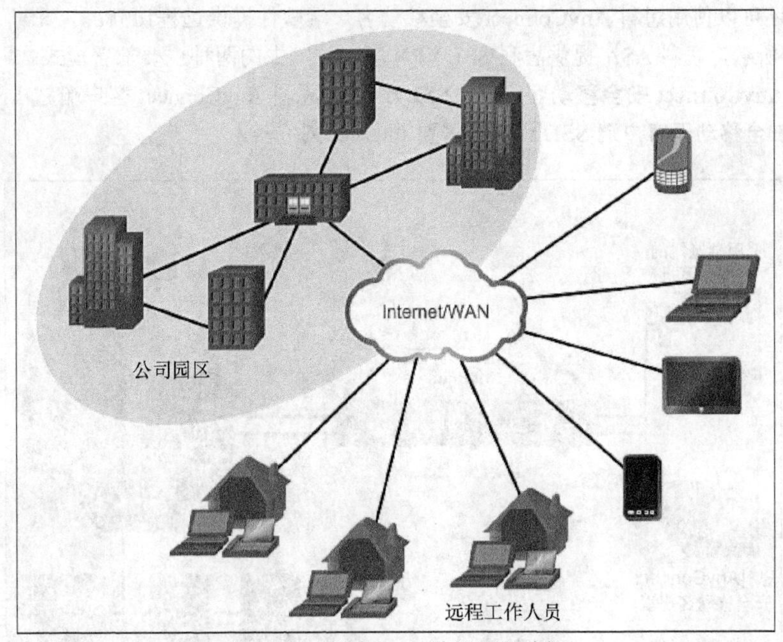

图 7-17 通过 VPN 进行远程访问

使用 VPN 技术时，员工实质上可以随时办公，包括访问电子邮件和网络应用程序。VPN 还能够允许承包商和合作伙伴对所需的特定服务器、网页或文件进行有限访问。这种网络访问使他们提高了企业的工作效率，并且不会影响网络安全。

部署远程访问 VPN 有两种主要方法：

- 安全套接字层（SSL）；
- IP 安全性（IPSec）。

实施的 VPN 方法的类型取决于用户的访问要求和组织的 IT 流程。

IPSec 和 SSL VPN 技术几乎能够提供对任何网络应用程序或资源的访问。SSL VPN 具有很多特性，比如通过非公司管理的桌面进行轻松连接，无需对软件进行维护或者只需少量维护，登录后显示用户自定义的 Web 门户。

2. 思科 SSL VPN

思科 IOS SSL VPN 是业内首个基于路由器的 SSL VPN 解决方案。它提供“随时随地”的连接，不仅可以从公司管理的资源，也可以从员工拥有的 PC、承包商或业务合作伙伴的桌面以及 Internet 网络进行连接。

SSL 协议支持多种加密算法以便进行操作，例如在服务器和客户端之间相互验证身份，传输证书以及建立会话密钥。可针对各种规模的企业定制思科 SSL VPN 解决方案。这些解决方案提供许多远程访问连接功能和优点。

- 基于 Web 的无客户端访问和未预安装桌面软件的完整网络访问。这将有助于根据用户和安全性需求定制远程访问，并能最大程度地降低桌面支持成本。

■ 通过在思科 SSL VPN 平台上集成网络和终端安全，防御 VPN 连接上的病毒、蠕虫、间谍软件和黑客。这消除了对额外的安全设备和管理基础设施的需求，从而降低了成本和管理的复杂性。
■ 对于 SSL VPN 和 IPSec VPN 都使用单个设备。它可从单一平台提供强大的远程访问和站点到站点 VPN 服务并进行统一管理，从而降低了成本和管理的复杂性。

思科 IOS SSL VPN 是一种通过使用 Web 浏览器和 Web 浏览器的本征 SSL 加密提供远程访问的技术。或者，它还可以使用思科 AnyConnect 安全移动客户端软件提供远程访问。

如图 7-18 所示，思科 ASA 提供思科 SSL VPN 解决方案中的两种主要部署模式。

■ **思科 AnyConnect 安全移动客户端（SSL）**：需要思科 AnyConnect 客户端。
■ **思科安全移动无客户端 SSL VPN**：需要 Internet 浏览器。

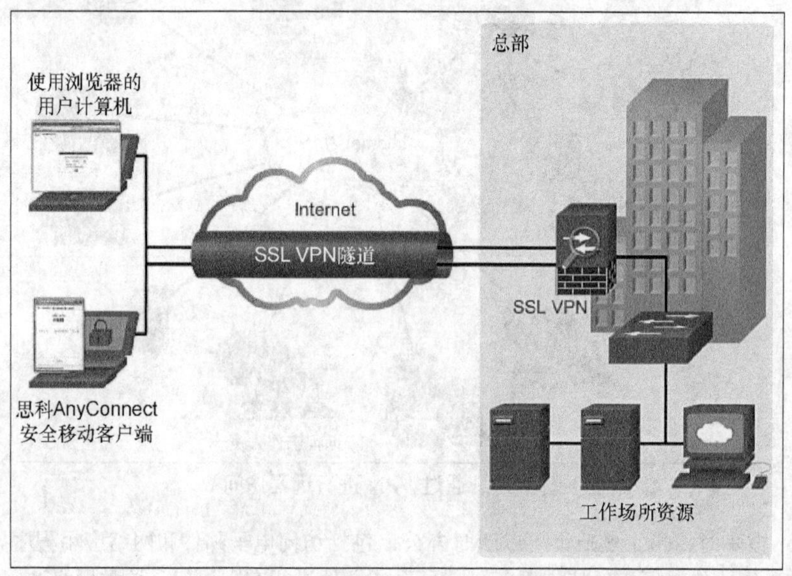

图 7-18 思科 SSL VPN 解决方案

必须配置思科 ASA 以支持 SSL VPN 连接。

3. 思科 SSL VPN 解决方案

基于客户端的 SSL VPN 为通过身份验证的用户提供与 LAN 类似的对企业资源的完全网络访问。但是，远程设备需要在最终用户设备上安装客户端应用程序，例如思科 VPN 客户端或较新的 AnyConnect 客户端。

如图 7-19 所示，在配置了完全隧道和远程访问 SSL VPN 解决方案的基本思科 ASA 中，远程用户使用思科 AnyConnect 安全移动客户端与思科 ASA 建立 SSL 隧道。

在思科 ASA 与远程用户建立 VPN 之后，远程用户可将 IP 流量转发到 SSL 隧道。思科 AnyConnect 安全移动客户端创建虚拟网络接口以提供此功能。在遵循访问规则的前提下，客户端可以在思科 ASA VPN 网关后面使用任何应用程序访问任何资源。

即使远程设备不受企业管理，企业仍然可以通过无客户端 SSL VPN 部署模型提供对企业资源的访问。在这种部署模型中，思科 ASA 用作网络资源的代理设备。它使用端口转发功能为远程设备提供浏览网络的网络门户接口。

如图 7-20 所示，在基本的思科 ASA 无客户端 SSL VPN 解决方案中，远程用户采用标准 Web 浏览器与思科 ASA 建立 SSL 会话。

思科 ASA 向用户展示一个 Web 门户，用户可通过此门户访问内部资源。在基本的无客户端解决方案中，用户只能访问某些服务（例如内部 Web 应用程序），和基于浏览器的文件共享资源，如图 7-21 所示。

图 7-19 思科 AnyConnect 安全移动客户端

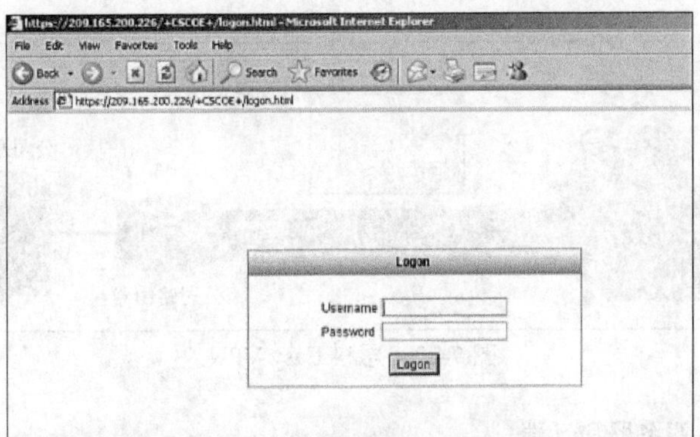

图 7-20 与 ASA 建立 SSL 连接

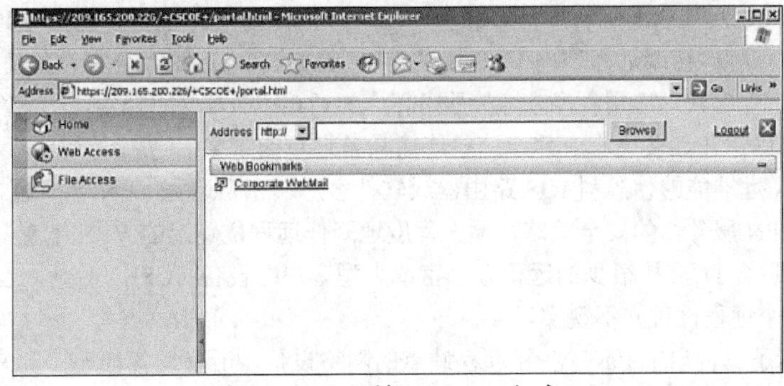

图 7-21 思科 ASA Web 门户

Interactive Graphic

练习 7.4.1.4：比较思科 SSL VPN 解决方案

切换至在线课程以完成本次练习。

7.4.2 IPSec 远程访问 VPN

本节将讨论思科 Easy VPN 远程访问解决方案。

1. IPSec 远程访问

许多应用程序要求 IPSec 远程访问 VPN 连接具备安全性，以便对数据进行身份验证和加密。在为远程工作人员和小型分支机构部署 VPN 时，如果缺少在远程路由器上配置 VPN 的技术资源，部署的简易性就很关键。

思科 Easy VPN 解决方案针对站点到站点和远程访问 IPSec VPN 均可提供灵活性、可扩展性和易用性。思科 Easy VPN 解决方案由三个组件组成。

- **思科 Easy VPN 服务器**：充当站点到站点或远程访问 VPN 中 VPN 前端设备的思科 IOS 路由器或思科 ASA 防火墙。
- **思科 Easy VPN 远端**：充当远程 VPN 客户端的思科 IOS 路由器或思科 ASA 防火墙。
- **思科 VPN 客户端**：PC 支持的一种应用程序，用于访问思科 VPN 服务器。

使用思科 Easy VPN Server 能够使移动员工和远程员工通过使用其 PC 上的 VPN 客户端（或使用边缘路由器上的思科 Easy VPN 远端），创建安全的 IPSec 隧道以便访问其总部的内部网，如图 7-22 所示。

图 7-22 思科 Easy VPN

2. 思科 Easy VPN 服务器和远端

思科 Easy VPN 服务器能够使移动员工和远程员工通过使用其 PC 上的 VPN Client 软件创建安全的 IPSec 隧道，以便访问其总部包含关键数据和应用程序的内部网。它能够使思科 IOS 路由器和思科 ASA 防火墙充当站点到站点或远程访问 VPN 中的 VPN 前端设备。远程办公室设备使用思科 Easy VPN 远端功能或思科 VPN 客户端应用程序来连接服务器，然后该服务器会将已定义的安全策略推送到远程 VPN 设备。这样可确保在连接建立之前，这些连接具备最新的策略。

思科 Easy VPN 远端能够使思科 IOS 路由器或软件客户端充当远程 VPN 客户端。这些设备可以收到来自思科 Easy VPN 服务器的安全策略，最大程度地降低远程位置上的 VPN 配置需求。这个经济有效的解决方案非常适合 IT 支持很少的远程办公室或大型客户端设备（CPE）部署，在大型客户端设备部署中单独配置多个远程设备并不现实。

图 7-23 中显示了三台启用 Easy VPN 远程站点的网络设备，所有设备都连接到 Easy VPN 服务器以获得配置参数。

3. 思科 Easy VPN Client

思科 VPN 客户端的部署和运行都很简单。它使组织能够建立端到端的加密 VPN 隧道，为移动员工或远程工作人员提供安全连接。

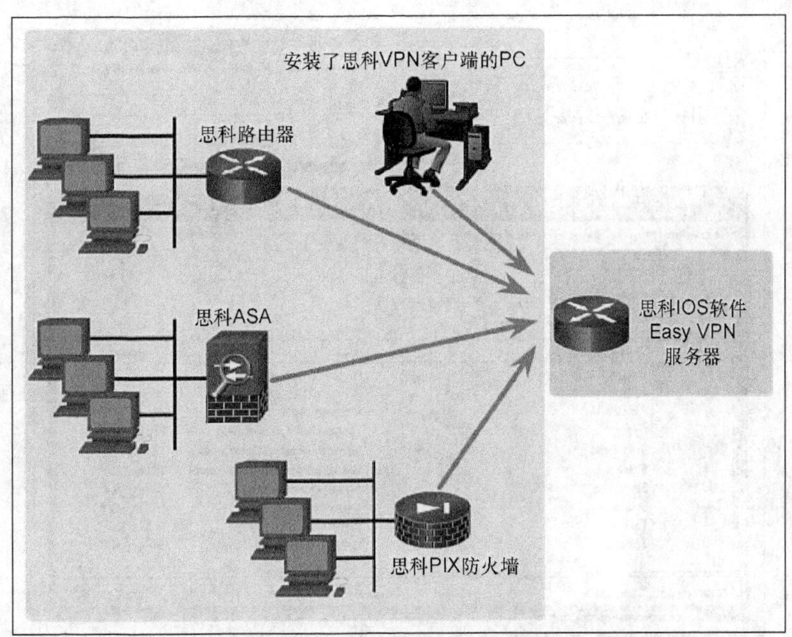

图 7-23 启用了 Easy VPN 远端的站点与 Easy VPN 服务器进行连接

为了使用思科 VPN 客户端发起 IPSec 连接，所有用户都必须打开“思科 VPN 客户端”窗口，如图 7-24 所示。

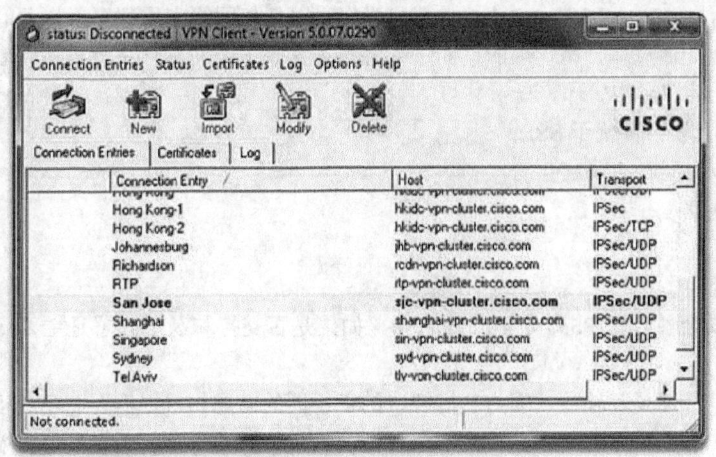

图 7-24 思科 VPN 客户端软件

思科 VPN 客户端应用程序列出了可用的预配置站点。用户通过双击选择站点，而 VPN 客户端会启动 IPSec 连接。如图 7-25 所示，在“用户身份验证”对话框中，通过用户名和密码对用户进行身份验证。通过身份验证之后，思科 VPN 客户端显示的状态为“已连接”。

大多数 VPN 参数在思科 IOS Easy VPN 服务器上进行定义以简化部署。在远程客户端启动 VPN 隧道连接后，思科 Easy VPN Server 会将 IPSec 策略推送到客户端，最大程度地降低了远程位置上的配置要求。

这种简单且高度可扩展的解决方案适用于大型远程访问部署，在大型远程访问部署中为多个远程 PC 分别配置策略并不现实。此架构还可确保这些连接使用的是最新的安全策略，并避免了与维护策略一致性和密钥管理方法相关的运营成本。

注意： 配置思科 VPN 客户端不属于本课程的范围，访问 www.cisco.com 以了解更多信息。

图 7-25　连接到 Easy VPN 服务器

4. 比较 IPSec 和 SSL

如表 7-2 所示，IPSec 和 SSL VPN 技术都几乎提供对任何网络应用程序或资源的访问。SSL VPN 具有很多特性，比如通过非公司管理的桌面进行轻松连接，无需对软件进行维护或者只需少量维护，登录后显示用户自定义的 Web 门户。

IPSec 在许多重要方面优于 SSL：

- 支持的应用程序的数量；
- 加密的强度；
- 身份验证的强度；
- 整体安全性。

当需要考虑安全性时，IPSec 是更好的选择。如果是否支持和易于部署是主要问题，则考虑使用 SSL VPN。

IPSec 和 SSL VPN 是互补的，因为它们解决的是不同的问题。根据需要，企业可以实施任意一种或同时实施两种。这种互补的方法能够使单个设备（例如 ISR 路由器或 ASA 防火墙设备）处理所有远程访问用户的需求。虽然许多解决方案都可提供 IPSec 或者 SSL，但思科远程访问 VPN 解决方案同时提供两种技术，将两种技术集成到单个平台上并进行统一管理。同时提供 IPSec 和 SSL 技术能够使组织定制自己的远程访问 VPN，而不会增加任何其他硬件或管理复杂性。

表 7-2 显示了 SSL 和 IPSec VPN 之间的差异

表 7-2　SSL 和 IPSec VPN 之间的差异

	SSL	IPSec
应用程序	启用 Web 的应用程序、文件共享、电子邮件	所有基于 IP 的应用程序
加密	中到强 密钥长度为 40～256 位	强 密钥长度为 56～256 位
身份验证	中 单向或双向身份验证	强 使用共享密钥或数字证书的双向身份验证

续表

	SSL	IPSec
连接的复杂性	低 只要求 Web 浏览器	中 对于非技术用户而言可能具有挑战性
连接选项	任何使用浏览器和 Internet 访问的设备均可连接	只有具有特定配置的特定设备可以连接

Interactive Graphic

练习 7.4.2.5：确定远程访问的特征

切换至在线课程以完成本次练习。

7.5 总结

课堂练习 7.5.1.1：VPN 规划设计

最近您的中小型企业收到不少新合同，这增加了对远程工作人员和工作量外包的需求。在项目进行过程中，新合同的供应商和客户也将需要访问您的网络。

作为企业的网络管理员，您认识到必须将 VPN 融合为您的网络策略的一部分，以支持远程工作人员、员工和供应商或客户进行安全访问。

为了准备在网络中实施 VPN，您设计了一个规划检查表，以便带到下次部门会议上进行讨论。

Packet Tracer Activity

Packet Tracer 练习 7.5.1.2：综合技能挑战

本练习可以使您练习多种技能，包括配置帧中继、采用 CHAP 的 PPP、NAT 过载（PAT）和 GRE 隧道。已为您完成了路由器的部分配置。

VPN 用于通过第三方网络（例如 Internet）创建安全的端到端专用网络连接。站点到站点 VPN 在两个站点的边缘上使用 VPN 网关设备。终端主机并不知道 VPN 而且没有其他支持的软件。

远程访问 VPN 需要将软件安装到从远程位置访问网络的各台主机设备上。远程访问 VPN 的两种类型是 SSL 和 IPSec。SSL 技术可以使用客户端的 Web 浏览器和浏览器的本征 SSL 加密提供远程访问。通过在客户端使用思科 AnyConnect 软件，用户就可以使用 SSL 拥有与 LAN 类似的完全网络访问。

GRE 是基本的、不安全的站点到站点 VPN 隧道协议，能够在 IP 隧道内封装各种协议数据包类型，从而允许企业通过基于 IP 的 WAN 传输其他协议。如今，它主要用于在仅支持 IPv4 单播的连接上传输 IP 组播流量或 IPv6 流量。

IPSec 作为 IETF 标准，是一个在 OSI 模型的第 3 层上运行的安全隧道，可以保护和验证 IPSec 对等设备之间的 IP 数据包。它通过使用加密、数据完整性检查、身份验证和反重播保护来提供机密性。通过使用哈希算法（例如 MD5 或 SHA）确保数据完整性。身份验证由 PSK 或 RSA 对等身份验证方法提供。

加密所提供的机密性级别取决于使用的算法和密钥长度。加密可以是对称或非对称的。DH 是安全地交换用于加密数据的密钥的一种方法。

7.6 练习

以下提供了有关本章所介绍的主题的练习。实验和课堂练习可参阅配套教材《连接网络实验手册》。Packet Tracer 练习的 PKA 文件可在在线课程中下载。

7.6.1 课堂练习

课堂练习 7.0.1.2：VPN 概览
课堂练习 7.5.1.1：VPN 规划设计

7.6.2 实验

实验 7.2.2.5：配置点对点 GRE VPN 隧道

7.6.3 Packet Tracer 练习

Packet Tracer 练习 7.1.2.4：配置 VPN（可选）
Packet Tracer 练习 7.2.2.3：配置 GRE
Packet Tracer 练习 7.2.2.4：GRE 故障排除
Packet Tracer 练习 7.3.2.8：配置通过 IPSec 的 GRE（可选）
Packet Tracer 练习 7.5.1.2：综合技能挑战

7.7 检查你的理解

请完成以下所有复习题，以检查您对本章要点和概念的理解情况。答案列在本书附录中。

1．可采用哪两种技术来保护通过 IPSec VPN 连接传输的数据流？（选择 2 项）
   A．标记和隔离不同客户的 VPN 数据流的数据标签技术
   B．用于通过公共网络基础设施以透明方式在网络之间传输数据的数据封装技术
   C．使用密钥将数据编码成不同格式的数据加密技术
   D．采用另一种路由选择协议通过 VPN 隧道传输数据流
   E．使用公司租用线路提供的专用连接
2．下面哪一项网络安全的陈述是正确的？
   A．当数据在源和目的地之间传递时，验证可以防止篡改和改动数据
   B．数据完整性确保通信双方身份的真实性
   C．数据的完整性是使用密码、数字证书、智能卡和生物识别技术
   D．加密可以防止未经验证或未经授权的源对信息的拦截
3．下列哪项是思科开发的隧道协议？
   A．AES
   B．DES
   C．ESP
   D．GRE
   E．RSA
4．远程工作者建立到企业网站的安全连接所需要的两个组件是什么（选择 2 项）？
   A．ASA 安全设备

B．认证服务器

C．宽带 Internet 连接

D．VPN 服务器或集中器

E．VPN 客户端软件或具有 VPN 功能的路由器

5．一位销售代理使用酒店计算机上的浏览器连接到公司的网络，以及员工从家里使用 VPN 客户端软件连接到公司的网络，是哪个类型的网络的例子？

A．GRE 的 VPN

B．第二层的 VPN

C．远程接入 VPN

D．站点到站点的 IPSec VPN

E．站点到站点的 SSL VPN

6．哪种陈述正确描述了站点到站点 VPN？

A．单个主机可以启用和禁用 VPN 连接

B．内部主机会发送正常的未封装数据包

C．VPN 连接不是静态定义的

D．VPN 客户端软件安装在每台主机上

7．哪种思科远程 VPN 解决方案允许远程用户使用浏览器和 Internet 连接进行访问？

A．无客户端 SSL VPN

B．基于客户端的 SSL VPN

C．SSL

D．IPSec

8．以下哪项确保数据在传输过程中没有改变？

A．身份认证协议

B．Diffie-Hellman（DH）算法

C．加密协议

D．信息的哈希值

9．以下哪项允许双方通过使用加密和散列算法建立共享密钥？

A．3DES

B．AES

C．Diffie-Hellman（DH）算法

D．MD5

10．下列哪两项将提供信息的机密性？

A．身份认证协议

B．Diffie-Hellman（DH）算法

C．加密协议

D．信息的哈希值

E．SHA

11．下列哪两项将提供信息的完整性？

A．身份认证协议

B．Diffie-Hellman（DH）算法

C．加密协议

D．信息的哈希值

E．SHA

第 8 章

监控网络

学习目标

通过完成本章学习，您将能够回答下列问题：

- 如何解释系统日志的工作原理？
- 如何配置系统日志以编译中小型企业网络设备上的消息？
- 如何解释 SNMP 的工作原理？
- 如何配置 SNMP 以编译中小型企业网络上的消息？
- 如何描述 NetFlow 的工作原理？
- 如何配置 NetFlow 以监控中小型企业网络上的流量？
- 如何使用 NetFlow 数据检查流量模式？

关键术语

下列为本章所用的关键术语。您可以在本书的术语表中找到其定义。

网络时间协议
系统日志
系统日志服务器
SNMP 管理器
SNMP 代理
管理信息库（MIB）
社区字符串
NetFlow
Flexible NetFlow

简介

监控正在运行的网络可以为网络管理员提供相关信息，从而主动管理网络并向其他人报告网络使用情况。链路活动、出错率和链路状态均是可以有助于网络管理员确定网络运行状况和使用情况的一些因素。随着时间的推移，收集并查看此类信息可以让网络管理员看出并预测增长趋势，还可能使管理员在故障部件彻底瘫痪之前检测和更换故障部件。

本章介绍网络管理员可用来监控网络的三种协议。系统日志、SNMP 和 NetFlow 均是常用协议，有其各自的优缺点。结合使用时，则会成为了解网络情况的有效工具集。网络时间协（NTP）用于同步设备之间的时间，当尝试比较不同设备的日志文件时，这一点尤其重要。

课堂练习 8.0.1.2：网络维护开发

目前还没有正式的策略或方法可用于记录您公司网络所遇到的问题。此外，当网络发生故障时，您必须尝试许多方法来查找原因，这种做法非常耗时。

您知道一定有更好的方法来解决这些问题，您决定创建网络维护计划以保存维修记录和查明导致网络中错误的原因。

8.1 系统日志

系统日志是一个标准、知名的协议，用于记录计算机和网络设备的消息。

8.1.1 系统日志工作原理

系统日志用于网络设备、服务器以及其他设备上，这些设备需要对发生在各自身上的所有事件予以监控。各种应用程序可以用来显示这些信息，并在需要时向网络管理员报警。

1. 系统日志简介

当网络上发生某些事件时，网络设备具有向管理员通知详细系统消息的可靠机制。这些消息可能并不重要，也可能事关重大。网络管理员可以采用多种方式来存储、解释和显示这些消息，并接收可能会对网络基础设施具有最大影响的消息警报。

网络设备访问系统消息的最常用方法是使用系统日志协议。

系统日志是一个用于描述标准的术语。同时它还用于描述针对该标准所开发的协议。系统日志协议是 20 世纪 80 年代为 UNIX 系统开发的，但最早是 2001 年由 IETF 记录在 RFC 3164 中。系统日志使用 UDP 端口 514 将事件通知消息通过 IP 网络发送到事件消息收集器，如图 8-1 所示。

许多网络设备都支持系统日志，包括路由器、交换机、应用服务器、防火墙和其他网络设备。如图 8-1 所示，系统日志协议允许网络设备将系统消息通过网络发送到系统日志服务器。因此可以为此构建一个专用带外（OOB）网络。

Windows 和 UNIX 有许多不同的系统日志服务器软件包，其中许多都是免费软件。

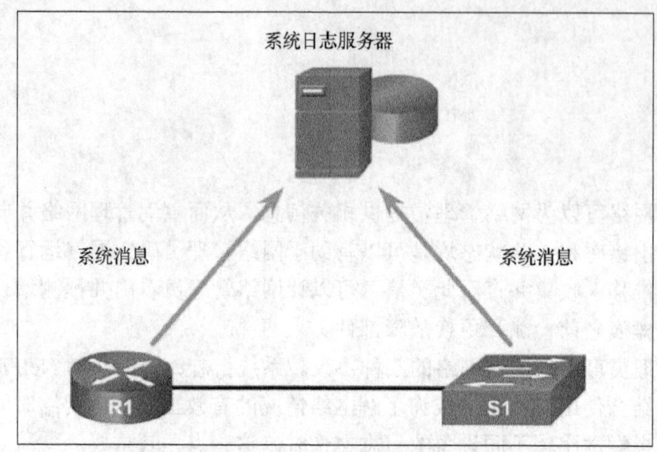

图 8-1　系统日志

系统日志的日志记录服务具有三个主要功能：

- 能够收集日志记录信息来用于监控和故障排除；
- 能够选择捕获的日志记录信息的类型；
- 能够指定捕获的系统日志消息的目的地。

2. 系统日志工作原理

在思科网络设备上，系统日志协议开始于向设备内部的本地日志记录进程发送系统消息和 **debug** 输出。日志记录进程如何管理这些消息和输出取决于设备配置。例如，系统日志消息可以通过网络发送到外部系统日志服务器，无需访问物理设备即可检索这些消息。外部服务器上存储的日志消息和输出可以用于各种报表以方便阅读。

系统日志消息还可以发送到内部缓冲区。发送到内部缓冲区的消息只能通过设备的 CLI 进行查看。

最后，网络管理员可以指定仅特定类型的系统消息可以发送到各个目的地。例如，设备可以配置为将所有系统消息转发到外部系统日志服务器。但是，调试级别消息将转发到内部缓冲区，并且管理员只能从 CLI 访问。

如图 8-2 所示，系统日志消息的常用目的地如下：

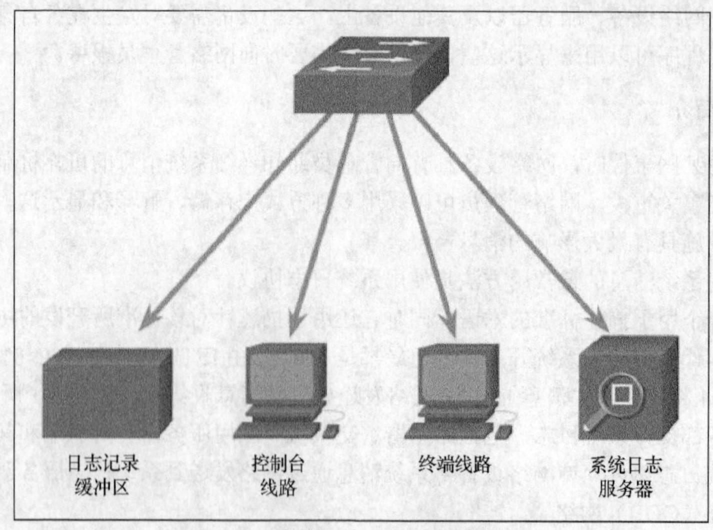

图 8-2　系统日志目的地消息选项

■ 日志记录缓冲区（路由器或交换机内部的 RAM）；
■ 控制台线路；
■ 终端线路；
■ 系统日志服务器。

要想远程监控系统消息，可以通过查看系统日志服务器上的日志，或者通过 Telnet、SSH 或控制台端口访问设备。

3. 系统日志消息格式

思科设备在发生网络事件时会生成系统日志消息。每个系统日志消息包含严重级别和相关设备。

数字级别越小，系统日志警报越发严重。我们可以设置消息的严重级别来控制每种消息的显示位置（例如显示在控制台或其他目的地）。表 8-1 显示了系统日志级别的完整列表。

表 8-1 系统日志严重级别

严重名称	严重级别	说明
紧急	第 0 级	系统不可用
提醒	第 1 级	需要立即采取措施
重要	第 2 级	关键条件
错误	第 3 级	错误条件
警告	第 4 级	警告条件
通知	第 5 级	正常但比较重要的情况
信息性	第 6 级	信息性消息
调试	第 7 级	调试消息

每个系统日志级别都有自己的含义。

■ **警告级别～紧急级别**：这些消息是与软件或硬件故障有关的错误消息；这些类型的消息表示设备的功能受到了影响。问题的严重性决定了所应用的实际系统日志级别。
■ **调试级别**：这种级别表示消息是发出各种 **debug** 命令生成的输出。
■ **通知级别**：通知级别仅提供信息，设备功能不受影响。接口状态的 up 或 down 转换、系统重新启动等消息在通知级别显示。

除了指定严重性外，系统日志消息还包含相关设备的信息。系统日志设备是用来识别和分类系统状态数据以生成错误和事件消息报告的服务标识符。可用的日志记录设备选项特定于具体网络设备。例如，运行思科 IOS 15.0（2）版的思科 2960 系列交换机和运行思科 IOS 15.2（4）版的思科 1941 系列交换机支持 24 个设备选项，这些设备归为 12 种设备类型。

思科 IOS 路由器报告的常见系统日志消息设备包括：

■ IP；
■ OSPF 协议；
■ SYS 操作系统；
■ IP 安全性（IPSec）；
■ Interface IP（IF）。

默认情况下，思科 IOS 软件上的系统日志消息格式如下：

```
seq no: timestamp: %facility-severity-MNEMONIC: description
```

表 8-2 解释了思科 IOS 软件系统日志消息中包含的字段。

表 8-2 系统日志消息格式

字段	说明
seq no	仅当配置了 **service sequence-numbers** 全局配置命令时，使用序列号标记日志消息
Timestamp	仅当配置了 **service timestamp** 全局配置命令时，显示消息或事件的日期和时间
Facility	消息所指的设备
Severity	0～7 的单个数字编码，表示消息的严重级别
MNEMONIC	唯一描述消息的文本字符串
Description	包含已报告事件详细信息的文本字符串

例如，思科交换机的 EtherChannel 链路状态更改为 up 的输出示例如下：

```
00:00:46: %LINK-3-UPDOWN: Interface Port-channel1, changed state to up
```

其中，设备为 LINK，严重级别为 3，助记符为 UPDOWN。

最常见的消息是 link up 和 link down 消息，以及设备退出配置模式时生成的消息。如果配置了 ACL 日志记录功能，设备会在数据包匹配参数条件时生成系统日志消息。

4. 服务时间戳

日志消息可以加上时间戳，并且可以设置系统日志消息源地址。这增强了实时调试和管理。

在全局配置模式下，输入 **service timestamps log uptime** 命令后，记录的事件会显示自交换机上次启动后的时间。此命令更有用的版本是用 **datetime** 关键字取代 **uptime** 关键字；这会强制每条记录的事件显示与事件关联的日期和时间。

使用 **datetime** 关键字时，必须设置网络设备的时钟。可以使用以下两种方式进行设置：

- 手动设置，使用 **clock set** 命令；
- 自动设置，使用网络时间协议（NTP）。

NTP 是让网络设备与 NTP 服务器同步时间设置的协议。

要允许 NTP 时钟服务器同步软件时钟，请在全局配置模式下使用 **ntp server** *ip-address* 命令。示例拓扑结构如图 8-3 所示，在例 8-1 中，将路由器 R1 配置为 NTP 客户端，而路由器 R2 充当权威 NTP 服务器。网络设备可配置为 NTP 服务器，从而让其他设备与其保持时间同步，也可配置为 NTP 客户端。

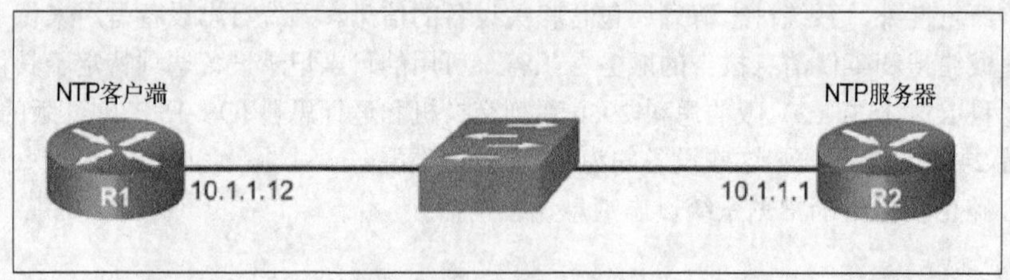

图 8-3 NTP 拓扑

例 8-1 配置 NTP

```
R2(config)# ntp master 1
R2(config)# ntp server 10.1.1.1
```

对于本章以下内容，假设时钟已经设置，并且所有设备已配置了 **service timestamps log datetime** 命令。

Interactive Graphic

练习 8.1.1.5：解释系统日志输出

切换至在线课程以完成本次练习。

8.1.2 配置系统日志

要使用系统日志的基本功能，大多数系统日志服务器应用程序只需要很少的配置。

1. 系统日志服务器

要查看系统日志消息，网络上的工作站必须安装系统日志服务器。系统日志服务器有许多免费软件和共享软件版本以及可供购买的企业版。在图 8-4 中，Windows 7 计算机上显示了评估版本的 Kiwi 系统日志守护程序。

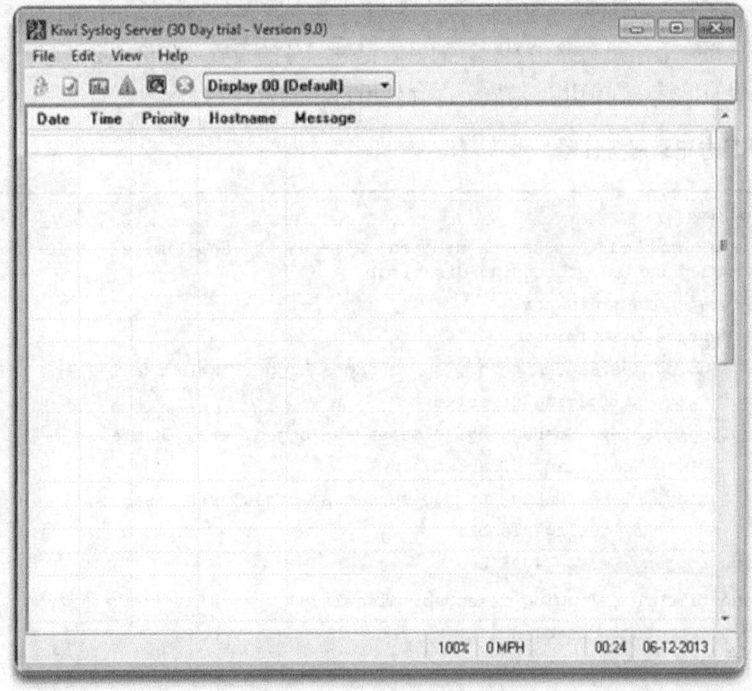

图 8-4 Kiwi 系统日志服务器

系统日志服务器提供相对友好的界面来供用户查看系统日志输出。服务器解析输出并将消息置于预定义的列中以便于进行解释。如果发出系统日志消息的网络设备配置了时间戳，则系统日志服务器输出会显示每个消息的日期和时间，如图 8-5 所示。

网络管理员可以在系统日志服务器上产生的大量数据中轻松导航。在系统日志服务器上查看系统日志消息的一个优势在于，能够对数据执行细化的搜索。此外，网络管理员可迅速从数据库中删除不重要的系统日志消息。

2. 默认日志记录

默认情况下，思科路由器和交换机会向控制台发送所有严重性级别的日志消息。在某些 IOS 版本中，默认情况下设备还会缓冲这些系统日志消息。要启用这两项设置，请分别使用 **logging console** 和 **logging buffered** 全局配置命令。

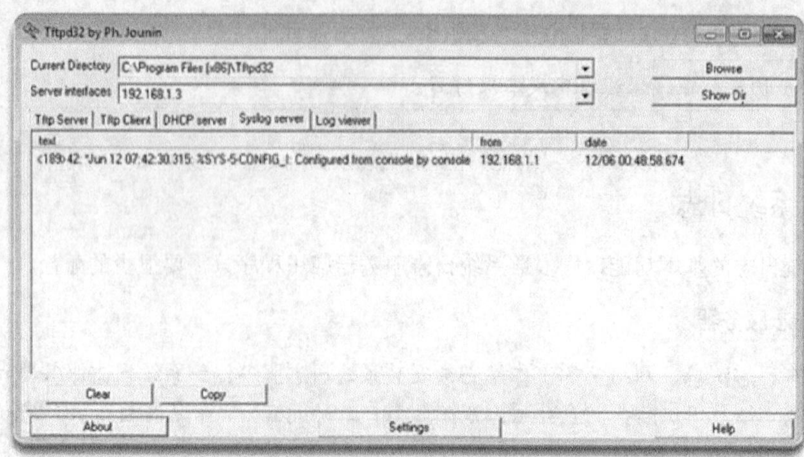

图 8-5 显示在系统日志服务器上的系统日志消息

show logging 命令显示思科路由器默认的日志记录服务的设置，如例 8-2 所示。第一行输出列出关于日志记录进程的信息，而输出的最后一部分列出日志消息。

例 8-2 默认日志记录服务设置

```
R1# show logging
Syslog logging: enabled (0 messages dropped, 2 messages rate-limited, 0 flushes, 0
  overruns, xml disabled, filtering disabled)
No Active Message Discriminator.
No Inactive Message Discriminator.
    Console logging: level debugging, 32 messages logged, xml disabled,
                     filtering disabled
    Monitor logging: level debugging, 0 messages logged, xml disabled,
                     filtering disabled
    Buffer logging:  level debugging, 32 messages logged, xml disabled,
                    filtering disabled
    Exception Logging: size (4096 bytes)
    Count and timestamp logging messages: disabled
    Persistent logging: disabled
No active filter modules.
    Trap logging: level informational, 34 message lines logged
        Logging Source-Interface:       VRF Name:
Log Buffer (8192 bytes):
*Jan  2 00:00:02.527: %LICENSE-6-EULA_ACCEPT_ALL: The Right to Use End User License
  Agreement is accepted
*Jan  2 00:00:02.631: %IOS_LICENSE_IMAGE_APPLICATION-6-LICENSE_LEVEL: Module name =
  c1900 Next reboot level = ipbasek9 and License = ipbasek9
*Jan  2 00:00:02.851: %IOS_LICENSE_IMAGE_APPLICATION-6-LICENSE_LEVEL: Module name =
  c1900 Next reboot level = securityk9 and License = securityk9
*Jun 12 17:46:01.619: %IFMGR-7-NO_IFINDEX_FILE: Unable to open nvram:/ifIndex-table No
  such file or directory
<output omitted>
```

突出显示的第一行表明此路由器将日志记录到控制台并包括调试消息。这实际上意味着所有调试级别的消息以及级别更低的所有消息（例如通知级别的消息）都已记录到控制台。从输出中还可发现，已记录了 32 条此类消息。

突出显示的第二行表明此路由器将日志记录到内部缓冲区。由于此路由器已启用了记录到内部缓冲区，**show logging** 命令也列出了该缓冲区中的消息。您可以查看输出末尾记录的部分系统消息。

3. 用于系统日志客户端的路由器和交换机命令

通过以下三个步骤可配置路由器，将系统消息发送到系统日志服务器，并在系统日志服务器中存储、过滤和分析这些消息。

步骤 1 在全局配置模式下配置系统日志服务器的目的主机名或 IP 地址：

```
R1(config)# logging 192.168.1.3
```

步骤 2 使用 **logging trap** *level* 全局配置模式命令控制发送到系统日志服务器的消息。例如，要限制级别为 4 和更低（0～4）的消息，则使用以下两个等效命令。

```
R1(config)# logging trap 4
R1(config)# logging trap warning
```

步骤 3 也可以使用 **logging source-interface** *interface-type interface number* 全局配置模式命令配置源接口。这可指定系统日志数据包包含特定接口的 IPv4 或 IPv6 地址，而不考虑数据包从哪个接口离开路由器。例如，要将源接口设置为 g0/0，请使用以下命令：

```
R1(config)# logging source-interface g0/0
```

在例 8-3 中，R1 被配置为向系统日志服务器（192.168.1.3）发送级别为 4 和更低的日志消息。源接口设置为接口 G0/0。创建一个环回接口，先关闭，然后再重新启用该接口。控制台输出反映出了这些操作。

例 8-3 系统日志配置

```
R1(config)# logging 192.168.1.3
R1(config)# logging trap 4
R1(config)# logging source-interface gigabitEthernet 0/0
R1(config)# interface loopback 0
R1(config-if)#
*Jun 12 22:06:02.902: %LINK-3-UPDOWN: Interface Loopback0, changed state to up
*Jun 12 22:06:03.902: %LINEPROTO-5-UPDOWN: Line protocol on Interface Loopback0,
  changed state to up
*Jun 12 22:06:03.902: %SYS-6-LOGGINGHOST_STARTSTOP: Logging to host 192.168.1.3 port
  514 started - CLI initiated
R1(config-if)# shutdown
R1(config-if)#
*Jun 12 22:06:49.642: %LINK-5-CHANGED: Interface Loopback0, changed state to
  administratively down
*Jun 12 22:06:50.642: %LINEPROTO-5-UPDOWN: Line protocol on Interface Loopback0,
  changed state to down
R1(config-if)# no shutdown
R1(config-if)#
*Jun 12 22:09:18.210: %LINK-3-UPDOWN: Interface Loopback0, changed state to up
*Jun 12 22:09:19.210: %LINEPROTO-5-UPDOWN: Line protocol on Interface Loopback0,
  changed state to up
R1(config-if)#
```

如图 8-6 所示，Windows 7 计算机上的 Tftpd32 系统日志服务器设置了 IP 地址 192.168.1.3。您可以看到，系统日志服务器上仅显示严重级别为4或更低（更严重）的消息。严重级别为5或更高（较不严重）的消息显示在路由器控制台输出中，但不会显示在系统日志服务器输出中，因为 **logging trap** 命令按严重级别来限制发送到系统日志服务器的系统日志消息。

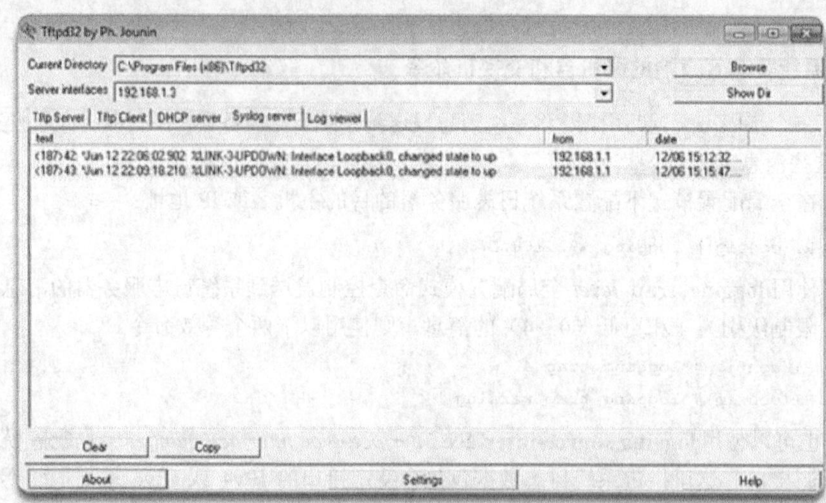

图 8-6 系统日志服务器输出

4. 检验系统日志

您可以使用 **show logging** 命令查看已记录的所有消息。当日志记录缓冲区较大时，可在 **show logging** 命令中结合使用管道（|）字符。管理员可以使用管道选项明确指定应显示的消息。

例如，发出 **show logging | include changed state to up** 命令可以确保仅显示声明接口"changed to state up"的接口通知，如例 8-4 所示。

例 8-4 系统日志配置

```
R1# show logging | include changed state to up
*Jun 12 17:46:26.143: %LINK-3-UPDOWN: Interface GigabitEthernet0/1, changed state to
  up
*Jun 12 17:46:26.143: %LINK-3-UPDOWN: Interface Serial0/0/1, changed state to up
*Jun 12 17:46:27.263: %LINEPROTO-5-UPDOWN: Line protocol on Interface
  GigabitEthernet0/1, changed state to up
*Jun 12 17:46:27.263: %LINEPROTO-5-UPDOWN: Line protocol on Interface Serial0/0/1,
  changed state to up
*Jun 12 20:28:43.427: %LINK-3-UPDOWN: Interface GigabitEthernet0/0, changed state to
  up
*Jun 12 20:28:44.427: %LINEPROTO-5-UPDOWN: Line protocol on Interface
  GigabitEthernet0/0, changed state to up
*Jun 12 22:04:11.862: %LINEPROTO-5-UPDOWN: Line protocol on Interface Loopback0,
  changed state to up
*Jun 12 22:06:02.902: %LINK-3-UPDOWN: Interface Loopback0, changed state to up
*Jun 12 22:06:03.902: %LINEPROTO-5-UPDOWN: Line protocol on Interface Loopback0,
  changed state to up
*Jun 12 22:09:18.210: %LINK-3-UPDOWN: Interface Loopback0, changed state to up
*Jun 12 22:09:19.210: %LINEPROTO-5-UPDOWN: Line protocol on Interface Loopback0,
  changed state to up
*Jun 12 22:35:55.926: %LINK-3-UPDOWN: Interface Loopback0, changed state to up
```

```
*Jun 12 22:35:56.926: %LINEPROTO-5-UPDOWN: Line protocol on Interface Loopback0,
  changed state to up
R1# show logging | begin Jun 12 22:35
*Jun 12 22:35:46.206: %LINK-5-CHANGED: Interface Loopback0, changed state to
  administratively down
*Jun 12 22:35:47.206: %LINEPROTO-5-UPDOWN: Line protocol on Interface Loopback0,
  changed state to down
*Jun 12 22:35:55.926: %LINK-3-UPDOWN: Interface Loopback0, changed state to up
*Jun 12 22:35:56.926: %LINEPROTO-5-UPDOWN: Line protocol on Interface Loopback0,
  changed state to up
*Jun 12 22:49:52.122: %SYS-5-CONFIG_I: Configured from console by console
*Jun 12 23:15:48.418: %SYS-5-CONFIG_I: Configured from console by console
R1#
```

在例 8-4 的后面可以看到，发出 **show logging | begin June 12 22:35** 命令可显示 6 月 12 日及之后出现的日志记录缓冲区内容。

Interactive Graphic

练习 8.1.1.5：配置并检验系统日志

切换至在线课程，使用语法检查器配置并检验 R1 上的系统日志。

Packet Tracer Activity

Packet Tracer 练习 8.1.2.5：配置系统日志和 NTP

在本练习中，您将启用并使用系统日志服务和 NTP 服务，以使网络管理员能更有效地监控网络。

实验 8.1.2.6：配置系统日志和 NTP

在本实验中，您需要完成以下目标。

- 第 1 部分：配置基本设备设置。
- 第 2 部分：配置 NTP。
- 第 3 部分：配置系统日志。

8.2 SNMP

简单网络管理协议（SNMP）是一个标准、知名的协议，用于管理 IP 网络上的设备。

8.2.1 SNMP 工作原理

SNMP 的工作原理是使用存储在设备上的管理信息库（MIB）变量，对 SNMP 服务器和代理进行配置。

1. SNMP 简介

SNMP 旨在让管理员管理 IP 网络上的各个节点，例如服务器、工作站、路由器、交换机和安全设备。SNMP 有助于网络管理员管理网络性能，发现和解决网络故障以及规划网络增长。

SNMP 是一种应用层协议，提供管理器和代理之间的通信消息格式。SNMP 系统包括三个要素：

- SNMP 管理器；
- SNMP 代理（托管节点）。
- 管理信息库（MIB）。

要在网络设备上配置 SNMP，首先需要定义管理器和代理之间的关系。

SNMP 管理器是网络管理系统（NMS）的一部分。SNMP 管理器运行 SNMP 管理软件。如图 8-7 所示，SNMP 管理器可以通过 get 操作从 SNMP 代理收集信息，并使用 set 操作更改代理的配置。此外，SNMP 代理可以使用 trap 将信息直接转发到 NMS。

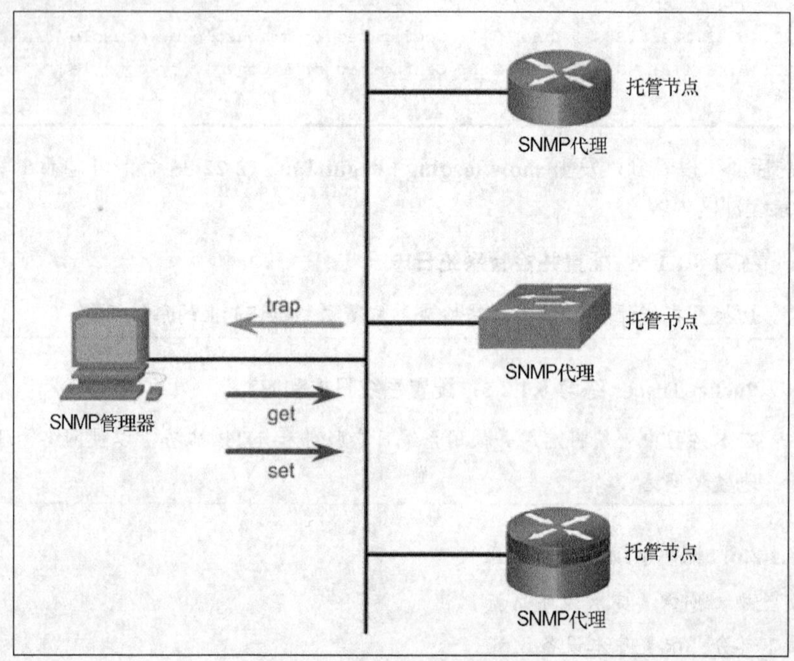

图 8-7 简单网络管理协议

SNMP 代理和 MIB 驻留在网络设备客户端。必须管理的网络设备均配备 SNMP 代理软件模块，例如交换机、路由器、服务器、防火墙和工作站。MIB 存储与设备操作有关的数据，并可用于验证远程用户。SNMP 代理负责为反映资源和活动的对象的本地 MIB 提供访问。

SNMP 定义了网络管理应用程序和管理代理之间如何交换管理信息。SNMP 使用 UDP（端口号 162）检索和发送管理信息。

2. SNMP 工作原理

驻留在托管设备上的 SNMP 代理收集并存储有关设备及其运行状态的信息。代理将此信息存储在本地 MIB，然后 SNMP 管理器使用 SNMP 代理访问 MIB 中的信息。

SNMP 管理器请求主要有两种，即 get 和 set。NMS 使用 get 请求查询设备的数据。NMS 使用 set 请求更改代理设备中的配置变量。set 请求也可以启动设备内的操作。例如，set 请求可以使路由器重新启动、发送配置文件或接收配置文件。SNMP 管理器使用 get 和 set 操作执行表 8-3 中的操作。

表 8-3 系统日志消息格式

操作	说明
get-request	检索特定变量的值
get-next-request	检索表中某个变量的值。SNMP 管理器不需要知道确切的变量名称。为从表中找到所需变量，需执行顺序搜索

续表

操作	说明
get-bulk-request	检索大块数据，例如表中的多行数据，否则将需要传输许多小块数据（仅适用于 SNMPv2 或更高版本）
get-response	回复 NMS 发送的 get-request、get-next-request 和 set-request
set-request	将某一数值存入具体变量

SNMP 代理响应 SNMP 管理器请求的方式如下。

- **获取 MIB 变量**：SNMP 代理执行此功能以响应来自 NMS 的 GetRequest-PDU。代理检索请求的 MIB 变量的值并向 NMS 回复该值。
- **设置 MIB 变量**：SNMP 代理执行此功能以响应来自 NMS 的 SetRequest-PDU。SNMP 代理将 MIB 变量的值更改为 NMS 指定的值。SNMP 代理回复 set 请求，该请求中包含设备中新的设置。

图 8-8 说明了使用 SNMP GetRequest 确定接口 G0/0 是否为 up/up 状态的用法。

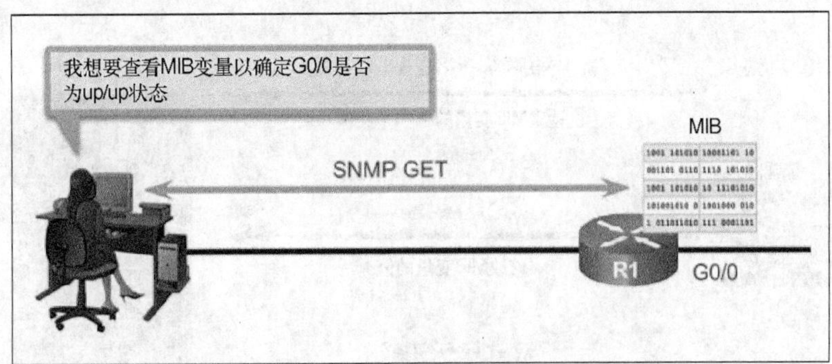

图 8-8 SNMP Get Request

3. SNMP 代理 trap

NMS 通过使用 get 请求查询设备的数据，定期轮询驻留在托管设备上的 SNMP 代理。使用此方法，网络管理应用程序可以收集信息来监控流量负载和检验托管设备的设备配置。信息可以通过 NMS 上的 GUI 显示。可以计算平均值、最小值或最大值，可以将数据绘制成图，也可设置阈值，在超出阈值时触发通知流程。例如，NMS 可以监控思科路由器上的 CPU 使用率。SNMP 管理器定期采样值并以图形形式显示此信息，供网络管理员创建基线。

定期 SNMP 轮询也有不足之处。首先，事件发生的时间和 NMS 通过轮询发现事件的时间之间存在延迟。其次，轮询频率和带宽使用情况之间需要进行折衷。

为了弥补这些不足，SNMP 代理可以生成并发送 trap 消息，以将某些事件立即告知 NMS。trap 消息是主动向 SNMP 管理器警告网络中某个条件或事件的消息。trap 情况示例包括但不限于：不适当的用户身份验证、重新启动、链路状态（up 或 down）、MAC 地址跟踪、TCP 连接断开、到邻居的连接断开或其他重要事件。trap 定向的通知不需要发送某些 SNMP 轮询请求，从而减少了网络和代理资源。

图 8-9 显示了使用 SNMP trap 警告网络管理员接口 G0/0 连接失败。NMS 软件可以向网络管理员发送文本消息，在 NMS 软件上弹出一个窗口，或将 NMS GUI 中的路由器图标变为红色。

图 8-10 显示了所有 SNMP 消息的交换过程。

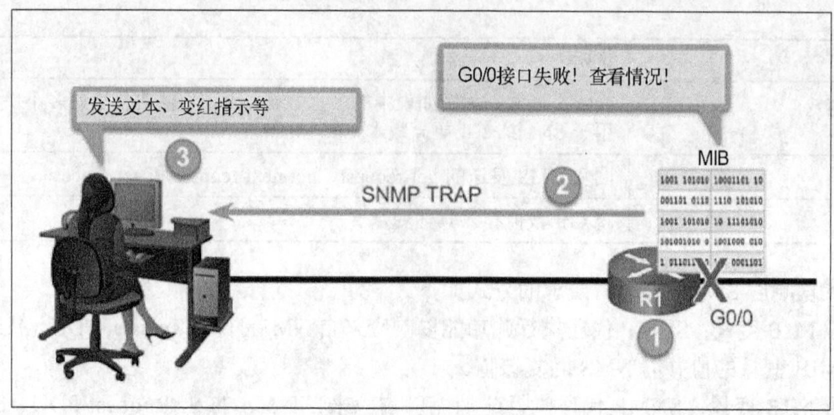

图 8-9 SNMP Trap

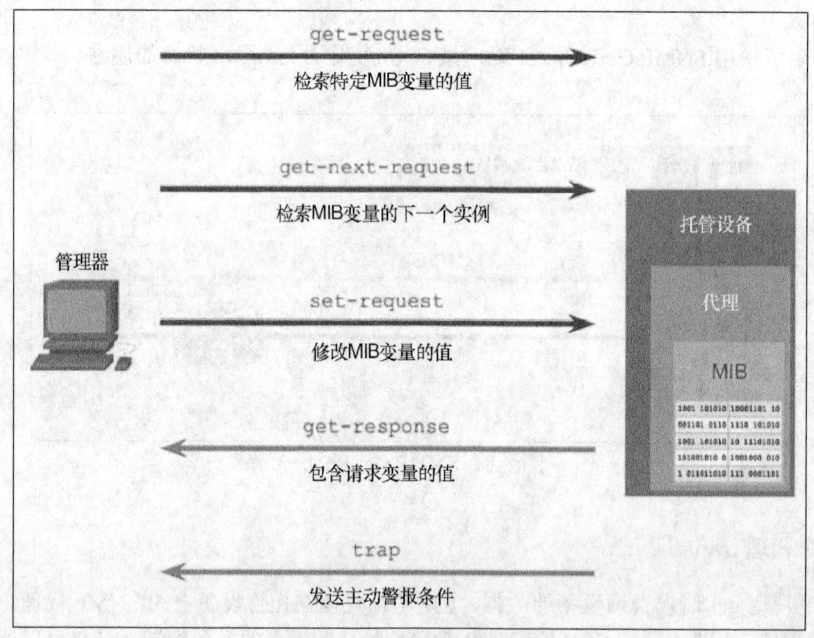

图 8-10 SNMP 工作原理

4. SNMP 版本

SNMP 有下述版本。

- **SNMPv1**：简单网络管理协议，在 RFC 1157 中定义的完整 Internet 标准。
- **SNMPv2c**：在 RFC 1901～1908 中定义；采用基于团体字符串的管理框架。
- **SNMPv3**：最早在 RFC 2273～RFC 2275 中定义，基于标准的可互操作协议；通过验证和加密网络中传输的数据包实现对设备的安全访问。其中包括以下安全功能：通过检查消息完整性来确保数据包在传输中未被篡改；通过身份验证来确定消息是否来自有效来源；通过加密来防止消息内容被未经授权的来源读取。

所有版本均使用 SNMP 管理器、代理和 MIB。思科 IOS 软件支持上述三个版本。版本 1 是传统解决方案，并不经常出现在现今的网络中；因此，本课程重点介绍版本 2c 和 3。

SNMPv1 和 SNMPv2c 都使用基于团体形式的安全性。能够访问代理 MIB 的管理器团体通过 ACL 和密码定义。

不同于 SNMPv1，SNMPv2c 为管理站引入了批量检索机制和更详细的错误消息报告。批量检索机制可以检索表格和大量信息，从而最大限度减少所需的往返次数。SNMPv2c 包含能够区分不同错误情况的扩展错误代码，改进了错误处理过程。而在 SNMPv1 中，这些情况通过单一错误代码报告。SNMPv2c 的错误返回代码包括错误类型。

注意：SNMPv1 和 SNMPv2c 提供最低安全功能。具体而言，SNMPv1 和 SNMPv2c 既不验证管理消息的来源，也不提供加密功能。SNMPv3 的最新描述位于 RFC 3410 ~ 3415。它增添了确保托管设备之间的关键数据安全传输的方法。

SNMPv3 同时提供了安全模型和安全等级。安全模型是为用户和用户所在组设置的身份验证策略。安全等级是安全模型中允许的安全级别。安全等级和安全模型两者共同决定了处理 SNMP 数据包时使用的安全机制。可用的安全模型有 SNMPv1、SNMPv2c 和 SNMPv3。

表 8-4 中显示了安全模型和安全级别不同组合的特征。

表 8-4　SNMP 安全模型和级别

模型	级别	身份验证	加密	结果
SNMPv1	noAuthNoPriv	社区字符串	否	使用团体字符串匹配进行身份验证
SNMPv2c	noAuthNoPriv	社区字符串	否	使用团体字符串匹配进行身份验证
SNMPv3	noAuthNoPriv	用户名	否	使用用户名匹配进行身份验证（对 SNMPv2c 的改进）
SNMPv3	AuthNoPriv	消息摘要 5（MD5）或安全散列算法（SHA）	否	提供基于 HMAC-MD5 或 HMAC-SHA 算法的身份验证
SNMPv3	authPriv（需要加密软件映像）	MD5 或 SHA	数据加密标准（DES）或高级加密标准（AES）	提供基于 HMAC-MD5 或 HMAC-SHA 算法的身份验证。允许使用这些加密算法指定用户安全模型（USM）： ■ 除了基于 CBC-DES（DES-56）标准的身份验证之外，还有 DES 56 位加密 ■ 3DES 168 位加密 ■ AES 128 位、192 位或 256 位加密

网络管理员必须配置 SNMP 代理使用管理站支持的 SNMP 版本。由于代理可以与多个 SNMP 管理器通信，可以配置软件支持使用 SNMPv1、SNMPv2c 或 SNMPv3 进行通信。

5. 团体字符串

要使 SNMP 正常运行，NMS 必须能够访问 MIB。为了确保访问请求的有效性，必须采用某些形式的身份验证。

SNMPv1 和 SNMPv2c 使用团体字符串控制对 MIB 的访问。团体字符串是明文密码。SNMP 团体字符串用于验证对 MIB 对象的访问。

团体字符串分为两种类型。

- **只读（RO）**：提供对 MIB 变量的访问，但不允许更改这些变量，只能读取。由于版本 2c 提供最低安全功能，因此很多组织在只读模式下使用 SNMPv2c。
- **读写（RW）**：提供对 MIB 中所有对象的读写访问权限。

要查看或设置 MIB 变量，用户必须指定读或写访问的相应团体字符串。

注意：明文密码不属于安全机制。这是因为明文密码非常容易受到中间人攻击，攻击者会通过捕获数据包入侵密码。

6. 管理信息库对象 ID

MIB 分层组织变量。管理软件可以使用 MIB 变量监视和控制网络设备。MIB 在形式上将每个变量定义为一个对象 ID（OID）。OID 唯一标识 MIB 层次结构的托管对象。MIB 根据 RFC 标准将 OID 组织为 OID 层次结构，通常显示为一个树形。

在任何给定设备的 MIB 树中，有的分支包含通用于许多网络设备的变量，有的分支包含特定于该设备或供应商的变量。

RFC 中定义了一些常见的公共变量。大多数设备实施这些 MIB 变量。此外，像思科这样的网络设备供应商可以定义各自树的专用分支，以适应特定于其设备的新变量。图 8-11 显示了思科公司定义的部分 MIB 结构。请注意如何使用字词或标号来描述 OID，以帮助定位树中的特定变量。如图 8-11 所示，属于思科的 OID 标号如下：.iso（1）、.org（3）、.dod（6）、.internet（1）、.private（4）、.enterprises（1）、.cisco（9）。这显示为 1.3.6.1.4.1.9。

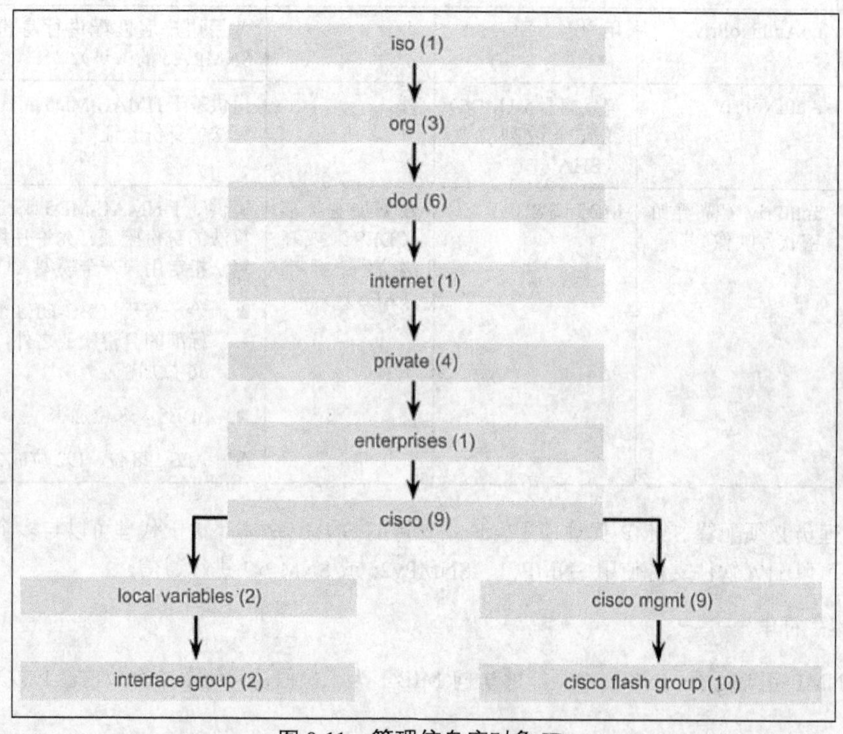

图 8-11 管理信息库对象 ID

由于 CPU 是一项重要资源，因此应对其进行持续检测。CPU 统计信息应在 NMS 上编译并制图。观察较长时间段内的 CPU 利用率能够让管理员确定 CPU 利用率的基线预估，然后可以根据基线设定阈值。当 CPU 利用率超过该阈值时，系统会发送通知。SNMP 绘图工具可以定期轮询 SNMP 代理（例如路由器），然后将收集到的值绘制成图。图 8-12 显示了几周时间内路由器 CPU 利用率的 5 分钟采样。

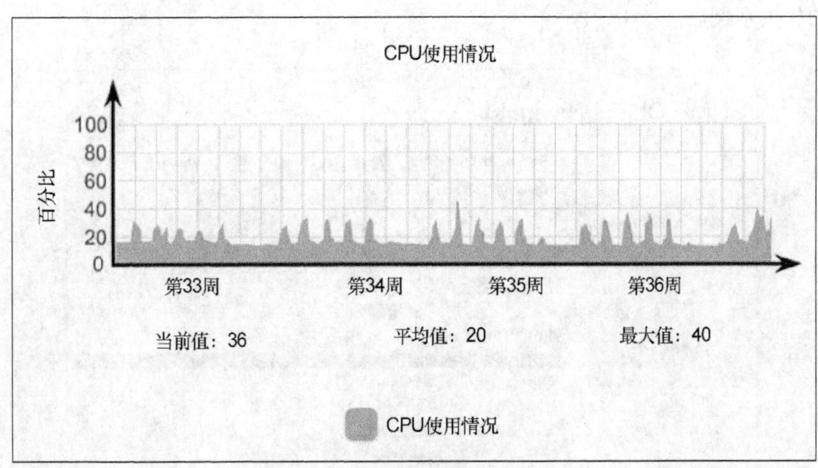

图 8-12 SNMP 绘图工具

这些数据是通过 NMS 上发出的 snmpget 实用程序而获得的。使用 snmpget 实用程序可以手动获取 CPU 繁忙百分比的平均值。snmpget 实用程序要求设置 SNMP 版本、正确的团体、要查询的网络设备的 IP 地址以及 OID 号码。图 8-13 展示了使用免费软件 snmpget 实用程序从 MIB 快速检索信息的过程。

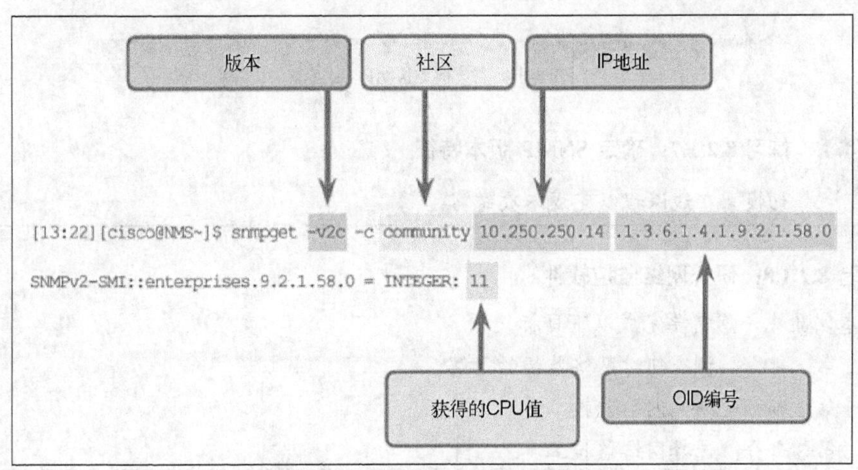

图 8-13 snmpget 实用程序

图 8-13 显示了包含若干参数的一个长命令。

- `-v2c`：SNMP 版本。
- `-c community`：SNMP 密码，称为团体字符串。
- `10.250.250.14`：受监控设备的 IP 地址。
- `1.3.6.1.4.1.9.2.1.58.0`：MIB 变量的 OID。

最后一行显示响应。输出显示了 MIB 变量的缩略版，然后列出了 MIB 位置中的实际值。在这种情况下，5 分钟内 CPU 繁忙百分比的指数移动平均值为 11。该实用程序能够揭示 SNMP 的基本工作原理。然而，使用较长的 MIB 变量名称（如 1.3.6.1.4.1.9.2.1.58.0）会对普通用户造成困难。通常，网络操作人员会使用具有易用的 GUI 界面的网络管理产品，整个 MIB 数据变量命名过程对用户是透明的。

网络管理员可以使用思科 SNMP 导航器网站搜索特定 OID 的详细信息。图 8-14 显示了更改思科 2960

交换机配置的相关示例。

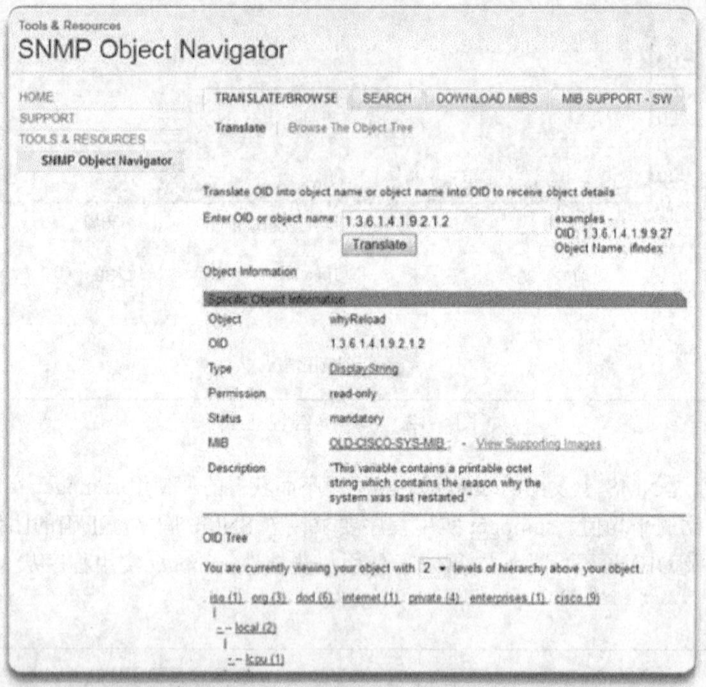

图 8-14 思科 SNMP 导航器

Interactive Graphic

练习 8.2.1.7：确定 SNMP 版本特征

切换至在线课程以完成本次练习。

实验 8.2.1.8：研究网络监控软件

在本实验中，您需要完成以下目标。

- 第 1 部分：调查您对网络监控的了解。
- 第 2 部分：研究网络监控工具。
- 第 3 部分：选择网络监控工具。

8.2.2 配置 SNMP

配置和验证 SNMP 相当简单，复杂的地方主要是使用工具分析接收到的信息。

1. 配置 SNMP 的步骤

网络管理员可以配置 SNMPv2 以从网络设备获取网络信息。如例 8-5 所示，配置 SNMP 的基本步骤都在全局配置模式下完成。

步骤 1 （必选）使用 **snmp-server community** *string* **ro | rw** 命令配置团体字符串和访问权限级别（只读或读/写权限）。

步骤 2 （可选）使用 **snmp-server location** *text* 命令记录设备位置。

步骤 3 （可选）使用 **snmp-server contact** *text* 命令记录系统联系人。

步骤 4 （可选）限制对 ACL 允许的 NMS 主机（SNMP 管理器）的 SNMP 访问：定义 ACL，然后使用 **snmp-server community** *string access-list-number-or-name* 命令引用该 ACL。此命令既可用于指定团体字符串，也可通过 ACL 限制 SNMP 访问。如果需要，步骤 1 和步骤 4 可合并为一个步骤；如果分别输入，思科网络设备会将两个命令合二为一。

步骤 5 （可选）使用 **snmp-server host** *host-id* **[version{1| 2c | 3 [auth | noauth | priv]}]** *community-tring* 命令指定 SNMP trap 操作的接收者。默认情况下未定义 trap 管理器。

步骤 6 （可选）使用 **snmp-server enable traps** *notification-types* 命令启用 SNMP 代理上的 trap。如果此命令中未指定 trap 通知类型，则发送所有 trap 类型。如果需要 trap 类型的特定子集，则需重复使用此命令。

注意： 默认情况下，SNMP 没有设置任何 trap。如果没有此命令，SNMP 管理器必须轮询所有相关信息。

例 8-5 SNMP 配置示例

```
R1(config)# snmp-server community batonaug ro SNMP_ACL
R1(config)# snmp-server location NOC_SNMP_MANAGER
R1(config)# snmp-server contact Wayne World
R1(config)# snmp-server host 192.168.1.3 version 2c batonaug
R1(config)# snmp-server enable traps
R1(config)# ip access-list standard SNMP_ACL
R1(config-std-nacl)# permit 192.168.1.3
```

2. 检验 SNMP 配置

可以使用多种软件解决方案查看 SNMP 输出。本课程中，我们使用 Kiwi 系统日志服务器显示与 SNMP trap 相关的 SNMP 消息。

PC1 和 R1 均配置为在 SNMP 管理器上显示与 SNMP trap 相关的输出。

如例 8-5 所示，PC1 分配到了 IP 地址 192.168.1.3/24。PC1 上已安装 Kiwi 系统日志服务器。

配置好 R1 后，只要发生有资格成为 trap 的事件，SNMP trap 就会发送到 SNMP 管理器。例如，如果接口打开，trap 就会发送到服务器。路由器配置发生更改也会触发 SNMP trap 发送到 SNMP 管理器。使用 **snmp-server enable traps?** 命令可以查看 60 多种 trap 通知的列表。在 R1 的配置中，没有使用 **snmp-server enable traps** *notification-types* 命令指定 trap 通知类型，因此会发送所有 trap。

在图 8-15 中，**Setup** 菜单中的复选框已选中，表示网络管理员想让 SNMP 管理器软件侦听 UDP 端口 162 上的 SNMP trap。

在图 8-16 中，显示的 SNMP trap 输出的第一行表示接口 GigabitEthernet0/0 状态已更改为 up。此外，每次从特权 EXEC 模式进入全局配置模式时，如突出显示的行所示，SNMP 管理器都会收到 trap。

要检验 SNMP 配置，可使用 **show snmp** 特权执行模式命令的任意变体。其中最有用的命令是 **show snmp** 命令，因为它能显示检验 SNMP 配置时最为相关的信息。除非有相关的 SNMPv3 配置，否则对于大多数命令，其他命令选项仅显示 **show snmp** 命令输出的选定部分。例 8-6 显示了 **show snmp** 输出。

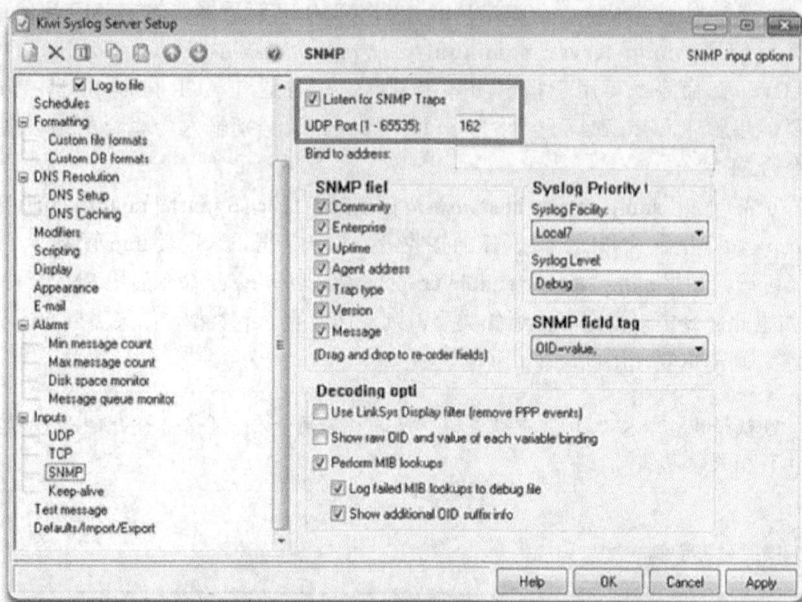

图 8-15 SNMP 管理器设置

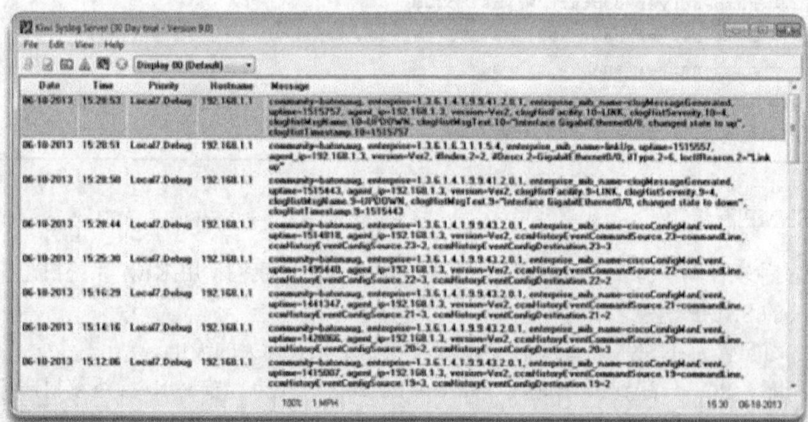

图 8-16 SNMP 管理器消息显示

例 8-6 检验 SNMP 配置

```
R1# show snmp
Chassis: FTX1636848Z
Contact: Wayne World
Location: NOC_SNMP_MANAGER
0 SNMP packets input
    0 Bad SNMP version errors
    0 Unknown community name
    0 Illegal operation for community name supplied
    0 Encoding errors
    0 Number of requested variables
    0 Number of altered variables
```

```
    0 Get-request PDUs
    0 Get-next PDUs
    0 Set-request PDUs
    0 Input queue packet drops (Maximum queue size 1000)
19 SNMP packets output
    0 Too big errors (Maximum packet size 1500)
    0 No such name errors
    0 Bad values errors
    0 General errors
    0 Response PDUs
    19 Trap PDUs
SNMP Dispatcher:
   queue 0/75 (current/max), 0 dropped
SNMP Engine:
   queue 0/1000 (current/max), 0 dropped
SNMP logging: enabled
    Logging to 192.168.1.3.162, 0/10, 19 sent, 0 dropped.
```

show snmp 命令的输出不显示与 SNMP 团体字符串或者关联 ACL（如果适用）相关的信息。例 8-7 显示了使用 **how snmp community** 命令显示的 SNMP 团体字符串和 ACL 信息。

例 8-7　SNMP 社区服务

```
R1# show snmp community
Community name: ILMI
Community Index: cisco0
Community SecurityName: ILMI
storage-type: read-only        active

Community name: batonaug
Community Index: cisco7
Community SecurityName: batonaug
storage-type: nonvolatile      active      access-list: SNMP_ACL

Community name: batonaug@1
Community Index: cisco8
Community SecurityName: batonaug@1
storage-type: nonvolatile      active      access-list: SNMP_ACL
```

Interactive Graphic

练习 8.2.2.2：配置和检验 SNMP

切换至在线课程，使用语法检查器配置和检验 R1 的 SNMP。

3. 最佳安全做法

如图 8-17 所示，SNMP 在进行监控和故障排除时非常有用，但同时也会造成安全漏洞。因此，在实施 SNMP 之前，请考虑安全最佳做法。

SNMPv1 和 SNMPv2c 都依靠明文形式的 SNMP 团体字符串验证对 MIB 对象的访问。这些团体字符串与所有密码一样，应仔细选择以确保它们不被轻松破解。此外，应根据网络安全策略定期更换团体字符串。例如，当网络管理员更换职位或离开公司后，应更改此字符串。如果 SNMP 仅用于监控设备，则使用只读团体字符串。

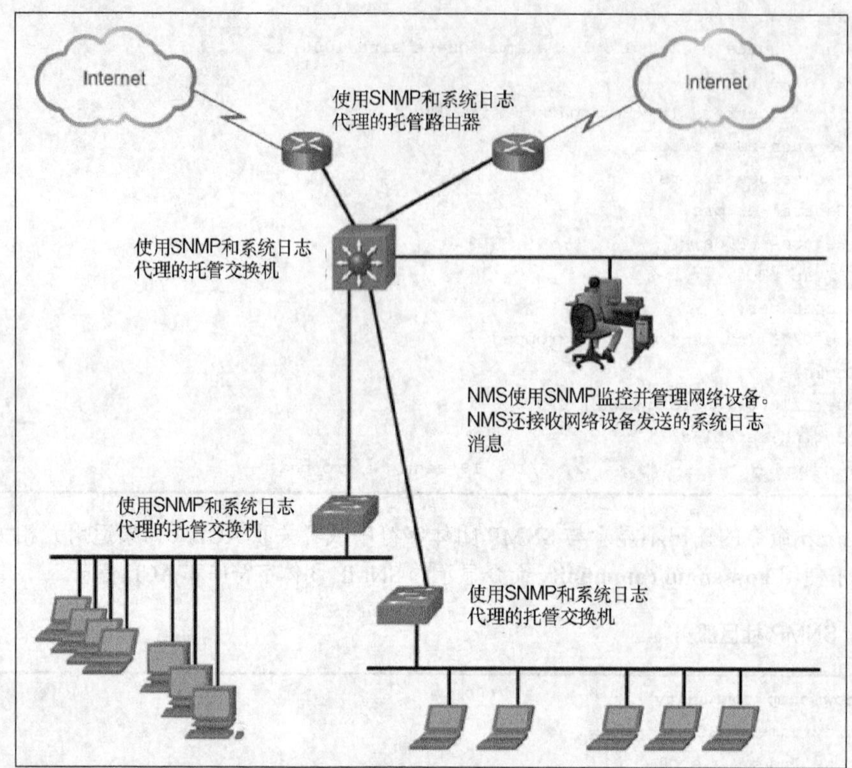

图 8-17 SNMP 托管网络

要确保 SNMP 消息不会扩散到管理控制台之外。应使用 ACL 来防止 SNMP 消息超过需要的设备范围。受监控设备上还应使用 ACL 来限制仅访问管理网络。

建议使用 SNMPv3，因为它提供安全验证和加密。网络管理员还可实施许多其他全局配置模式命令，以便充分利用 SNMPv3 中的身份验证和加密支持。

- **snmp-server group** *groupname* **{v1 | v2c | v3 {auth | noauth | priv}}**命令可在设备上创建新的 SNMP 组。
- **snmp-server user** *username groupname* **v3 [encrypted] [auth {md5 | sha} auth-password]** [*priv* **{des | 3des | aes {128 | 192 | 256}} priv-password**]命令用于在 **snmp-server group** *groupname* 命令指定的 SNMP 组中添加新用户。

注意： SNMPv3 配置不属于本 CCNA 课程的范围。

实验 8.2.2.4：配置 SNMP

在本实验中，您需要完成以下目标。

- 第 1 部分：建立网络并配置设备的基本设置。
- 第 2 部分：配置 SNMP 管理器和代理。
- 第 3 部分：使用思科 SNMP Object Navigator（SNMP 对象导航器）转换 OID 代码。

8.3 NetFlow

高速路由器和交换机硬件不需要使用操作系统软件即可转发流量。1996 年，思科公司开创了由流量来决定路由决策的方法。

8.3.1 NetFlow 运行

网络管理员使用被称为 NetFlow 的思科功能，以访问这些流量中信息的值。

1. NetFlow 简介

NetFlow 是一种思科 IOS 技术，提供有关流经思科路由器或多层交换机的数据包的统计信息。NetFlow 是从 IP 网络收集 IP 运行数据的标准。

过去，人们之所以开发出了 NetFlow 技术，是因为网络专业人员需要一种简单有效的方式来跟踪网络中的 TCP/IP 数据流，而 SNMP 无法满足这一要求。SNMP 试图提供非常广泛的网络管理功能和选项，而 NetFlow 侧重于提供有关流经网络设备的 IP 数据包的统计信息。

NetFlow 通过提供数据来实现网络和安全监控、网络规划、流量分析（识别网络瓶颈）以及 IP 记账计费目的。例如，在图 8-18 中，PC1 和 PC2 使用应用程序（例如 HTTPS）互连。NetFlow 可以监控该应用程序连接，从而跟踪该应用程序流的字节数和数据包数。然后它将统计信息推送到名为 NetFlow 收集器的外部服务器。

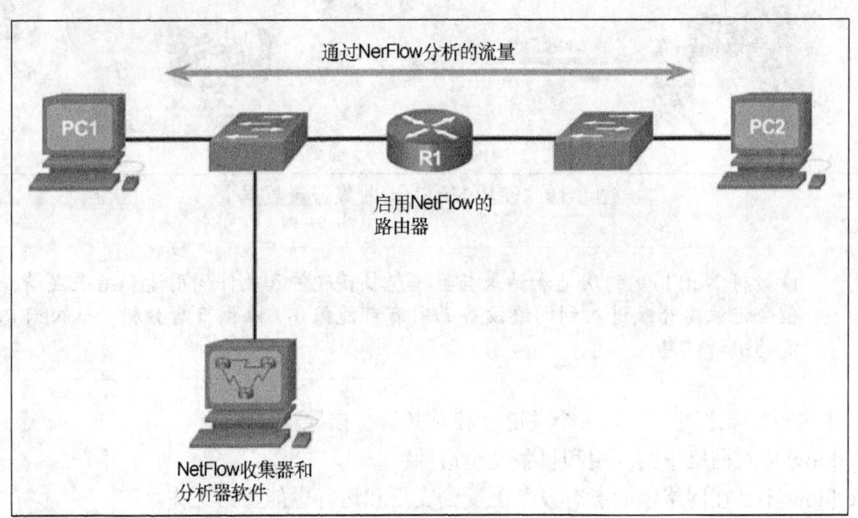

图 8-18 网络中的 NetFlow

NetFlow 已成为一种监控标准，现已广泛应用于网络行业。

Flexible NetFlow 是最新的 NetFlow 技术。Flexible NetFlow 对“原 NetFlow”做出了改进，增加了针对网络管理员的特定要求，自定义流量分析参数的功能。Flexible NetFlow 使用可重复使用的配置组件，能够实现流量分析和数据导出的更为复杂的配置。

Flexible NetFlow 使用第 9 版导出格式。NetFlow 第 9 版导出格式的显著特点是它是基于模板的。模板提供记录格式的可扩展设计，该功能便于日后增强 NetFlow 服务，无需并行更改基本的数据流记录格式。请注意，思科 IOS 15.1 版本引入了许多有用的 Flexible NetFlow 命令。

2. 了解 NetFlow

NetFlow 提供的统计信息有许多潜在的用途；但是，大多数组织使用 NetFlow 收集下列部分或全部重要数据：

- 衡量各种网络资源的使用者及其用途；
- 根据资源利用程度记账和收费；
- 利用测量到的信息更有效地规划网络，以使资源分配和部署与客户要求一致；
- 利用这些信息更好地构造和自定义一系列可用应用和服务，以满足用户需求和客户服务要求。

在比较 SNMP 与 NetFlow 的功能时，SNMP 可以比喻为无人驾驶车辆的远程控制软件，而 NetFlow 可以比喻为一个简单而详细的电话账单。电话记录显示每次通话和累计通话统计信息，可以让支付账单的人跟踪时间较长的通话、经常拨打的通话或不应拨打的通话。

与 SNMP 相反，NetFlow 采用“推送”模式。收集器仅侦听 NetFlow 流量，网络设备负责根据数据流缓存中的变化向收集器发送 NetFlow 数据。NetFlow 和 SNMP 之间的另一个区别在于，NetFlow 仅收集流量统计信息（如图 8-19 所示），而 SNMP 还可以收集许多其他性能指标，如接口错误、CPU 利用率和内存使用情况。另一方面，使用 NetFlow 收集的流量统计信息比使用 SNMP 收集的流量统计信息更加详细。

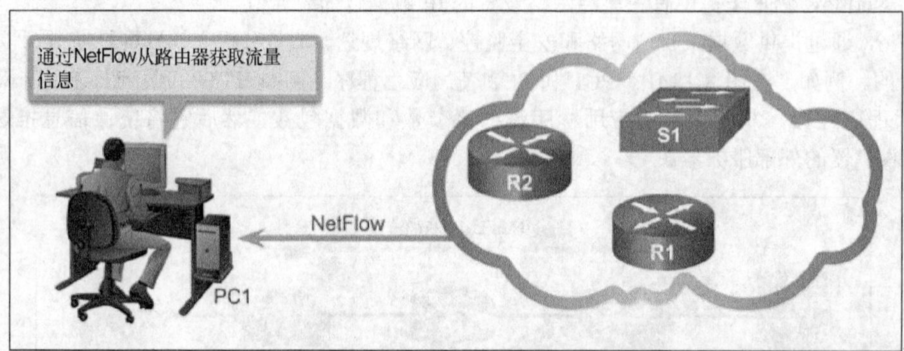

图 8-19　使用 NetFlow 收集流量数据

注意：请勿将 NetFlow 的用途和结果与数据包捕获硬件和软件的用途和结果混淆。数据包捕获会记录离开或进入到网络设备的所有可能信息，以供日后分析，而 NetFlow 针对特定的统计信息。

思科创建 NetFlow 之时，下列两个关键标准对其具有指导意义：

- NetFlow 应对网络中的应用和设备完全透明；
- NetFlow 不必在网络中的所有设备上受到支持和运行也能正常工作。

遵循这些设计标准可以确保 NetFlow 在最复杂的现代网络中也能轻松实施。

注意：尽管 NetFlow 易于实施且对网络透明，但它会占用思科设备的额外内存，因为 NetFlow 在设备“缓存”中存储记录信息。缓存的默认容量取决于平台，因此管理员可以调整此值。

3. 网络数据流

NetFlow 使用数据流的概念划分 TCP/IP 通信，以便记录统计信息。数据流是特定源系统和特定目的地之间的单向数据包流。

NetFlow 基于 TCP/IP 构建，源和目的是由网络层 IP 地址及其传输层的源端口号和目的端口号定义的。

NetFlow 技术已历经几代，定义流量越来越复杂，但是“原 NetFlow”使用 7 个字段的组合来区分数据流。如果其中一个字段的值与其他数据包的值不同，则可以确定数据包来自不同的数据流：

- 源 IP 地址；
- 目的 IP 地址；
- 源端口号；
- 目的端口号；
- 第 3 层协议类型；
- 服务类型（TOS）标记；
- 输入逻辑接口。

NetFlow 用来识别数据流的前四个字段应当比较熟悉。源和目的 IP 地址以及源和目的端口可以标识源和目的应用程序之间的连接。第 3 层协议类型标识遵循 IP 报头的报头类型（通常是 TCP 或 UDP，其他选项包括 ICMP）。IPv4 报头中的 ToS 字节包含设备如何对数据流中的数据包应用服务质量（QoS）规则的相关信息。

Flexible NetFlow 支持具有流数据记录的更多选项。Flexible NetFlow 可以让管理员指定用户定义的可选字段和必选字段来自定义数据集合，以定义 Flexible NetFlow 数据流监控器缓存的记录，从而满足特定需求。在定义 Flexible NetFlow 数据流监控器缓存的记录时，它们被称为用户定义的记录。可选字段的值被添加到数据流，提供有关数据流中流量的其他信息。可选字段的值发生变化并不会创建新的数据流。

Interactive Graphic

练习 8.3.1.4：比较 SNMP 和 NetFlow

切换至在线课程以完成本次练习。

8.3.2 配置 NetFlow

1. 配置 NetFlow

要在路由器上实施 NetFlow，需要完成下列步骤。

步骤 1 配置 NetFlow 数据捕获。NetFlow 可以从入口（入站）和出口（出站）数据包中捕获数据。

步骤 2 配置 NetFlow 数据导出。必须指定 NetFlow 收集器的 IP 地址或主机名以及 NetFlow 收集器侦听的 UDP 端口。

步骤 3 检验 NetFlow、包括运行情况和统计信息。配置好 NetFlow 后，可以在运行诸如 SolarWinds NetFlow 流量分析器、Plixer Scrutinizer 或 Cisco NetFlow Collector（NFC）等应用程序的工作站上分析导出的数据。至少可以依靠路由器自身的许多 **show** 命令输出。

配置 NetFlow 时，有如下注意事项。

- 较新的思科路由器（例如 ISR G2 系列）同时支持 Flexible NetFlow 和 NetFlow。
- 较新的思科交换机（例如 3560-X 系列交换机）支持 Flexible NetFlow；但是某些思科交换机（例如思科 2960 系列交换机）不支持 NetFlow 或 Flexible NetFlow。
- NetFlow 会消耗额外的内存。如果思科网络设备存在内存限制，则 NetFlow 缓存大小可以预先设置，使其包含较少数量的条目。默认缓存大小取决于平台。

- NetFlow 收集器的 NetFlow 软件要求不尽相同。例如，Windows 主机上的 Scrutinizer NetFlow 软件需要 4 GB RAM 和 50 GB 硬盘驱动器空间。

注意：　此处的重点是原 NetFlow（思科文档中简称 NetFlow）的思科路由器配置。Flexible Netflow 的配置不属于本课程的范围。

NetFlow 数据流是单向的，这意味着到应用程序的一个用户连接将有两个 NetFlow 数据流，每个方向一个。在接口配置模式定义要捕获的 NetFlow 数据，方法如下：

- 使用 **ip flow ingress** 命令捕获 NetFlow 数据以监控接口上的传入数据包；
- 使用 **ip flow egress** 命令捕获 NetFlow 数据以监控接口上的传出数据包。

要将 NetFlow 数据发送到 NetFlow 收集器，需要在路由器的全局配置模式配置以下几项。

- **NetFlow 收集器的 IP 地址和 UDP 端口号：**使用 **ip flow-export destination** *ip-address udp-port* 命令。默认情况下，收集器有一个或多个端口用于 NetFlow 数据捕获。该软件允许管理员指定用于 NetFlow 捕获的端口。分配的一些常见 UDP 端口包括 99、2055 和 9996。
- **（可选）格式化要发送到收集器的 NetFlow 记录时使用的 NetFlow 版本：**使用 **ip flow-export version** *version* 命令。NetFlow 采用 5 种格式（1、5、7、8 和 9）中的一种来导出 UDP 中的数据。第 9 版是最全的导出数据格式，但它不与以前的版本向后兼容。如果未指定第 5 版，则默认版本为第 1 版。如果第 1 版是 NetFlow 收集器软件唯一支持的 NetFlow 数据导出格式版本，则可使用第 1 版。
- **（可选）用作要发送到收集器的数据包来源的源接口：**使用 **ip flow-export source** *typenumber* 命令。

利用图 8-20 中的拓扑，例 8-8 显示了基本 NetFlow 的配置。路由器 R1 的 G0/1 接口的 IP 地址为 192.168.1.1。NetFlow 收集器的 IP 地址为 192.168.1.3，它配置为捕获 UDP 端口 2055 上的数据。通过 G0/1 的入口和出口流量受到监控。NetFlow 数据以第 5 版格式发送。

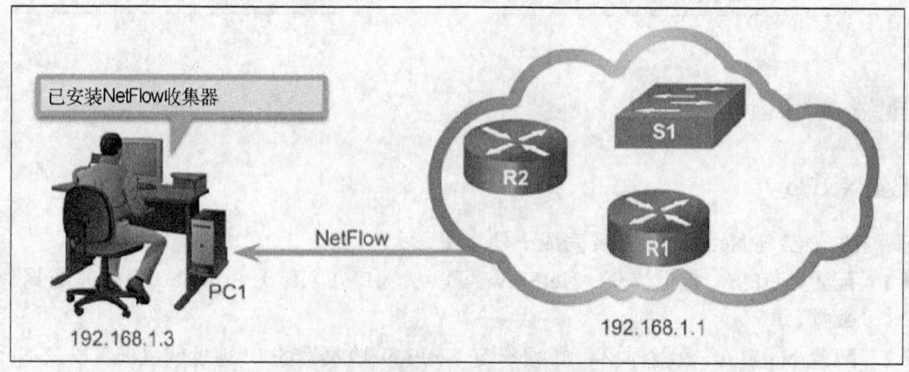

图 8-20　使用 NetFlow 的网络拓扑

例 8-8　NetFlow 路由器配置

```
R1(config)# interface GigabitEthernet 0/1
R1(config-if)# ip flow ingress
R1(config-if)# ip flow egress
R1(config-if)# exit
R1(config)# ip flow-export destination 192.168.1.3 2055
R1(config)# ip flow-export version 5
```

2. 检验 NetFlow

检验 NetFlow 工作正常之后，NetFlow 收集器即可开始收集数据。通过检查 Netflow 收集器上存储的信息即可完成 NetFlow 检验。至少要检查路由器的本地 NetFlow 缓存，确保路由器正在收集数据。

路由器 R1 的 NetFlow 配置如下：

- G0/1 上的 IP 地址 192.168.1.1/24；
- NetFlow 监控入口和出口流量；
- 位于 192.168.1.3/24 的 NetFlow 收集器；
- NetFlow UDP 捕获端口 2055；
- NetFlow 第 5 版导出格式。

在用户执行模式或特权执行模式下使用 **show ip cache flow** 命令，可以显示 NetFlow 统计数据的汇总信息以及使用流量最多的协议，也可以查看流量在哪些主机之间流动。在 R1 上输入此命令可检查 NetFlow 配置，如例 8-9 所示。此命令输出详细显示了使用流量最多的协议和流量在哪些主机之间流动。例 8-9 中的表格说明了数据流交换缓存行中的重要字段。

例 8-9 检验 NetFlow 配置

```
R1# show ip cache flow
IP packet size distribution (178617 total packets):
   1-32   64   96  128  160  192  224  256  288  320  352  384  416  448  480
   .002 .080 .008 .005 .001 .000 .001 .001 .000 .000 .000 .000 .000 .000 .000
    512  544  576 1024 1536 2048 2560 3072 3584 4096 4608
   .000 .000 .000 .000 .895 .000 .000 .000 .000 .000 .000
IP Flow Switching Cache, 278544 bytes
  5 active, 4091 inactive, 1573 added
  18467 ager polls, 0 flow alloc failures
  Active flows timeout in 1 minutes
  Inactive flows timeout in 15 seconds
IP Sub Flow Cache, 34056 bytes
  5 active, 1019 inactive, 1569 added, 1569 added to flow
  0 alloc failures, 0 force free
  1 chunk, 1 chunk added
  last clearing of statistics never
Protocol         Total     Flows   Packets  Bytes  Packets Active(Sec) Idle(Sec)
--------         Flows      /Sec     /Flow   /Pkt     /Sec     /Flow     /Flow
TCP-Telnet           3       0.0         3     50      0.0       1.0      15.0
TCP-WWW            245       0.0         6     93      0.0       0.3       2.4
TCP-other          529       0.0        27     57      0.2       0.7       6.2
UDP-other          328       0.0         6    107      0.0       2.4      15.3
ICMP               711       0.0       226   1261      2.4       0.2      15.4
Total:            1816       0.0        98   1137      2.7       0.8      11.0

SrcIf         SrcIPaddress    DstIf          DstIPaddress    Pr   SrcP DstP     Pkts
UDP-other              253       0.0           6    105      0.0        2.6     15.3
ICMP                   560       0.0         286   1262      2.6        0.2     15.5
Total:                1568       0.0         113   1142      2.9        0.8     10.4
SrcIf         SrcIPaddress    DstIf          DstIPaddress    Pr   SrcP DstP     Pkts
Gi0/1         192.168.1.3     Local          192.168.1.1     06   100B 01BB        1
```

```
Gi0/1          192.168.1.3    Local        192.168.1.1    01   0000 0303         1
Gi0/1          192.168.1.3    Local        192.168.1.1    01   0000 0800         1
```

通过显示的顶部输出可以确认路由器正在收集数据。第一个突出显示的条目列出 NetFlow 监控的数据包数是 178617。输出末尾显示有关三种数据流的统计数据，突出显示的部分对应 NetFlow 收集器与 R1 之间的活动 HTTPS 连接。它还以十六进制显示了源端口（SrcP）和目的端口（DstP）。

注意： 十六进制 01BB 等于十进制 443，即 HTTPS 的公认 TCP 端口。

表 8-5 说明了 **show ip cache flow** 命令输出的数据流交换缓存行的重要字段。

表 8-5 **show ip cache flow** 交换机缓存描述符

字段	说明
bytes	NetFlow 缓存使用的内存字节数
active	输入此命令时 NetFlow 缓存中的活动数据流数
inactive	NetFlow 缓存中已分配，但在输入此命令时尚未指定给特定数据流的数据流缓冲区数量

表 8-6 说明了 **show ip cache flow** 命令输出的协议行的活动重要字段。

表 8-6 show ip cache flow 协议输出描述符

操作字段	说明
Protocol	IP 协议和公认端口号
Total Flows	自上次清除统计信息后该协议缓存中的数据流数
Flows/Sec	该协议每秒的平均数据流数；等于数据流总数除以汇总期间的秒数
Packets/Flow	该协议数据流的平均数据包数；等于该协议的数据包总数除以汇总期间该协议的数据包总数
Bytes/Pkt	该协议数据包的平均字节数；等于该协议的字节总数除以汇总期间该协议的数据包总数
Packets/Sec	该协议每秒的数据包平均数；等于该协议的数据包总数除以汇总期间的总秒数
Active(Sec)/Flow	超时数据流的第一个数据包到最后一个数据包的秒数除以汇总期间该协议的数据流总数
Idle(Sec)/Flow	从该协议的每个未超时数据流的最后一个数据包到输入 **show ip cache verbose flow** 命令时观察到的秒数，除以汇总期间该协议的数据流总数

表 8-7 说明了 **show ip cache flow** 命令输出的 NetFlow 记录行的活动重要字段。

表 8-7 show ip cache flow NetFlow 记录描述符

操作字段	说明
SrcIf	接收数据包的接口
SrcIPaddress	发送数据包的设备的 IP 地址
DstIf	发送数据包的接口；如果 DstIf 字段后面紧跟一个星号（*），则显示的数据流是出口数据流
DstIPaddress	目的设备的 IP 地址
Pr	IP 协议的“公认”端口号，以十六进制格式显示
SrcP	十六进制的源协议端口号
DstP	十六进制的目的协议端口号
Pkts	通过此数据流交换的数据包数量

虽然通过 **show ip cache flow** 命令的输出可以确认路由器正在收集数据，但为了确保 NetFlow 配置在正确接口的正确方向上，请使用 **show ip flow interface** 命令，如例 8-10 所示。

例 8-10 检验 NetFlow 配置

```
R1# show ip flow interface
GigabitEthernet0/1
  ip flow ingress
  ip flow egress
R1# show ip flow export
Flow export v5 is enabled for main cache
  Export source and destination details :
  VRF ID : Default
    Destination(1)  192.168.1.3 (2055)
  Version 5 flow records
  1764 flows exported in 532 udp datagrams
  0 flows failed due to lack of export packet
  0 export packets were sent up to process level
  0 export packets were dropped due to no fib
  0 export packets were dropped due to adjacency issues
  0 export packets were dropped due to fragmentation failures
  0 export packets were dropped due to encapsulation fixup failures
```

要检查导出参数的配置，请使用 **show ip flow export** 命令，如例 8-10 所示。突出显示的第一行显示 NetFlow 已启用第 5 版导出格式。在例 8-10 中，突出显示的最后一行显示 1764 个数据流已经通过端口 2055，以 532 个 UDP 数据报的形式导出到 NetFlow 收集器（192.168.1.3）。

Interactive Graphic

练习 8.3.2.2：配置和检验 NetFlow

切换至在线课程，使用语法检查器配置并检验 R1 上的 NetFlow。

8.3.3 检查流量模式

采用专用的应用软件，对 NetFlow 数据进行检查和分析，可以显示流量的模式，揭示未经授权的流量，并且可以对网络性能进行监控。

1. 识别 NetFlow 收集器功能

NetFlow 收集器是运行应用软件的主机。此软件专门处理原始 NetFlow 数据。此收集器可配置为从许多网络设备接收 NetFlow 信息。NetFlow 收集器在软件限制范围内根据网络管理员的规定聚合并组织 NetFlow 数据。

在 NetFlow 收集器上，NetFlow 数据按一定间隔写入驱动器。管理员可以同时运行多个收集方案或线程。例如，可以存储不同的数据段来方便规划和计费；NetFlow 收集器可以轻松制定适当的聚合机制。

图 8-21 显示了 NetFlow 收集器被动侦听导出的 NetFlow 数据报。NetFlow 收集器应用提供高性能、易于使用且可扩展的解决方案，以满足多种设备的 NetFlow 导出数据的消耗。各种组织的目标用途各不相同，但通常的目的是支持消费类应用的关键数据流，其中包括记账、计费和网络规划及监控。

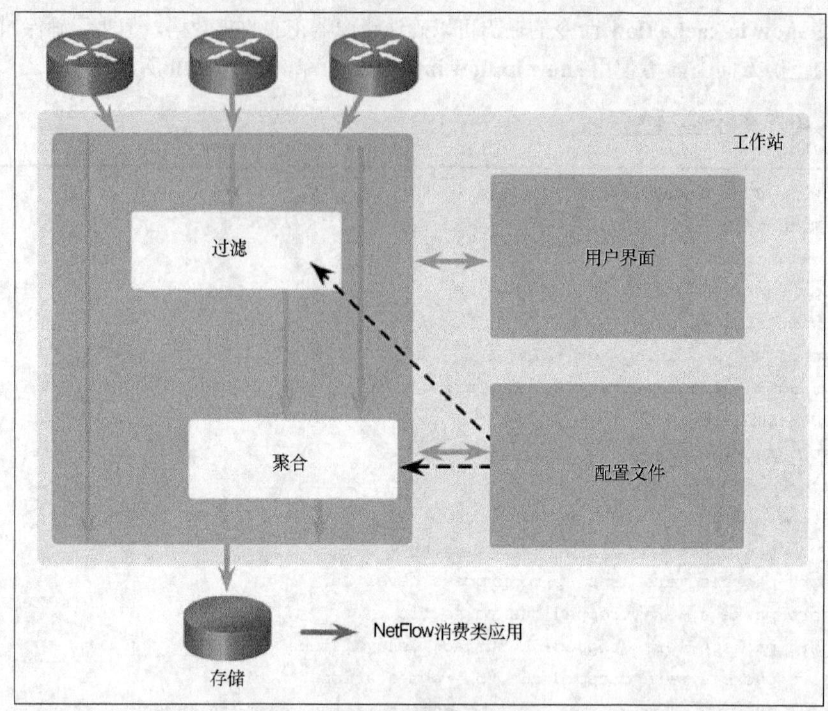

图 8-21　NetFlow 收集器功能

目前市场上有多种 NetFlow 收集器。这些工具能够显示最大流量（或最活跃的）主机、最常用的应用和测量流量数据的其他方式，以便进行流量分析，如图 8-22 所示。NetFlow 收集器显示网络上的流量种类（Web、邮件、FTP、点对点等），以及发送和接收大多数流量的设备。收集数据可以让网络管理员了解最大流量生成者、最大流量主机和最大流量侦听程序的相关数据。由于这些数据是随着时间的推移加以保存的，对网络流量进行事后分析可以确定网络使用情况趋势。

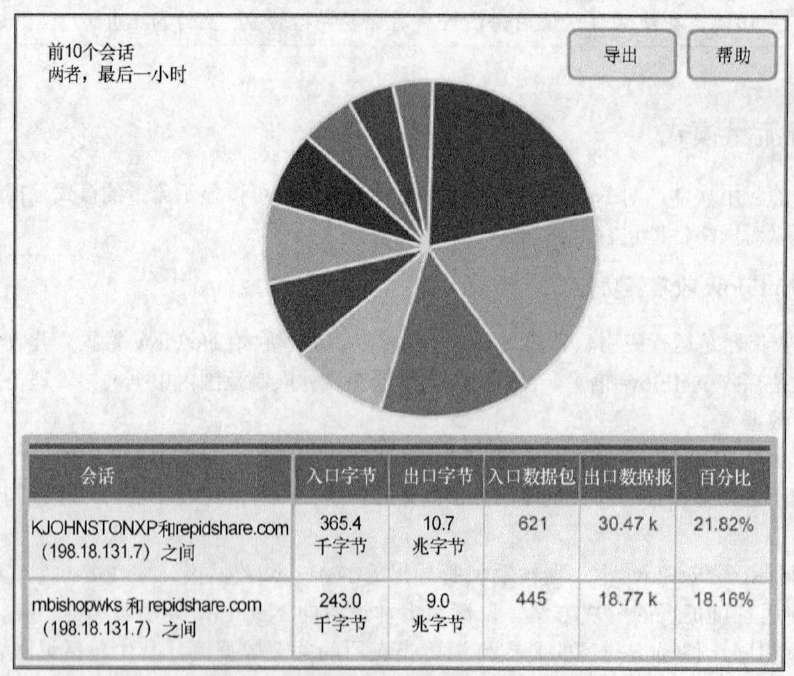

会话	入口字节	出口字节	入口数据包	出口数据报	百分比
KJOHNSTONXP和repidshare.com（198.18.131.7）之间	365.4 千字节	10.7 兆字节	621	30.47 k	21.82%
mbishopwks 和 repidshare.com（198.18.131.7）之间	243.0 千字节	9.0 兆字节	445	18.77 k	18.16%

图 8-22　NetFlow 收集器最大流量生成者

根据 NetFlow 分析器的使用情况，网络管理员可确定：

- 最大流量生成者和最大流量接收者；
- 经常访问的网站和下载的内容；
- 生成最大流量的对象；
- 是否有足够带宽来支持关键任务活动；
- 独占带宽的对象。

NetFlow 收集器能够分析的信息量取决于所使用的 NetFlow 版本，因为不同的 NetFlow 导出格式包括不同的 NetFlow 记录类型。NetFlow 记录中包含有关构成 NetFlow 数据流的实际流量的特定信息。

NetFlow 收集器提供已记录和已聚合的数据流的实时可视化和分析。在下一轮定期分析之前，可以指定路由器和支持的交换机，以及聚合方案和存储数据的时间间隔。然后，可以采用对用户有意义的如下方式对数据排序并实现可视化：已排序报告的条形图、饼图或柱状图。之后，数据可以导出到 Microsoft Excel 等电子表格中进行详细分析、趋势分析、报告等。

2. 使用 NetFlow 收集器进行 NetFlow 分析

Plixer International 开发了 Scrutinizer NetFlow 分析器软件。Scrutinizer 是在 NetFlow 收集器上捕获和分析 NetFlow 数据的众多选项之一。

回想上一节中的配置：

- G0/1 上的 IP 地址 192.168.1.1/24；
- NetFlow 监控入口和出口流量；
- 位于 192.168.1.3/24 的 NetFlow 收集器；
- NetFlow UDP 捕获端口 2055；
- NetFlow 第 5 版导出格式。

位于 192.168.1.3/24 的 NetFlow 收集器上已安装 Scrutinizer 软件。

图 8-23 显示了打开 Scrutinizer 应用后的软件接口。

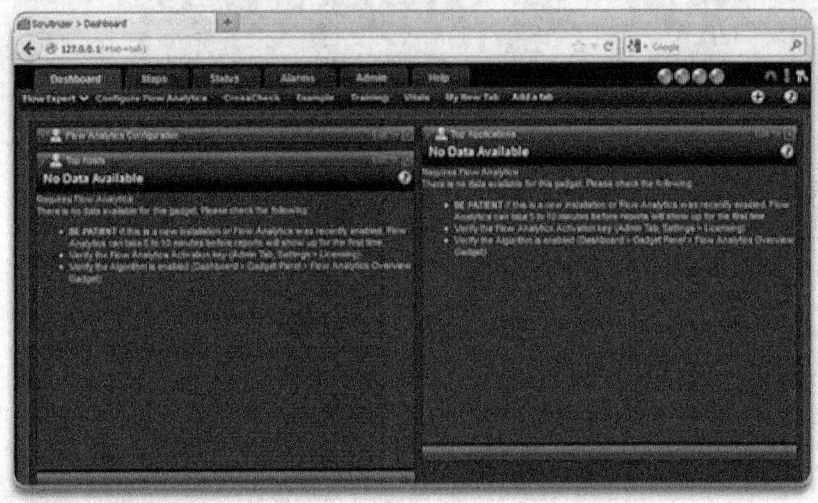

图 8-23　NetFlow 分析：打开 Scrutinizer 应用程序

图 8-24 显示了运行该应用后单击 Status（状态）选项卡的结果。软件显示一条消息：Flows detected, please wait while Scrutinizer prepares the initial reports（检测到数据流，请等待 Scrutinizer 准备初始报告）。

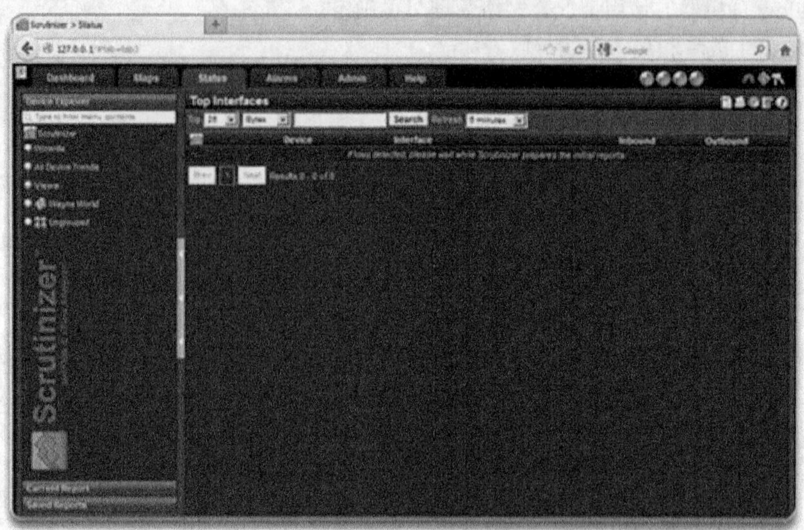

图 8-24　NetFlow 分析：Scrutinizer 状态选项卡

图 8-25 显示几分钟后的状态屏幕。路由器 R1 上配置了 cisco.com 域名。

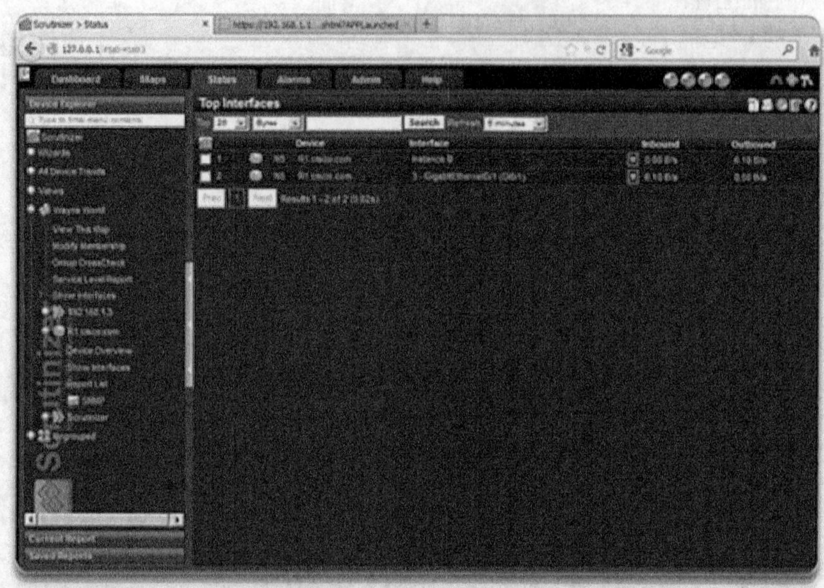

图 8-25　NetFlow 分析：Scrutinizer 状态屏幕

前面章节中的 SNMP 配置对 R1 仍然有效。Scrutinizer 软件在 **Admin Settings** 选项卡中配置了 SNMP 团体 *batonaug*。当单击左侧面板中 R1.cisco.com 下的 SNMP 链接时，将会显示图 8-26 的内容。它显示了 R1 通过 SNMPv2c 与 NetFlow 收集器通信的基本流量分析。多路由器流量绘图器（MRTG）是许多网络管理员用来进行基本流量分析的一款免费软件。Scrutinizer 应用集成 MRTG，图 8-26 中的图形就是由 MRTG 生成的。顶部图形反映入口流量，而底部图形反映 R1 上 G0/1 的出口流量。

最后，图 8-27 中的"控制面板"选项卡显示针对最高主机和最高应用报告的实际 NetFlow 数据。Scrutinizer 软件有数十个这种小工具，可显示各类数据。在图 8-27 中，最高主机是 R1，因为 R1 和

NetFlow 收集器之间的流量最大。最高应用是 HTTPS，然后依次是 SNMP、HTTP、SSH、ICMP 和 NetBIOS。

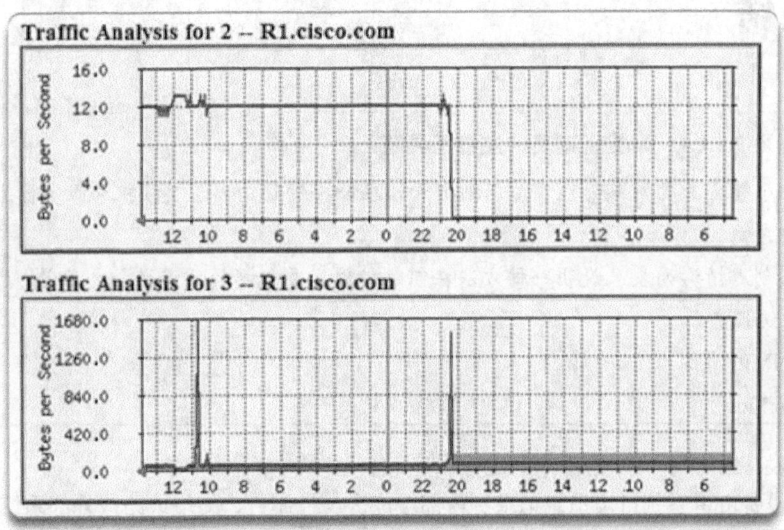

图 8-26 NetFlow 分析：MRTG

图 8-27 NetFlow 分析：Scrutinizer 控制面板

实验 8.3.3.3：收集和分析 NetFlow 数据

在本实验中，您需要完成以下目标。

- 第 1 部分：建立网络并配置设备的基本设置。
- 第 2 部分：在路由器上配置 NetFlow。
- 第 3 部分：使用 CLI 分析 NetFlow。
- 第 4 部分：探索 NetFlow 收集器和分析器软件。

8.4 总结

课堂练习 8.4.1.1：网络管理员的监控工具箱

作为中小型企业的网络管理员，您刚刚开始在公司的路由器、交换机和服务器上使用 CLI 网络监控。

您决定创建情形列表来说明每种方法在何时使用。要包括的网络监控方法是：

- 系统日志；
- SNMP；
- NetFlow。

思科网络设备的时间可以使用 NTP 进行同步。

思科网络设备可将系统日志消息记录到内部缓冲区、控制台、终端线路或外部系统日志服务器。网络管理员可以配置要收集的消息类型和在何处发送时间戳消息。

SNMP 协议有三个要素：管理器、代理和 MIB。SNMP 管理器驻留在 NMS 上，而代理和 MIB 驻留在客户端设备上。SNMP 管理器可以轮询客户端设备来获取信息，也可以使用 trap 消息通知客户端在达到特定阈值时立即报告。SNMP 还可用于更改设备的配置。推荐使用 SNMPv3，因为它提供安全功能。SNMP 是一种全面且强大的远程管理工具。**show** 命令中的所有项目几乎都能通过 SNMP 来完成。

NetFlow 是一种思科 IOS 技术，是从 IP 网络收集 IP 运行数据的标准。NetFlow 能够有效测量正在使用的网络资源及其用途。NetFlow 使用报头字段区分数据流。NetFlow 是一种“推送”技术，在该技术中客户端设备将数据发送到配置的服务器。

8.5 练习

以下提供了有关本章所介绍的主题的练习。实验和课堂练习可参阅配套教材《连接网络实验手册》。Packet Tracer 练习的 PKA 文件可在在线课程中下载。

8.5.1 课堂练习

课堂练习 8.0.1.2：网络维护开发

课堂练习 8.4.1.1：网络管理员的监控工具箱（SNMP 版本）

8.5.2 实验

实验 8.1.2.6：配置系统日志和 NTP

实验 8.2.1.8：研究网络监控软件

实验 8.2.2.4：配置 SNMP

实验 8.3.3.3：收集和分析 NetFlow 数据

8.5.3 Packet Tracer 练习

Packet Tracer 练习 8.1.2.5：配置系统日志和 NTP

8.6 检查你的理解

请完成以下所有复习题，以检查您对本章要点和概念的理解情况。答案列在本书附录中。

1. 将网络管理服务与描述进行匹配。

   网络时间协议（NTP）

   Netflow

   简单网络管理协议（SNMP）

   A. 种应用层协议，该协议使用 TCP 端口 161，为监控和管理网络中的设备提供检索和发送数据的功能

   B. 用于对网络上的设备时间进行同步的协议，使用端口 123 运行在 UDP 上

   C. 对经过一台思科路由器或多层交换机的数据包提供统计信息的协议

2. 以下哪项目的地可以接收 syslog 消息？（选择所有正确答案）

   A. 日志记录缓冲区（路由器或交换机内部的内存）

   B. 控制台线路

   C. 终端线路

   D. 系统日志服务器

3. 哪个命令用于实现软件时钟与 IP 地址为 192.168.1.10 的 NTP 时间服务器进行同步？

   A. Router(config)# **ntp master 192.168.1.10**

   B. Router(config)# **ntp synchronize 192.168.1.10**

   C. Router(config)# **ntp address 192.168.1.10**

   D. Router(config)# **ntp server 192.168.1.10**

4. 哪个系统日志的严重级别用于表示一个接口关闭（down）？

   A. 第 0 级

   B. 第 1 级

   C. 第 2 级

   D. 第 3 级

   E. 第 4 级

   F. 第 5 级

   G. 第 6 级

   H. 第 7 级

   基于下列配置信息回答问题 5 到 7：

```
R1(config)# logging 10.1.1.1
R1(config)# logging trap 5
R1(config)# logging source-interface GigabitEthernet 0/1
R1(config)# interface loopback 0
```

5．系统日志服务器的 IP 地址是什么？

6．哪种严重级别的信息发送到系统日志服务器？

7．系统日志报文的源 IP 地址是什么？

8．SNMP 协议包含哪三个要素？

9．SNMP 的哪个版本通过验证和加密网络中传输的数据包实现对设备的安全访问？

A．SNMPv1

B．SNMPv2

C．SNMPv3

基于下列配置信息回答问题 10 到 12：

```
R1(config)# snmp-server community steamerlane ro SNMP_ACCESS
R1(config)# snmp-server location NOC_HQ
R1(config)# snmp-server contact Enrico
R1(config)# snmp-server host 10.1.1.2 version 2c steamerlane
R1(config)# snmp-server enable traps
R1(config)# ip access-list standard SNMP_ACCESS
R1(config-std-nacl)# permit 10.1.1.2
```

10．SNMP 的团体字符串是什么？

11．接受 SNMP trap 消息的设备的 IP 地址是什么？

12．使用的 SNMP 的版本号是多少？

13．哪 7 个字段组合起来，用于创建 NetFlow 中的流？

14．路由器上的哪两个命令用于捕获接口上的传入和传出的数据包？

A．
```
Router(config)# ip netflow ingress
Router(config)# ip netflow egress
```

B．
```
Router(config)# ip flow ingress
Router(config)# ip flow egress
```

C．
```
Router(config-if)# ip netflow ingress
Router(config-if)# ip netflow egress
```

D．
```
Router(config-if)# ip flow ingress
Router(config-if)# ip flow egress
```

15．哪个命令用于验证 NetFlow 在路由器上正常地工作？

A．**show ip cache flow**

B．**show ip interface**

C．**show interface**

D．**show ip cache**

第 9 章

排除网络故障

学习目标

通过完成本章学习，您将能够回答下列问题：

- 如何开发网络文档以及如何使用网络文档排除网络故障？
- 常规故障排除的过程是什么？
- 如何比较使用系统化、分层方法的故障排除方法？
- 用于收集和分析网络问题症状的故障排除工具是什么？
- 使用分层模型确定网络问题的症状和原因是什么？
- 如何使用分层模型排除网络故障？

关键术语

下列为本章所用的关键术语。您可以在本书的术语表中找到其定义。

网络文档
网络配置文件
终端系统配置文件
网络拓扑图
物理拓扑
逻辑网络拓扑
网络基线
自下而上故障排错
自上向下故障排错
分治法故障排错
系统化、分层的方法
网络管理系统（NMS）
知识库
工具资源
协议分析器
网络分析模块（NAM）
数字万用表（DMM）
电缆测试仪
光时域反射计(OTDR)
电缆分析仪
便携式网络分析仪
Jabber

简介

如果整个网络或部分网络中断，可能会对企业造成严重的负面影响。当出现网络故障时，网络管理员必须采用系统化的方法进行故障排除，尽快将网络恢复至完全运行状态。

在IT行业中，网络管理员快速且高效地解决网络问题的能力是人们最渴求的技能之一。企业需要员工具备扎实的网络故障排除技能，掌握这些技能的唯一方法就是动手实践和使用系统化的故障排除方法。

本章介绍了需要维护的网络文档和常规故障排除步骤、方法及工具，还将讨论OSI模型的多个层上会出现的典型故障症状和原因。本章还包括有关故障排除路径和ACL问题的一些信息。

课堂练习 9.0.1.2：网络细分

您刚搬进新的办公室，而且您的网络规模很小。在花费整个周末安装了新网络后，您发现它不能正常运行。

有些设备无法互相访问，而且有些不能访问连接到ISP的路由器。

您将负责进行故障排除并解决问题。您决定从基本命令开始，以确定可能需要进行故障排除的区域。

9.1 使用系统化的方法进行故障排除

本节将讨论系统化的故障排除方法。该系统化的故障排除方法将从如何使用分层模型以及选择故障诊断方法的原则开始介绍。

9.1.1 网络文档

网络文档是进行正确的网络管理的关键组件，也是网络故障排除的重要资产。

1. 记录网络

网络管理员为了能够对网络进行监控和故障排除，必须拥有一套完整且准确的当前网络文档。此类文档包括：

- 配置文件，包括网络配置文件和终端系统配置文件；
- 物理和逻辑拓扑图；
- 基线性能等级。

网络文档使网络管理员能够根据网络设计和正常运行情况下网络的预期性能来有效诊断并纠正网络问题。所有网络文档信息都应保存到一个位置，可保存为硬拷贝形式（即将其打印出来），或保存到受保护服务器的网络上。备份文档应当在不同位置进行维护和保存。

网络配置文件

网络配置文件包含网络中使用的硬件和软件的最新准确记录。在网络配置文件中，应该为网络中使用的每台网络设备创建一个表格，表格中包含有关此设备的所有相关信息。表9-1显示了两台路由器的示例网络配置表。表9-2显示了LAN交换机的类似表格。

表 9-1 路由器文档

设备名称、型号	接口名称	MAC 地址	IPv4 地址	IPv6 地址	IP 路由协议
R1、思科 1941、c1900-univseralk9-mz.SPA152-4.M1	Gig0/0	0007.8580.a159	192.168.10.1/24	2001:db8:cafe:10::1/64 fe80::1	EIGRPv4 10 EIGRPv6 20
	Gig0/1	0007.8580.a160	192.168.11.1/24	2001:db8:cafe:10::1/64 fe80::1	EIGRPv4 10 EIGRPv6 20
	Serial 0/0/0	未提供	10.1.1.1/30	2001:db8:cafe:20::1/64 fe80::1	EIGRPv4 10 EIGRPv6 20
	Serial 0/0/1	未提供	无	无	无
R2、思科 1941、c1900-univseralk9-mz.SPA152-4.M1	Serial 0/0/0	未提供	10.1.1.2/30	2001:db8:acad:20::2/64 fe80::2	EIGRPv4 10 EIGRPv6 20

表 9-2 交换机文档

交换机名称、型号、管理 IP 地址	端口	速度	双工	STP	快速端口	Trunk 状态	以太信道（第 2 层或第 3 层）	VLAN	说明
S1、思科 WS-2960-24TT	Fa0/1	100	自动	转发	否	开启	无	1	连接到 R1
192.168.10.2/24、2001: db8:acad:99::2	Fa0/2	100	自动	转发	是	否	无	1	连接到 PC1
c2960-lanbasek9-mz.150-2.SE	Fa0/3								未连接

可在设备表格中捕获的信息包括：

- 设备类型、型号；
- IOS 映像名称；
- 设备的主机名；
- 设备位置（大楼、楼层、房间、机架、面板）；
- 如果是模块化设备，要记录所有模块类型以及各模块类型所在的模块插槽；
- 数据链路层地址；
- 网络层地址；
- 设备物理方面的任何其他重要信息。

终端系统配置文件

终端系统配置文件重点关注终端系统设备中使用的硬件和软件，例如服务器、网络管理控制台和用户工作站。配置不正确的终端系统会对网络的整体性能产生负面影响。因此，在进行故障排除时，在设备上使用硬件和软件的示例基线记录并将其记录到终端系统文档中（如表 9-3 所示）会非常有用。

表 9-3 终端系统文档

设备名称、用途	操作系统	MAC 地址	IP 地址	默认网关	DNS 服务器	网络应用程序	高带宽应用程序
PC1	Windows 8	5475.D08E.9AD8	192.168.11.10/24	192.168.11.1 /24	192.168.11.11/24	HTTP FTP	VoIP
			2001:DB8:ACAD:11:5075:D0FF:FE8E:9AD8/64	2001:DB8:ACAD:11::1	2001:DB8:ACAD:11::99		

续表

设备名称、用途	操作系统	MAC 地址	IP 地址	默认网关	DNS 服务器	网络应用程序	高带宽应用程序
SRV1	Linux	000C.D991.A138	192.168.20.254 /24	192.168.20.1 /24	192.168.20.1 /24	FTP HTTP	
			2001:DB8:ACAD:4::100/64	2001:DB8:ACAD:4::1	2001:DB8:ACAD:1::99		

为了排除故障，可将以下信息记录到终端系统配置表中：

- 设备名称（用途）；
- 操作系统及版本；
- IPv4 和 IPv6 地址；
- 子网掩码和前缀长度；
- 默认网关地址、DNS 服务器地址及 WINS 服务器地址；
- 终端系统运行的任何高带宽网络应用程序。

2. 网络拓扑图

网络拓扑图是网络文档的一个重要组成部分。网络拓扑图对网络操作进行配置和故障排除很有帮助。

网络拓扑图可跟踪网络中设备的位置、功能和状态。网络拓扑图有两种类型：物理拓扑和逻辑拓扑。

物理拓扑

物理网络拓扑显示连接到网络的设备的物理布局。我们需要了解设备的物理连接方式才能排除物理层故障。物理网络图中记录的信息包括：

- 设备类型；
- 型号和制造商；
- 操作系统版本；
- 电缆类型及标识符；
- 电缆规格；
- 连接器类型；
- 电缆连接端点。

图 9-1 显示了物理网络拓扑图示例。

逻辑拓扑

逻辑网络拓扑说明了设备如何与网络进行逻辑连接，即设备在与其他设备通信时如何通过网络实际传输数据。符号用于表示各种网络元素，如路由器、服务器、主机、VPN 集中器及安全设备。此外，可能会显示多个站点之间的连接，但并不代表实际的物理位置。逻辑网络图中记录的信息可以包括：

- 设备标识符；
- IP 地址和前缀长度；
- 接口标识符；
- 连接类型；
- 虚电路的 DLCI；
- 站点到站点 VPN；
- 路由协议；
- 静态路由；

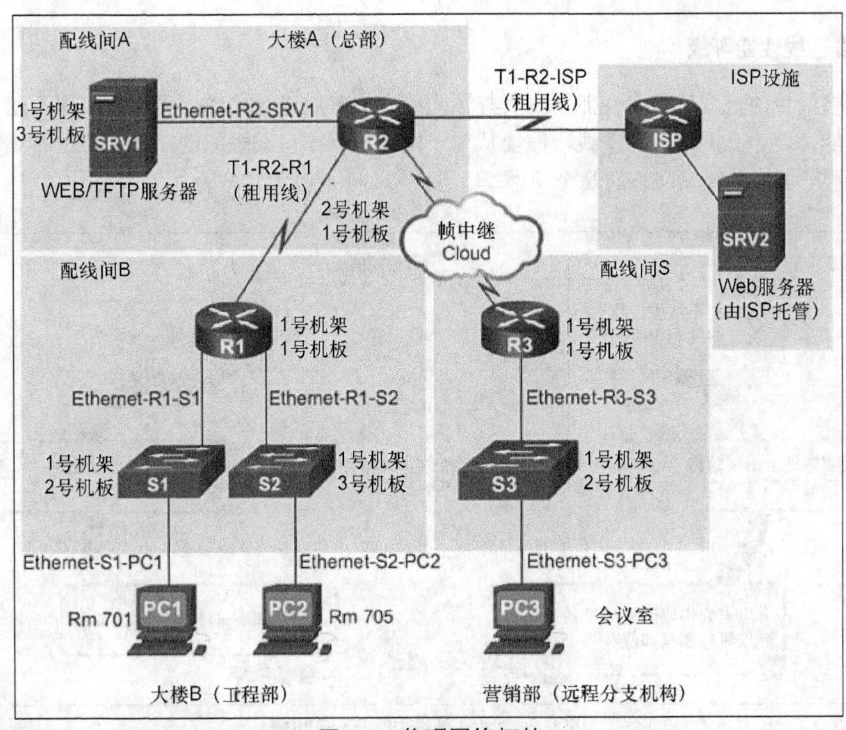

图 9-1 物理网络拓扑

- 数据链路协议；
- 所采用的 WAN 技术。

图 9-2 显示了逻辑 IPv4 网络拓扑示例。虽然 IPv6 地址也可以在同一拓扑中显示，但创建另外的逻辑 IPv6 网络拓扑图会更清晰。

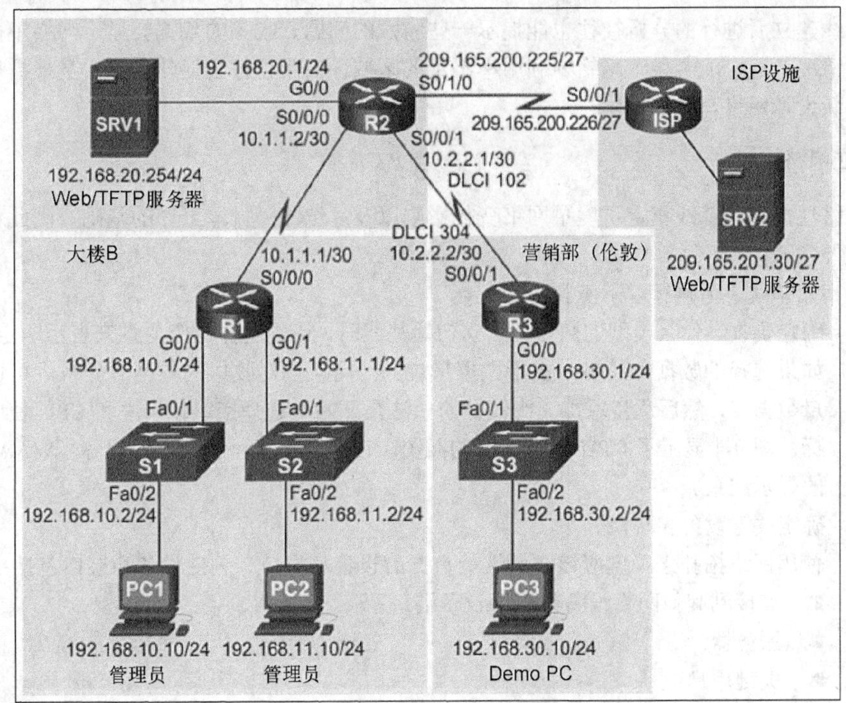

图 9-2 逻辑 IPv4 网络拓扑

3. 网络基线性能等级

监控网络的目的是观察网络性能，将其与预先确定的基线进行比较。网络基线用于建立正常的网络或系统性能。要建立网络性能基线，需要从对于网络运行不可或缺的端口和设备上收集性能数据。图 9-3 中显示了可用基线来回答的几个问题。

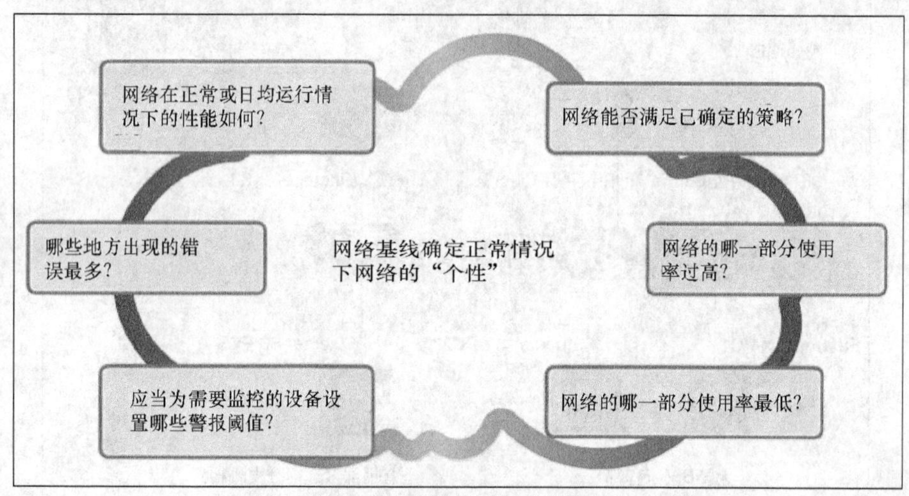

图 9-3 网络基线可回答的问题

网络管理员可以通过度量关键网络设备和链路的初始性能及可用性，在网络扩展时或流量模式变化时辨别网络的异常运行情况和正常运行情况。基线还会提供当前网络设计能否满足企业需求的相关信息。如果没有基线，在度量网络流量最佳状况特征以及拥塞程度时便没有了依据。

初始基线建立后进行的分析往往也能揭示一些隐藏的问题。收集的数据会显示网络中拥塞或潜在拥塞的真实情况，还可能会显示网络中利用率不足的区域，而且往往会促使设计人员根据质量和容量观察结果重新设计网络。

4. 建立网络基线

由于网络性能初始基线奠定了度量网络变化影响以及后续故障排除工作的基础，因此对其做仔细的规划有重要意义。

要规划初始基线，请执行以下步骤。

步骤 1 确定要收集什么类型的数据。建立初始基线时，请先选择几个变量来表示所定义的策略。如果选择的数据点过多，由于数据量过大，将难以对收集的数据做分析。可以着手于少量数据点，然后逐步增加。比较好的做法是开始时选择接口使用率和 CPU 使用率衡量指标。图 9-4 显示了 CPU 使用数据的截图，该图是在思科广域应用服务（WAAS）软件下的显示结果。

步骤 2 确定关键设备和端口。

使用网络拓扑来确定应该测量性能数据的设备和端口。关键设备和端口包括：

- 连接到其他网络设备的网络设备端口；
- 服务器；
- 关键用户；
- 对运行起关键作用的任何其他设备和端口。

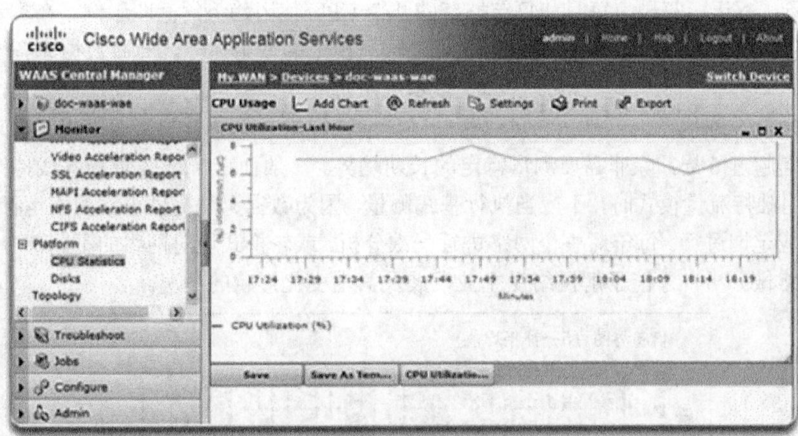

图 9-4 收集数据

逻辑网络拓扑图有助于确定需要监控的关键设备和端口。例如，在图 9-5 中，网络管理员突出显示了基线测试期间需要监控的关键设备和端口。关键设备包括 PC1（管理终端）和 SRV1（Web/TFTP 服务器）。关键端口包括 R1、R2 和 R3 上连接到其他路由器或交换机的端口，以及 R2 上连接到 SRV1（G0/0）的端口。

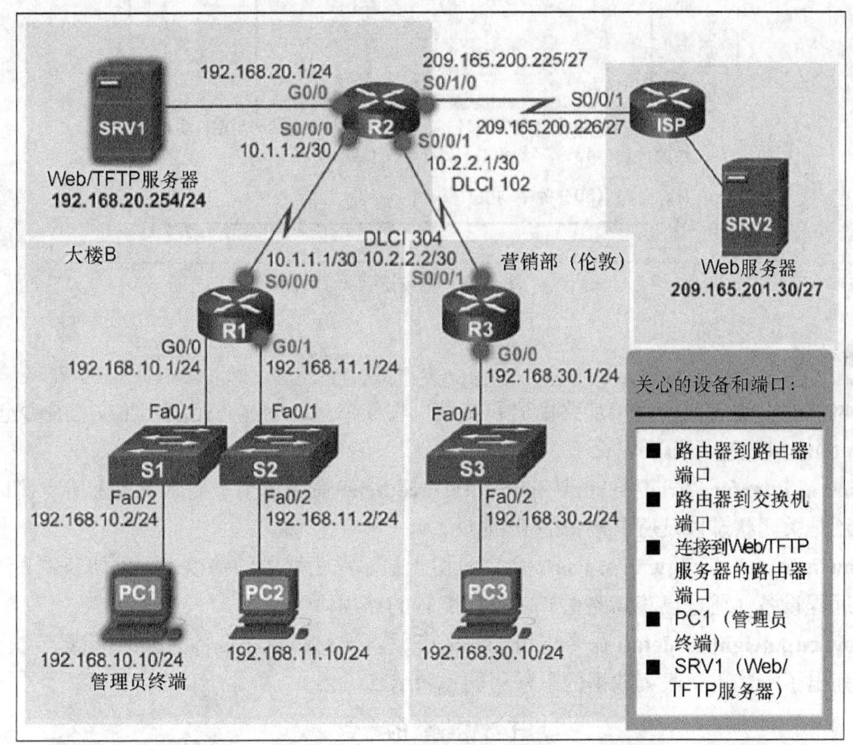

图 9-5 规划初始基线

通过缩短经过轮询的端口列表，可简化结果并最大程度地减轻网络管理负担。请记住，路由器或交换机上的接口可以是虚拟接口，例如某个交换机虚拟接口（SVI）。

步骤 3 确定基线持续时间。时间长度和收集的基线信息必须足够多，才能建立典型的网络图像。对网络流量的每日趋势进行监控很重要。对更长时间段中出现的趋势进行监控也非常重要，例如每周或每月。因此，在捕获用于分析的数据时，指定周期应该至少是七天。

图 9-6 显示了每天、每周、每月和每年捕获的几个 CPU 使用趋势的截图示例。在本示例中，请注意周运行趋势时间太短，无法显示每周末周六晚上重复出现的使用高峰（此时数据库备份操作会消耗网络带宽）。月趋势中反映了这一周期性模式。示例所示的年趋势可能因时间周期太长，而无法提供有意义的基线性能详细信息。但是，它可以帮助确定应进行进一步分析的长期模式。通常情况下，基线持续时间无需超过 6 周，除非需要测量特定的长期趋势。一般而言，2～4 周的基线持续时间足以满足需要。在使用独特流量模式时，不应当执行基线测量，因为数据无法提供正常网络运行的准确图像。网络基线分析应定期进行。每年对整个网络进行一次分析，或轮换式地对网络的不同部分做基线度量。必须定期对网络做分析，才能了解网络受企业发展及其他变化影响的情况。

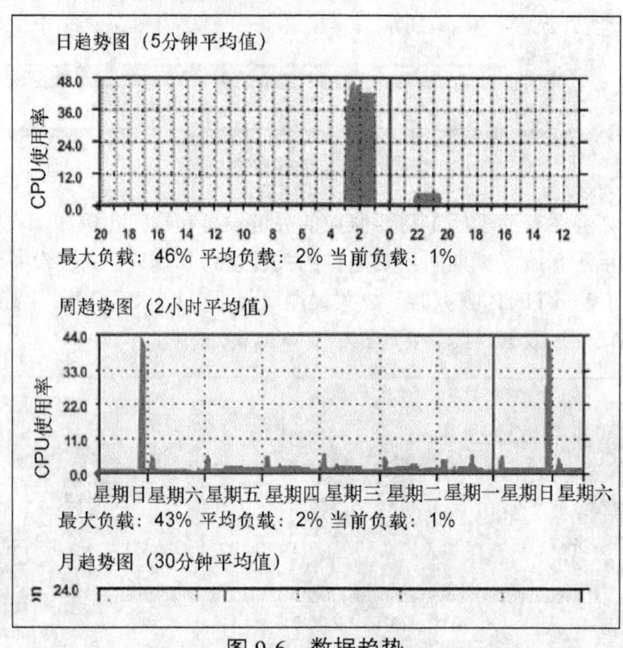

图 9-6　数据趋势

5. 测量数据

在记录网络时，通常需要直接从路由器和交换机收集信息。明显有用的网络文档命令包括 **ping**、**traceroute**、**telnet** 以及以下 **show** 命令。

- **show ip interface brief** 和 **show ipv6 interface brief** 命令可用于显示设备上所有接口是处于打开还是关闭状态以及所有接口的 IP 地址。
- **show ip route** 和 **show ipv6 route** 命令可用于显示路由器中的路由表，以便获知直连邻居、其他远程设备（通过已获知路由）以及已配置的路由协议。
- **show cdp neighbor detail** 命令可用于获取有关直连思科邻居设备的详细信息。

表 9-4 列出了一些用于收集数据的最常用的思科 IOS 命令。

表 9-4　用于数据收集的命令

命令	说明
show version	显示设备软件和硬件的正常运行时间和版本信息
show ip interface [brief] **show ipv6 interface [brief]**	显示接口上设置的所有配置选项。使用 **brief** 关键字可以只显示 IP 接口的 up/down 状态以及每个接口的 IP 地址

续表

命令	说明
show interface [*interface_type interface_num*]	显示每个接口的详细输出。若要只显示单个接口的详细输出，可在命令中包含接口类型和编号（例如 gigabitethernet 0/0）
show ip route **show ipv6 route**	显示路由表的内容
show arp **show neighbors**	显示 ARP 表（IPv4）和邻居表（IPv6）的内容
show running-config	显示当前配置
show port	显示交换机上端口的状态
show vlan	显示交换机中 VLAN 的状态
show tech-support	此命令可用于收集设备相关的大量信息，以供故障排除使用。它可以执行多个 **show** 命令，在报告问题时可将这些命令提供给技术支持代表
show ip cache flow	显示 NetFlow 账户统计信息的汇总

在各个网络设备上使用 **show** 命令手动收集数据非常耗时而且不可扩展。手动收集数据应当留作小型网络使用，或限于任务关键型网络设备使用。对于比较简单的网络设计，基线任务通常会结合使用手动数据收集和简单网络协议检查器。

通常使用先进的网络管理软件来对大型的复杂网络做基线度量。例如，如图 9-7 所示，Fluke Network SuperAgent 模块使用其智能基线功能，可使管理员自动创建并查看报告。该功能将当前性能水平与历史观察结果做比较，能够自动查明性能故障以及未能提供预期水平服务的应用程序。

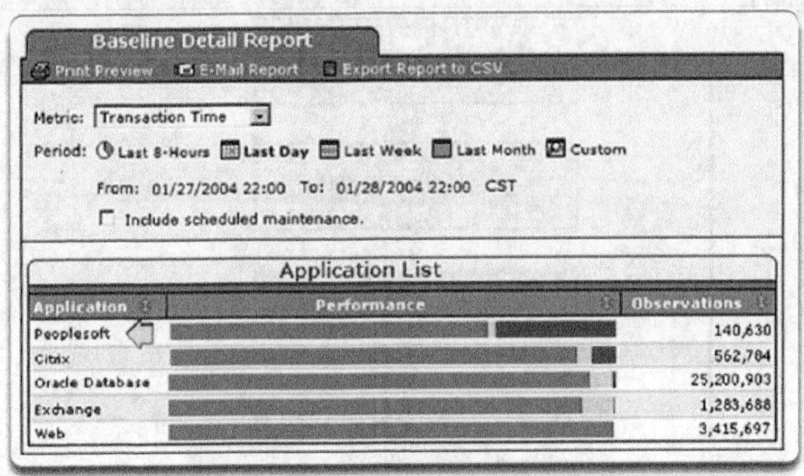

图 9-7 Fluke Network SuperAgent 基线详情报告

可能需要花费多个小时或多天来建立初始网络基线或执行性能监控分析，才能准确地反映网络性能。网络管理软件或协议检查器和嗅探器通常在数据收集过程中将不间断地运行。

Interactive Graphic

练习 9.1.1.6：确定建立网络基线的优势

切换至在线课程以完成本次练习。

Interactive Graphic

练习 9.1.1.7：确定用于测量数据的命令

切换至在线课程以完成本次练习。

Packet Tracer Activity

Packet Tracer 练习 9.1.1.8：故障排除练习——记录网络

背景/场景

本练习主要包含有关使用 Telnet 命令、**show cdp neighbors detail** 命令以及 **show ip route** 命令查找网络的步骤。本练习包含两部分，这是第一部分。第二部分是 Packet Tracer 故障排除练习——使用文档来解决问题，这将在本章稍后出现。

您打开 Packet Tracer 练习时看到的拓扑并不会显示网络的所有详细信息。详细信息已通过 Packet Tracer 的群集功能隐藏起来。网络基础架构已经过折叠，文件中的拓扑仅显示了终端设备。您的任务就是通过掌握的网络命令和查找命令来了解整个网络拓扑并将其记录下来。

9.1.2 故障排除过程

故障排除过程包括一般的故障排除步骤、收集故障症状和询问用户。

1. 一般故障排除步骤

故障排除会占用网络管理员和支持人员的大部分时间。在生产环境中工作时，使用有效率的故障排除方法能够缩短故障排除的总时间。如图 9-8 所示，故障排除过程包括三个主要阶段。

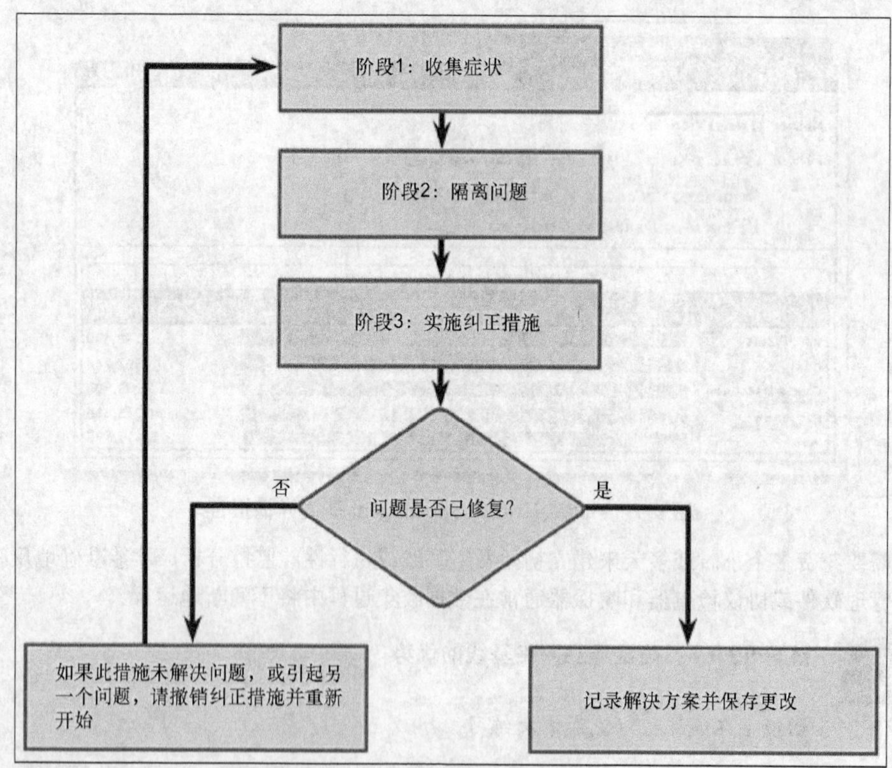

图 9-8 一般的故障排除流程

阶段 1　收集故障症状。 进行故障排除时，首先需要从网络、终端系统和用户处收集并记录故障症状。此外，网络管理员还应确定哪些网络组件受到了影响，以及网络的功能与基线相比发生了哪些变化。故障症状可能以许多不同的形式出现，其中包括网络管理系统警报、控制台消息以及用户投诉。在收集故障症状时，重要的是网络管理员要提出问题并调查问题，以便将问题定位到较小范围中。例如，问题仅限于单个设备、一组设备，还是出现在设备的整个子网或网络中？

阶段 2　隔离问题。 隔离是不断消除变量直到将某个问题或一组相关问题确定为故障原因的过程。要隔离故障，网络管理员需在网络的逻辑层研究故障的特征，以便找到最有可能的原因。在此阶段，网络管理员可根据已确定的特征收集并记录更多故障症状。

阶段 3　实施纠正措施。 在确定问题的原因后，网络管理员将通过实施、测试并记录可能的解决方案来纠正问题。在找到问题并确定解决方案之后，网络管理员需要决定是立即实施解决方案还是必须推迟实施。这取决于更改对用户和网络的影响。应该将问题的严重性与解决方案的影响进行权衡。例如，如果关键服务器或路由器必须在相当长的时间内处于脱机状态，则等到工作日结束后再实施修复可能更好。有时，可以创建变通方案直到实际问题得到解决。这通常是网络更改控制流程的一部分。

如果纠正措施引起另一个问题或未能解决问题，则要记录已尝试的解决方案并删除更改，然后网络管理员需要重新收集故障症状并隔离问题。

上述阶段并不互相排斥，在故障排除过程中，可能随时需要再次执行前面的阶段。例如，网络管理员在隔离问题时可能需要收集更多的故障症状。另外，在尝试纠正某个问题时，可能会引起另一个问题。在这种情况下，请删除更改并重新开始排除故障。

应当为每个阶段建立故障排除策略，包括更改控制流程。故障排除策略规定各阶段统一的执行方式，其中应包括记录每一条重要信息。

注意：在问题解决后，与用户以及所有参与故障排除过程的人进行沟通。应将解决方案告知其他 IT 团队的成员。有关原因及修复过程的相应记录将帮助其他支持人员在将来避免和解决类似问题。

---

2. 收集故障症状

在收集故障症状时，重要的是网络管理员要收集事实和证据以逐渐排除可能的原因，并最终确定故障的根本原因。通过分析信息，网络管理员将推出一个假设以提出可能的原因及解决方案，同时排除其他原因及解决方案。

收集信息需要 5 个步骤。

步骤 1　收集信息。 通过受故障影响的故障通知单、用户或终端系统来收集信息，以形成问题的定义。

步骤 2　确定故障的归属。 如果故障在组织的控制范围之内，则进行下一阶段。如果故障出在组织的控制范围之外（例如，到自治系统以外的 Internet 连接中断），则需要先联系外部系统的管理员，然后再收集其他网络故障症状。

步骤 3　缩小范围。 确定问题出在网络的核心层、分布层还是接入层。在所确定的层中，分析现有故障症状，并利用您对网络拓扑的掌握来确定故障可能出现在哪些设备中。

步骤 4　从可疑设备中收集故障症状。 采用分层的故障排除法从可疑设备中收集硬件和软件故障症状。从最有可能的设备开始，利用知识和经验来判断故障更可能是硬件配置问题还是软件配置问题。

步骤 5　记录故障症状。 有时可以利用已记录的故障症状来解决问题。如果无法解决，则进入常规故障排除过程的隔离阶段。

使用思科 IOS 命令和其他工具收集有关网络的故障症状，例如：

- **ping**、**traceroute** 和 **telnet** 命令；
- **show** 和 **debug** 命令；
- 数据包捕获；
- 设备日志。

表 9-5 描述了用于收集网络故障症状的常见思科 IOS 命令。

表 9-5 收集症状的命令

命令	说明
traceroute {*destination*}	确定数据包在网络中传输时经过的路径。变量 *destination* 是目标系统的主机名或 IP 地址
telnet {*host* | *ip-address*}	使用 Telnet 应用程序连接到某个 IP 地址
show ip interface brief **show ipv6 interface brief**	显示设备上所有接口的状态摘要
show ip route **show ipv6 route**	显示当前的 IPv4 和 IPv6 路由表，这些路由表包含通往所有已知网络目的地的路由
show running-config	显示当前运行配置文件中的内容
[no] debug ?	显示设备上启用或禁用调试事件的选项列表
show protocols	显示已配置的协议，并显示所有已配置的第 3 层协议的全局状态和接口特定状态

注意：尽管 **debug** 命令是收集故障症状的重要工具，但它会产生大量的控制台消息数据流，且网络设备的性能会受到显著影响。如果必须在正常工作时段内执行 **debug**，则请提醒网络用户：正在排除故障，网络性能可能会受到影响。请记得在完成工作后禁用调试。

3. 询问最终用户

许多情况下问题是由最终用户报告的。信息经常会是模糊的或具有误导性的，例如，“网络中断”或“我无法访问我的电子邮件”。在这些情况中，必须对问题进行更好的定义。这可能需要向最终用户提问。

当向最终用户询问他们可能遇到的网络问题时，请使用有效的提问技巧。这将帮助您获得记录问题症状所需的信息。表 9-6 提供了一些提问指南及向最终用户提问的示例。

表 9-6 询问最终用户

指导原则	最终用户问题示例
询问与故障有关的问题	什么无法正常运行？
将每个问题用作排除或发现潜在问题的手段	能够正常运行的部分与无法正常运行的部分有关联吗？
以用户能够理解的技术深度与用户交谈	无法正常运行的部分以前是否能够正常运行？
询问用户首次注意到该问题是在什么时候	首次注意到该问题是在什么时候？
最后一次能正常工作后是否发生了任何异常情况	最后一次能够正常运行后进行了哪些更改？
如有可能，要求用户重现问题	您能否重现问题？
确定问题发生之前事件发生的顺序	问题具体是在什么时候发生的？

Interactive Graphic

练习 9.1.2.4：确定用于收集故障症状的命令

切换至在线课程以完成本次练习。

9.1.3 采用分层模型来隔离问题

采用分层的参考模型（OSI 模型或者 TCP/IP 模型）提供了隔离和解决故障问题的方法。

1. 使用分层故障排除模型

在收集完所有的故障症状后，如果尚未确定解决方案，则网络管理员需要比较问题的特征与网络的逻辑层以便隔离并解决问题。

逻辑网络模型（例如，OSI 模型和 TCP/IP 模型）将网络功能分为若干个模块化的层。排除故障时，这些分层模型可应用于物理网络以隔离网络问题。例如，如果故障症状表明存在物理连接故障，网络技术人员可以专注于检查在物理层运行的线路是否有故障，如果电路运行正常，则技术人员可查看另一层中可能导致问题的区域。

OSI 参考模型

OSI 参考模型为网络管理员提供一种通用语言，通常用于排除网络故障。一般按照给定的 OSI 模型层来描述故障。

OSI 参考模型描述一台计算机中某个软件应用程序中的信息如何通过网络介质转移到另一台计算机中的某个软件应用程序。

OSI 模型的较上层（第 5 层至第 7 层）处理应用程序问题，通常只在软件中实施。应用层最接近最终用户。用户和应用层进程都与包含通信组件的软件应用程序交互。

OSI 模型的较下层（第 1 层至第 4 层）处理数据传输问题。第 3 层和第 4 层一般仅通过软件实现。物理层（第 1 层）和数据链路层（第 2 层）则通过硬件和软件实现。物理层最接近物理网络介质（例如网络电缆），负责将信息交给介质传输。

图 9-9 显示了一些常见设备以及在对该设备进行故障排除时必须检查的 OSI 层。注意路由器和多层交换机在第 4 层（即传输层）中显示。尽管路由器和多层交换机通常在第 3 层上做出转发决策，但这些设备上的 ACL 可用于通过第 4 层信息做出过滤决策。

TCP/IP 模型

TCP/IP 网络模型与 OSI 网络模型类似，也将网络体系结构分为若干个模块化的层。图 9-10 显示的是 TCP/IP 网络模型与 OSI 网络模型各层的对应关系。正是由于存在这样密切的对应关系，才使得 TCP/IP 协议簇能够成功地与如此多的网络技术通信。

TCP/IP 协议簇中的应用层实际上合并了 OSI 模型三个层的功能：会话、表示和应用。应用层可提供不同主机上应用程序（如 FTP、HTTP 和 SMTP）之间的通信。

TCP/IP 的传输层与 OSI 的传输层在功能上完全相同。传输层负责在 TCP/IP 网络上的设备之间交换数据段。

TCP/IP 的 Internet 层对应 OSI 的网络层，Internet 层负责将消息以设备能够处理的某种固定格式交给设备。

TCP/IP 网络访问层对应于 OSI 的物理层和数据链路层。网络访问层直接与网络介质通信，提供网络体系结构与 Internet 层之间的接口。

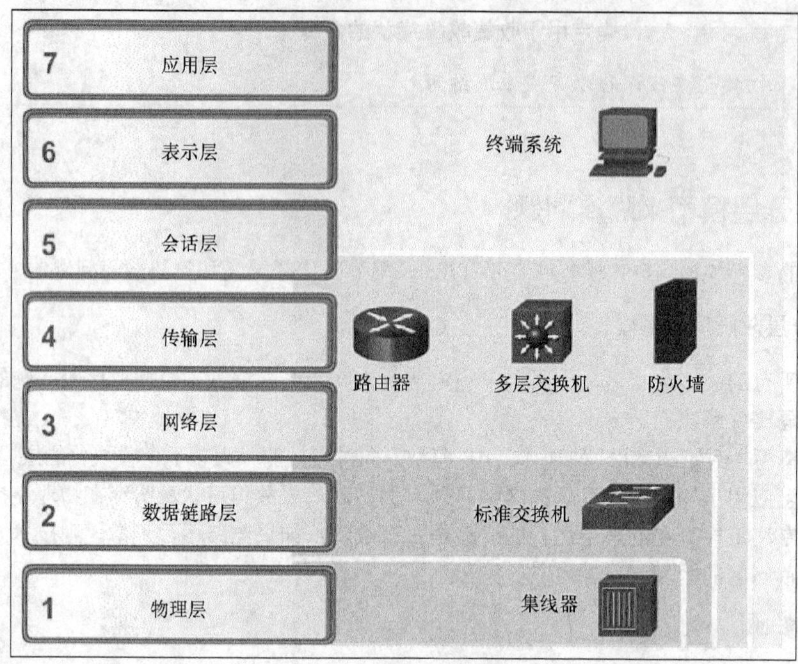

图 9-9 OSI 参考模型

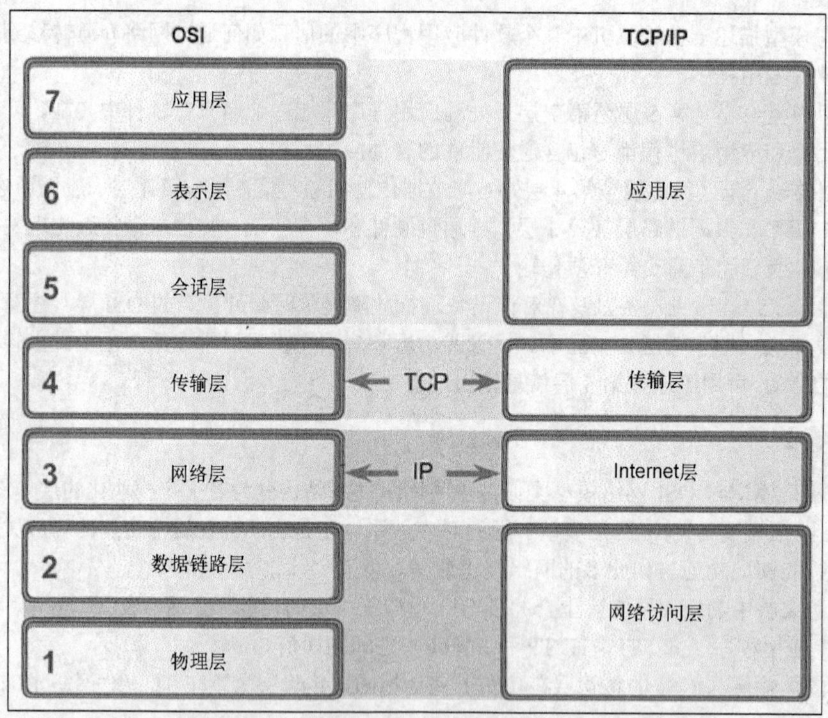

图 9-10 比较 OSI 模型与 TCP/IP 模型

2. 故障排除方法

使用分层模型时，主要有三种方法可用于排除网络故障：

- 自下而上；

- 自上而下；
- 分治法。

每种方法各有利弊。本节介绍这三种方法，并提供针对具体故障情况选择最佳方法的原则。

自下而上故障排除法

采用自下而上的故障排除法时，首先要检查网络的物理组件，然后沿着 OSI 模型的各个层向上进行排查，直到确定故障的原因，如图 9-11 所示。怀疑网络故障是物理故障时，采用自下而上故障排除法较为合适。大部分网络故障出在较低层，因此实施自下而上法通常是有效的。

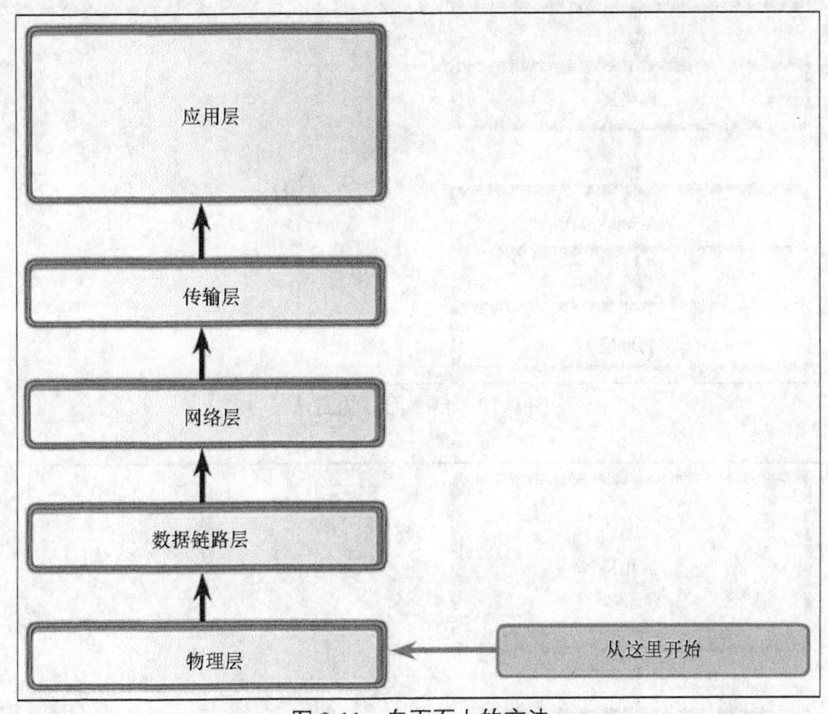

图 9-11　自下而上的方法

自下而上故障排除法的缺点是，必须逐一检查网络中的各台设备和各个接口，直至查明故障的可能原因。要知道，每个结论和可能性都必须做记录，因此采用此方法时需要做大量书面工作。另一个难题是需要确定先检查哪些设备。

自上而下故障排除法

在图 9-12 中，采用自上而下故障排除法时，首先要检查最终用户应用程序，然后沿着 OSI 模型的各个层向下进行排查，直到确定故障原因。先测试终端系统的最终用户应用程序，然后再检查更具体的网络组件。当故障较为简单或您认为故障是由某个软件所导致时，请采用这种方法。

自上而下故障排除法的缺点是，必须逐一检查各网络应用程序，直至查明故障的可能原因。必须记录每种结论和可能性。比较有挑战性的是确定首先检查哪个应用程序。

分治故障排除法

图 9-13 显示了用于排除网络问题的分治法。网络管理员将选择一个层并从该层的两个方向进行测试。

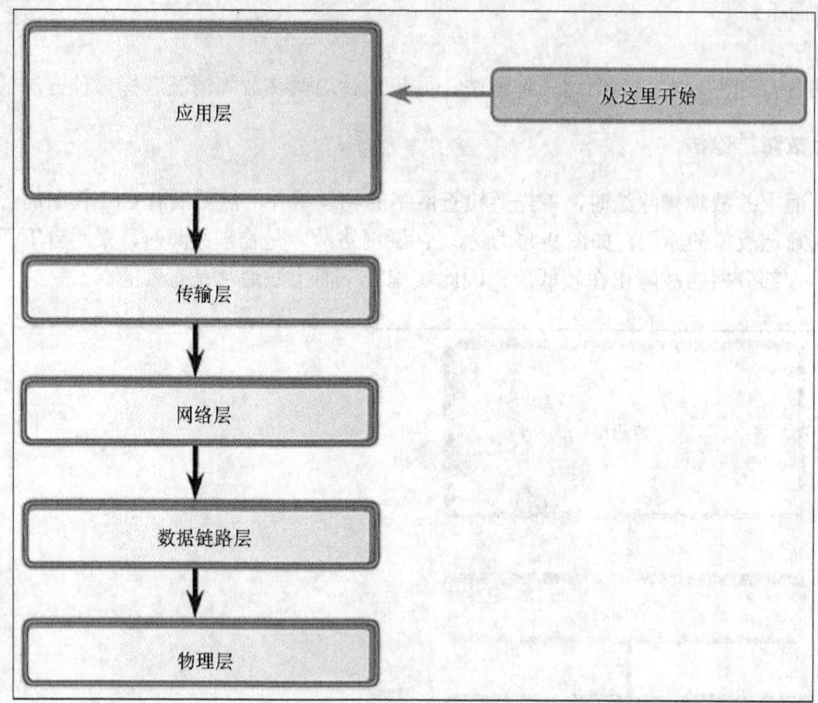

图 9-12 自上而下的方法

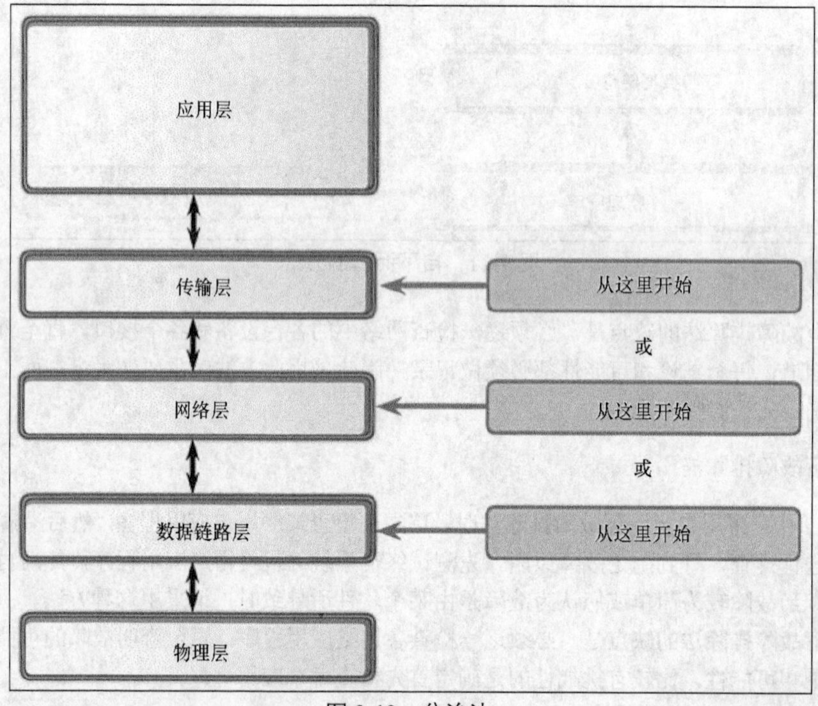

图 9-13 分治法

在采用分治法进行故障排除时，首先从用户那里收集故障症状并做记录，然后根据这些信息做出合理的推测，即从 OSI 哪一层开始进行调查。当确定某一层运行正常时，可假定其下面的层都能够正常运行。管理员可以沿着 OSI 层向上操作。如果某个 OSI 层不能正常运行，则管理员可以沿着 OSI 层模型向下操作。

例如，如果用户无法访问 Web 服务器，但可以对服务器执行 ping 操作，那么问题出在第 3 层之上。如果对服务器执行 ping 操作不成功，则问题可能出在较低的 OSI 层。

除了采用系统化、分层的方法进行故障排除，还可以使用结构化不强的故障排除方法。

有一种故障排除方法是基于网络管理员根据问题症状进行的理性猜测。这种方法由经验丰富的网络管理员实施更易成功，因为经验丰富的网络管理员可凭借其丰富的知识和经验以明确查找并解决网络问题。对于经验不足的网络管理员来说，这种故障排除方法可能更像是随机故障排除法。

另一个方法涉及比较正常运行和非正常运行的状况并找出显著差异，包括：

- 配置；
- 软件版本；
- 硬件和其他设备的属性。

使用此方法可能会得出可行的解决方案，但无法清楚地揭示问题的原因。当网络管理员缺乏专业领域的知识或需要快速解决问题时，这种方法会非常有用。在实施修复之后，网络管理员可对问题的实际原因进行进一步研究。

替换是另一种快速故障排除的方法。它涉及用已知的、可正常运行的设备替换存在问题的设备。如果问题得到解决，那么网络管理员就会知道问题出在已移除的设备上。如果问题依然存在，那么原因可能出在其他地方。在具体故障情况中，这是可快速解决问题的理想方法，例如当关键单点出现故障时（如边界路由器断开）。只是简单地替换设备并恢复服务可能比排除故障更加有效。

3. 选择故障排除法的原则

要快速解决网络故障，就要仔细选择最有效的网络故障排除法。图 9-14 显示了这一过程。

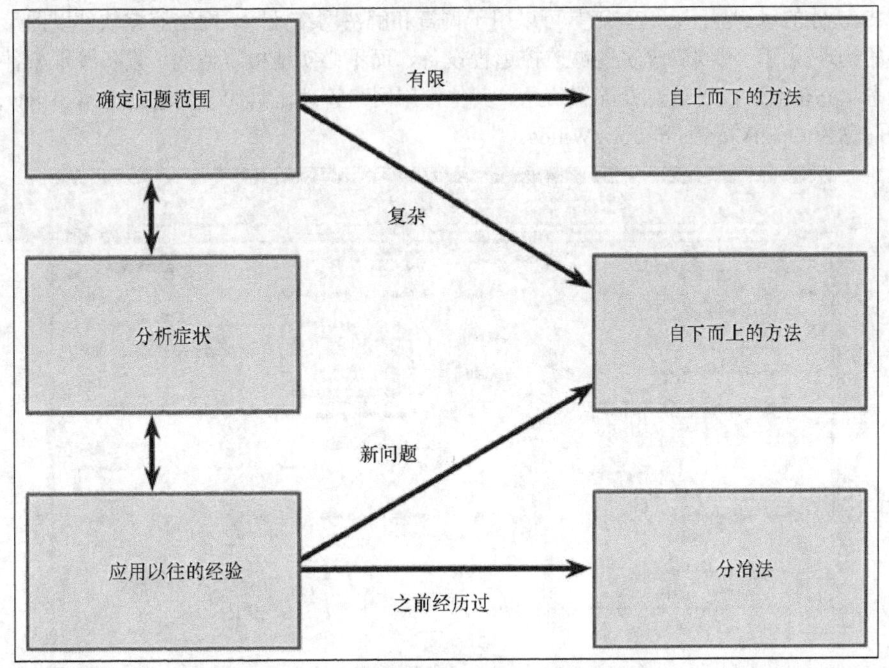

图 9-14　选择故障排除方法的原则

以下是如何根据具体问题来选择故障排除方法的示例。

两台 IP 路由器没有交换路由信息。由于上次出现此类故障时查明是协议有问题，因此选择分治故障排除法。分析显示两台路由器之间存在连接，因此先从物理层或数据链路层开始故障排除，确认可以连接后，在OSI模型的更高一层（网络层）开始测试与 TCP/IP 有关的功能。

Interactive Graphic

练习 9.1.3.5：故障排除方法

切换至在线课程以完成本次练习。

9.2 网络故障排除

在本节中，我们将探讨网络故障排除工具，以及网络问题的症状和原因。

9.2.1 故障排除工具

故障排除工具同时涉及软件工具和硬件工具。根据症状，可能用到一个或者两个都用。

1. 软件故障排除工具

可以利用种类繁多的软件工具和硬件工具来简化故障排除工作。这些工具可用于收集和分析网络故障症状。它们通常会提供可用于建立网络基线的监控和报告功能。

常见的软件故障排除工具在下列小节进行讨论。

网络管理系统工具

网络管理系统（NMS）工具包括设备级的监控、配置及故障管理工具。图 9-15 显示了来自“WhatsUp Gold” NMS 软件的示例显示。这些工具可以用于调查和解决网络故障。网络监控软件以图形方式显示网络设备的物理视图，网络管理员能够监控远程设备，而不必实地检查他们。设备管理软件提供交换设备的动态状态信息、统计信息及配置信息。其他常用网络管理工具的示例包括 CiscoView、HPBTO 软件（以前称为 OpenView）和 SolarWinds。

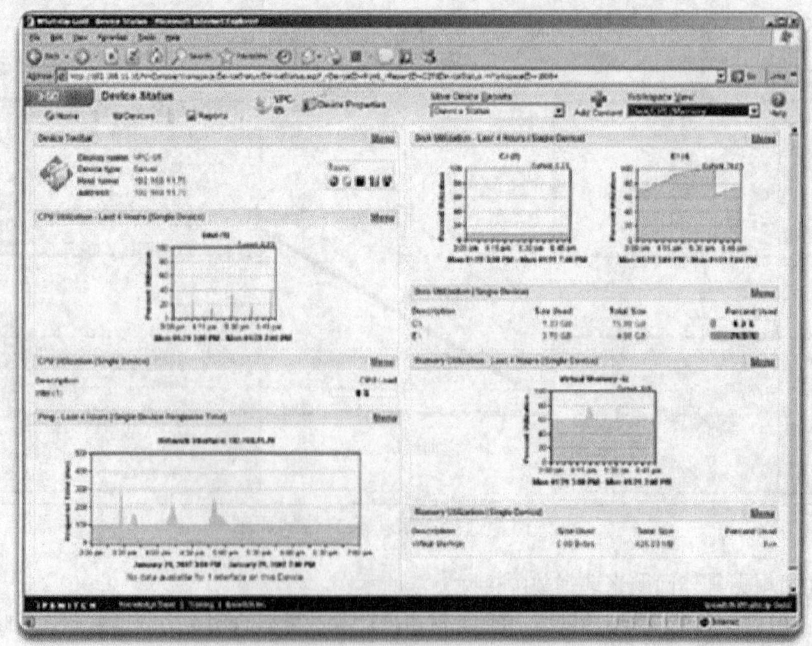

图 9-15 网络管理系统

知识库

在线网络设备厂商知识库已成为不可或缺的信息来源。如果网络管理员将厂商知识库与 Google 之类的 Internet 搜索引擎结合使用，便可获得大量从经验中积累下来的信息。

图 9-16 显示了思科 Tools & Resources 页面，可在以下网址找到：http://www.cisco.com。这是一个免费工具，提供与思科相关的硬件和软件的信息，包括故障排除步骤、执行指南以及涉及网络技术大部分层面的原始白皮书。

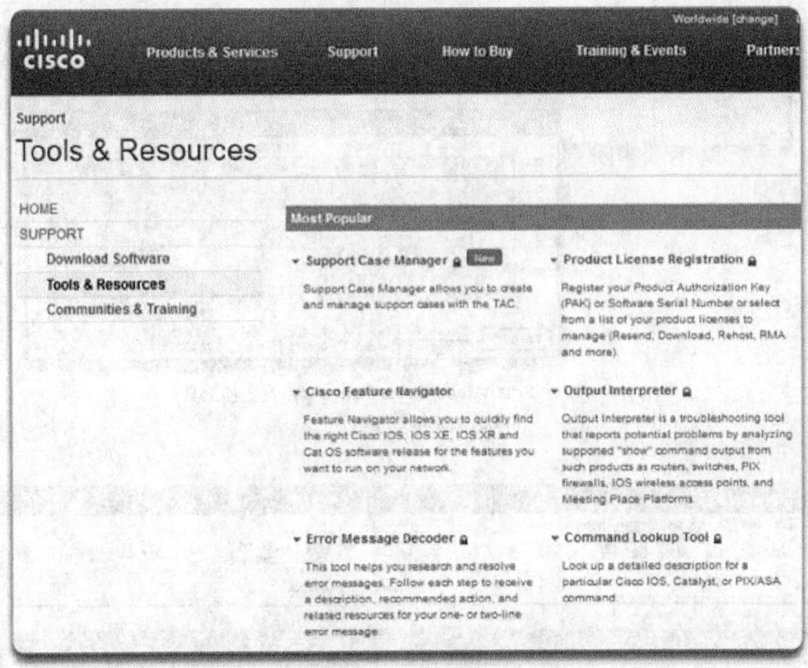

图 9-16 工具和资源

基线建立工具

可以使用许多工具来自动记录网络数据及自动建立基线，这些工具可在 Windows、Linux 以及 AUX 操作系统中使用。图 9-17 显示了 SolarWinds LANsurveyor 和 CyberGauge 软件的屏幕截图。基线建立工具可帮助您完成一般记录任务。例如，它们可以绘制网络图，帮助您保持最新的网络软件和硬件记录，并帮助您以经济有效的方式度量基线网络带宽的使用情况。

常用的软件排错工具是协议分析器，主要包括：

- 基于主机的协议分析器；
- 思科 IOS 嵌入式数据包捕获。

基于主机的协议分析器

协议分析器将一个有记录的帧中的各种协议层解码，并以一种相对易用的格式呈现这些信息。图 9-18 中所示为 Wireshark 协议分析器的屏幕快照。协议分析器显示的信息包括物理信息、数据链路信息、协议信息以及每个帧的描述。大部分协议分析器都能够过滤满足特定条件的流量以便实现某种目的，例如，记录某台设备收到和产生的所有流量。如图 9-18 中的协议分析器（例如 Wireshark）可帮助排除网络性能故障。充分了解协议分析器和 TCP/IP 的使用方法非常重要。要获得使用 Wireshark 的更多知识和技巧，有一个优质资源是http://www.wiresharkbook.com。

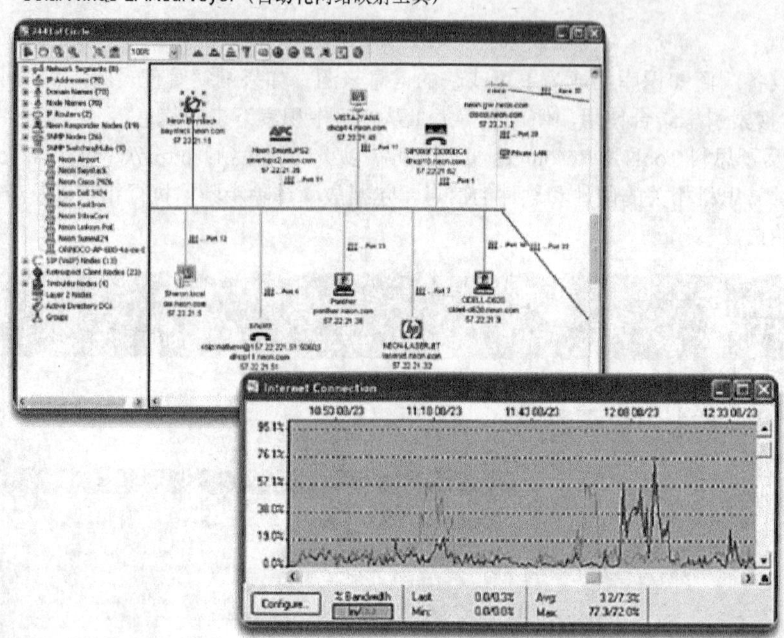

图 9-17　基线建立工具

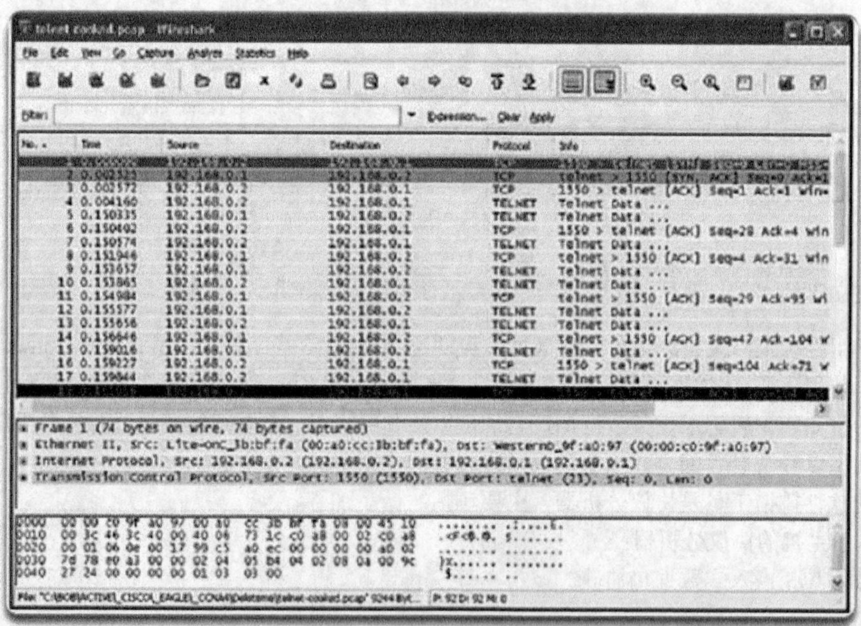

图 9-18　Wireshark 协议分析器

思科 IOS 嵌入式数据包捕获

思科 IOS 嵌入式数据包捕获（EPC）提供强大的故障排除和跟踪工具，其功能允许网络管理员捕获流经、通往和从思科路由器发出的 IPv4 和 IPv6 数据包。思科 IOS EPC 功能主要用于故障排除场景中，它可以查看通过网络设备、从网络设备发出或发往网络设备的实际数据。

例如，技术支持人员需要确定某特定设备为何不能访问网络或某些应用程序。这可能需要捕获 IP 数据包并检查数据以发现问题。另一个示例是确定网络威胁或服务器系统安全漏洞的攻击签名。思科 IOS EPC 可帮助捕获流入位于源或边界的网络中的数据包。

每当网络协议分析器可能对调试问题有所帮助，但安装此类设备不太现实时，思科 IOS EPC 非常有用。

有关使用和配置思科 EPC 的详细信息，请查询嵌入式数据包捕获配置指南。

2. 硬件故障排除工具

常见硬件故障排除工具如下所示。

- **网络分析模块**：如图 9-19 所示，网络分析模块（NAM）在思科 Catalyst 6500 系列交换机和思科 7600 系列路由器上安装。NAM 可以图形化表示从本地和远程交换机和路由器发出的流量。NAM 是一个基于浏览器的嵌入式界面，可生成有关消耗关键网络资源的流量的报告。此外，还可以利用它捕获并解码数据包以及跟踪响应时间，以向网络或服务器指出应用程序故障的具体位置。

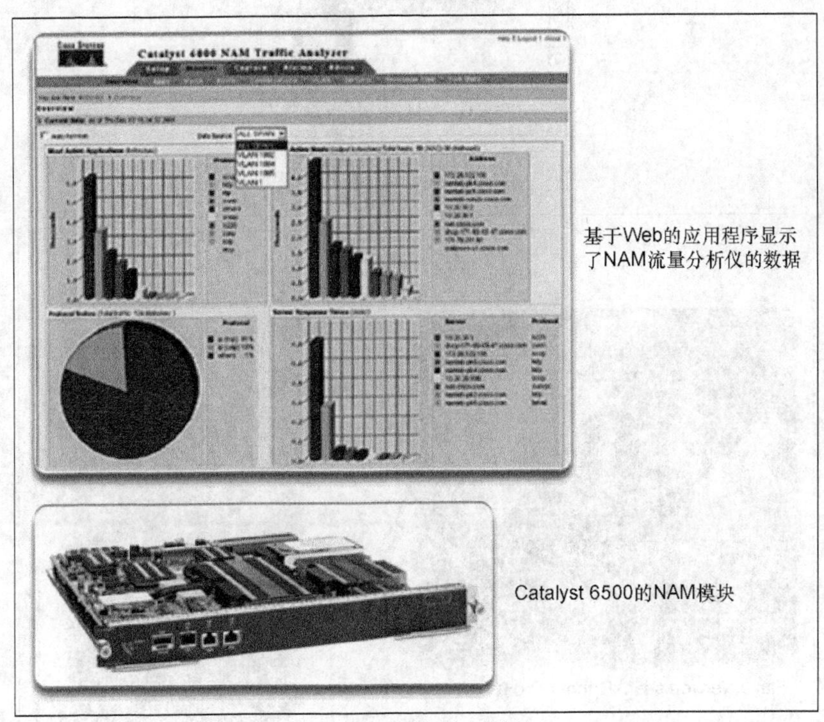

图 9-19　网络分析模块

- **数字万用表**：数字万用表（DMM），如图 9-20 中所示的 Fluke 179，是用于直接测量电压值、电流值和电阻值的测试仪器。排除网络故障时，大部分多媒体测试都涉及检查供电电压电平以及检验网络设备是否已通电。
- **电缆测试仪**：电缆测试仪是特殊的手持设备，用于测试各种类型的数据通信布线。图 9-21 显示了两个不同的 Fluke 电缆测试仪。可以使用电缆测试仪来检测断线、跨接线、短路连接以及配对不当的连接。这些设备可以是廉价的连通性测试仪、中等价位的数据电缆测试仪或昂贵的时域反射计（TDR）。TDR 用于查明与断线处的确切距离。这些设备沿电缆发送信号，并等待信号反射，从发送信号至收到反射信号的时间会转换为距离测量值。数据电缆测试仪通常捆绑有 TDR 功能。用于测试光缆的 TDR 称作光时域反射计（OTDR）。

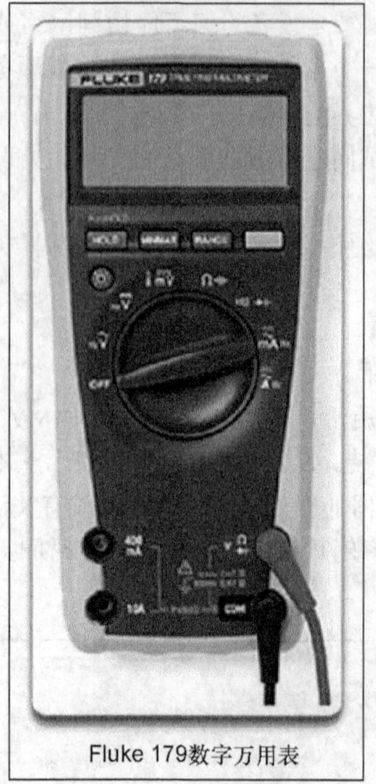

Fluke 179数字万用表

图 9-20 数字万用表

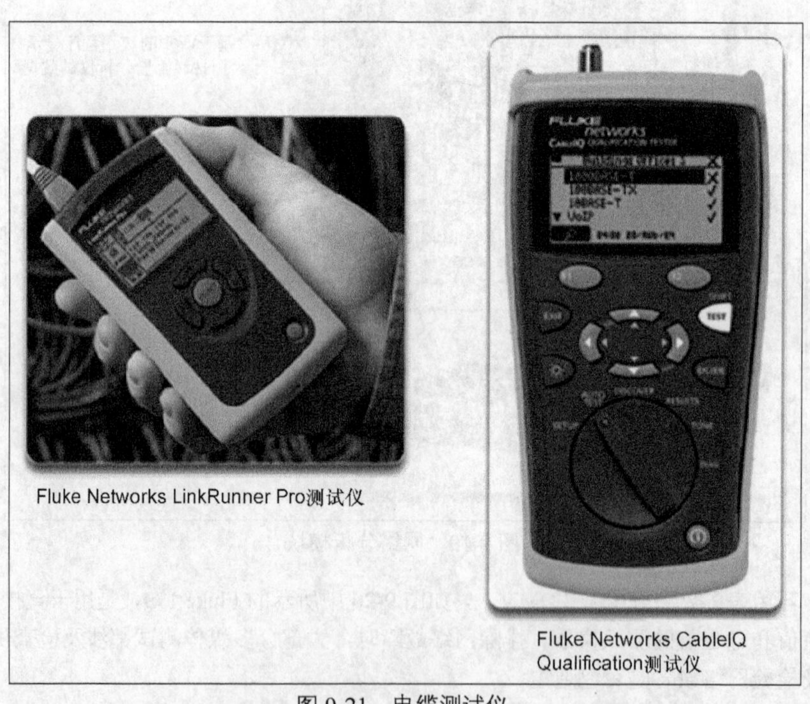

Fluke Networks LinkRunner Pro测试仪

Fluke Networks CableIQ Qualification测试仪

图 9-21 电缆测试仪

- **电缆分析仪**：电缆分析仪，例如图 9-22 中所示的 Fluke DTX 电缆分析仪，是用于测试和验证不同服务和标准的铜缆和光缆的多功能手持设备。更先进的工具加入了高级故障排除诊断功能，可以利用这些功能测量到达性能缺陷（近端串扰、回波损耗）位置的距离、确定纠正措施以及图形化地显示串扰和阻抗行为。电缆分析仪一般也附带基于 PC 的软件。在收集了字段数据后，手持设备可上传其数据以创建最新报告。

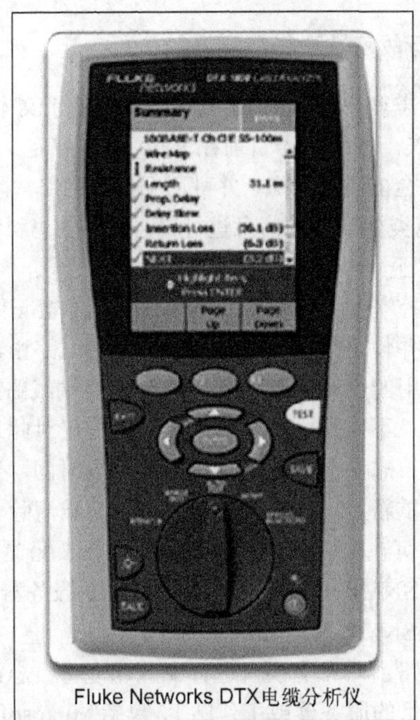

Fluke Networks DTX电缆分析仪

图 9-22　电缆分析仪

■　**便携式网络分析仪**：类似于图 9-23 中 Fluke OptiView 的便携式设备可用于排除交换网络和 VLAN 故障。网络工程师只要将网络分析仪插入网络的任何位置，就能看到该设备连接的交换机端口以及网络利用率的平均值和峰值。还可以利用该分析仪来发现 VLAN 配置、查明网络最大流量的来源、分析网络流量以及查看接口详细信息。该设备一般能够向安装有网络监控软件的 PC 输出数据，以做进一步分析和故障排除之用。

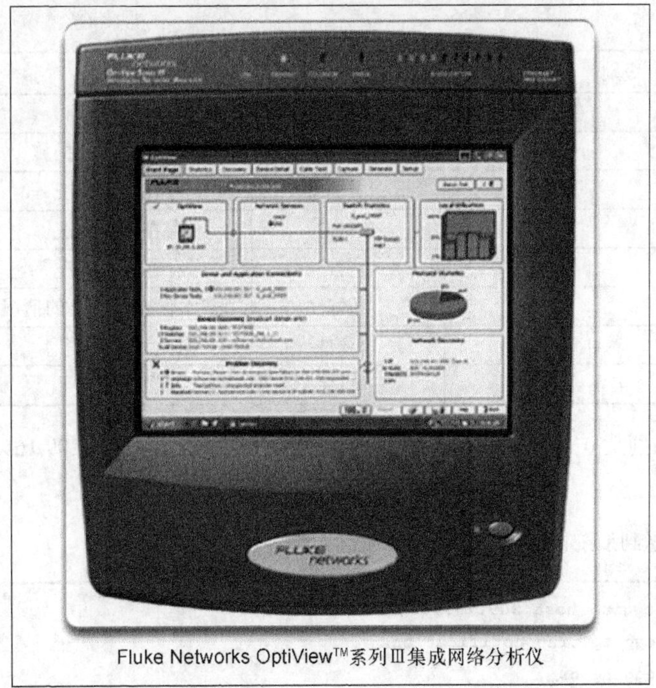

Fluke Networks OptiView™系列Ⅲ集成网络分析仪

图 9-23　网络分析仪

3. 使用系统日志服务器进行故障排除

系统日志是由称为“系统日志客户端”的 IP 设备用于将基于文本的日志消息发送到另一 IP 设备（即系统日志服务器）的简单协议。系统日志目前在 RFC 5424 中定义。

实施日志记录设备是网络安全的重要部分，并可用于排除网络故障。思科设备可对有关配置更改、ACL 违规、接口状态和许多其他类型事件的信息进行日志记录。思科设备可将日志消息发送给多个不同设施。可将事件消息发送给以下一个或多个设施中。

- **控制台**：默认情况下，控制台日志记录是开启的。消息会记录到控制台，当使用 PC 连接到路由器的控制台端口，并使用终端仿真软件修改或测试路由器或时可查看消息。
- **终端线路**：可配置已启用的 EXEC 会话以便在任何终端线路上接收日志消息。与控制台日志记录类似，此类日志记录不在路由器上存储，因此，仅对此线路上的用户有价值。
- **缓冲的日志记录**：因为日志消息会在内存中存储一段时间，所以缓冲的日志记录作为故障排除工具更有用。但是，重新启动设备时，日志消息会被清除。
- **SNMP trap**：某些阈值可在路由器和其他设备上进行预配置。路由器事件（例如超出阈值）可由路由器处理并作为 SNMP trap 转发至外部 SNMP 服务器。SNMP trap 是可用的安全日志记录设备，但需要进行 SNMP 系统的配置和维护。
- **系统日志**：可以对思科路由器和交换机进行配置以便将日志消息转发到外部系统日志服务。此服务可驻留在任意数量的服务器或工作站上，包括 Microsoft Windows 和基于 Linux 的系统。系统日志是最常用的消息日志记录设备，因为它为所有路由器消息提供长期日志存储功能，而且是所有路由器信息的中心位置。

思科 IOS 日志消息可分为 8 个级别，如表 9-7 所示。级别数越低，严重程度越高。默认情况下，从级别 0~7 的所有消息都会记录到控制台。虽然查看中心系统日志服务器上的日志对故障排除很有帮助，但对大量数据进行筛选将是一项艰巨的任务。**logging** trap *level* 命令根据消息的严重性限制记录到系统日志服务器中的消息。级别是严重级别的名称或编号。只有级别等于或低于指定级别的消息才会记录下来。

表 9-7 严重级别

	级别	关键字	说明	定义
最高级别	0	紧急	系统不可用	LOG_EMERG
	1	警报	需要立即采取措施	LOG_ALERT
	2	重要	存在重要情况	LOG_CRIT
	3	错误	存在错误情况	LOG_ERR
	4	警告	存在警告情况	LOG_WARNING
	5	通知	正常，但比较重要的情况	LOG_NOTICE
	6	信息性	只是信息性消息	LOG_INFO
最低级别	7	调试	调试消息	LOG_DEBUG

在例 9-1 中，级别从 0（紧急）~5（通知）的系统消息会发送到位于 209.165.200.225 的系统日志服务器。

例 9-1 限制发送到系统日志服务器的消息

```
R1(config)# logging host 209.165.200.225
R1(config)# logging trap notifications
R1(config)# logging on
```

Interactive Graphic

练习 9.2.1.5：确定常见的故障排除工具

切换至在线课程以完成本次练习。

9.2.2 网络故障排除的症状和原因

采用分层的方法，对不同的症状和网络故障的原因进行审查。采用分层的方法可以帮助隔离、理解和解决网络问题。

1. 物理层故障排除

物理层将比特从一台计算机传输到另一台计算机，并控制比特流在物理介质上的传输。物理层是唯一包含有形属性（如电缆、插卡和天线）的层。

网络中的问题通常显示为性能问题。性能问题是指预期行为和观察到的行为之间存在差异，而且系统未按合理预期运行。物理层出现故障或处于欠佳状态时，不仅会给用户带来不便，也会影响整个公司的工作效率。出现这类状况的网络通常会关闭。由于 OSI 模型上层的正常运行取决于物理层，因此网络管理员必须能够有效隔离并解决该层的故障。

常见的物理层网络故障症状如下所示。

- **性能低于基线**：性能下降或性能不佳的最常见原因包括：服务器过载或动力不足、交换机或路由器的配置不当、低容量链路上出现流量拥塞以及长期帧丢失。
- **连接中断**：如果电缆或设备发生故障，最明显的症状是通过该链路通信的设备之间或是与故障设备或接口的连接中断。这可由简单的 ping 测试来测试。间歇性连接中断表明连接松动或连接已氧化。
- **网络瓶颈或拥塞**：如果路由器、接口或电缆出现故障，路由协议可能会将流量重定向到其他并非用于承载额外容量的路由。而这会导致那些网络段出现拥塞或瓶颈。
- **高 CPU 利用率**：高 CPU 利用率是指一台设备（如路由器、交换机或服务器）以其设计极限负载或超过其设计极限负载运行的症状。如果不迅速解决，CPU 过载会导致设备停机或出现故障。
- **控制台错误消息**：设备控制台上报告的错误消息，表明存在物理层故障。

导致物理层网络故障的常见问题如下所示。

- **电源问题**：电源问题是导致网络故障最主要的原因。另外，检查风扇的运行状况，确保机箱的进气口和排气口通畅。如果附近的其他设备也断电，则主电源可能存在故障。
- **硬件故障**：网络接口卡（NIC）故障因延迟冲突、短帧及 Jabber 可能成为导致网络传输错误的原因。Jabber 通常定义为一种错误状况，在这种错误状况下，网络设备会不断向网络传输随机的无意义数据。可能导致 Jabber 的其他原因包括 NIC 驱动程序文件错误或损坏、电缆故障或接地问题。
- **电缆连接故障**：许多故障是因部分电缆断开所致，因此只需重装一遍电缆便可解决此类故障。执行实地检查时，注意电缆是否有损坏、电缆类型是否不适当以及 RJ-45 是否压接不良。应对可疑电缆进行测试，或者将其更换为能够正常工作的电缆。
- **衰减**：如果电缆长度超过介质的设计极限，或者因电缆松脱或接触面脏污或氧化而出现连接不良时，会出现衰减。如果衰减严重，接收设备便无法始终成功地区分组成比特流的各个比特。
- **噪声**：本地电磁干扰（EMI）通常称为噪声。噪音可以由许多来源产生，例如 FM 广播电台、警察广播、建筑安全、自动着陆的航空电子设备、串扰（由相同路径中的其他电缆或相邻电缆引发的噪声）、附近的电缆、具有大型电动机的设备，或包含比手机更强大的发射器的任何设备。

- **接口配置错误**：接口上的许多错误配置都会导致接口关闭，例如不正确的时钟频率、不正确的时钟源和未打开的接口，这会导致与相连网段的连接中断。
- **超过设计极限**：某个组件在物理层上可能会因该组件的平均使用率高于为其配置的正常运行的平均使用率而运行不佳。排除此类故障时，很容易发现设备资源是在以极限或接近极限能力运行，并且接口错误数增加。
- **CPU 过载**：故障症状包括具备这些情况的过程：高 CPU 利用率百分比、输入队列丢弃、性能下降、Telnet 和 ping 等路由器服务响应缓慢或无法响应、无路由更新。路由器 CPU 过载的其中一个原因是高流量。如果某些接口经常出现流量过载，请考虑重新设计网络的流量或升级硬件。

与物理层相关的故障症状和原因如图 9-24 所示。

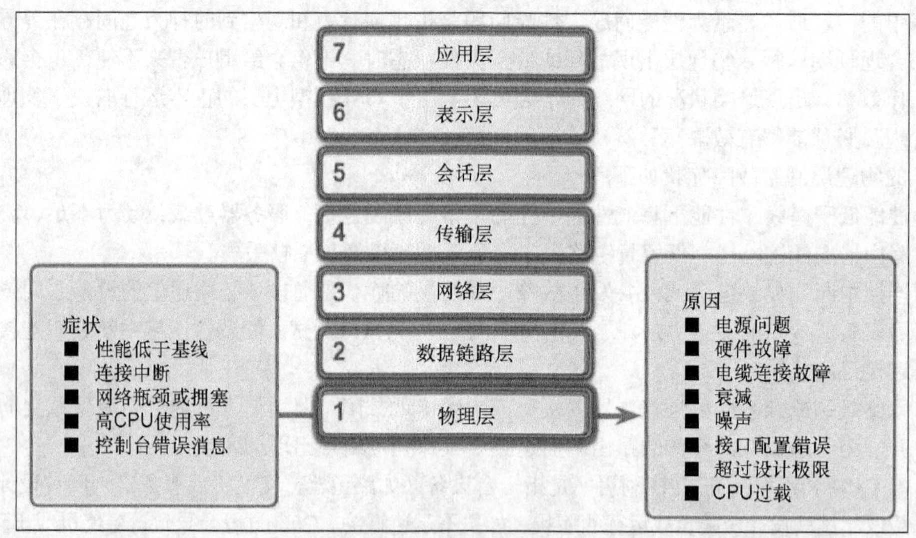

图 9-24　物理层症状和原因

2. 数据链路层故障排除

第 2 层的故障排除过程比较困难。所创建的网络能否正常运行并且得到充分优化，该层协议的配置及运行情况至关重要。第 2 层故障会产生特定故障症状，在识别出此故障症状时，它将有助于快速确定问题。

常见的数据链路层网络故障症状如下所示。

- **网络层或其上层未正常运行或无连接**：某些第 2 层故障会阻止链路中帧的交换，而其他故障仅导致网络性能下降。
- **网络运行的性能低于基线性能水平**：网络中可能发生两种不同类型的第 2 层运行不佳的情况。首先，帧采用不理想的路径通往目的地。在这种情况下，网络中一些链路上的带宽利用率可能很高，而这些链路不应该出现这样大的流量。其次，一些帧被丢弃。可以通过交换机或路由器上显示的错误计数器统计信息和控制台错误消息识别这些故障。在以太网环境中，使用扩展 ping 命令或发出连续的 ping 命令也能够反映是否丢弃了帧。
- **广播量过大**：操作系统频繁使用广播和组播来查找网络服务及其他主机。广播量过大通常由下列某种情况导致：应用程序的设置或配置不当；第 2 层广播域过大；底层网络故障（例如

STP 环路或路由摆动）。

- **控制台消息**：在某些情况下，路由器会识别到出现第 2 层故障，并向控制台发送警报消息。路由器一般会在以下两种情况下执行此操作：路由器检测到传入帧解读故障（封装故障或成帧故障）；所期望的 keepalive 未到达。最常见的指示第 2 层故障的控制台消息是线路协议关闭消息。

常见的导致网络连接故障或性能故障的数据链路层问题如下所示。

- **封装错误**：发送方置于特定字段中的比特不是接收方期望看到的比特时，便会出现封装错误。如果 WAN 链路一端封装的配置方式不同于另一端所使用的封装，就会出现这种情况。
- **地址映射错误**：在诸如点到多点、帧中继或广播以太网等拓扑中，必须为帧加上适当的第 2 层目的地址。因为这样可以确保帧到达正确的目的地。为实现此目的，网络设备必须利用静态映射或动态映射使第 3 层目的地址与正确的第 2 层地址匹配。在动态环境中，第 2 层和第 3 层信息的映射可能失败，因为设备可能已特别配置为不回应 ARP 或逆向 ARP 请求；缓存的第 2 层或第 3 层信息可能已发生了物理更改；或由于配置错误或安全攻击而收到无效的 ARP 应答。
- **成帧错误**：通常帧以一组 8 比特构成的字节运行。如果帧不在一个 8 比特的字节边界上结束，就会发生成帧错误。出现这种情况时，接收方可能难以确定某个帧的结尾及另一个帧的开头。无效帧过多可能会使有效的 keepalive 无法交换。以下情况会导致成帧错误：串行线路有噪声、电缆设计不当（过长或未正确屏蔽）、通道服务单元（CSU）线路时钟配置不正确。
- **STP 故障或环路**：生成树协议（STP）的目的是通过阻塞冗余端口将冗余物理拓扑解析为类似于树的拓扑。大多数 STP 故障与转发产生的环路有关，当冗余拓扑中未阻塞任何端口且因 STP 拓扑更改频繁而使流量无限期循环转发、过度泛洪时将出现环路。如果网络配置良好，则基本上不会发生拓扑变化。当两台交换机之间的链路启用或关闭时，如果端口的 STP 状态变为转发或从转发变为其他状态，则最终会发生拓扑变化。但是，当端口摆动（在开启和关闭状态之间摆动）时，便会导致重复的拓扑更改和泛洪，或导致 STP 收敛缓慢或重新收敛。这可能是由以下问题导致：真实拓扑与记录的拓扑不匹配、配置错误（如 STP 计时器配置不一致）、收敛期间交换机 CPU 过载或软件缺陷。

与数据链路层相关的故障症状和原因如图 9-25 所示。

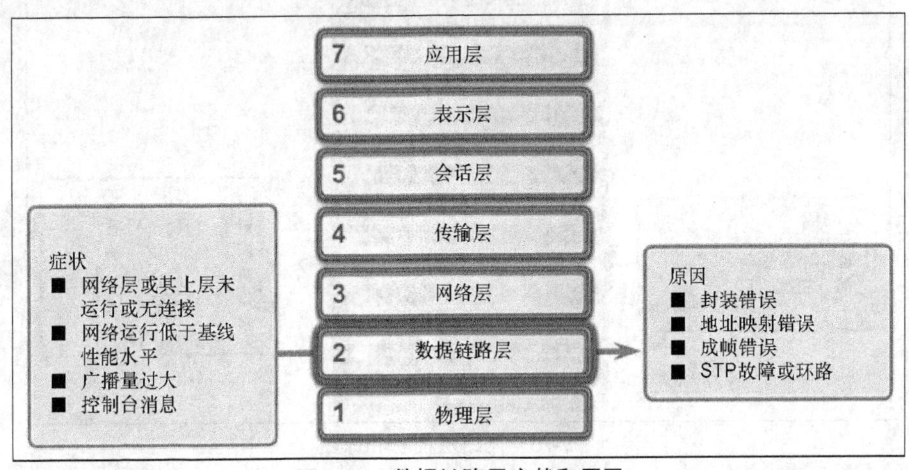

图 9-25 数据链路层症状和原因

3. 网络层故障排除

网络层故障是指与第 3 层协议相关的任何问题，包括可路由协议（例如 IPv4 或 IPv6）和路由协议

（如 EIGRP、OSPF 等）。

网络层上网络故障的常见症状如下所示。

- **网络故障**：网络故障是指网络几乎或完全无法运行，影响网络中所有用户和应用程序的情况。用户和网络管理员通常很快就会注意到这些故障。显而易见，这些故障严重影响公司的运营效率。
- **性能欠佳**：网络优化问题通常涉及用户的子集、应用程序、目的地或特定类型的流量。优化问题很难检测，在查找和诊断时甚至更加困难。这是因为这些问题通常涉及多个层，甚至是主机本身。确定故障是否属于网络层故障需要花费一定的时间。

大部分网络中将静态路由协议与动态路由协议结合使用，静态路由配置不当可能会导致路由不太理想。在某些情况下，静态路由配置不当可能产生路由环路，环路将导致部分网络无法到达。

排除动态路由协议故障需要透彻理解特定路由协议的工作方式。有一些故障涉及所有路由协议，而其他一些故障则是个别路由协议所特有的。

解决第 3 层故障没有一定之规，要遵循系统化的流程，利用一系列命令来隔离和诊断故障。

诊断可能涉及路由协议的故障时，可在以下方面做调查。

- **一般网络问题**：通常情况下，拓扑中的变化（例如下行链路）可能会对网络的其他区域产生影响，但是这种影响在当时可能不是那么明显。这种变化可能包括安装新的路由（静态或动态）或删除其他路由。确定网络中最近是否发生任何更改，以及当前是否有任何人正在运行网络基础设施。
- **连接问题**：检查所有的设备和连接问题，包括电源问题（例如中断）和环境问题（如过热）。还要检查有无第 1 层故障，如电缆连接故障、端口故障以及 ISP 故障。
- **邻居问题**：如果路由协议与邻居建立了邻接关系，请检查形成邻接关系的路由器是否存在任何问题。
- **拓扑数据库**：如果路由协议使用拓扑表或拓扑数据库，请检查拓扑表中是否存在意外情况，如缺少条目或存在意外条目。
- **路由表**：检查路由表是否存在意外情况，如缺少路由或存在意外的路由。使用 **debug** 命令来查看路由更新和路由表维护。

与网络层相关的故障症状和原因如图 9-25 所示。

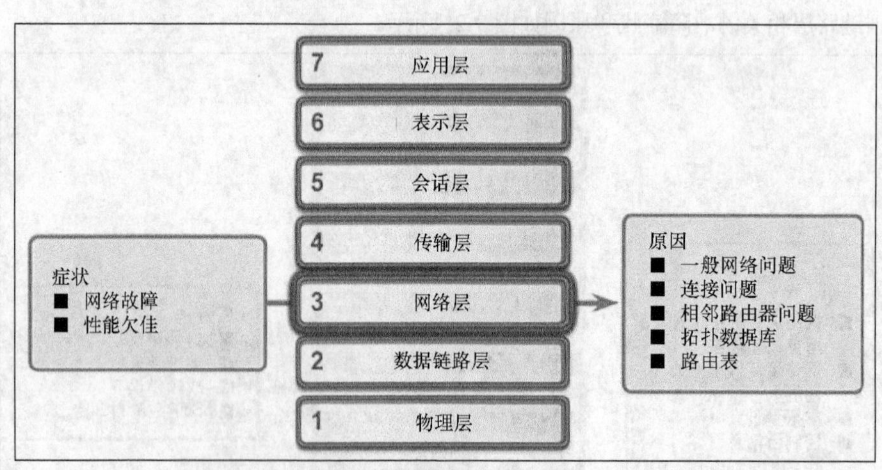

图 9-26 网络层症状和原因

4. 传输层故障排除——ACL

网络故障可能因路由器上的传输层故障引起，尤其在进行流量检查和修改的网络边缘。如图 9-27

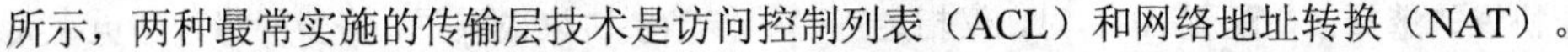

所示，两种最常实施的传输层技术是访问控制列表（ACL）和网络地址转换（NAT）。

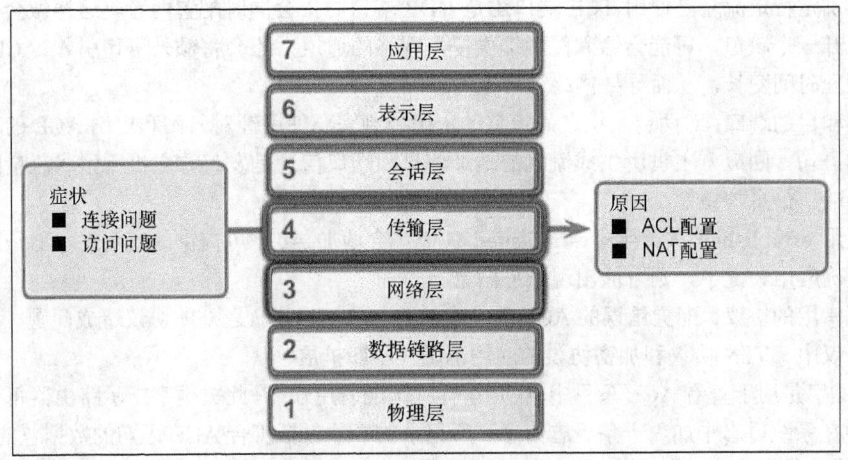

图 9-27 传输层症状和原因

如图 9-28 所示，ACL 中最常见的问题是因配置不正确而引起的。ACL 中出现的问题可能会导致其他运行正常的系统发生故障。有几个区域经常出现配置错误。

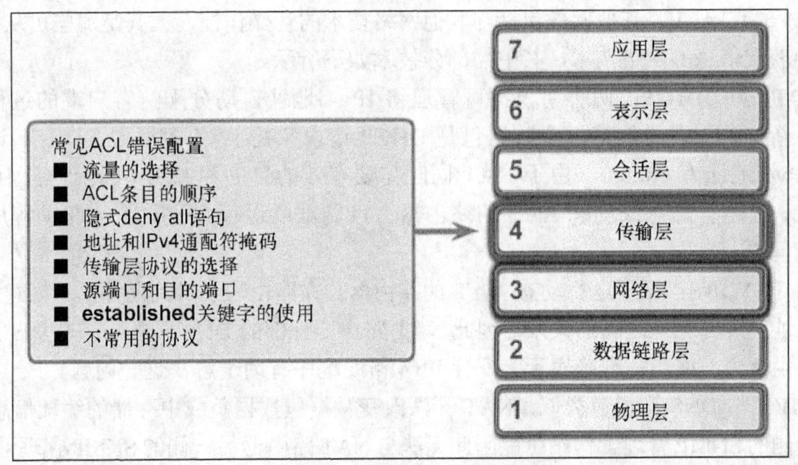

图 9-28 常见 ACL 错误配置

- **流量的选择**：最常见的路由器配置错误是将 ACL 应用到不正确的流量中。流量由流量传输时流经的路由器接口和流量的传输方向这两者定义。必须对正确的接口应用 ACL，并且必须选择正确的流量方向，才能使 ACL 正常工作。
- **访问控制条目的顺序**：ACL 中的条目必须是从具体到一般。尽管 ACL 可能包含明确允许特定流量的条目，但如果访问控制列表中该条目之前的另一条目拒绝了该数据包，那么该数据包将永远无法与该条目匹配。如果路由器同时运行 ACL 和 NAT，那么将这两种技术应用于流量的先后顺序非常重要：入站流量先由入站 ACL 处理，再由外部转内部 NAT 处理。出站流量先由出站 ACL 处理，再由内部转外部 NAT 处理。
- **隐式 deny all**：当 ACL 中不要求高安全性时，该隐式访问控制语句可导致 ACL 配置错误。
- **地址和 IPv4 通配符掩码**：复杂的 IPv4 通配符掩码可显著提高效率，但也更易出现配置错误。一个复杂的通配符掩码的示例是使用 IPv4 地址 10.0.32.0 和通配符掩码 0.0.32.15 来选择 10.0.0.0 网络或 10.0.32.0 网络中的前 15 个主机地址。

- **传输层协议的选择**：在配置 ACL 时，仅指定正确的传输层协议很重要。许多网络管理员在无法确定特定流量是使用 TCP 端口还是 UDP 端口时，会同时配置两者。这样做会在防火墙上打开一个缺口，可能会给入侵者提供侵入网络的通道；还会将额外语句引入 ACL，使 ACL 处理时间变长，从而导致网络通信延时增加。
- **源和目的端口**：对两台主机之间流量的正确控制需要使用针对入站和出站 ACL 的对称访问控制语句。回应方主机所生成流量的地址信息和端口信息是发起方主机所生成流量的地址信息和端口信息的镜像。
- **使用 established 关键字**：**established** 关键字会增加 ACL 可提供的安全性。但是，如果没有正确应用关键字，则可能出现意外结果。
- **不常用的协议**：配置错误的 ACL 往往会给除 TCP 和 UDP 之外的协议造成问题。在不常用的协议中，VPN 协议和加密协议的应用范围在不断扩展。

log 关键字是用于查看 ACL 条目中 ACL 运行状况的有用命令。此关键字指示路由器每当满足输入条件时，便在系统日志中加入一条日志信息，所记录的事件包括符合 ACL 语句的数据包的详细信息。**log** 关键字对于故障排除特别有用，还会提供有关 ACL 拦截的入侵尝试的信息。

5. 传输层故障排除——IPv4 的 NAT

NAT 会产生许多问题，例如不会与 DHCP 和隧道等服务交互。这些问题可包括配置错误的 NAT 内部、NAT 外部或 ACL。其他问题包括与其他网络技术的互操作性，尤其是那些可从数据包中的主机网络编址中获取信息的网络技术。其中的部分技术如下所示。

- **BOOTP 和 DHCP**：两种协议都可管理将 IPv4 地址自动分配给客户端的过程。之前已讲过，新客户端发送的第一个数据包是 DHCP 请求广播 IPv4 数据包。DHCP 请求数据包的源 IPv4 地址为 0.0.0.0。由于 NAT 同时需要有效的目的和源 IPv4 地址，因此 BOOTP 和 DHCP 在运行静态或动态 NAT 的路由器上可能难以运行。配置 IPv4 帮助程序有助于解决这一问题。
- **DNS 和 WINS**：由于运行动态 NAT 的路由器会在路由表条目到期并重新创建时定期更改内部地址与外部地址之间的关系，因此 NAT 路由器外部的 DNS 服务器或 WINS 服务器无法获得路由器内部网络的准确表示。配置 IPv4 帮助程序有助于解决这一问题。
- **SNMP**：与 DNS 数据包类似，NAT 无法改变数据包数据负载中存储的编址信息。NAT 路由器一侧的 SNMP 管理工作站可能因此无法与 NAT 路由器另一侧的 SNMP 代理通信。配置 IPv4 帮助程序有助于解决这一问题。
- **隧道协议和加密协议**：加密协议和隧道协议通常要求流量来自特定的 UDP 或 TCP 端口，或在传输层使用 NAT 无法处理的协议。例如，VPN 实施所使用的 IPSec 隧道协议和通用路由封装协议无法通过 NAT 处理。

注意：　来自 IPv6 客户端的 DHCPv6 可由路由器使用 **ipv6 dhcp relay** 命令进行转发。

与 NAT 相关的常见互操作性问题如图 9-29 所示。

6. 应用层故障排除

大部分应用层协议提供用户服务。应用层协议通常用于网络管理、文件传输、分布式文件服务、终端仿真以及电子邮件。应用层经常会添加新的用户服务，例如 VPN 和 VoIP。

图 9-30 中显示了最广为人知且实施最广泛的 TCP/IP 应用层协议。

- **SSH/Telnet**：用户可以利用该协议与远程主机建立终端会话连接。

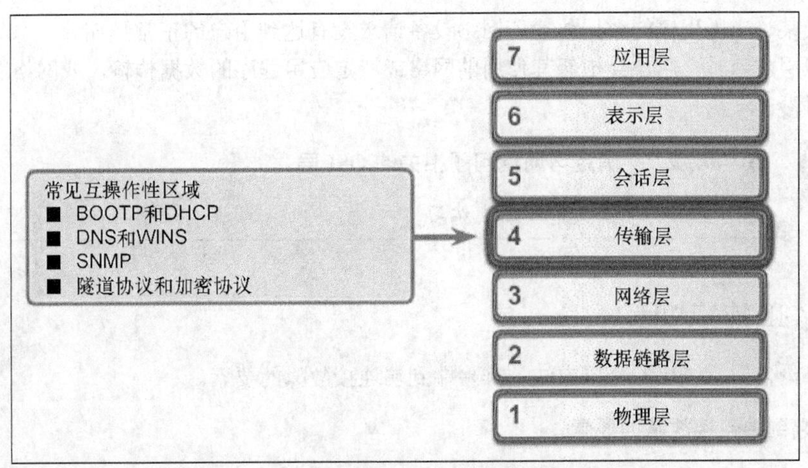

图 9-29 使用 NAT 的常见互操作性区域

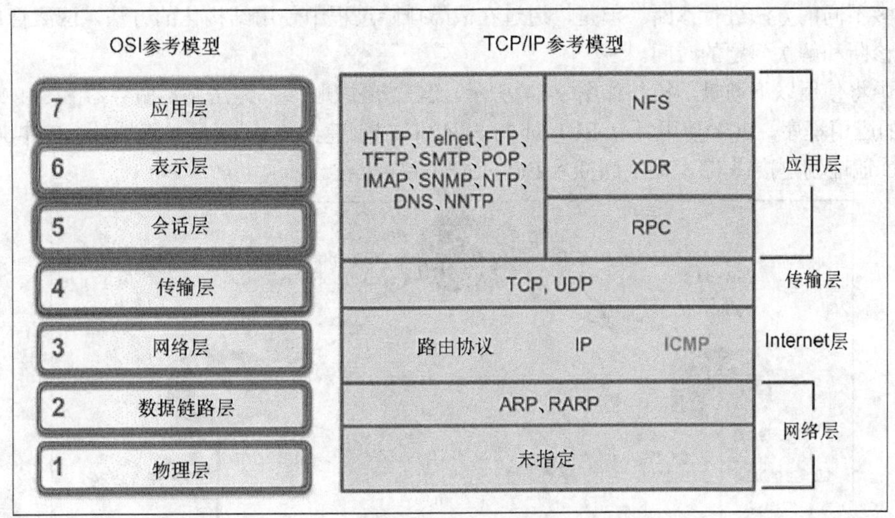

图 9-30 应用层

- **HTTP**：支持 Web 上文本、图形图像、音频、视频及其他多媒体文件的交换。
- **FTP**：用于在主机之间执行交互式文件传输。
- **TFTP**：通常在主机与网络设备之间执行基本的交互式文件传输。
- **SMTP**：支持基本的消息传输服务。
- **POP**：用于连接到邮件服务器并下载电子邮件。
- **简单网络管理协议（SNMP）**：用于从网络设备收集管理信息。
- **DNS**：用于将 IP 地址映射到为网络设备指定的名称。
- **网络文件系统（NFS）**：计算机可以利用该协议在远程主机上安装驱动器，并像操作本地驱动器那样操作它们。该协议最初由 Sun 公司开发，如果将其与另外两个应用层协议 XDR（外部数据表示）及 RPC（远程过程调用）结合使用，可以透明地访问远程网络资源。

症状和原因的类型取决于实际应用本身。

应用层故障会导致服务无法提供给应用程序。即使物理层、数据链路层、网络层和传输层都正常工作，应用层故障也会导致无法资源到达或无法使用资源。可能出现所有网络连接都正常，但应用程序就是无法提供数据的情况。

还有这样一种应用层故障，即虽然物理层、数据链路层、网络层和传输层都正常工作，但来自某台网络设备或某个应用程序的数据传输和网络设备请求没有达到用户的正常预期。

出现应用层故障时，用户会抱怨其使用的网络或特定应用程序的数据传输，或网络服务请求速度缓慢或比平时慢。

Interactive Graphic

练习 9.2.2.7：确定与网络问题相关的 OSI 层

切换至在线课程以完成本次练习。

9.2.3 排除 IP 连接故障

本部分讨论使用系统化的分层方法，排除端到端连接故障的要素。

1. 排除端到端连接故障的要素

诊断并解决问题是网络管理员的一项重要技能。不存在针对故障排除的唯一方案，某个具体问题可通过许多不同的方法进行诊断。但是，通过在故障排除过程中使用结构化的方法，网络管理员可以减少用于诊断和解决问题的时间。

本节中将使用以下场景，拓扑如图 9-31 所示。客户端主机 PC1 无法访问服务器 SRV1 或服务器 SRV2 上的应用程序。PC1 使用具有 EUI-64 的 SLAAC 以创建其 IPv6 全局单播地址。EUI-64 使用以太网 MAC 地址创建接口 ID，在中间插入 FFFE 并反转第七位。

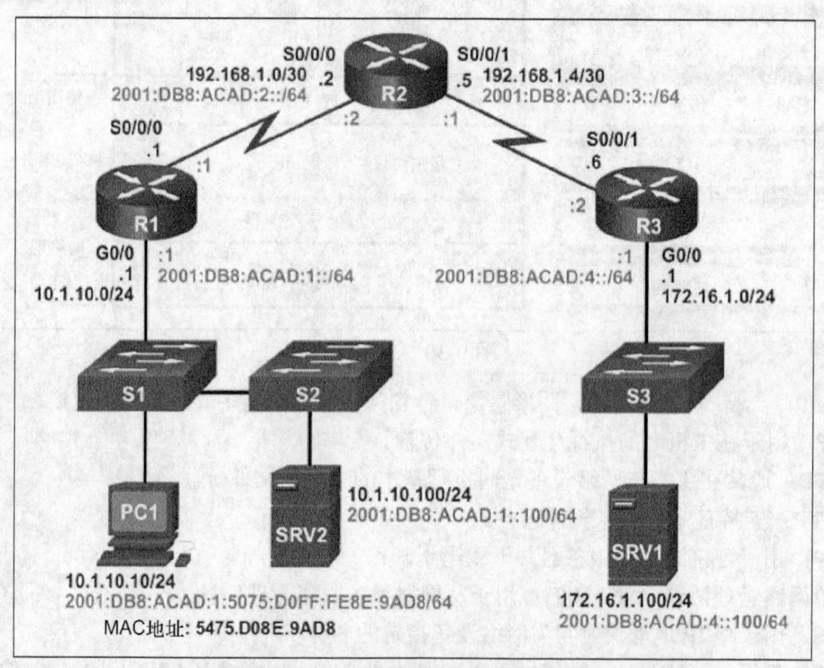

图 9-31 用于排除端到端故障的拓扑

当没有端到端连接且管理员选择自下而上的故障排除法时，下面这些是管理员可以采用的一些通用步骤。

步骤 1 检查网络通信终止点上的物理连接，这包括电缆和硬件。问题可能是电缆或接口出现故障，或者是配置错误或硬件故障。

步骤 2 检查是否存在双工不匹配。

步骤 3 检查本地网络上的数据链路和网络层编址。这包括 IPv4 ARP 表、IPv6 邻居表、MAC 地址表和 VLAN 分配。

步骤 4 验证默认网关是否正确。

步骤 5 确保设备正在确定从源到目的地的正确路径。必要时调整路由信息。

步骤 6 检验传输层是否运行正常。Telnet 也可用于从命令行测试传输层连接。

步骤 7 验证是否存在 ACL 拦截流量。

步骤 8 确保 DNS 设置正确。应该存在可以访问的 DNS 服务器。

此过程的结果就是实现可运行的端到端连接。如果所有步骤都已执行但未得出任何解决方案，那么网络管理员可能希望重复上述步骤或将问题上报给高级管理员。

2. 端到端连接问题发起故障排除

通常发起故障排除工作的原因是发现存在端到端连接问题。如图 9-32 所示，用于检验端到端连接问题的两种最常见的实用程序是 **ping** 和 **traceroute**。

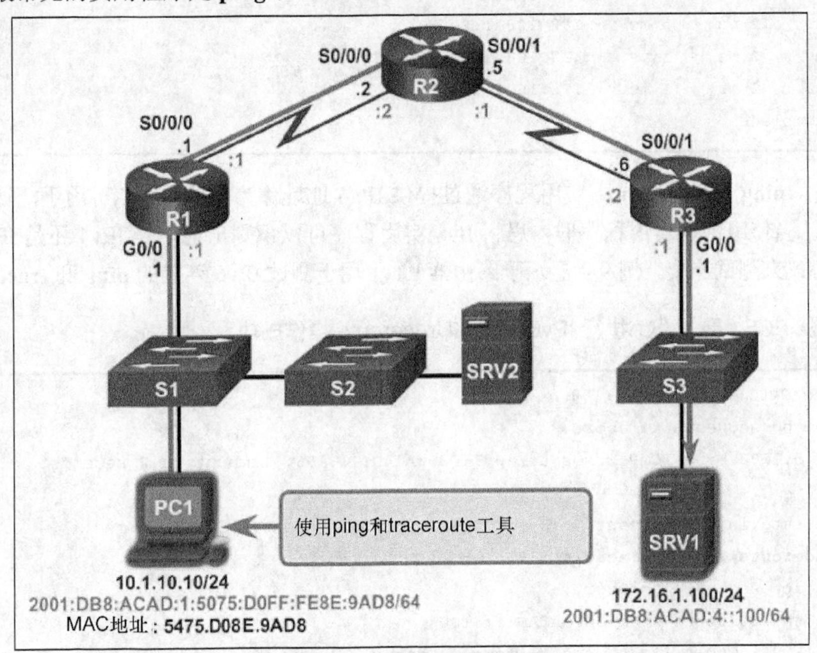

图 9-32 端到端故障排除的验证

ping 操作可能是网络中最广为人知的连接测试实用程序，而且一直属于思科 IOS 软件的一部分。它发出请求，要求指定主机地址做出响应。**ping** 命令使用作为 TCP/IP 协议簇一部分的第 3 层协议，称为 ICMP。ping 使用 ICMP 响应请求和 ICMP 响应应答数据包。若指定地址的主机收到 ICMP 响应请求，便会以 ICMP 响应应答数据包做出响应。ping 可用于检验 IPv4 和 IPv6 的端到端连接。例 9-2 显示从 PC1 对地址为 172.16.1.100 的 SRV1 执行 ping 操作成功。

例 9-2 从 PCS1 到 SVR1 执行 IPv4 **ping** 操作成功

```
PC1> ping 172.16.1.100
Pinging 172.16.1.100 with 32 bytes of data:
Reply from 172.16.1.100: bytes=32 time=8ms TTL=254
Reply from 172.16.1.100: bytes=32 time=1ms TTL=254
Reply from 172.16.1.100: bytes=32 time=1ms TTL=254
Reply from 172.16.1.100: bytes=32 time=1ms TTL=254
Ping statistics for 172.16.1.100:
Packets: Sent = 4, Received = 4, Lost = 0 (0% loss),
Approximate round-trip times in milliseconds:
Minimum = 1ms, Maximum = 8ms, Average = 2ms
```

例 9-3 中的 **traceroute** 命令说明了 IPv4 数据包采用的通往其目的地的路径。与 **ping** 命令类似，思科 IOS **traceroute** 命令在 IPv4 和 IPv6 中均可使用。**tracert** 命令可与 Windows 操作系统配合使用，跟踪生成路径中沿途到达的每一跳、路由器 IP 地址及最终目的 IP 地址。此列表提供了重要的验证和故障排除信息。如果数据到达目的主机，跟踪就会列出路径中每台路由器上的接口。如果数据无法到达沿途的某一跳，则会让您知道对跟踪做出响应的最后一台路由器的地址。这个地址指出了存在问题或安全限制的位置。

例 9-3 从 PCS1 到 SVR1 执行 IPv4 tracert 操作成功

```
C:\Windows\system32> tracert 172.16.1.100
Tracing route to 172.16.1.100 over a maximum of 30 hops
1    1 ms   <1 ms   <1 ms    10.1.10.1
2    2 ms    2 ms    1 ms    192.168.1.2
3    2 ms    2 ms    1 ms    192.168.1.6
4    2 ms    2 ms    1 ms    172.16.1.100
Trace complete.
```

如前所述，**ping** 和 **traceroute** 实用程序通过提供 IPv6 地址作为目的地址，可用于测试和诊断端到端 IPv6 连接。当使用这些实用程序时，思科 IOS 实用程序可以识别出地址是 IPv4 还是 IPv6 地址，并使用合适的协议来测试连接。例 9-4 显示了路由器 R1 上用于测试 IPv6 连接的 **ping** 和 **traceroute** 命令。

例 9-4 从 PCS1 到 SVR1 执行 IPv6 ping 和 traceroute 操作成功

```
R1# ping 2001:db8:acad:4::100
Type escape sequence to abort.
Sending 5, 100-byte ICMP Echos to 2001:DB8:ACAD:4::100, timeout is 2 seconds:
!!!!!
Success rate is 100 percent (5/5), round-trip min/avg/max = 56/56/56 ms
R1# traceroute 2001:db8:acad:4::100
Type escape sequence to abort.
Tracing the route to 2001:DB8:ACAD:4::100
  1 2001:DB8:ACAD:2::2 20 msec 20 msec 20 msec
  2 2001:DB8:ACAD:3::2 44 msec 40 msec 40 msec
R1#
```

3. 第 1 步——检验物理层

所有网络设备都是特殊的计算机系统。这些设备至少包括 CPU、RAM 和存储空间，允许设备启动并运行操作系统和接口。这将支持网络流量的接收和传输。当网络管理员确定问题出在给定设备上且问题可能与硬件相关时，检验这些通用组件的运行情况很有必要。为了这一目的，最常用的思科 IOS 命令是 **show processes cpu**、**show memory** 和 **show interfaces**。本节将讨论 **show interfaces** 命令。

在排除性能相关的故障且怀疑硬件是问题所在时，可使用 **show interfaces** 命令检验流量通过的接口。例 9-5 中 **show interfaces** 命令的输出列出了许多可以检查的重要统计信息。

- **输入队列丢弃**：输入队列丢弃（及相关的忽略和限制计数器）表示在某些点上，传输到路由器的流量超出了路由器的处理能力。这并不一定表明存在问题，在流量高峰期中这可能是正常的。但是，这可以说明 CPU 无法及时处理数据包，所以如果该数字一直很高，那么应当尝试确定这些计数何时会增加以及它与 CPU 使用率的关系。
- **输出队列丢弃**：输出队列丢弃表示数据包因接口出现拥塞而被丢弃。在任何总输入流量高于输出流量的点上，看到输出丢弃是正常的。在流量高峰期，如果流量传输到接口的速度比将其发送出去的速度快，就会发生数据包丢弃。虽然这是正常现象，但由于它会导致数据包丢弃和队列延迟，因此对数据包丢弃和队列延迟敏感的应用程序（如 VoIP）可能会出现性能问题。不断看到输出丢弃表明您需要实施高级的队列机制，为每个应用程序提供好的 QoS。

- **输入错误**：输入错误表明在接收帧的过程中出现的错误，例如 CRC 错误。大量的 CRC 错误表示可能存在电缆问题、接口硬件问题或者在基于以太网的网络中存在双工失配。
- **输出错误**：输出错误表明帧传输过程中出现的错误，例如冲突。如今在大多数基于以太网的网络中，全双工传输是标准传输方式，而半双工传输属于例外情况。在全双工传输中，不会发生运行冲突；因此，冲突（尤其是延迟冲突）通常说明双工不匹配。

例 9-5　检查 R1 上的输入和输出统计信息

```
R1# show interfaces GigabitEthernet 0/0
GigabitEthernet0/0 is up, line protocol is up
  Hardware is CN Gigabit Ethernet, address is d48c.b5ce.a0c0 (bia d48c.b5ce.a0c0)
  Internet address is 10.1.10.1/24
  <Output Omitted>
  Input queue: 0/75/0/0 (size/max/drops/flushes); Total output drops: 0
  Queueing strategy: fifo
  Output queue: 0/40 (size/max)
  5 minute input rate 0 bits/sec, 0 packets/sec
  5 minute output rate 0 bits/sec, 0 packets/sec
     85 packets input, 7711 bytes, 0 no buffer
     Received 25 broadcasts (0 IP multicasts)
     0 runts, 0 giants, 0 throttles
     0 input errors, 0 CRC, 0 frame, 0 overrun, 0 ignored
     0 watchdog, 5 multicast, 0 pause input
     10112 packets output, 922864 bytes, 0 underruns
     0 output errors, 0 collisions, 1 interface resets
     11 unknown protocol drops
     0 babbles, 0 late collision, 0 deferred
     0 lost carrier, 0 no carrier, 0 pause output
     0 output buffer failures, 0 output buffers swapped out
R1#
```

4. 第 2 步——检查双工不匹配

接口错误的另一个常见原因就是以太网链路两端之间的双工模式不匹配。在许多基于以太网的网络中，点对点连接现在已成为标准连接，而集线器以及相关半双工操作的使用越来越少见。这意味着现今大多数以太网链路都是在全双工模式下运行，曾经冲突被视为以太网链路中的正常现象，而现在冲突通常表明双工协商失败，且链路未在正确的双工模式下运行。

IEEE 802.3ab 吉比特以太网标准要求使用速度和双工的自动协商。此外，虽然并不是严格要求，但实际上所有快速以太网 NIC 在默认情况下也会使用自动协商。使用速度和双工的自动协商是目前的推荐做法。双工配置指南会在下文中提示。但是如果由于某些原因双工协商失败，则可能需要在两端手动设置速度和双工。通常这将意味着将连接两端的双工模式设置为全双工。但是，如果这不起作用，则将在两端均运行半双工，而不是出现双工不匹配。

一般的双工配置指导原则如下。

- 点对点以太网链路应当始终在全双工模式下运行。

- 半双工已经不常见，主要在使用集线器时出现。
- 建议使用速度和双工的自动协商。
- 如果速度和协商不起作用，请手动设置两端的速度和双工。
- 两端半双工，其工作性能比双工失配要更高。

注意：　大多数 802.11 无线协议工作在半双工。

故障排除示例

在上一场景中，网络管理员需要将其他用户添加到网络中。为了并入这些新用户，网络管理员安装了另一台交换机并将其与第一台交换机连接。在将 S2 添加到网络中后不久，两台交换机上的用户在与另一台交换机上的设备连接时，开始出现严重的性能问题，如图 9-33 所示。

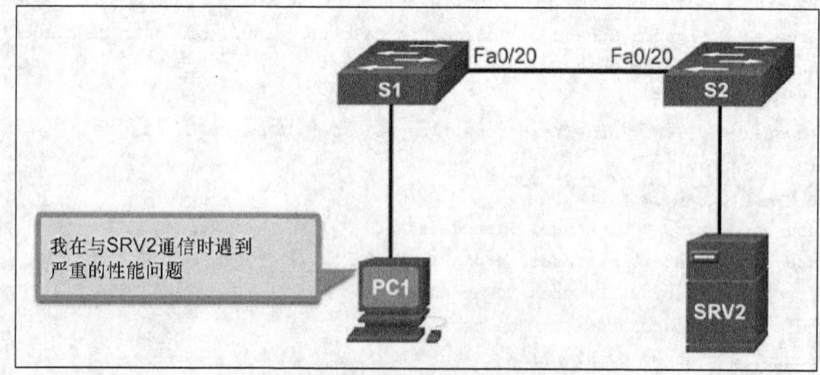

图 9-33　双工不匹配

网络管理员注意到交换机 S2 上的控制台消息：

```
*Mar  1 00:45:08.756: %CDP-4-DUPLEX_MISMATCH: duplex mismatch discovered
on FastEthernet0/20 (not half duplex), with Switch FastEthernet0/20 (half
duplex).
```

如例 9-6 所示，使用 **show interfaces fa 0/20** 命令，网络管理员检查了 S1 上用于连接 S2 的接口，并注意到它已设置为全双工模式。网络管理员现在检查连接的另一端（S2 上的端口）。例 9-7 显示连接的这一端已配置为半双工模式。网络管理员将该设置纠正为 **duplex auto**，以便自动协商双工。由于 S1 的端口设置为全双工，因此 S2 也使用全双工。

用户报告不再存在任何性能问题。

例 9-6　S1 端口在全双工模式下运行

```
S1# show interface fa 0/20
FastEthernet0/20 is up, line protocol is up (connected)
  Hardware is Fast Ethernet, address is 0cd9.96e8.8a01 (bia 0cd9.96e8.8a01)
  MTU 1500 bytes, BW 10000 Kbit/sec, DLY 1000 usec,
     reliability 255/255, txload 1/255, rxload 1/255
  Encapsulation ARPA, loopback not set
  Keepalive set (10 sec)
  Full-duplex, Auto-speed, media type is 10/100BaseTX
<Output omitted>
```

例 9-7 S2 端口在半双工模式下运行

```
S2# show interface fa 0/20
FastEthernet0/20 is up, line protocol is up (connected)
  Hardware is Fast Ethernet, address is 0cd9.96d2.4001 (bia 0cd9.96d2.4001)
  MTU 1500 bytes, BW 100000 Kbit/sec, DLY 100 usec,
     reliability 255/255, txload 1/255, rxload 1/255
  Encapsulation ARPA, loopback not set
  Keepalive set (10 sec)
  Half-duplex, Auto-speed, media type is 10/100BaseTX
<Output omitted>
Switch(config)# interface fa 0/20
Switch(config-if)# duplex auto
Switch(config-if)#
```

5. 第 3 步——检验本地网络上的第 2 层和第 3 层编址

排除端到端连接故障时，验证各个网段上目的 IP 地址和第 2 层以太网地址之间的映射非常有用。在 IPv4 中，此功能由 ARP 提供。在 IPv6 中，ARP 功能被邻居发现过程和 ICMPv6 所取代。邻居表缓存了 IPv6 地址及其解析的以太网物理（MAC）地址。

IPv4 ARP 表

arp Windows 命令可以显示并修改 ARP 缓存中的条目，这些条目用于存储 IPv4 地址及其解析的以太网物理（MAC）地址。如例 9-8 所示，**arp** Windows 命令列出了目前 ARP 缓存中的所有设备。针对每台设备显示的信息包括 IPv4 地址、物理（MAC）地址及编址类型（静态或动态）。

例 9-8 PC1 上的 ARP 表

```
PC1> arp -a
Interface: 10.1.10.100 --- 0xd
Internet          Address Physical    Address Type
10.1.10.1         d4-8c-b5-ce-a0-c0   dynamic
224.0.0.22        01-00-5e-00-00-16   static
224.0.0.252       01-00-5e-00-00-fc   static
255.255.255.255   ff-ff-ff-ff-ff-ff   static
```

如果网络管理员想要使用更新后的信息重新填充缓存，可以使用 **arp-d** Windows 命令清空缓存。

注意： **arp** 命令在 Linux 和 MAC OS X 中具有类似语法。

IPv6 邻居表

如例 9-9 所示，**netsh interface ipv6 show neighbor** Windows 命令列出了目前邻居表中的所有设备。针对每台设备显示的信息包括 IPv6 地址、物理（MAC）地址及编址类型。通过检查邻居表，网络管理员可以检验目的 IPv6 地址是否已映射到正确的以太网地址。R1 的所有接口上 IPv6 本地链路地址已手动配置为 FE80::1。同样，R2 在其接口上配置了本地链路地址 FE80::2，而且 R3 在其接口上配置了本地链路地址 FE80::3。请记住，本地链路地址仅在链路或网络中必须是唯一的。

例 9-9 PC1 上的邻居表

```
PC1> netsh interface ipv6 show neighbor
Interface 13: LAB
Internet Address                              Physical Address     Type
--------------------------------------------  -----------------    -----------
fe80::9c5a:e957:a865:bde9                     00-0c-29-36-fd-f7    Stale
fe80::1                                       d4-8c-b5-ce-a0-c0    Reachable (Router)
ff02::2                                       33-33-00-00-00-02    Permanent
ff02::16                                      33-33-00-00-00-16    Permanent
ff02::1:2                                     33-33-00-01-00-02    Permanent
ff02::1:3                                     33-33-00-01-00-03    Permanent
ff02::1:ff05:f9fb                             33-33-ff-05-f9-fb    Permanent
ff02::1:ffce:a0c0                             33-33-ff-ce-a0-c0    Permanent
ff02::1:ff65:bde9                             33-33-ff-65-bd-e9    Permanent
ff02::1:ff67:bae4
```

注意： 使用 **ip neigh show** 命令可显示 Linux 和 MAC OS X 的邻居表。

例 9-10 使用 **show ipv6 neighbors** 命令显示了思科 IOS 路由器上邻居表的示例。

例 9-10 R1 上的邻居表

```
R1# show ipv6 neighbors
IPv6 Address                              Age  Link-layer Addr  State  Interface
FE80::21E:7AFF:FE79:7A81                    8  001e.7a79.7a81   STALE    Gi0/0
2001:DB8:ACAD:1:5075:D0FF:FE8E:9AD8         0  5475.d08e.9ad8   REACH    Gi0/0
```

注意： IPv6 邻居状态比 IPv4 中 ARP 表的状态更为复杂。其他信息包含在 RFC 4861 中。

交换机 MAC 地址表

交换机将帧仅转发到目的所连接的端口。为此，交换机将查询其 MAC 地址表，MAC 地址表列出了与各个端口连接的 MAC 地址。使用 **show mac address-table** 命令显示交换机的 MAC 地址表。PC1 的本地交换机示例如例 9-11 所示。请记住，交换机的 MAC 地址表只包含第 2 层信息，包括以太网 MAC 地址和端口号，不包括 IP 地址信息。

例 9-11 本地 LAN 交换机上的 MAC 地址表

```
S1# show mac address-table
             Mac Address Table
-------------------------------------------
Vlan    Mac Address       Type       Ports
All     0100.0ccc.cccc    STATIC     CPU
All     0100.0ccc.cccd    STATIC     CPU
 10     d48c.b5ce.a0c0    DYNAMIC    Fa0/4
 10     000f.34f9.9201    DYNAMIC    Fa0/5
 10     5475.d08e.9ad8    DYNAMIC    Fa0/13
Total Mac Addresses for this criterion: 5
```

VLAN 分配

在排除端到端连接故障时需要考虑的另一个问题是 VLAN 分配。在交换网络中，交换机中的每个端口均属于一个 VLAN。每个 VLAN 都视为一个独立的逻辑网络，发往不属于此 VLAN 的站点的数据包必须通过支持路由的设备转发。如果一个 VLAN 中的主机发送广播以太网帧（例如 ARP 请求），那么同一 VLAN 中的所有主机都会收到此帧；而其他 VLAN 中的主机不会收到。即使两台主机位于同一 IP 网络中，如果它们与分配到不同 VLAN 的端口连接，那么这两台主机也无法通信。此外，如果删除了端口所属的 VLAN，则端口将变为非活动状态。如果 VLAN 被删除，则与属于该 VLAN 的端口连接的所有主机都无法与网络其余部分通信。诸如 **show vlan** 等命令可用于验证交换机上的 VLAN 分配。

故障排除示例

请参考图 9-34 中的拓扑。为了改善配线间的电线管理，重新组织了连接到 S1 的电缆。刚刚完成后，用户就开始给技术支持服务台打电话，说明他们无法访问其网络外部的设备。使用 **arp** Windows 命令对 PC1 的 ARP 表进行检查，显示 ARP 表不再包含默认网关 10.1.10.1 的条目，如例 9-12 所示。路由器上没有发生配置更改，因此 S1 是故障排除的重点。

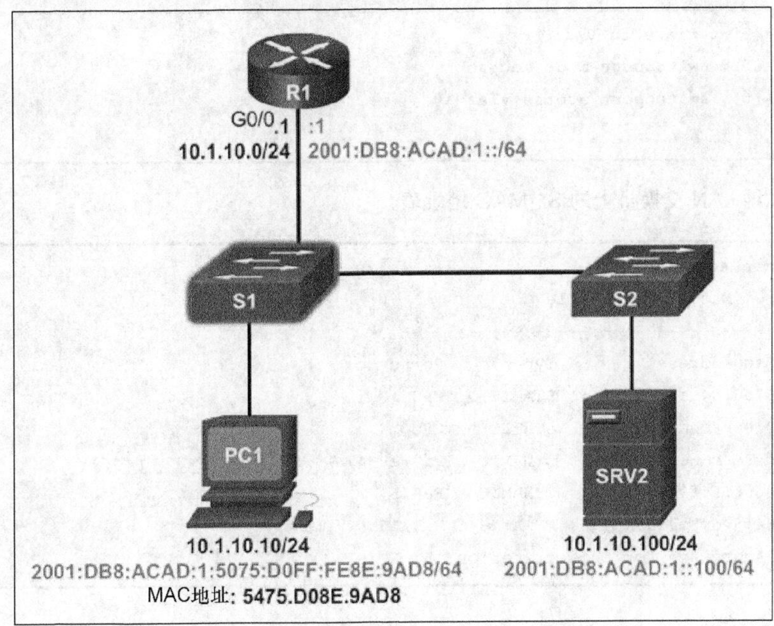

图 9-34 故障排除示例

例 9-12 PC1 上的 ARP 表

```
PC1> arp -a
Interface: 10.1.10.100 --- 0xd
Internet            Address Physical    Address Type
224.0.0.22          01-00-5e-00-00-16   static
224.0.0.252         01-00-5e-00-00-fc   static
255.255.255.255     ff-ff-ff-ff-ff-ff   static
```

S1 的 MAC 地址表（如例 9-13 所示）显示了 R1 的 MAC 地址位于与其余 10.1.10.0/24 设备（包括

PC1）不同的 VLAN 中。在重新布线时，R1 的跳线从 VLAN 10 的 Fa 0/4 移动到 VLAN 1 的 Fa 0/1。在网络管理员将 S1 的 Fa 0/1 端口配置到 VLAN 10 上（如例 9-14 所示）之后，问题得到解决。如例 9-15 所示，现在 MAC 地址表显示了端口 Fa 0/1 上 R1 的 MAC 地址所在的 VLAN 10。

例 9-13 MAC 地址表揭示 Fa0/1 的错误 VLAN

```
S1# show mac address-table
          Mac Address Table
-------------------------------------------
Vlan    Mac Address       Type      Ports
All     0100.0ccc.cccc    STATIC    CPU
All     0100.0ccc.cccd    STATIC    CPU
  1     d48c.b5ce.a0c0    DYNAMIC   Fa0/1    ! R1
 10     000f.34f9.9201    DYNAMIC   Fa0/5
 10     5475.d08e.9ad8    DYNAMIC   Fa0/13   ! PC1
Total Mac Addresses for this criterion: 5
```

例 9-14 配置正确的 VLAN

```
S1(config)# interface fa 0/1
S1(config-if)# switchport mode access
S1(config-if)# switchport access vlan 10
S1(config-if)#
```

例 9-15 本地 LAN 交换机上的 S1 MAC 地址表

```
S1# show mac address-table
          Mac Address Table
-------------------------------------------
Vlan    Mac Address       Type      Ports
All     0100.0ccc.cccc    STATIC    CPU
All     0100.0ccc.cccd    STATIC    CPU
 10     d48c.b5ce.a0c0    DYNAMIC   Fa0/1    ! R1
 10     000f.34f9.9201    DYNAMIC   Fa0/5
 10     5475.d08e.9ad8    DYNAMIC   Fa0/13   ! PC1
Total Mac Addresses for this criterion: 5
```

6. 第 4 步——检验默认网关

如果路由器上没有详细路由，或者主机配置了错误的默认网关，那么不同网络中两个端点之间的通信将无法进行。图 9-35 显示 PC1 使用 R1 作为其默认网关。同理，R1 使用 R2 作为其默认网关或最后求助网关。

如果主机需要访问本地网络以外的资源，则必须配置默认网关。默认网关是通向本地网络之外目的地的路径上的第一个路由器。

故障排除示例 1

例 9-16 显示了可检验是否存在 IPv4 默认网关的 **show ip route** 思科 IOS 命令和 **route print** Windows 命令。

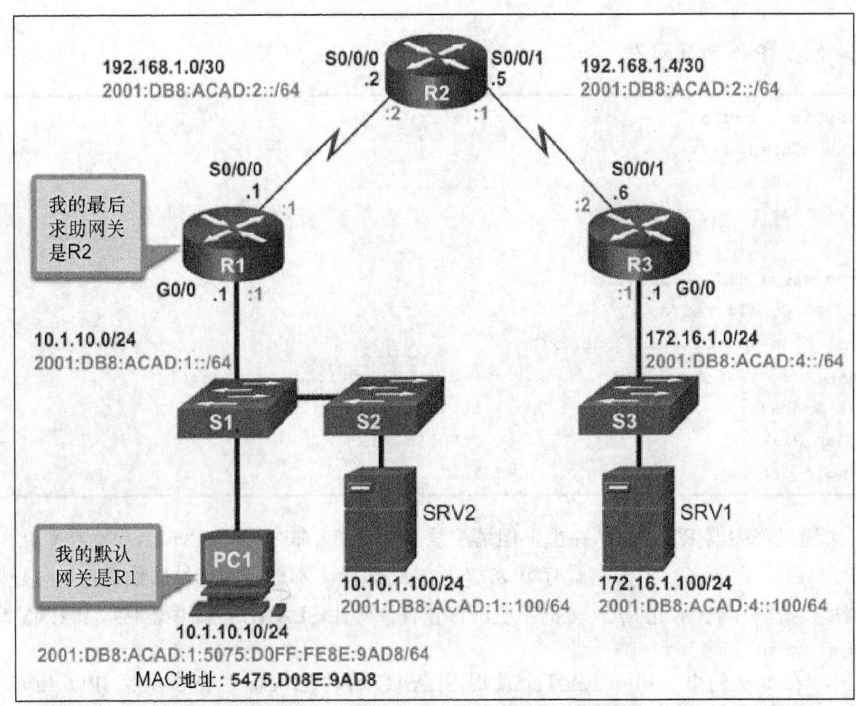

图 9-35 当前和期望路径的确定：默认网关

例 9-16 检验 IPv4 默认网关

```
R1# show ip route
<Output omitted>

Gateway of last resort is 192.168.1.2 to network 0.0.0.0

S*    0.0.0.0/0 [1/0] via 192.168.1.2

C:\Windows\system32> route print
<Output omitted>
Network  Destination  Netmask     Gateway      Interface      Metric
             0.0.0.0      0.0.0.0     10.1.10.2    10.1.10.100    11
```

在本示例中，R1 路由器具有正确的默认网关，即 R2 路由器的 IPv4 地址。但是，PC1 具有错误的默认网关。PC1 应该拥有 R1 路由器 10.1.10.1 的默认网关。如果 PC1 上手动配置了 IPv4 编址信息，则该默认网关必须手动配置。如果 IPv4 编址信息是从 DHCPv4 服务器自动获取的，那么必须检查 DHCP 服务器上的配置。DHCP 服务器上的配置问题通常可由多个客户端查看。

故障排除示例 2

在 IPv6 中，可手动配置、使用无状态自动配置（SLAAC）或使用 DHCPv6 配置默认网关。使用 SLAAC 时，默认网关由路由器使用 ICMPv6 路由器通告（RA）消息通告给主机。RA 消息中的默认网关是路由器接口的本地链路 IPv6 地址。如果在主机上手动配置默认网关（不太可能），默认网关可设置为全局 IPv6 地址或本地链路 IPv6 地址。

如例 9-17 所示，**show ipv6 route** 思科 IOS 命令显示 R1 上的 IPv6 默认路由，而 **ipconfig** Windows 命令用于检验是否存在 IPv6 默认网关。

例 9-17 缺少 IPv6 默认网关

```
R1# show ipv6 route
<Output omitted>
S    ::/0 [1/0]
      via 2001:DB8:ACAD:2::2

C:\Windows\system32> ipconfig
Windows IP Configuration
    Connection-specific DNS Suffix . :
    Link-local IPv6 Address . . . . . : fe80::5075:d0ff:fe8e:9ad8%13
    IPv4 Address. . . . . . . . . . . : 10.1.1.100
    Subnet Mask . . . . . . . . . . . : 255.255.255.0
    Default Gateway . . . . . . . . . : 10.1.10.1
```

R1 有一个通过路由器 R2 的默认路由，但请注意，**ipconfig** 命令显示 IPv6 全局单播地址和 IPv6 默认网关缺失。PC1 启用了 IPv6，因为它具有 IPv6 本地链路地址。本地链路地址由设备自动创建。在检查网络文档时，网络管理员确认了此 LAN 上的主机应该正在从使用 SLAAC 的路由器接收其 IPv6 地址信息。

注意： 在本示例中，同一 LAN 上使用 SLAAC 的其他设备也会在接收 IPv6 地址信息时遇到相同问题。

使用例 9-18 中的 **show ipv6 interface GigabitEthernet 0/0** 命令，可以看到虽然接口有一个 IPv6 地址，但它不是 All-IPv6-Routers 组播组 FF02::2 的成员。这意味着路由器在此接口上并未发出 ICMPv6 RA。在例 9-19 中，使用 **ipv6 unicast-routing** 命令将 R1 作为 IPv6 路由器启用。现在 **show ipv6 interface GigabitEthernet 0/0** 命令显示 R1 是 FF02::2（All-IPv6-Routers 组播组）中的成员。

例 9-18 R1 未配置为 IPv6 路由器

```
R1# show ipv6 interface GigabitEthernet 0/0
GigabitEthernet0/0 is up, line protocol is up
  IPv6 is enabled, link-local address is FE80::1
  No Virtual link-local address(es):
  Global unicast address(es):
    2001:DB8:ACAD:1::1, subnet is 2001:DB8:ACAD:1::/64
  Joined group address(es):
    FF02::1
    FF02::1:FF00:1
<Output Omitted>
```

例 9-19 R1 配置为 IPv6 路由器

```
R1(config)# ipv6 unicast-routing
R1(config)# end
R1# show ipv6 interface GigabitEthernet 0/0
GigabitEthernet0/0 is up, line protocol is up
  IPv6 is enabled, link-local address is FE80::1
  No Virtual link-local address(es):
  Global unicast address(es):
    2001:DB8:ACAD:1::1, subnet is 2001:DB8:ACAD:1::/64
```

```
  Joined group address(es):
    FF02::1
    FF02::2
    FF02::1:FF00:1
<Output Omitted>
```

要检验 PC1 是否已设置默认网关，请在 Microsoft Windows PC 上使用 **ipconfig** 命令，或在 Linux 和 Mac OS X 上使用 **ifconfig** 命令。在例 9-20 中，PC1 具有 IPv6 全局单播地址和 IPv6 默认网关。默认网关已设置为路由器 R1（FE80::/1）的本地链路地址。

例 9-20 检验 IPv6 默认网关

```
PC1> ipconfig
Windows IP Configuration
   Connection-specific DNS Suffix . :
   IPv6 Address. . . . . . . . . . . : 2001:db8:acad:1:5075:d0ff:fe8e:9ad8
   Link-local IPv6 Address . . . . . : fe80::5075:d0ff:fe8e:9ad8
   IPv4 Address. . . . . . . . . . . : 10.1.1.100
   Subnet Mask . . . . . . . . . . . : 255.255.255.0
   Default Gateway . . . . . . . . . : fe80::1
                                       10.1.10.1
```

7. 第 5 步——检验正确路径

理解数据包转发的过程是验证到达目标正确路径的基本要素。

排除网络层故障

排除故障时，通常需要检验通向目的网络的路径。图 9-36 显示的参考拓扑指明数据包从 PC1 通向 SRV1 的预期路径。

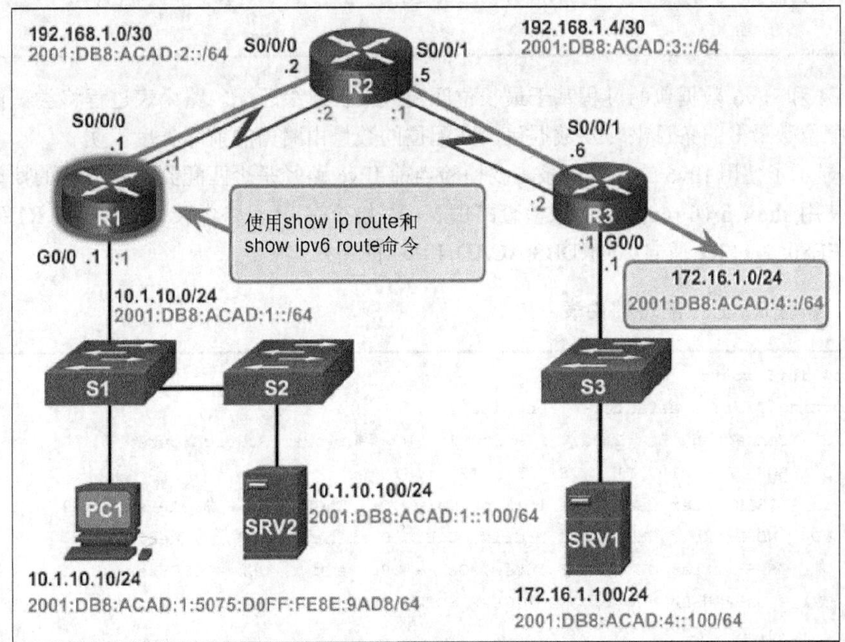

图 9-36 当前和期望路径的确定：网络层

在例 9-21 中，**show ip route** 命令用于检查 IPv4 路由表。

IPv4 和 IPv6 路由表可通过以下方法进行填充：

- 直连网络；
- 本地主机或本地路由；
- 静态路由；
- 动态路由；
- 默认路由。

例 9-21　检验 R1 上的 IPv4 路由表

```
R1# show ip route
Codes: L - local, C - connected, S - static, R - RIP, M - mobile, B - BGP
       D - EIGRP, EX - EIGRP external, O - OSPF, IA - OSPF inter area
       N1 - OSPF NSSA external type 1, N2 - OSPF NSSA external type 2
       E1 - OSPF external type 1, E2 - OSPF external type 2
       i - IS-IS, su - IS-IS summary, L1 - IS-IS level-1, L2 - IS-IS level-2
       ia - IS-IS inter area, * - candidate default, U - per-user static route
       o - ODR, P - periodic downloaded static route, H - NHRP, l - LISP
       + - replicated route, % - next hop override
Gateway of last resort is 192.168.1.2 to network 0.0.0.0
S*    0.0.0.0/0 [1/0] via 192.168.1.2
      10.0.0.0/8 is variably subnetted, 2 subnets, 2 masks
C        10.1.10.0/24 is directly connected, GigabitEthernet0/0
L        10.1.10.1/32 is directly connected, GigabitEthernet0/0
      172.16.0.0/24 is subnetted, 1 subnets
D        172.16.1.0 [90/41024256] via 192.168.1.2, 05:32:46, Serial0/0/0
      192.168.1.0/24 is variably subnetted, 3 subnets, 2 masks
C        192.168.1.0/30 is directly connected, Serial0/0/0
L        192.168.1.1/32 is directly connected, Serial0/0/0
D        192.168.1.4/30 [90/41024000] via 192.168.1.2, 05:32:46, Serial0/0/0
R1#
```

转发 IPv4 和 IPv6 数据包的过程基于最长位匹配或最长前缀匹配。路由表进程将尝试使用路由表中最左侧匹配位数最多的条目来转发数据包。匹配位的数量由路由的前缀长度表明。

例 9-22 显示了使用 IPv6 的类似场景。要检验当前 IPv6 路径是否匹配到达目的地的期望路径，请在路由器上使用 **show ipv6 route** 命令来检查路由表。在检查完 IPv6 路由表之后，发现 R1 确实具有一条经过位于 FE80::2 的 R2 通向 2001:DB8:ACAD:4::/64 的路径。

例 9-22　检验 R1 上的 IPv6 路由表

```
R1# show ipv6 route
IPv6 Routing Table - default - 7 entries
Codes: C - Connected, L - Local, S - Static, U - Per-user Static route
       B - BGP, R - RIP, I1 - ISIS L1, I2 - ISIS L2
       IA - ISIS interarea, IS - ISIS summary, D - EIGRP, EX - EIGRP external
       ND - ND Default, NDp - ND Prefix, DCE - Destination, NDr - Redirect
       O - OSPF Intra, OI - OSPF Inter, OE1 - OSPF ext 1, OE2 - OSPF ext 2
       ON1 - OSPF NSSA ext 1, ON2 - OSPF NSSA ext 2
S   ::/0 [1/0]
     via 2001:DB8:ACAD:2::2
```

```
C    2001:DB8:ACAD:1::/64 [0/0]
      via GigabitEthernet0/0, directly connected
L    2001:DB8:ACAD:1::1/128 [0/0]
      via GigabitEthernet0/0, receive
C    2001:DB8:ACAD:2::/64 [0/0]
      via Serial0/0/0, directly connected
L    2001:DB8:ACAD:2::1/128 [0/0]
      via Serial0/0/0, receive
D    2001:DB8:ACAD:3::/64 [90/41024000]
      via FE80::2, Serial0/0/0
D    2001:DB8:ACAD:4::/64 [90/41024256]
      via FE80::2, Serial0/0/0
L    FF00::/8 [0/0]
      via Null0, receive
R1#
```

下文及图 9-37 描述了 IPv4 和 IPv6 路由表的过程。如果数据包中的目的地址：

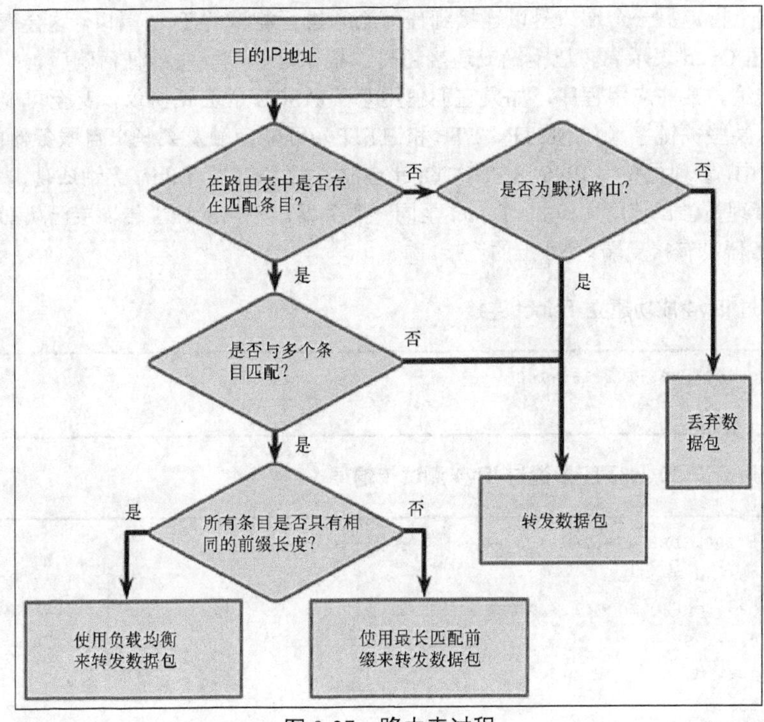

图 9-37 路由表过程

- 不符合路由表中的一个条目，则使用默认路由；如果没有已配置的默认路由，则丢弃数据包；
- 匹配路由表中的单个条目，则通过此路由中定义的接口转发数据包；
- 匹配路由表中的多个条目，而且路由条目的前缀长度相同，则去往此目的地的数据包可以在路由表中定义的路由之间分发；
- 匹配路由表中的多个条目，而且路由条目的前缀长度不同，则去往此目的地的数据包将从与这样的接口转发出去，即接口与具有最长前缀匹配的路由相关联。

故障排除示例

设备无法连接到位于 172.16.1.100 的服务器 SRV1。使用 **show ip route** 命令时，管理员应该查看是否存在通向网络 172.16.1.0/24 的路由条目。如果路由表中没有指向 SRV1 网络的特定路由，那么网络管理员必须检查是否存在 172.16.1.0/24 网络方向上的默认或汇总路由条目。如果都不存在，则问题可能出在路由上，管理员必须检验该网络是否包含在动态路由协议配置中，或者添加静态路由。

8. 第 6 步——检验传输层

如果网络层如预期一样运行，但用户仍无法访问资源，那么网络管理员必须对较上层进行故障排除。影响传输层连接的两个最常见的问题包括 ACL 配置和 NAT 配置。用于测试传输层功能的常见工具是 Telnet 实用程序。

注意： 虽然 Telnet 可用于测试传输层，但出于安全考虑，应使用 SSH 来远程管理并配置设备。

网络管理员正在对用户无法通过特定 SMTP 服务器发送电子邮件的问题进行故障排除。管理员对服务器执行 ping 操作，且服务器做出了响应。这意味着用户和服务器之间的网络层以及网络层下面的所有层都运行正常。管理员知道问题出在第 4 层或其上层，并且必须开始对这些层进行故障排除。

虽然 Telnet 服务器应用程序在自己的周知端口号 23 上运行，且 Telnet 客户端默认连接到此端口，但可以在客户端上指定另一个端口号以连接到任何必须进行测试的 TCP 端口。这会表明连接已接受（由输出中的词语 Open 表示）、已拒绝或连接超时。根据这些响应中的任何响应，可针对连接问题得出进一步的结论。某些应用程序，如果它们使用基于 ASCII 的会话协议，甚至可能显示应用程序标语，通过输入某些关键字（如 SMTP、FTP 和 HTTP）可能会触发某些来自服务器的响应。

在上一场景中，管理员使用 IPv6 从 PC1 Telnet 至服务器 HQ，且 Telnet 会话成功，如例 9-23 所示。在例 9-24 中，管理员尝试使用端口 80 Telnet 至同一服务器。输出验证了传输层已从 PC1 成功连接到 HQ。但是，服务器没有接受端口 80 上的连接。

例 9-23 通过 IPv4 成功建立 Telnet 连接

```
PC1> telnet 2001:DB8:172:16::100
HQ#
```

例 9-24 使用端口 80（HTTP）通过 IPv4 测试传输层

```
PC1> telnet 2001:DB8:172:16::100 80
HTTP/1.1 400 Bad Request
Date: Wed, 26 Sep 2012 07:27:10 GMT
Server: cisco-IOS
Accept-Ranges: none
400 Bad Request
Connection to host lost.
```

例 9-25 中的示例显示通过 IPv6 从 R1 到 R3 的 Telnet 连接成功。例 9-26 是使用端口 80 进行的类似的 Telnet 尝试。同样，输出验证了传输层连接成功，但 R3 拒绝使用端口 80 的连接。

例 9-25 通过 IPv6 成功建立 Telnet 连接

```
R1# telnet 2001:db8:acad:3::2
Trying 2001:DB8:ACAD:3::2 ... Open

User Access Verification
```

```
Password:
R3>
```

例 9-26 使用端口 80（HTTP）通过 IPv6 测试传输层

```
R1# telnet 2001:db8:acad:3::2 80
Trying 2001:DB8:ACAD:3::2, 80 ...
% Connection refused by remote host

R1#
```

9. 第 7 步——检验 ACL

路由器上可能配置了 ACL，禁止协议通过入站或出站方向上的接口。

使用 **show ip access-lists** 命令可以显示所有 IPv4 ACL 的内容，使用 **show ipv6 access-list** 命令可以显示路由器上配置的所有 IPv6 ACL 的内容。通过输入 ACL 名称或编号作为此命令的选项可以显示特定的 ACL。**show ip interfaces** 和 **show ipv6 interfaces** 命令可显示 IPv4 和 IPv6 接口信息，这些接口信息将指示接口上是否已设置任何 IP ACL。

故障排除示例

为防止欺骗攻击，网络管理员决定实施 ACL 来阻止源网络地址为 172.16.1.0/24 的设备进入 R3 上的入站 S0/0/1 接口，如图 9-38 所示。所有其他 IP 流量都被放行。

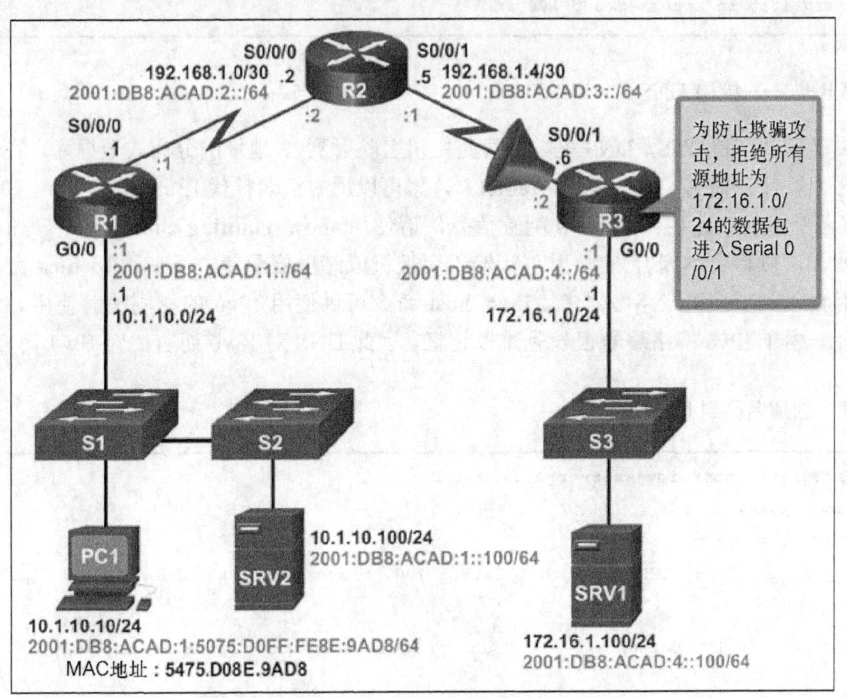

图 9-38 ACL 问题

但是，在实施 ACL 之后不久，10.1.10.0/24 网络上的用户无法连接到 172.16.1.0/24 网络上的设备，包括 SRV1。**show ip access-lists** 命令显示 ACL 配置正确，如例 9-27 所示。但是，**show ip interfaces serial 0/0/1** 命令显示 ACL 从未应用于 s0/0/1 的入站接口。进一步调查后发现无意中将 ACL 应用到 G0/0 接口，阻止了来自 172.16.1.0/24 网络的所有出站流量。

例 9-27　显示 ACL 和 R1 上的 ACL 的位置

```
R3# show ip access-lists
Extended IP access list 100
    deny ip 172.16.1.0 0.0.0.255 any (3 match(es))
    permit ip any any

R3# show ip interface Serial 0/0/1 | include access list
   Outgoing access list is not set
   Inbound access list is not set
R3# show ip interface gigabitethernet 0/0 | include access list
   Outgoing access list is not set
   Inbound  access list is 100
```

在 s0/0/1 入站接口上正确放置了 IPv4 ACL 之后，设备可成功连接到服务器，如例 9-28 所示。

例 9-28　更改 ACL 的位置

```
R3(config)# interface gigabitethernet 0/0
R3(config-if)# no ip access-group 100 in
R3(config-if)# interface serial 0/0/1
R3(config-if)# ip access-group 100 in
```

10. 第 8 步——检验 DNS

DNS 协议可以控制 DNS，DNS 是一个可将主机名映射到 IP 地址的分布式数据库。在设备上配置 DNS 后，对于所有 IP 命令（如 **ping** 或 **telnet**），您可以用主机名替代 IP 地址。

若要显示交换机或路由器的 DNS 配置信息，请使用 **show running-config** 命令。如果没有安装 DNS 服务器，可以将名称到 IP 的映射直接输入交换机或路由器配置中。使用 **ip host** 命令将名称到 IPv4 的映射输入到交换机或路由器中。**ipv6 host** 命令可供使用 IPv6 的相同映射使用。这些命令如例 9-29 所示。由于 IPv6 网络编号很长且难以记忆，因此 DNS 对 IPv6 而言比对 IPv4 而言更为重要。

例 9-29　创建名称到 IP 的映射

```
R1(config)# ip host ipv4-server 172.16.1.100
R1# ping ipv4-server
Type escape sequence to abort.
Sending 5, 100-byte ICMP Echos to 172.16.1.100, timeout is 2 seconds:
!!!!!
Success rate is 100 percent (5/5), round-trip min/avg/max = 52/56/64 ms
R1#
R1(config)# ipv6 host ipv6-server 2001:db8:acad:4::100
R1# ping ipv6-server
Type escape sequence to abort.
Sending 5, 100-byte ICMP Echos to 2001:DB8:ACAD:4::100, timeout is 2 seconds:
!!!!!
Success rate is 100 percent (5/5), round-trip min/avg/max = 52/54/56 ms
R1#
```

要在基于 Windows 的 PC 上显示名称到 IP 地址的映射信息，请使用 **nslookup** 命令。

故障排除示例

例 9-30 中的输出表明，客户端无法到达 DNS 服务器，或者 10.1.1.1 上的 DNS 服务没有运行。此时，故障排除需要重点关注与 DNS 服务器的通信，或检验 DNS 服务器是否运行正常。

例 9-30 无法到达 DNS 服务器

```
PC1> nslookup Server
*** Request to 10.1.1.1 timed-out
```

要在 Microsoft Windows PC 上显示 DNS 配置信息，请使用 **nslookup** 命令。应当为 IPv4、IPv6 或两者配置 DNS。DNS 可同时提供 IPv4 和 IPv6 地址，不论用于访问 DNS 服务器的是哪种协议。

由于域名和 DNS 是访问网络中服务器的关键组件，因此很多时候用户认为“网络是关闭的”，实际上是 DNS 服务器存在问题。

Interactive Graphic

练习 9.2.3.11：确定用于排除网络故障的命令

切换至在线课程以完成本次练习。

Packet Tracer Activity

Packet Tracer 练习 9.2.3.12：企业网络故障排除 1

背景/场景

本练习将使用您在 CCNA 学习期间遇到的各种技术，包括 VLAN、STP、路由、VLAN 间路由、DHCP、NAT、PPP 和帧中继。您的任务就是查看要求，查找并解决所有问题，然后记录您在检验需求时所采取的步骤。

Packet Tracer Activity

Packet Tracer 练习 9.2.3.13：企业网络故障排除 2

背景/场景

本练习将使用 IPv6 配置，包括 DHCPv6、EIGRPv6 和 IPv6 默认路由。您的任务就是查看要求，查找并解决所有问题，然后记录您在检验需求时所采取的步骤。

Packet Tracer Activity

Packet Tracer 练习 9.2.3.14：企业网络故障排除 3

背景/场景

本练习将使用您在 CCNA 学习期间遇到的各种技术，包括路由、端口安全、EtherChannel、DHCP、NAT、PPP 和帧中继。您的任务就是查看要求，查找并解决所有问题，然后记录您在检验需求时所采取的步骤。

Packet Tracer Activity

Packet Tracer 练习 9.2.3.15：故障排除练习——使用文档来解决问题

背景/场景

本练习包含两部分，这是第二部分。第一部分是 Packet Tracer 故障排除练习——记录网络，您应该在本章的先前部分已经完成。在第二部分，您将使用您的故障排除技能和第一部分中的文档来解决 PC 之间的连接问题。

9.3 总结

课堂练习 9.3.1.1：文档的制定

作为小型企业的网络管理员，您想要实施文档系统以便在排除基于网络的故障时使用。

仔细思考后，您决定将简单的网络文档信息编制到一个文件中，以便在网络出现问题时使用。您还知道，如果公司在未来扩展得更大，该文件可用于将信息导出到一个计算机化的网络软件系统中。

为了开始网络文档建立过程，您将包括：

- 您的小型企业网络的物理图；
- 您的小型企业网络的逻辑图；
- 主要设备（包括路由器和交换机）的网络配置信息。

网络管理员为了能够对网络进行监控和故障排除，必须拥有一套完整且准确的当前网络文档，包括配置文件、物理和逻辑拓扑图以及基线性能等级。

故障排除的三个主要阶段是收集故障症状、查找问题，然后纠正问题。有时需要暂时实施针对此问题的变通方案。如果预期的纠正措施未能解决问题，则应删除更改。在所有过程步骤中，网络管理员应该记录此过程。应当为每个阶段建立故障排除策略，包括更改控制流程。在问题得到解决之后，与用户、参与故障排除过程的所有人员以及其他 IT 团队成员交流这一问题非常重要。

OSI 模型或 TCP/IP 模型可应用于网络故障。网络管理员可使用自下而上法、自上而下法或分治法。结构化不强的方法包括直觉法、定位差异法和移动故障法。

有助于故障排除的常见软件工具包括网络管理系统工具、知识库、基线建立工具、基于主机的协议分析器和思科 IOS EPC。硬件故障排除工具包括 NAM、数字万用表、电缆测试仪、电缆分析仪和便携式网络分析器。思科 IOS 日志信息也可用于确定潜在问题。

网络管理员应当注意一些典型的物理层、数据链路层、网络层、传输层和应用层的故障症状和问题。管理员可能需要特别注意物理连接、默认网关、MAC 地址表、NAT 和路由信息。

9.4 练习

以下提供了有关本章所介绍的主题的练习。实验和课堂练习可参阅配套教材《连接网络实验手册》。Packet Tracer 练习的 PKA 文件可在在线课程中下载。

9.4.1 课堂练习

课堂练习 9.0.1.2：网络细分

课堂练习 9.3.1.1：文档的制定

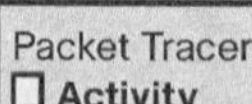

9.4.2 Packet Tracer 练习

Packet Tracer 练习 9.1.1.8：故障排除练习——记录网络

Packet Tracer 练习 9.2.3.12：企业网络故障排除 1

Packet Tracer 练习 9.2.3.13：企业网络故障排除 2

Packet Tracer 练习 9.2.3.14：企业网络故障排除 3

Packet Tracer 练习 9.2.3.15：故障排除练习——使用文档来解决问题

9.5 检查你的理解

请完成以下所有复习题，以检查您对本章要点和概念的理解情况。答案列在本书附录中。

1．请将每项信息与其对应的拓扑图类型进行匹配：

电缆类型：

IPv6 地址和前缀长度：

连接类型：

设备 ID：

操作系统版本：

设备类型和型号：

路由协议：

连接器类型：

A．物理拓扑图

B．逻辑拓扑图

2．下列哪项是物理层故障的症状？

A．CPU 使用率高

B．广播过多

C．STP 融合缓慢

D．路由环路

3．网络管理员执行命令 **show interface serial 0/0/0** 时出现“Serial 0/0/0 is up, line protocol is down”。请问哪一层最有可能造成此问题？

A．物理层

B．数据链路层

C．网络层

D．传输层

4．网络层故障可能涉及下列哪种协议？（选择 3 项）

A．DNS

B．EIGRP

C．IPv6

D．OSPF

E．TCP

F．UDP

5．将下述应用层协议与其通常关联的端口号正确搭配起来：

FTP

HTTP

POP3

SMTP

SNMP

Telnet

A．20 和 21

B．23

C．25

D．80

E．110

F．161

6．技术人员已被要求排除看起来像是软件导致的简单网络故障。您建议使用哪种故障排除方法？

A．自下而上

B．自上而下

C．分治法

D．从中间着手

7．当向用户收集信息时，可提出下面哪些问题？（选择 3 项）

A．哪些部件运行正常

B．问题出现后您找过什么人

C．首次注意到这个问题是什么时候

D．问题是什么时候发生的

E．您的密码是什么

F．问题发生后您采取了什么措施

8．可使用哪种网络故障排除工具测试物理介质缺陷（如近端串扰）？

A．电缆分析仪

B．电缆测试仪

C．数字万用表

D．基准建立工具

9．要高效诊断并修复网络故障，需要哪种文档？（选择 3 项）

A．网络管理命令参考手册

B．网络配置表

C．网络设备安装指南

D．网络拓扑图

E．终端系统文档

F．服务提供商文档

10．建立网络基准包括哪些步骤？（选择 3 项）

A．确定要收集并评估的网络管理数据流的类型

B．确定要收集并评估的数据类型

C．确定要监视的设备和端口

D．确定要监视的虚拟接口、VLAN 和虚拟路由选择表

E．确定获得典型网络概况所需的基准测试次数

F．确定获得典型网络概况所需的基准测试持续时间

11．请阐述网络文档（包括路由器、交换机和最终用户文档以及网络拓扑图）的用途和内容。

12．请阐述规划网络基准的推荐步骤。

13．请阐述通用故障排除过程的 3 个阶段。

14．请阐述 3 种主要的故障排除方法。

15．请列出排除第 1 层故障至少需要执行的 3 项检查。

附录 A
“检查你的理解”问题答案

第 1 章

1．解析：C。关键的网络设计原则是分层、模块化、弹性和灵活性。
2．解析：B。核心层也称为网络主干。
3．解析：A。思科合作架构将单个的组件集成到一起，提供一种综合的解决方案，以允许人们合作和创新。
4．解析：A。接入层为终端用户提供了连接。
5．解析：A、F。思科 AnyConnect 软件允许大多数的智能手机、平板电脑和其他设备能够基于一定的策略实现安全、可靠、无缝和永久的连接。
6．解析：B、E、F。虽然一些设计在接入层执行路由，但是应始终放在分层设计模型接入层的两个设备是接入点和第 2 层交换机。模块化交换机通常用在核心层。具有路由功能的 3 层设备通常用在汇聚层。防火墙是用于 Internet 边界网络设计的设备。
7．解析：A、E。为了降低中等规模网络的成本，核心层和分布层的功能可以被组合到名为折叠核心的两层网络设计。
8．解析：B。企业远程办公人员模块负责为员工提供安全的连接，以便员工通过 VPN 安全登录网络，并且从单个经济有效的平台上访问授权的应用程序和服务。
9．解析：B。网络中的访问安全、应用类型及使用的协议是在网络规模确定后才进行考虑。
10．解析：A。思科无边界网络架构允许多种技术（包括有线、无线、路由、交换、安全和应用程序优化设备）协同工作。
11．解析：C。思科协作架构的应用程序和设备层包含允许用户进行协作的软件。

第 2 章

1．解析：C。对于小型办公室，到 Internet 的合适连接是通过当地服务提供商提供的 DSL 来连接。在有少量雇员的情况下，带宽不是问题。
2．解析：E。路由器是 DTE。
3．解析：B、C。数字租用线需要信道服务单元（CSU）和数据服务单元（DSU）。接入服务器集成了拨号调制解调器来拨入和拨出的用户通信。拨号调制解调器用于临时通过模拟电话线完成数字数据的通信。2 层交换机用于连接局域网。
4．解析：A、B、F。面向连接的系统预先定义了网络的路径，在数据包的交付过程中创建一个虚电路，并要求每个数据包仅携带一个标识符。无连接的分组交换网络，如 Internet，要求每个数据包都携带地址信息。
5．解析：C。ATM、帧中继、ISDN 及 MPLS 都不是描述光纤技术的。DWDM 将传入的光信号分配给特定光波长并在一股光纤上支持双向通信。SONET 和 SDH 是常见的高带宽光纤介质的标准。WiMAX 通过无线接入提供高速宽带服务，并且覆盖范围广泛。市政 Wi-Fi 用于紧急服务，如消防和警察。DSL 是有线解决方案。802.11 是无线解决方案。

6. 解析：A。ATM 建立在基于信元的架构。小而且固定的信元非常适合用于承载语音和视频通信，因为这种通信不能容忍延迟的。视频和语音流量不必等待要发送较大的数据包。ISDN 是电路交换。帧中继和 VSAT 是分组交换。
7. 解析：C。在北美，ISDN PRI 包含 23 个 64kbit/s 的 B 信道和 1 个 64kbit/s 的 D 信道，总比特率高达 1.544Mbit/s。
8. 解析：G。当分支机构通过公共广域网基础设施连接到企业站点时，VPN 是推荐采用的技术。
9. 解析：D。本地环路将用户驻地的 CPE 连接到服务提供商的 CO 的实际铜线或光纤，有时也称为“最后一公里”。
10. 解析：A、B。电路交换网络的优点是通过服务提供商网络在每对通信节点之间建立专用电路，而且在数据通信过程中延迟较小。分组交换网络在同一网络信道上有多对节点通信，并且通信成本低于电路交换网络。

第 3 章

1. 第 1 步：C
   第 2 步：D
   第 3 步：A
   第 4 步：B
   第 5 步：E
2. 解析：B。这是本地路由器和远程路由器配置的第 2 层封装不同时的接口状态。在实验中，没有配置命令 **clock rate** 也将导致这样结果。
3. 解析：A。思科设备的同步串行接口默认使用的封装方法为思科 HDLC。
4. 解析：D。PPP 帧的协议字段指出了数据字段携带的是哪种第 3 层协议的数据。
5. 错误控制：B
   身份验证协议：D
   支持负载均衡：C
   压缩协议：A
6. 解析：A、D、E。当流量时断时续时，TDM 也会存在这种低效的问题，因为即使不需要传输任何数据，还是会分配时隙。开发 STDM 的目的就是解决低效的问题。STDM 采用可变的时隙长度，让通道可以竞争任何空闲的时隙空间。STDM 使用可以共享单个信道的多个数据流。数据源在传递的过程中交替传输并在接收端进行重构。
7. 解析：B。HDLC 是由国际标准化组织（ISO）制定的面向比特的同步数据链路层协议；HDLC 是基于 20 世纪 70 年代提出的同步数据链路控制（SDLC）标准制定的，它提供面向连接的服务和无连接服务。
8. 解析：C。身份验证是在链路建立之后以及配置网络层协议之前进行的。
9. 解析：D。PPP 使用网络控制协议（NCP）协商在链路上运行的第 3 层协议。IPCP 是用于 IP 的 NCP。
10. 解析：B。PAP 使用两次握手，而 CHAP 使用三次握手。其他 3 个答案是 CHAP 的特征。
11. 解析：B 和 F。路由器没有检测到 CD 信号（即 CD 没有处于活动状态）将导致这种状态；电缆类型不正确或出现故障也将导致这种状态。其他原因包括 WAN 服务提供商出现了问题，这意味着线路被关闭或没有连接到 CSU/DSU，或者 CSU/DSU 出现了硬件故障。
12. 配置用户名和密码：A

进入接口配置模式：C
指定封装类型：D
配置身份验证：G

13. E。使用 CHAP 身份验证时，一台路由器的主机名必须与另一台路由器中配置的用户名相同。两台路由器的密码也必须相同。
14. 两次握手：PAP
三次握手：CHAP
无法防范试错攻击：PAP
以明文方式发送密码：PAP
定期验证身份：CHAP
使用单向散列函数：CHAP
15. 协商链路建立参数：LCP
协商第 3 层协议参数：NCP
维护/调试链路：LCP
可协商多种第 3 层协议：NCP
终止链路：LCP
16. 解析：位于物理层顶端，负责建立、配置和测试数据链路的连接。

链路控制协议（LCP）层

- 它位于物理层上面，负责建立、配置和测试设备之间的数据链路连接；
- 建立点到点链路；
- LCP 自动配置链路两端的接口，包括处理对分组大小的限制、检测常见的配置错误、终止链路以及确定链路运行正常还是出现了故障；
- 还用于在链路建立后协商身份验证、压缩、错误检测、多链路和 PPP 回叫；
- 协商和设置 WAN 数据链路的控制选项，这些选项由 NCP 处理。

网络控制协议（NCP）层：

- 包含功能字段，其中的标准化编码用于指出 PPP 封装的网络层协议；
- IPCP 负责处理 IP 地址的分配和管理；
- 封装和协商多种网络层协议的选项。

17. 解析：

身份验证（PAP 或 CHAP）：

- 如果只想使用密码进行身份验证，使用命令 **ppp authentication pap** 配置 PAP；
- 如果要进行挑战握手，使用命令 **ppp authentication chap** 配置 CHAP，它更安全。

压缩：

- 可减少 PPP 帧需要通过链路传输的数据量，从而提高有效吞吐量；
- 要配置 Stacker，可使用命令 **compress stac**；要配置 Predictor，可使用命令 **compress predictor**。

错误检测：

- 发现错误条件，帮助确保数据链路是可靠的、无环路的；
- 使用命令 **ppp quality** *percentage* 进行配置。

多链路：

- 使用命令 **ppp multilink** 在 PPP 使用的多个路由器接口之间均衡负载。

PPP 回叫：

- 将思科路由器设置为回叫客户端，从而提高安全；客户端发起呼叫，请求被配置为服务器的思科路由器呼叫，并终止原来的呼叫；

- 配置命令为 **ppp callback [accept | request]**。

18．解析：在路由器 R1 中：

- 命令 **username** 存在两个错误，即路由器名应为 R3，而密码应为 cisco。因此，正确的命令为 **username R3 password cisco**；
- 第 3 个错误在命令 **ppp authentication** 中，该命令应为 **ppp authentication chap**。

第 4 章

1．解析：B。VC 由 DLCI 标识。DLCI 通常是由帧中继服务提供商（如电话公司）分配的。

2．解析：D。不同于租用线，运营商的帧中继网络中没有专用电路用于提供端到端连接性。在用户购买时，大多数提供商使用 PVC（有些使用 SVC）创建电路，而无需部署更多的电缆。

3．解析：D。无论使用单个物理接口还是多点子接口，当虚电路的远程端位于同一个子网时，都将受水平分割的影响。如果用于每条虚电路的点到点子接口都位于独立的子网中，水平分割便不再是问题。

4．解析：B、D。无论连接到多少个远程网络，帧中继都只需一条到提供商帧中继网络云的接入线路或电路。只需一台带单个 WAN 接口和 CSU/DSU 的路由器以及一条接入电路。帧中继让提供商能够共享其网络云中的带宽，而无需部署大量的专用点到点链路。

5．Active：C

Inactive：A

Deleted：D

6．解析：B。帧中继网络云通常由一系列电路和第 2 层交换机（通常是 ATM 交换机）组成，这在提供商网络中提供了使用租用线时没有的冗余性。

7．解析：E。第 2 层封装为帧中继，并将本地 DLCI 用作地址。

8．解析：A。点到点拓扑通常要求每条点到点连接位于独立的子网中。在很多网络中，使用 VLSM 将一个子网进一步划分为/30 子网。如果不能使用 VLSM，可采用多点拓扑，这意味着所有 VC 都位于同一个子网中。注意，在当今的现代网络中，通常都可使用 VLSM。

9．解析：C。使用点到点子接口时，每条 VC 都位于独立的子网中，因此水平分割不再是问题。在路由器看来，每条 VC 都位于一个独立的逻辑接口上，这使得水平分割不再是问题。

10．解析：D。帧中继没有提供纠错功能。将帧中继用作第 2 层协议时，只有主机使用的高层协议 TCP 提供纠错功能。

11．**show interface**：C

show frame-relay lmi：D

show frame-relay pvc：A

show frame-relay map：E

debug frame-relay lmi：B

12．解析：D。CIR 是网络通过接入电路收到的数据量。服务提供商保证客户可以 CIR 指定的速率发送数据。在发送速率不超过 CIR 时，所有者都将被接受。

13．解析：C。DLCI 由服务提供商分配。大多数提供商都允许客户选择其 DLCI，只要它们是有效的。

14．解析：A。帧中继映射用于将远程网络地址映射到本地 DLCI。

15．CIR：C

DE：A

FECN：B

BECN：D

16．解析：**数据链路连接标识符（DLCI）：**

- VC 用 DLCI 标识，而 DLCI 是由帧中继服务提供商分配的；
- 帧中继 DLCI 只在本地有意义，在当前链路外便失去了意义；
- DLCI 标识到端点设备的 VC。

本地管理接口（LMI）：

- LMI 是一种存活机制，提供了路由器（DTE）和帧中继交换机（DCE）之间帧中继连接的状态信息；
- 思科路由器支持 3 种 LMI：Cisco、ANSI 和 q933a。

反向地址解析（ARP）：

- 反向地址解析协议（ARP）根据第 2 层地址（如帧中继网络中的 DLCI）获悉第 3 层地址，这与 ARP 相反；
- 它主要用于帧中继和 ATM 网络中，这两种网络中，VC 的第 2 层地址有时从第 2 层信令获悉；要使用 VC，必须获悉其对应的第 3 层地址。

17．解析：**frame-relay map ip 10.1.1.2 102 broadcast**。

18．解析：**接入速率**（或端口速度）：

- 本地环路的容量；
- 这种线路是根据 DTE 和 DCE（用户和服务提供商）之间的端口速度收费的。

承诺信息速率（CIR）：

- 服务提供商保证的本地环路容量；
- 用户通常选择低于接入速率的 CIR，以便能够享受突发量。

承诺突发信息速率（CBIR）：

- 允许的最大突发量；
- 不得超过链路的接入速率。

超额突发量（BE）：

- 网络将尝试传输的超出 CBIR 的数据量，不得超过接入链路的最大速度；
- 超过 CIR 的分组将标记为可丢弃（DE），这表明如果网络没有足够的容量，它们可能被丢弃。

19．解析：在路由器 R1 中：

- 主串行接口和子接口应分别为 Serial 0/0/0、Serial 0/0/0.102 和 Serial 0/0/0.103；
- 给子接口配置的子网掩码不正确，应为 255.255.255.252；
- 命令 **frame-relay interface-dlci** 中的 DLCI 应分别为 102 和 103。

第 5 章

1．解析：C。输出中列出了端口号，仅当配置的是 NAT 重载时才会出现这种情况。

2．解析：B。转换条目的默认超时时间为 24 小时，但在全局配置模式下使用命令 **ip nat translation timeout timeout_seconds** 重新配置超时时间。

3．提供本地地址到全局地址的一对一固定映射：C
从公有地址池中分配转换后的 IP 主机地址：A
可将多个地址映射到单个外部接口地址：B
给每个会话分配唯一的内部全局地址和源端口号组合：B
让外部主机能够建立到内部主机的会话：C

4．解析：B。IP 地址 192.168.0.100 是内部本地地址，将被转换为 209.165.200.2。

5．解析：B。NAT 将转换内部地址 192.168.0.0-192.168.0.255，这是在访问列表 1 中指定的。

6．解析：A。IP 地址 192.168.14.5 是一个私有地址，因此必须配置静态 NAT，这让外部主机能够与 Web 服务器 1 的内部全局地址通信。

7．解析：D。必须将 FTP 服务器的内部地址静态地转换为一个可达的公有 Internet 地址。

8．解析：B。内部本地地址 10.10.10.3 被转换为内部全局地址 24.74.237.203。

9．解析：

静态 NAT：

- 使用本地地址与全局地址的一对一映射，这些映射保持不变；
- 对必须使用固定地址以便能够从 Internet 访问的 Web 服务器或主机来说，静态 NAT 很有用。

动态 NAT：

- 使用公有地址池，并以先到先得的原则分配这些地址；
- 当使用私有 IP 地址的主机请求访问 Internet 时，动态 NAT 从公有地址池中选择一个 IP 地址，并暂时将其绑定到内部本地地址。

NAT 重载：

- NAT 重载（有时称为端口地址转换[PAT]）将内部本地 IP 地址映射到唯一的全局 IP 地址和端口号组合；
- 当响应返回时，NAT 路由器检查源端口号，并将分组转发到发送请求的内部本地地址；
- 它还检查分组是否是对请求的响应，这在一定程度上提高了会话的安全性。

10．解析：路由器 R2 被配置成向网络 192.168.10.0 和 192.168.11.0 中的主机提供 NAT 重载转换服务。当使用内部本地 IP 地址 192.168.10.10 的主机访问位于 209.165.200.254 的 Web 服务器时，将把该 IP 地址转换为内部全局 IP 地址 209.165.200.225，并使用使唯一端口号 16642。当使用内部本地 IP 地址 192.168.11.10 的主机访问位于 209.165.200.254 的 Web 服务器时，将把该 IP 地址转换为内部全局 IP 地址 209.165.200.225，并使用使唯一端口号 62452。

11．解析：该配置存在如下几个问题。

- ACL 1 的子网掩码不正确，且过于严格。它只允许不存在的子网 192.168.0.0/24，这排除了网络 192.168.10.0 和 192.168.11.0 中的主机。ACL 1 应为 **access-list 1 permit 192.168.0.0 0.0.255.255**。
- 定义的 NAT 地址池不正确，不应包含路由器接口。地址池应配置为 255.255.255.248/29，而不是 255.255.255.224/27。因此相应的命令应为 **ip nat pool NAT-POOL 209.165.200.226 209.165.200.230 netmask 255.255.255.248**。
- 在命令 **ip nat inside** 中，地址池名应为 NAT-POOL 而不是 NAT-POOL 1。另外，没有在该命令末尾指定关键字 **overload**。该命令应为 **ip nat inside source list 1 pool NAT-POOL overload**。
- 没有正确指定 NAT 内部接口和外部接口。应使用命令 **ip nat outside** 配置接口 s0/1/0，并使用命令 **ip nat inside** 配置接口 s0/0/0。

正确的配置如下：

```
access-list 1 permit 192.168.0.0 0.0.255.255
ip nat pool NAT-POOL 209.165.200.226 209.165.200.230 netmask
255.255.255.248
ip nat inside source list 1 pool NAT-POOL overload
interface serial s0/1/0
ip nat outside
interface fastethernet 0/0
ip nat inside
```

12. 解析：C。唯一本地地址（ULA）用于此目的。ULA 的目的是提供一种 IPv6 地址空间内的本地站点通信；这并不意味着提供额外的 IPv6 地址空间，也不是意味着提供安全性。最初的 IPv6 RFC 定义的站点本地地址已被废弃。
13. 解析：A。NAT64 用于提供 IP6 到 IPv4 的地址转换。NAT-PT 已被 IETF 弃用，取而代之的是 NAT64。

第 6 章

1. 解析：C、D。宽带指的是使用诸如 DSL、有线电视、卫星和宽带无线等技术，通过 Internet 和其他网络高速（通常超过 128kbit/s）传输数据、语音和视频等。这些技术使用较宽的频段和多路复用技术。
2. 解析：C。拨号连接的最高速度为 56kbit/s（实际为 53kbit/s），它不像 DSL、有线电视、卫星和宽带无线那样被视为宽带技术。
3. D。DOCSIS 定义了电缆 Internet 连接的第 1 层的信道带宽和调制技术。Euro-DOCSIS 用于欧洲，它与 DOCSIS 的主要不同是信道带宽。
4. 解析：A、C。不同 DSL 提供的带宽不同，有些 DSL 的速度超过了 T1 或 E1 租用线。所有 DSL 的传输速度都将随离中心局的距离增大而降低。ADSL 是非对称 DSL，其下行带宽比上行带宽高。SDSL 在两个方向上提供相同的带宽。ADSL 和语音信号使用同一对线，ADSL 信号可以导致声音在传输时失真，因此需要微型滤波器或分离器将二者分离，这也确保了当 ADSL 服务失败时，语音通信可以继续。
5. 解析：D、E。用户驻地可能包含微型滤波器和 DSL 收发器（通常是 DSL 调制解调器）等设备。
6. 解析：B、D。支持远程工作者的公司通常发现更难跟踪员工的进度以及维护员工之间互动的管理方式。支持远程工作人员的公司一般会降低办公费用、更快的客户服务响应时间的和更少的旷工。
7. 解析：D。在这些连接方式中，DSL 是最经济的接入 Internet 的宽带连接方式。有线电视是另一种经济的可与 DSL 媲美的技术。宽带无线和双向卫星 Internet 越来越普及，也越来越有竞争力。
8. 解析：E。802.16（WiMAX）标准支持的最大传输速度达 70Mbit/s，覆盖范围最远达 30 英里（50 千米），可使用 2GHz～6GHz 的授权或免授权频带。WiMax 塔通过视距微波链路手段连接到其他的 WiMax 塔，或者它们可给设备提供蜂窝接入。
9. 解析：D。有线电视运营商通常部署 HFC 网络让 SOHO 中的有线电视调制解调器能够高速传输数据。干线通常是光缆，并通过同轴分配电缆连接到家庭。
10. 解析：C。时分多址（TDMA） 按时间分割访问；频分多址 (FDMA) 按频率分割访问；码分多址（CDMA）是采用扩频技术和一种特殊的编码方案，按照该方案，每个发送器都分配有一个具体的代码。同步码分多址（S-CDMA）增加了一层安全性和降噪功能，S-CDMA 使数字数据分布于宽频段各处，这样多位用户便可同时连接到网络来收发数据。
11. 解析：C。不同于有线技术，DSL 不是共享介质。DSL 提供超过现有的铜线（PSTN）的高速连接。每个用户具有到 DSLAM 的单独连接。不同种类的 DSL 同时提供对称和非对称连接。通常，使用 DSL 的本地环路被限制为 3.39 英里。

第 7 章

1. 解析：B、C。VPN 通过封装、创建隧道或者加密数据实现数据的安全性。大多数 VPN

可以两者都做。VPN 隧道通常基于 IPSec 或者 SSL。IPSec 是用于确保网络安全的第 3 层协议。

2. 解析：D。加密防止消息内容被没有通过身份验证或未经授权的人窃取。认证是指密码管理，确保对方身份的真实性。数据完整性可以确保原始信息是完整的，并且没有被改变。
3. 解析：D。GRE 是思科开发的隧道协议，可在 IP 隧道中封装各种协议分组，并通过 IP 互联网络建立一条到远程站点的思科路由器的点到点虚链路。
4. 解析：C、E。为了对通过 VPN 连接到企业的远程工作者实施安全管理，VPN 服务器或集中器、认证服务器和多功能安全设备是企业端必须的组件；但它们不是客户端的需求。
5. 解析：C。远程接入 VPN 是通过安装在用户设备上的 VPN 客户端将个人用户连接到另一个网络。站点到站点 VPN 是“永远在线”的连接，使用 VPN 网关将两个站点连接在一起。在每个站点上的用户可以访问的其他站点的网络，而无需使用任何特殊的客户端或或者在单个设备上做设置。
6. 解析：B。站点到站点 VPN 使用 VPN 网关在两个站点之间静态定义了 VPN 连接。内部主机不需要VPN客户端软件，并发送正常的未封装的数据包到它们所在的VPN网关所封装的网络。
7. 解析：A。思科无客户端 SSL VPN 利用思科的 ASA 提供对内部网络资源的有限访问并且仅提供基于浏览器的访问。
8. 解析：B。消息的哈希值通过确保分组中的数据在源节点和目的节点之间传输时未改变来提供数据的完整性。该哈希值是通过一个散列算法运行数据而生成的散列值。该哈希值被附加在数据后面，然后通过链路发送。接收节点对收到的数据计算哈希值，如果该计算出的哈希值与附在数据后面的哈希值不匹配，则数据在传输的过程中已经被更改。MD5 和 SHA 都是哈希算法，可用于保护通过 VPN 传输的消息的完整性。MD5 使用 128 位的密钥，而 SHA-1 使用一个 160 位的密钥。MD5 和 SHA-1 加密有弱点，现在推荐使用具有 256 位或 512 位密钥的 SHA 算法。
9. 解析：B。DH 算法指定公钥交换方法，让两个对等设备建立只有双方知道的共享密钥，尽管它们通过不安全的通道通信。
10. 解析：A、B。DES、3DES 和 AES 是提供消息的机密性的加密算法。
11. 解析：D、E。MD5 和 SHA 都使用基于哈希的消息认证码对消息进行验证。

第 8 章

1. 网络时间协议（NTP） B

   Netflow C

   简单网络管理协议（SNMP） A
2. 解析：A、B、C、D。日志记录缓冲区、控制台线路、终端线路和系统日志服务器都能接收 syslog 消息。
3. 解析：D。与 NTP 时间服务器进行同步的正确命令是在全局配置模式下输入：**Router(config)# ntp server ip-address**。
4. 解析：D。严重级别 3，即错误级别，用于显示接口状态的变化。
5. 解析：日志服务器的 IP 地址是 10.1.1.1。
6. 解析：发送到系统日志服务器的消息级别是 0～5。
7. 解析：系统日志报文的源 IP 地址是 G0/1 接口的地址。
8. 解析：SNMP 协议包含 SNMP 管理器、SNMP 代理（被管节点），以及管理信息库（MIB）。
9. 解析：C。SNMPv3 基于 HMAC-MD5 或 HMAC-SHA 算法提供身份验证，使用 CBC-DES、3DES 和 AES 128、192 或 256 位来提供加密服务。

10．解析：团体字符串是 steamerlane。

11．解析：SNMP trap 消息将被发送到 10.1.1.2。

12．解析：SNMP 的版本号是 2c。

13．解析：7 个字段如下所示。

源 IP 地址

目的 IP 地址

源端口号

目的端口号

第 3 层协议类型

服务类型（TOS）标记

输入逻辑接口

14．解析：D。要捕获接口上的数据，请使用以下 NetFlow 接口命令：**ip flow ingress** 和 **ip flow egress**。

15．解析：A。**show ip cache flow** 命令将显示 NetFlow 统计数据的汇总信息、使用流量最多的协议，以及主机之间的通信流。

第 9 章

1．电缆类型：A

IPv6 地址和前缀长度：B

连接类型：B

设备 ID：B

操作系统版本：A

设备类型和型号：A

路由选择协议：B

连接器类型：A

2．解析：A。物理层故障的常见症状包括性能低于基准、连接中断、高冲突计数、网络瓶颈或拥塞、路由器/交换机和服务器的 CPU 使用率过高以及控制台错误消息。

3．解析：B。第 1 部分输出“Serial0 is up”表明物理层运行正常，第 2 部分输出“line protocol is down”表明存在第 2 层故障。

4．解析：B、C、D。只有 EIGRP、IP 和 RIP 运行在第 3 层；TCP 和 UDP 运行在第 4 层；而 DNS 运行在第 7 层。

5．FTP：A

HTTP：D

POP3：E

SMTP：C

SNMP：F

Telnet：B

6．解析：B。软件与第 7 层交互，因此自上而下的故障排除方法最合适。

7．解析：A、C、D。这些是符合逻辑的问题，它们有助于缩小故障范围。问题 B、E、F 没有任何价值，且毫不相干。

8．解析：A。这里列出的可检测近端串扰的唯一工具是电缆分析仪。电缆测试仪、数字万用表和基准建立功能无法检测 NEXT。

9．解析：B、D、E。虽然答案 A、C 和 F 中的文档会有所帮助，但文档 B、D 和 E 才是必不可少的。

10. 解析：B、C、F。答案 A 不重要，答案 D 没有意义，答案 E 不正确，因为应在一段时间内进行基准测试，而不是进行多次基准测试。

11. 解析：

路由器文档：

- 路由器文档应包含路由器名称、型号、在企业中的位置（大楼、楼层、房间、机架、面板）、配置的接口、数据链路层地址、网络层地址、配置的路由选择协议以及路由器的其他重要信息。

交换机文档：

- 交换机文档应包括交换机名称、型号、在企业中的位置（大楼、楼层、房间、机架、面板）、管理 IP 地址、端口名称和状态、速度、双工、STP 状态、PortFast 设置、中继状态、第 2/3 层以太通道、VLAN ID 以及交换机的其他重要信息。

最终用户文档：

- 最终用户文档应包含服务器的名称和功能、操作系统版本、IP 地址、网关、DNS 服务器、网络应用程序以及服务器的其他重要信息。至少应提供物理拓扑图和逻辑拓扑图。

物理拓扑图：

- 网络的图形表示，指出了网络设备的物理位置；
- 还详细说明了设备之间的电缆类型和电缆标识号。

逻辑网络拓扑图：

- 使用符号标识每台网络设备及其连接方式的图形表示；
- 还提供了逻辑架构的详细信息，包括接口类型和编号、IP 地址、子网掩码、路由选择协议、自治系统域以及其他的重要信息，如 DLCI 号和第 2 层协议。

12. 解析：

第 1 步　确定要收集哪些类型的数据：

- 首先选择几个能代表策略的变量，然后逐步微调；
- 一般而言，首先应考虑的数据是接口使用率和 CPU 使用率。

第 2 步　确定关心的设备和端口：

必须确定关心的设备和端口，如连接到其他网络设备的网络设备端口、服务器、重要用户、对网络运行至关重要的其他设备和端口。

第 3 步　确定收集数据的时段：

- 收集时间至少要达到 7 天以确定日趋势和周趋势，并至少持续 2～4 周；
- 不应在特殊数据流模式发生期间进行基准测量；
- 应定期进行网络基准分析，如每年至少对整个网络进行一次分析或依次对网络的不同部分进行基准测量。

13. 解析：

第 1 阶段：收集症状

- 症状的形式各种各样，包括网络管理系统警报、控制台消息和用户投诉。
- 从网络、终端系统和用户那里收集并记录症状。
- 另外，网络管理员还需确定哪些网络组件受到了影响，以及网络功能相比于基准发生了什么变化。

第 2 阶段：隔离故障

- 确定单个故障或一组相关故障后，才算隔离了问题。
- 网络管理员研究故障在各个网络逻辑层的特征，以便确定最有可能的原因。

■ 网络管理员可能收集并记录更多的症状，这取决于问题的特征。

第 3 阶段：解决问题

■ 通过实现、测试和记录解决方案来解决问题。

14．解析：

自下而上的故障排除方法：

■ 首先检查网络的物理组件，然后沿 OSI 模型向上移动，直到查明故障原因；

■ 怀疑网络故障是物理故障时，这种方法是不错的选择。

自上而下的故障排除方法：

■ 首先检查最终用户的应用程序；

■ 然后沿 OSI 模型向下移动，直到查明故障原因。

分而治之的故障排除方法：

■ 选择从某一层开始并对其两个方向进行检查；

■ 确定某层运行正常后，即假定其下面的各层也运行正常；

■ 如果某个 OSI 层运行不正常，则沿 OSI 模型向下排除故障。

15．解析：

检查有无电缆损坏或连接不良：

■ 使用电缆测试仪核实源接口连接的电缆正确且状况良好；

■ 如果怀疑电缆有问题，使用正常电缆替换它。

确保整个网络都遵循了正确的电缆标准：

■ 核实使用了正确的电缆。

检查设备连接是否正确：

■ 确认所有电缆连接的端口或接口都正确。

检查接口配置是否正确：

■ 确认所有交换机端口都被分配到正确的 VLAN 中，且正确地配置了生成树设置、速度设置和双工设置；

■ 确认所有活动的端口或接口都未关闭。

术语表

本术语表定义了许多与网络技术相关的术语和缩略词，其中包含本书使用的所有关键术语。与所有不断发展着的技术领域一样，有些术语也在不断发展演变并呈现出多种含义。必要时，这里将介绍多种定义和缩略词扩展。

数字/符号

3G/4G 无线：支持速率高达 5Mbit/s 的蜂窝/移动宽带标准。

A

接入层：接入层是终端用户连接到网络的位置。

接入服务器：通过网络和终端仿真软件将异步设备连接到 LAN 或 WAN 的通信处理器，对所支持的协议执行同步和异步路由。有时也称为网络接入服务器。

高级加密标准（AES）：用于确保数据包机密性的一种加密标准。AES 被认为比 DES 和 3DES 更为安全。

反重放保护：用于阻止黑客更改捕获到的数据包并重新发送到目的地的功能。

非对称 DSL（ADSL）：用于连接到 Internet 的 DSL 宽带通信技术的一种类型。ADSL 允许通过现有的铜缆电话线路（POTS）发送更多数据。确切地说，ADSL 的下载速度比上传速度高。

非对称加密：也称为公钥加密算法。这是一种要求两个独立密钥的加密算法，其中一个密钥为私有密钥，而另一个密钥为公有密钥。

异步传输模式（ATM）：一种信元中继国际标准，使用固定长度（53 字节）的信元传输多种服务类型，如语音、视频或数据。由于信元长度是固定的，因此可使用硬件处理信元，从而降低传输延迟。

验证报头（AH）：这是一种 IPSec 数据包封装方法，用以保证 IP 数据包的无连接完整性和数据原始身份验证。但是，与 ESP 不同的是，AH 不会加密负载。

B

后向显式拥塞通知（BECN）：当帧遇到拥塞路径时，帧中继网络给沿相反方向传输的帧设置的一个位。DTE 收到设置了 BECN 位的帧后，可请求更高级协议采取合适的流量控制措施。

基本速率接口（BRI）：由两个 64kbit/s 的 B 信道和一个 16bit 的 D 信道组成的 ISDN 接口，用于语音、视频和数据的电路交换通信。

面向比特：一类数据链路层通信协议，不管帧的内容如何都能够传输它们。与面向字节的协议相比，面向比特的协议提供全双工的运行，效率更高且更可靠。

自下而上的故障排除方法：从网络的物理组件开始，并沿 OSI 模型的各层向上移动，直到找出导致故障的原因。当怀疑存在物理故障时，自上而下的故障排除方法是一种不错的方法。

宽带连接：宽带连接通常指的是传输介质所具有的较高带宽的特性及其能够同时传输多个信号和多种流量类型的能力。这里所说的介质可以是同轴电缆、光纤、双绞线或无线。

宽带调制解调器：宽带调制解调器是一类用于宽带通信（例如 DSL 或有线电视 Internet 服务）的数字调制解调器。

C

电缆：使用铜质导线或光纤并用保护层包裹的传输介质。

电缆分析仪：一种多功能手持设备，用于测试和检验适用于各种服务和标准的铜缆和光缆。较先进的工具提供了高级故障诊断功能，可测量到性能缺陷（NEXT、RL）位置的距离、确定修复措施以及以图形显示串扰和阻抗行为。

有线电视调制解调器（CM）：位于客户驻地的设备，用于将来自用户设备的以太网信号转换为宽带有线电视频率，该频率将被传输至中心局。

有线电视调制解调器端接系统（CMTS）：一种通过有线电视网络与有线电视调制解调器交换数字信号的组件。前端 CMTS 与用户家中的有线电视调制解调器通信。

电缆测试仪：一种专用手持设备，用于测试各种类型的数据通信电缆。电缆测试仪可用于检测断线、交叉接线、短路连接以及配对不当的连接。

中心局（CO）：电话公司的本地交换局，特定区域内的所有本地环路都与之相连，它还负责向用户线路提供电路交换。

挑战握手验证协议（CHAP）：使用 PPP 封装的线路支持的一种安全功能，用于禁止未经授权的访问。CHAP 本身并不能防范未经授权的访问，它只是验证远程端的身份，再由路由器或接入服务器决定是否允许用户访问。

信道服务单元/数据服务单元（CSU/DSU）：一种数字接口设备，用于将最终用户设备连接到数字电话本地环路。通常将其与 DSU 一起统称为 CSU/DSU。

电路交换网络：通信的一种类型，在电路交换网络中，两个网络节点在进行通信之前通过网络建立专用通信信道（电路）。

思科 7000：所有思科 7000 系列路由器。这是一种高端路由器平台，支持各类的网络接口和介质类型，留在用于企业网络。

思科自适应安全设备（ASA）：这是一种源于思科的安全设备，通过在一台设备上结合使用防火墙、防病毒软件、入侵防护和虚拟专用网络（VPN）等功能阻止攻击，从而提供积极主动的威胁防御。

思科无边界网络架构：思科无边界网络旨在帮助 IT 部门平衡因客户设备融入企业世界而带来的严苛的业务挑战和不断变化的业务模式。思科无边界网络能够帮助 IT 部门发展其基础设施，以便于在具有许多不断变化的新边界的世界里提供安全、可靠且无缝的用户体验。

思科协作架构：思科协作架构使得网络管理员能够了解诸如移动性、“携带自己的设备”（BYOD）和视频等趋势，并为协作创建一个灵活的平台。

思科数据中心/虚拟化架构：思科数据中心/虚拟化架构是一种统一数据中心架构，它将计算机、存储、网络和管理与平台结合在一起，该平台旨在作为一种贯穿物理和虚拟环境的服务以实现 IT 自动化，从而达到更高的预算效率、更灵活的商业反应以及更为简洁的 IT 运作。

思科 Easy VPN 远端：充当远程 VPN 客户端的思科 IOS 路由器或思科 ASA 防火墙。

思科 Easy VPN 服务器：在站点到站点或远程访问 VPN 中充当 VPN 前端设备的思科 IOS 路由器或思科 ASA 防火墙。

思科企业架构模型：该模型将企业网络划分为不同的功能区：企业园区模块、企业边缘模块和服务提供商边缘模块。融合于架构中的模块实现了网络设计的灵活性，便于实施和故障排除。

思科 VPN 客户端：PC 上使用的应用程序，用来访问思科 VPN 服务器。

时钟偏差：时钟频率的差异或时间偏移量的一阶导数。

码分多址（CDMA）：这是多种无线电通信技术所使用的一种信道访问方法，可以让多个发送端同时通过同一通信信道发送信息。

折叠的核心层：分布层与核心层的功能由一台设备实现。

承诺信息速率（CIR）：帧中继网络承诺在正常情况下传输信息的速率，是最小时段内的平均值。CIR 的单位为 bit/s，是重要的收费标准之一。

团体字符串：一个充当密码的字符串，用于对管理工作站和包含 SNMP 代理的路由器之间发送的消息进行身份验证。在管理器和代理之间发送的每个分组中，都包含社区字符串。

拥塞：流量超过了网络容量。

核心层：在企业园区内的分布交换机之间提供快速传输。

客户端设备（CPE）：电话公司提供的端接设备，如终端、电话和调制解调器，它们安装在用户驻地，并连接到电话公司网络。

D

数据通信设备（DCE）：数据通信设备是 EIA 术语。数据电路端接设备是 ITU-T 术语。它指的是通信网络中构成用户—网络接口的网络端的设备和连接。DCE 提供到网络的物理连接、转发数据流并提供时钟信号用于在 DCE 和 DTE 之间同步数据传输。调制解调器和接口卡都属于 DCE。

数据加密标准（DES）：用于 IPSec VPN 的以前的

加密标准。相比于 3DES 和 AES 而言，它被视为安全性最弱的加密算法。

数据链路连接标识符（DLCI）：在帧中继网络中标识 PVC 或 SVC 的值。在基本的帧中继规范中，DLCI 只在本地有意义（连接的设备可能使用不同的值标识同一条连接）。在 LMI 扩展规范中，DLCI 有全局意义（DLCI 标识终端设备）。

有线电缆数据服务接口规范（DOCSIS）：CableLabs 制定的一项国际标准，该机构是一家非营利性的电缆相关技术研发联盟。CableLabs 测试并认证电缆设备厂商的设备（如有线电视调制解调器和有线电视调制解调器端接系统），并授予 DOCSIS 认证或合格证书。

数据流：在一次读取或写入操作中，通过通信线路传输的所有数据。

数据终端设备（DTE）：用户—网络接口的用户端设备，可充当数据源、目的或两者。DTE 通过 DCE 设备（如调制解调器）连接到数据网络，通常使用 DCE 生成的时钟信号。DTE 包含诸如计算机、协议转换器和多路复用器等设备。

专用线路：始终保留用于传输数据的通信线路，而不是在需要传输数据时进行交换。

分界点：在客户驻地，服务提供商或电话公司网络结束并与客户设备相连的点。

密集波分多路复用（DWDM）：一种用于在现有光纤主干上增加带宽的光学技术。DWDM 通过在同一条光纤上合并并同时传输不同波长的多个信号而产生作用。

拨号调制解调器：调制解调器的一种老式类型，通过标准电话线路将计算机连接至 Internet。

Diffie-Hellman（DH）算法：这是一种无需预共享密钥即可安全交换加密数据的密钥的方法，被多种加密算法所采用。

数字万用表：一种直接测量电压、电流和电阻的测试仪器。排除网络故障时，大部分多媒体测试都需要检查电源的电压水平以及检验网络设备是否通电。

数字信号级（DS）：表示一系列基于 DS0（传输速率为 64kbit/s）的标准数字传输速率或水平的术语。它源自通常用于一条电话语音信道的带宽。

数字用户线路（DSL）：一种始终在线的连接技术，使用现有的双绞电话线传输高带宽数据，并向用户提供 IP 服务。DSL 调制解调器将来自用户设备的以太网信号转换为 DSL 信号，然后将其传输到中心局。

可丢弃（DE）：也叫被标记的数据流。如果网络发生拥塞，可丢弃被标记的数据流，以确保高优先级数据流的传输。

分布层：分布层应用基于策略的连接，例如访问控制列表和 QoS。分布层包含路由器和多层交换机。

分治法故障排错：首先向用户了解问题并记录症状。然后根据这些信息决定从哪个 OSI 层开始调查。核实该层运行正常后，便认为它下面的所有层都运行正常，并沿 OSI 模型向上调查。如果 OSI 层运行不正常，则沿 OSI 模型向下进行调查。

DSL 接入复用器（DSLAM）：提供商中心局中集中来自多个 DSL 用户的连接的设备。

DSL 调制解调器：位于客户端的设备，用于将来自用户设备的以太网信号转换为 DSL 信号，然后将其传输到中心局。

动态 NAT：动态 NAT 是网络地址转换的一种形式，在本地地址和全局地址之间创建多对多地址映射。

E

E1：一种主要用于欧洲的广域数字传输方案，以 2.048Mbit/s 的速度传输数据。可从公共运营商那里租用专供自己使用的 E1 线路。

E3：一种主要用于欧洲的广域数字传输方案，以 34.368Mbit/s 的速度传输数据。可从公共运营商那里租用专供自己使用的 E3 线路。

封装安全负载（ESP）：这是一种 IPSec 封装协议，为两个系统之间交换的 IP 数据包提供数据身份验证、完整性和机密性。

终端系统配置表：包含诸如服务器、网络管理控制台和桌面工作站等终端系统设备使用的硬件和软件的基准记录。错误地配置终端系统可能给网络的整体性能带来负面影响。

企业分支模块：企业分支模块包含允许职员在非园区位置办公的远程分支机构。这些位置通常负责为职员提供安全性、电话通信服务和移动性选项，以及与园区的一般性连接和位于企业园区内部的不同组件。

企业园区模块：企业园区模块被划分为多个不同的层次，这些层次包含网络的不同部分。

企业数据中心模块：企业数据中心模块包含与园

区数据中心功能选项完全相同的数据中心，但是存在于远程位置。当正确实施时，这将提供一层额外的安全性保护，因为当园区数据中心有异常情况发生时，这种远程位置能够提供备份选项。

企业边界模块：企业边界模块功能区负责多个不同的园区外元素的聚合，以及将这些流量路由到企业园区功能区内部的园区核心模块。

企业远程工作人员模块：企业远程工作人员模块负责为地理位置分散在不同区域（例如家庭办公室、宾馆或客户站点）的工作人员办公提供连接。思科虚拟办公室用于支持这些工作人员。虚拟办公室具有提供生产效率、安全性和业务弹性的能力。这种解决方案需要一个用于提供连接回中心园区位置的远程和中心设备。

企业网络：一个连接公司的大部分主要站点和其他组织的大型异质网络。它与 WAN 的区别在于由单个组织拥有并维护。

MPLS 以太网（EoMPLS）：以太网 WAN 服务的一种类型，通过将以太网 PDU 封装到 MPLS 数据包中并将其通过 MPLS 网络转发来实现其功能。每个 PDU 作为单个数据包传输。

超额突发量（Be）：一种帧中继网络收费标准，指的是帧中继网络试图传输的超过承诺突发量的数据量。一般而言，Be 数据比 Bc 数据得以成功传输的可能性更低，因为网络可能设置 Be 数据的 DE 位。

F

防火墙：在所有互联的公有网络和私有网络之间充当缓冲区的路由器或接入服务器。防火墙路由器使用访问列表和其他方法确保私有网络的安全。

Flexible NetFlow：Flexible NetFlow 是下一代流量技术。它优化了网络基础设施，减少了运行成本并改进了容量规划和安全事件检测，使之具有更高的灵活性和可扩展性。

前向显式拥塞通知（FECN）：当帧从信源传输到目的地时，如果路径中遇到拥塞，帧中继网络将设置这个位，将这种情况告知接收 DTE。DTE 收到 FECN 位被设置的帧后，可请求高层协议采取合适的流量控制措施。

帧中继：一种行业标准的 WAN 第 2 层协议，可处理互连设备之间的多条虚电路。

频分多址（FDMA）：频分多址（或 FDMA）是一种在多路访问协议中用作信道化协议的信道访问方法。FDMA 为用户独立分配一个或多个频率带（或信道）。这种方法在卫星通信中尤为常见。

全网状拓扑：任何两个网络节点之间都有物理链路或虚电路的网络。全网状拓扑提供了极高的冗余性，但实现起来非常昂贵，通常只用于网络主干。

G

通用路由封装（GRE）：GRE 是思科开发的一种隧道协议，可在 IP 隧道中封装各种协议分组。GRE 通过 IP 互联网络创建了一条到远程思科路由器的点到点虚链路。GRE 旨在管理两个或多个站点之间的多协议传输和 IP 组播流量，这可能只有 IP 连接。它可以将多种协议数据包类型封装到 IP 隧道中。

H

基于哈希的消息验证代码（HMAC）：一种数据完整性算法，用于确保消息的完整性。

前端：宽带有线电视网络的端点。所有工作站都将数据传输到前端，后者再将数据传输到目标工作站。

高级数据链路控制（HDLC）：ISO 开发的一种面向比特的同步数据链路层协议。HDLC 指定了一种使用帧字符和校验和在同步串行链路上封装数据的方法。

集线器：通常是用于描述位于星型拓扑网络中央的设备的术语。

光纤同轴电缆混合（HFC）：结合了光纤和同轴电缆的宽带网络所使用的电信行业术语。它通常为有线电视运营商所使用。

I

内部全局地址：用于 NAT，当内部主机发送的数据流离开 NAT 路由器时，给它们分配的有效的公有地址。

内部本地地址：用于 NAT，通常不是 RIP 或服务提供商分配的 IP 地址，而很可能是 RFC 1918 私有地址。

综合业务数字网络（ISDN）：电话公司提供的一种通信协议，让电话网络能够传输数据、语音和其他源数据流。

Internet 密钥交换（IKE）：定义两台对等设备彼此之间如何进行身份验证。IKE 采用多种类型的身份验证，包括用户名和密码、一次性密码、生物特征、预共享密钥（PSK）以及数字认证。

逆向地址解析协议（InARP）：一种在网络中生成动态路由的方法，让接入服务器能够获悉与虚电路相关联的设备的网络地址。

IPSec：IPSec 是详细介绍安全通信规则的开放标准框架。IPSec 工作在网络层，在参与的 IPSec 对等设备之间保护 IP 数据包并对其进行身份验证。

IPSec VPN：一种网络安全技术，通过加密和身份验证提供高层次的安全性，保护数据以防未经授权的访问。

J

Jabber：指的是网络设备不断向网络中发送无意义的随机数据的情况。

K

保活时间间隔：网络设备连续发送两条存活消息之间相隔的时间。

知识库：一个帮助使用产品或排除其故障的信息数据库。在线网络设备厂商知识库已成为不可或缺的信息源。通过结合使用厂商知识库和 Internet 搜索引擎（如 Google），网络管理员可获得大量的经验信息。

L

大型网络：为 1000 台以上的设备提供服务。

租用线路：通信运营商保留给客户专用的传输线路。租用线是一种专用线。

发光二极管（LED）：一种半导体光源。LED 在许多设备上用作指示灯，并越来越多地用于一般照明。

帧中继链路接入过程（LAPF）：在 ITU Q.922 中定义，规范了帧中继网络中的帧模式服务。

链路控制协议（LCP）：一种建立、配置和测试数据链路连接供 PPP 使用的协议。

本地环路：从电话用户端到电话公司 CO 的线路。

本地管理接口（LMI）：一种存活机制，提供有关路由器（DTE）和帧中继交换机（DCE）之间的帧中继连接的状态信息。

逻辑网络拓扑：描述网络中设备的布局以及它们如何彼此通信。

长期演进（LTE）：通常被称作 4G LTE，是一种用于移动电话和数据终端高速数据无线通信的标准。

M

管理信息库：MIB（管理信息库）是一种可在设备上进行托管的对象数据库。被托管的对象或变量可被设置或读取以便在网络设备和接口上提供信息。

最大传输单元（MTU）：最大传输单元（MTU）定义了接口无需分段即可传输的数据包的最大尺寸。

中型网络：为 200～1000 台设备提供服务。

网状：一种网络拓扑，以易于管理的分段方式组织设备，并在网络节点之间提供大量冗余的连接。

消息摘要 5（MD5）：这是一种较为流行的加密哈希功能，可产生一个 128 位（16 字节）的哈希值，通常以 32 位数字的十六进制数字格式表示。与 SHA 消息摘要算法相比，MD5 已用于众多类型的加密应用中，也常被用来检验数据完整性。

城域以太网（MetroE）：也称为以太网 MAN。它是基于以太网标准的城域以太网（MAN）。它通常用于将用户与较大的服务网络或 Internet 相连。

模块化网络设计：模块化网络设计将网络划分为多个功能化网络模块，网络中的每个模块具有特定的位置或用途。模块代表具有不同的物理或逻辑连接的区域。

多协议标签交换（MPLS）：MPLS 是一种是用标签来制定数据转发决策的数据包转发技术。使用 MPLS，只需执行一次第 3 层报头分析（在数据包进入 MPLS 域时进行）。标签检查驱动数据包的后续转发。

市政 Wi-Fi：免费或仅收取极少费用来提供无线 Internet 访问的城市。大多数实施采用全网状拓扑，该拓扑使用一系列位于城市各处的互连访问点构成。

N

NAT 过载：有时称为端口地址转换（PAT），它将多个私有 IP 地址转换为一个或为数不多的几个公有 IP 地址。

NAT 池：NAT 使用的公有 IP 地址列表。

NAT64：IPv6 到 IPv4 网络地址转换（或 NAT64）技术有助于纯 IPv6 和纯 IPv4 的主机和网络之间的通信（无论是在传输网络、接入网络或边界网络中）。这种解决方案有助于企业和 ISP 加速采用 IPv6，与此同时解决了 IPv4 地址耗竭问题。

NetFlow：NetFlow 为 IP 应用程序有效地提供了一系列关键的服务，包括网络流量统计、基于使用率的网络计费、网络规划、安全性、拒绝服务监控能力，以及网络监控。NetFlow 创建了一种环境，在这种环境中，管理员有工具来了解是谁、什么、何时、何地以及网络流量如何流动等情况。

网络地址转换（NAT）：仅在公共 Internet 上是全局唯一的。这是一种将私有地址转换为可在 Internet 中使用的公有 IP 地址的机制，这将有效隐藏私有网络中设备的实际地址。

网络分析模块（NAM）：可安装在思科 Catalyst 6500 系列交换机和思科 7600 系列路由器中，以提供来自本地（远程）交换机和路由器的数据流的图形表示。NAM 提供基于浏览器的嵌入式界面，可生成占用重要网络资源的数据流的报告。另外，NAM 还能捕获并解码数据包并跟踪响应时间，从而发现网络或服务器中存在的应用程序故障。

网络基线：用于高效地诊断和修复网络故障。网络基线文档记录了网络在正常运行情况下预期的性能。这些信息存储在配置表和拓扑图等文档中。

网络配置文件：包含网络中使用的硬件和软件的最新而且准确记录的文件。在网络配置文件中，网络中所使用的每台网络设备都应当有一张表，表中包含与该设备相关的所有信息。

网络控制协议（NCP）：用于建立和配置不同的网络层协议。

网络文档：提供网络的逻辑拓扑图以及每个组件的详细信息。这些信息应能打印出来或保存在受保护的网站中。网络文档应包含网络配置表、终端系统配置表和网络拓扑图。

网络接口设备（NID）：在分界点将客户端设备连接到本地环路。

网络管理系统（NMS）：至少负责管理网络的一部分。NMS 通常是一台功能强大、配置先进的计算机，如工程工作站。NMS 与代理通信，以帮助跟踪网络统计信息和资源。

网络时间协议：网络时间协议（NTP）在一组分布式时间服务器和客户端之间同步时间，这样当从多台网络设备接收到系统日志和其他特定时间的事件时就可以将事件进行关联。NTP 使用用户数据报协议（UDP）作为其传输协议。所有 NTP 通信均使用协调世界时（UTC）。

网络拓扑图：网络的图形表示，说明了设备是如何连接的以及网络的逻辑架构。拓扑图和网络配置表有很多组成部分相同。在拓扑图中，应使用统一的图形符号表示所有的网络设备，还应使用简单线条或其他合适的符号表示每条逻辑连接和物理连接。另外，还应指出使用的路由协议。

非广播多路访问（NBMA）：描述不支持广播（如 X.25）或无法进行广播（如太大的 SMDS 广播组或扩展以太网）的多路访问网络的术语。

空调制解调器：一个小盒子或电缆，用于直接连接（而不是通过网络连接）计算设备。

O

OSPF：由于 Internet 社区需要为 TCP/IP 协议族引入一种非专用的高性能内部网关协议（IGP），因此开发了 OSPF 协议。关于为 Internet 创建一种常见的、可互操作的 IGP 的讨论始于 1988 年，但直到 1991 年才正式确定。OSPF 协议基于链路状态技术，这与用于传统 Internet 路由协议（如 RIP）的基于矢量的 Bellman-Ford 算法完全不同。OSPF 引入了很多新概念，例如路由更新的身份验证、可变长子网掩码（VLSM）以及路由汇总。

光时域反射计（OTDR）：OTDR 确定离光缆断开处的准确距离。OTDR 设备沿电缆发送信号，并等待信号反射，再将发送信号至收到反射信号的时间转换为距离值。数据电缆测试仪通常带 TDR 功能。

外部全局地址：在 NAT 中，分配给 Internet 主机的可达的 IP 地址。

外部本地地址：从内部网络看到的目的地址。尽管并不常见，但该地址可能与目的地的全局可路由地址不同。

P

分组交换网络（PSN）：分组交换将数据流分割为多个数据包，将数据包通过通向网络路由。路由器基于每个数据包中的寻址信息确定发送数据包必须经过的链路。分组交换网络无需建立电路，且允许多对节点通过同一信道进行通信。

部分网状拓扑：有些网络节点以全互连的方式连接，而其他节点只与网络中的一两个节点相连。部分互连拓扑的冗余程度没有全互联拓扑高，但实现成本更低。部分互连拓扑通常用于外围网络，这种网络连接到使用全互连拓扑的主干。

口令验证协议（PAP）：一种身份验证协议，让 PPP 对等体能够彼此验证对方的身份。远程路由器试图连接到本地路由器时，必须发送身份验证请求。不同于 CHAP，PAP 以明文（未加密的）方式传输用户名和密码。PAP 本身并不能防范未经授权的访问，它只是确定远程端的身份，并由路由器或接入服务器决定是否让用户访问。只在 PPP 线路上支持 PAP。

物理拓扑：指出设备、电缆和连接布局的网络图。

接入点（POP）：电话公司提供的通信设施和大楼主分布设施之间的连接点。

点到点连接：用于将 LAN 连接到服务提供商 WAN 或将企业网络中的 LAN 网段连接起来的连接。

点到点协议（PPP）：一种第 2 层 WAN 协议，通过同步和异步电路提供路由器到路由器以及主机到网络的连接。

端口地址转换（PAT）：有时称为 NAT 过载，它将很多私有 IP 地址映射到一个或为数不多的几个公有 IP 地址。

便携式网络分析仪：用于排除交换网络和 VLAN 故障的便携式设备。网络工程师只要将它连接到网络的任何位置，便可查看该设备所连接的交换机端口以及平均使用率和峰值使用率。

端口转发：有时称为隧道，指的是将网络端口从一个网络节点转发到另一个网络节点的过程。这种技术让外部用户能够从外部网络通过 NAT 路由器到达私有 IP 地址（LAN 内部）的端口。

以太网 PPP（PPPoE）：PPPoE 将两个广为认可的标准（以太网和 PPP）结合起来，以提供为客户端系统分配 IP 地址的身份验证方法。PPPoE 通常是通过远程宽带连接与 ISP 相连的个人计算机，如 DSL 或有线电视服务。ISP 实施 PPPoE 是因为 PPPoE 利用其现有的远程访问基础设施来支持高速宽带接入，还因为它更易为客户所使用。

预共享密钥（PSK）：IPSec 身份验证方法，在该方法中，双方拥有事先交换的密码。

基群速率接口（PRI）：用于基群速率接入的 ISDN 接口。主速率接入包含一个 64kbit/s 的 D 信道和 23（T1）或 30（E1）个用于传输语音或数据的 B 信道。

主站点：在 HDLC 和 SDLC 等比特同步数据链路层协议中，控制从站的传输活动的工作站。它还执行其他管理功能，如通过轮询或其他机制进行差错控制。主站向从站发出命令，并接收来自从站的响应。

私有 WAN 基础设施：专用点到点租用线、电路交换链路（如 PSTN 或 ISDN）以及分组交换链路（如以太网 WAN、ATM 或帧中继）。

协议分析器：解析捕获的帧中的各个协议层，并以相对易于使用的格式呈现这些信息。

公钥加密：这是一种非对称加密方法，在该方法中，接收端为所有要与之进行通信的发送端提供一个公有密钥。发送端结合使用私有密钥和接收端提供的公有密钥来加密消息。同时，发送端必须与接收端共享其公有密钥。为加密消息，接收端将结合使用发送端的公有密钥及其自身的私有密钥。

公共交换电话网络（PSTN）：世界各地现有的各种电话网络和服务的统称，也称为普通老式电话服务（POTS）。

公有 WAN 基础设施：使用数字用户线路（DSL）、有线电视和卫星接入的宽带 Internet 接入方法。宽带连接选项通常用于连接小型办公室，并允许职员通过 Internet 与公司站点进行远程通信。公司站点之间通过公有 WAN 基础设施进行数据传输应时使用 VPN 予以保护。

R

射频（RF）：无线传输频率的统称。有线电视和宽带网络使用 RF 技术。

远程访问 VPN：当 VPN 信息未静态设置时创建，但允许动态更改信息，并且能够启用和禁用。远程访问 VPN 支持客户端/服务器架构，在此架构中，VPN 客户端（远程主机）通过位于网络边缘的 VPN 服务设备安全访问企业网络。

RFC 1918 私有 IPv4 地址：指的是私有地址，它们是保留的地址块，可供任何人使用。ISP 通常将其边界路由器配置成禁止使用私有地址的数据流通过 Internet 进行转发。

Rivest-Shamir-Adleman（RSA）：大多用于公钥基础设施和 IPSec VPN 的哈希算法，是 PSK 的一种替代方案。

RSA 签名：通过交换数字证书来验证对等体的身份。

S

卫星 Internet：通常由没有有线电视和 DSL 的农村用户使用。VSAT 提供双向（上传和下载）数据通信。上传速度大约是下载速度（500kbit/s）的 1/10。有线电视和 DSL 的下载速度更快，但卫星系统的下载速度大约是模拟调制解调器的 10 倍。要访问卫星 Internet 服务，用户需要一根卫星天线、两台调制解调器（上行链路和下行链路）以及连接卫星天线和调制解调器的同轴电缆。

安全哈希算法（SHA）：这是一种较为流行的加密

哈希功能，产生160位（16字节）的哈希值。SHA实际上由7种变体组成，包含了从最弱的到最强的、SHA-1、SHA2和SHA-3。思科 IOS还支持256位、384位和512位的SHA实施。与MD5消息摘要算法相比，通常认为SHA比MD5具有更强的加密功能。

安全套接字层（SSL）：这是一种旨在通过Internet提供通信安全性的加密协议。它已被传输层安全性（TLS）所替代。

服务提供商：提供对其他网络的访问或向用户提供Internet访问的公司。

站点到站点 VPN：站点到站点VPN将整个网络彼此连接在一起。例如，它们能够将分支机构办公室网络连接到公司总部网络。

小型网络：最多为200台设备提供服务。

SNA 控制协议：SNA 控制协议负责在点对点链路的两个终端上配置、启用和禁用SNA。

SNMP 代理：SNMP 代理驻留于托管设备。SNMP 代理收集并存储关于设备及其运行情况的信息。

SNMP 管理器：SNMP管理器是网络管理系统（NMS）的一部分。SNMP管理器运行SNMP管理软件。

SP 边界模块：SP 边界模块提供企业园区模块到远程企业数据中心、企业分支机构和企业远程工作人员模块的连接。

星型拓扑：一种LAN拓扑，网络中的端点都通过点到点链路连接到同一台中央交换机。

静态 NAT：使用本地地址到全局地址的一对一映射，这些映射是固定的。在Web服务器或主机必须有固定的地址，以便能够从Internet访问时，静态NAT特别有用。这些内部主机可能是企业服务器或网络设备。

统计时分复用（STDM）：一种用于通过单条物理信道传输多个逻辑信道的技术。统计多路复用只给活动输入信道分配带宽，与其他多路复用技术相比，这提高了可用带宽的利用率，且可连接更多的设备。

对称 DSL（SDSL）：类似于ADSL的DSL连接类型之一，但提供相同的下载和上传速度。

对称加密：也称为密钥加密。它使用相同的密钥加密和解密数据。与非对称密钥加密相比，当每台设备在通过网络将数据发送至另一台设备之前，设备将使用已知的共享密码加密信息。

同步码分多址（S-CDMA）：S-CDMA 是由 Terayon 公司为通过同轴电缆网络进行数据传输而开发的CDMA专用版本。S-CDMA将数字数据扩散至较宽的频率带并允许连接至网络的多个用户同时传输和接收数据。S-CDMA非常安全，且具有极高的抗噪音特性。

同步数据链路控制（SDLC）：一种 SNA 数据链路层通信协议。这是一种面向比特的全双工协议，它衍生出了大量类似的协议，其中包括 HDLC 和 LAPB。

同步数字体系（SDH）：同步数字体系（SDH）是定义如何使用激光和发光二极管（LED）远距离传输多个数据、语音和视频流量的标准。SDH基于欧洲的ETSI和ITU标准，而SONET则基于美国的ANSI标准。这两者本质上是相同的，因此，常列为SONET/SDH。

同步光纤网络（SONET）：Bellcore开发的用于光纤的高速（最高可达2.5Gbit/s）同步网络规范。STS-1是SONET的基本构件块。1988年被批准成为国际标准。SONET 基于美国的 ANSI 标准，而SDH基于欧洲的ETSI和ITU标准。这两者本质上是相同的，因此，常列为SONET/SDH。

系统日志：系统日志协议于 20 世纪 80 年代为UNIX系统开发，但直到2001年才由IETF首次记录为RFC 3164。系统日志使用UDP端口514通过IP网络将事件通知消息发送至事件消息收集器。

系统日志服务器：接收并存储系统日志消息的服务器，这些消息可使用系统日志应用程序予以显示。

系统化、分层的方法：一种故障排除方法，将网络作为一个整体进行分析，而不是对各个部分分别进行分析。系统化方法避免了混乱，减少了因为试错而浪费的时间。

T

TACACS/TACACS+：国防数据网（DDN）社区开发的一种身份验证协议，提供远程接入身份验证和相关服务，如事件日志。通过中央数据库而不是各台路由器管理用户密码，从而提供了更容易扩展的网络安全解决方案。

远程办公：在非传统的工作区域（如家中）办公，为工作人员和企业提供众多益处。

三层的分层设计：使得网络性能、网络可用性以及扩展网络设计的能力最大化的分层设计，由核心层、分布层和接入层组成。

时分复用（TDM）：根据预先分配的时隙将单条电缆的带宽分配给来自多个信道的信息使用。它给每条信道都分配带宽，而不管相应的工作站是否有数据需要传输。

时分多址（TDMA）：这是一种信道访问方法，允许多个用户通过将信号划分为不同的时隙从而共享同一频率的信道。用户站点使用其自己的时隙依次快速传输数据包，这使得多个站点在仅使用其信道容量的一部分的同时共享同一传输介质。

长途通信网：由长途、全数字、光纤通信线路、交换机、路由器和WAN提供商网络内的其他设备组成。

自上而下的故障排除方法：从最终用户应用程序开始，并沿 OSI 模型向下移动，直到找出导致故障的原因。首先测试终端系统的最终用户应用程序，然后考虑具体的联网组件。当故障比较简单或怀疑软件有问题时，适合使用这种方法。

传输链路：一个网络通信信道，由发送方和接收方之间的电路（传输路径）和所有相关的设备组成。最常用于指代WAN连接。

三重数据加密标准（3DES）：用于 IPSec VPN 的较为流行的加密标准。与DES和AES相比，3DES比DES安全性更强，但比AES安全性较弱。

中继线路：通过电话运营商网络交换的电话线路，在两个客户之间提供语音和数据传输。

两层的分层设计：两层的分层设计中，核心层和分布层折叠为一个层次。

U-V

唯一本地地址：IPv6 唯一本地地址（ULA）类似于 RFC 1918 私有 IPv4 地址，但也有显著的不同之处。ULA的目的在于为本地站点的通信提供IPv6 地址空间。这并不意味着提供额外的 IPv6 地址空间，也不意味着提供一定级别的安全性。

甚小口径终端（VSAT）：VSAT 是一个可以使用卫星通信创建私有 WAN 的解决方案。VSAT是一个很小的卫星天线，类似于家庭中 Internet 和 TV 所使用的天线。VSAT创建私有 WAN，同时提供到远程位置的连接。

虚电路（VC）：一条逻辑电路，用于确保两台网络设备之间的可靠通信。虚电路由 VPI/VCI 对定义，可以是永久性的（PVC），也可以是交换型的（SVC）。虚电路用于帧中继中。在 ATM 中，虚电路被称为虚信道。

虚拟专用网络（VPN）：VPN 将私有网络扩展到公有网络（例如 Internet）。它使得计算机能够通过共享或公有网络发送和接收数据，就好像计算机直接连接到专有网络，同时受益于功能性、安全性和私有网络的管理策略。这一点是通过使用专用连接、加密或二者的结合建立虚拟点对点连接而实现。

虚拟私有LAN服务（VPLS）：VPLS是VPN的一类，支持通过一个托管的 IP/MPLS 网络在单个桥域中连接多个站点。由于服务带宽没有绑定到物理接口，VPLS 为客户展现了一个以太网接口，为服务提供商和客户简化 LAN/WAN 边界，并启用了快速灵活的服务设置。VPLS 中的所有服务看上去位于同一个LAN中，而无论其具体位置。

W-Z

WiMAX（微波接入全球互操作性）：它是在 IEEE 标准802.16中定义的。WiMAX使用无线接入提供高速宽带服务。它提供的覆盖范围与手机网络类似，但使用的不是小型的Wi-Fi热点。

欢迎来到异步社区！

异步社区的来历

异步社区（www.epubit.com.cn）是人民邮电出版社旗下IT专业图书旗舰社区，于2015年8月上线运营。

异步社区依托于人民邮电出版社20余年的IT专业优质出版资源和编辑策划团队，打造传统出版与电子出版和自出版结合、纸质书与电子书结合、传统印刷与POD按需印刷结合的出版平台，提供最新技术资讯，为作者和读者打造交流互动的平台。

社区里都有什么？

购买图书

我们出版的图书涵盖主流IT技术，在编程语言、Web技术、数据科学等领域有众多经典畅销图书。社区现已上线图书1000余种，电子书400多种，部分新书实现纸书、电子书同步出版。我们还会定期发布新书书讯。

下载资源

社区内提供随书附赠的资源，如书中的案例或程序源代码。

另外，社区还提供了大量的免费电子书，只要注册成为社区用户就可以免费下载。

与作译者互动

很多图书的作译者已经入驻社区，您可以关注他们，咨询技术问题；可以阅读不断更新的技术文章，听作译者和编辑畅聊好书背后有趣的故事；还可以参与社区的作者访谈栏目，向您关注的作者提出采访题目。

灵活优惠的购书

您可以方便地下单购买纸质图书或电子图书，纸质图书直接从人民邮电出版社书库发货，电子书提供多种阅读格式。

对于重磅新书，社区提供预售和新书首发服务，用户可以第一时间买到心仪的新书。

用户帐户中的积分可以用于购书优惠。100积分=1元，购买图书时，在 0 使用积分 里填入可使用的积分数值，即可扣减相应金额。